JN171734

京大発！

フロンティア

The frontier of life science

生命科学

京都大学大学院生命科学研究科 ── 編

講談社

執筆者一覧
（執筆順）

京都大学 大学院生命科学研究科

福澤秀哉	片山高嶺	永尾雅哉	遠藤　求
吉村成弘	神戸大朋	渡邊直樹	千坂　修
加藤裕教	竹安邦夫	今村博臣	遠藤　剛
増田誠司	酒巻和弘	榎本将人	井垣達吏
山岡尚平	高原和彦	西浜竜一	石川冬木
山野隆志	松田道行	佐藤文彦	

京都大学 ウイルス・再生医科学研究所（生命科学研究科協力講座担当）

朝長啓造	豊島文子	藤田尚志	影山龍一郎

京都大学 放射線生物研究センター（生命科学研究科協力講座担当）

古谷寛治	井倉　毅

京都大学 高等研究院 物質-細胞統合システム拠点（生命科学研究科協力講座担当）

見学美根子

京都大学 ウイルス・再生医科学研究所（前生命科学研究科協力講座担当）

田畑泰彦

九州大学 大学院医学研究院（前生命科学研究科連携講座担当）

今井　猛

京都大学 大学院薬学研究科（前生命科学研究科）

米原　伸

社会福祉法人恩賜財団大阪府済生会 野江病院（前生命科学研究科）

阿部　恵

大阪大学 蛋白質研究所（前生命科学研究科協力講座担当）

原田慶恵

京都大学 大学院理学研究科

曽田貞滋	田村　実

執筆協力

京都大学 大学院理学研究科

鹿内利治	沼田英治

京都大学 生態学研究センター

谷内茂雄

はじめに

　生命科学は日進月歩の成長期にある学問領域です。そのため，現代は先端医療や動植物の育種に，基礎的な研究成果がすぐに反映されてくる時代です。また，生命科学に関する知識は自分や家族の健康に関わるだけでなく，多方面の経済活動に直結することもあります。画期的な品種・技術・治療法・薬の開発は膨大な価値を生み出します。このようにますます生命科学知識の重要性が増している一方，怪しげな食品や治療法の宣伝が蔓延しているという現実もあります。

　正しい判断をするために，生命科学の知識は文系・理系を問わず広く現代人に必須のものと言えます。しかし現在の日本の教育制度では高校で生物を履修しなくても済むため，大学生でも基礎的な生命科学の知識が足りない人が多いようです。このような状態は決して望ましいことではありません。

　私たち，京都大学大学院生命科学研究科は，さまざまな夢と希望をもって入学してくる京都大学学部学生に対して，全学共通教養科目として基礎生命科学の講義を提供してきました。また，研究科に入学する大学院修士課程学生に対しては，幅広い生命科学の分野を分かりやすく，なおかつ将来の発展の方向性のヒントを与えながら教育しております。そのような経験をもとに，理系・文系を問わず大学学部学生を主な対象とした生命科学の教科書を研究科の総力をあげて作成したものが本書です。

　限られた紙面ですが，幅広い生命科学の基礎をできるだけ分かりやすく述べるとともに，今後，大きな発展が見込まれる領域については最新の研究成果を丁寧に説明しました。本書が生命科学を専門とする学生はもちろん，たまたま生命科学に興味を持たれた他分野の学生・社会人の方にもお役に立つことがあれば，我々の望外の喜びです。本書を手にとって，是非，京大生命科学研究科で行われている教育の一端を経験されて下さい。

著者を代表して

千坂　修

石川冬木

CONTENTS

生き物の由来
地球と生命の進化

福澤秀哉

1.1節

地球史と生命の痕跡

　地球の誕生は，放射性同位元素を用いた年代測定から約46億年前とされている。それ以前に存在した巨星の爆発により宇宙空間に広がった塵やガスが凝縮して核融合を始め，大量のエネルギーを放出する太陽が成立した。さらに，恒星の周りに浮遊していた塵やガスが衝突と互いの重力により集合し，小さな塊から成長して惑星へと発達し，原始地球が誕生した。当初の5億年は宇宙からの衝突物による過酷な環境が続いたが，高温のマグマに被われていた地球は徐々に冷やされて地殻が形成された。当時の大気に酸素はなく，メタン，二酸化炭素，アンモニア，窒素，水素，硫化水素があった。生命誕生に必須である水は，地球誕生以前に星間物質として存在していたが，地球の誕生時に岩石中の成分として地球に蓄積し，その後，地球内部から高温の水蒸気として噴出したと考えられる。地球誕生初期の岩石はまだ見つかってはいないが，最古の海中沈殿物であったと推定される岩が，南西グリーンランドの38億年前の地層で発見されている。つまり，その年代までに地球の表層温度は100℃以下に低下し，原始海洋が形成されていたと考えられる。

　最も古い生物の化石は，35億年前の先カンブリア時代の地層に見つかったストロマトライトとよばれる層状炭酸塩岩に，光合成細菌の一種であるバクテリアが見つかったと報告されたが，海中の熱水鉱床に今でも見られる嫌気性の硫酸還元菌ではないかとの議論もある[1][2]。

1.2節

化学進化と生命の誕生

　生命の起源を考える前に，まず，生命が備えるべき要件を挙げてみよう。例えば，

- 自己と同じ種を次の世代に残す能力（自己複製能・自己増殖能）
- 自己と非自己の境界をつくる能力（細胞の形成能）
- エネルギーを利用して自己を組み立てる能力（代謝能）
- 周囲の環境の変化に応じて生活様式を変える能力（適応能）

などが挙げられる。

　ヒトの腸管に生息する大腸菌は上記の要件をすべて満たしている。これに対して，大腸菌に感染して増殖するバクテリオファージ（ウィルスの一種）はこれらの要件は満たすが，宿主の大腸菌の助けがなければ増殖できないので，完全な生物であるとは言えない。動植物細胞に感染して増殖するウィルスも同様である。遺伝物質である核酸の複製機構や，核酸にコードされる遺伝情報をタンパク質の構造にまで伝える機構（セントラルドグマ）は分子生物学の基本であるが，これらの理解には，バクテリオファージの感染や増殖に関する分子遺伝学的研究が大きく貢献した（7章参照）。

　次に，生命はどんな場所で誕生したのだろう。現在，最も可能性が高いとされる場所は，海底でマグマが噴出する熱水鉱床の付近である。熱水鉱床には，二硫化水素 H_2S や水素といった還元的な化合物が豊富で，少し離れれば温度が100℃を下回る場所がある。そこには，珪酸塩や炭酸塩を含む粘土

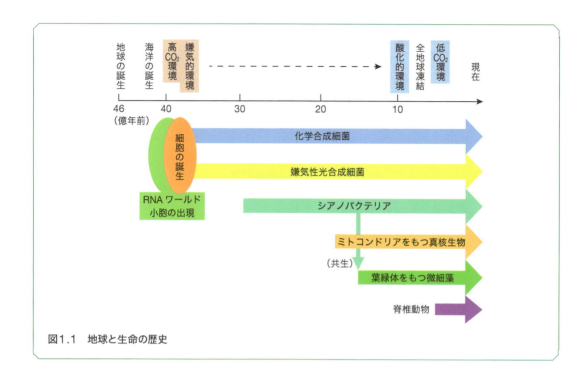

図1.1　地球と生命の歴史

層が沈殿しており，常に供給される還元力と，鉄や
マグネシウム・リンなどのミネラル，メタンや一酸
化炭素・アンモニアが反応して，単純なアミノ酸や
リン酸を含む核酸が生成したと推定される。そして，
粘土鉱物の一種モンモリロナイトの表面では，単純
な核酸やリン酸の重合反応が進みリボ核酸（RNA）
が誕生したとされる。これらの生命の材料となる有
機物は分解を受けずに，長い時間をかけて自己複製
可能な原始生命体の出現に必要なレベルまで蓄積し
たと考えられる（図1.1）。地球上で生命誕生まで
の化合物の変遷は「化学進化」とよばれる。

1.3節

RNAワールドの出現

　真核生物の核遺伝子やオルガネラ遺伝子に挿入
されているイントロン（Intron）は，転写後に核
内でスプライシングによって除去される[3]。この反
応には多くのタンパク質とRNAが必要であるとさ
れていた。しかし，チェック（T. Cech）は，繊毛
虫テトラヒメナのグループ I 型イントロンが，分子
内で水素結合により特異な高次構造をとり，自己触
媒的にRNA鎖を切断ならびに連結することを発見
した[4]。彼は，この触媒反応（自己スプライシング）
を行うRNAを「リボザイム（図1.2）」と命名し，
1989年にノーベル化学賞を受賞した。

　生命の特徴の1つである「代謝能」を担う酵素
反応は，それまでタンパク質が触媒すると考えられ
ていたが，RNAも触媒することが判明した。さら
にRNAは糖やアミノ酸とも結合することから，タ
ンパク質の合成反応においても，中心的な役割を
担っていることが示されている（この場合のRNA
は，リボソームRNAである）。そこで，生命誕生
の前段階ではRNA自身の複製反応に加えてタンパ
ク質の合成反応（ペプチジル転移酵素活性）も
RNAが触媒していたと推定され，この生命誕生前
の時代は「RNAワールド」とよばれる。種々の化
学反応を触媒できる酵素も多様に進化し，生命誕生
の準備が整ったと考えられる。

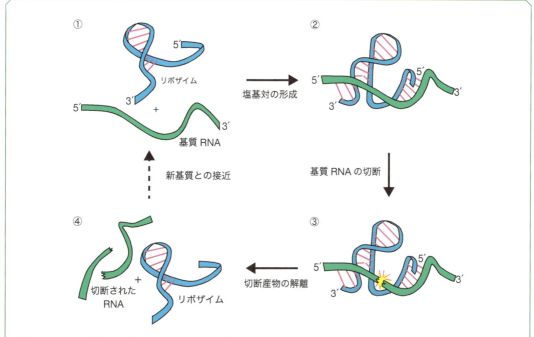

図1.2 RNA分子の一種であるリボザイムの酵素反応
リボザイムは別の RNA 分子を特定の部位で切断する反応を触媒する。この切断反応はマグネシウムイオン存在下でのエステル交換反応によって引き起こされる[4]。

細胞（微生物）の成立

「RNA ワールド」と並んで生命誕生に必要な出来事がある。それは，代謝や複製などの反応系がリン脂質膜によって外界から隔離され，小胞（区画）が成立することである。それに合わせて，物理的に不安定な RNA に比べて比較的安定なデオキシリボ核酸（DNA）を合成する反応が出現し，遺伝物質としての役割が RNA から DNA に移ったと考えられる。こうして DNA, RNA, タンパク質のセットが同じ区画に集まることで，遺伝情報の維持と発現系（セントラルドグマ；DNA → RNA → タンパク質）が成立したと考えられる。必要な物質を小胞の内側に取り込み，不要な廃棄物を外へ排出するために必要な膜輸送系と，膜上での ATP 合成が共役し，遺伝情報発現系を担う核酸（DNA や RNA）やタンパク質が小胞に組み込まれることで原始細胞が成立した。原始細胞は，すでに周囲に存在した種々の化合物からエネルギーを獲得し，生体成分の構築に利用していたと考えられる。例えば，硫化鉄 FeS と硫化水素 H_2S から二硫化鉄 FeS_2 と水素 H_2 を生成する反応が紫外線により引き起こされ，この反応と連動して化学エネルギー物質のアデノシン 5′−三リン酸（ATP）を生産できる化学合成細菌が出現したと推定される。これらの細菌は，脂肪酸をエステル結合したリン脂質を膜脂質の骨格として利用する「細菌（バクテリア）」と，脂肪酸の代わりに炭化水素鎖をエーテル結合したリン脂質を利用する「古細菌」とに分かれ，両者は現在も生き残っている。

真核生物と光合成生物の出現と地球大気の変化

二酸化炭素（CO_2）が多く酸素に乏しい大気をもつ初期の地球では，約25億年前までに，光化学系で太陽エネルギーを使って硫化水素からプロトンを取り出し，CO_2から酢酸などの有機物を生産できる嫌気性光合成細菌（真正細菌や古細菌）が出現した。光合成細菌は生命誕生の歴史では初期から存在したが，その後，太陽エネルギーをさらに効率良く利用できる光化学系IIが，従来の光化学系Iに加わり，水分子からプロトンと電子を取り出し，酸素を発生する光合成細菌（以前は「ラン藻」とよばれていた**シアノバクテリア**）が登場した（図1.1）。太陽光エネルギーは，クロロフィルを含む光捕集タンパク質に捕らえられ，2つの光化学系により水の分解と化学エネルギーの担い手であるATPとNADPHの生産に利用される。生成したATPとNADPHは炭素固定反応（カルビン回路）で利用され，CO_2からグリセロアルデヒドリン酸を経由してデンプンなどの炭水化物がつくり出される（**図1.3**）。また，細胞の構成成分を構築するために必要な核酸やアミノ酸も，これらの化学エネルギーを用いて細胞内で生産されることから，光合成反応は，

すべての生命の生存に必要な基本反応である[5]。23億年前には，シアノバクテリアと堆積物からなるストロマトライトとよばれる岩石の地層が各地で見つかっており，この頃から大気中の酸素濃度が増加し始めた。この時期にシアノバクテリアが繁栄した事実から，現在の大気中の酸素は，シアノバクテリアが太陽エネルギーを用いて光合成の際に水を分解して放出した酸素に由来すると考えられる。初期に生成した酸素は，しばらくの間は海中の鉄（Fe^{2+}）を酸化する反応に利用された。酸化されて生成した鉄Fe^{3+}の堆積物が当時の地層に残っている。その後，大気中に酸素がさらに蓄積し，それまで嫌気的環境で繁栄していた有機物を利用する生物は生活の場を奪われた。シアノバクテリア自身も，細胞内で酸素を発生することから，細胞内で生成する活性酸素（スーパーオキシドやヒドロキシルラジカル，過酸化水素，一重項酸素）に対する防御のために活性酸素消去系をもっていたと考えられる。酸素濃度の上昇とともに地球大気の上層部では，紫外線のエネルギーによりオゾン層が生成し，地上に降り注ぐ紫外線の強度が数十分の一にまで低下することになった。これは，生物の陸上への進出に大きく貢献したと考えられている。

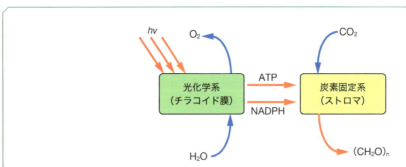

図1.3 光合成における2つの反応
光エネルギーを用いて水を分解し化学エネルギーを得る反応（光化学系）は，チラコイド膜上で進み，副産物として酸素を放出する。生成した化学エネルギーを用いて二酸化炭素を固定し炭水化物を合成する反応（炭素固定系）は，葉緑体可溶性画分のストロマで起こる。受容する光エネルギーの強度，水の供給，二酸化炭素の濃度，化学反応の温度などが，光合成速度を決定する要因となる。

〈発展問題〉
問1　活性酸素が生成する諸反応と，その消去に
　　　関わる反応に関わる酵素について答えよ。

1.6節

共生による進化

　光合成で CO_2 を固定するシアノバクテリアは糖（グリコーゲン）を蓄えることから，従属栄養生物に捕食されていたと推定される。CO_2 を固定していた化学光合成細菌やシアノバクテリアとは別に，それらを捕食する細菌は，ゲノムを取り囲む核構造や染色体構築に必要なクロマチン構成タンパク質などをもつようになった。そして，この捕食能をもつ細菌は真正細菌の α-プロテオバクテリアを取り込むことで，酸素呼吸により ATP を生成するミトコンドリアをもつ真核生物の原型となった。ただし，呼吸が可能となっても，酸素の乏しい当時の環境では，その生存範囲は限られていたと考えられる。

　約14億年前には，生産者であるが故に捕食されてきたシアノバクテリアが，ミトコンドリアをもち捕食性の真核生物に捉えられ，細胞内で消化されずに残ることで「共生」関係が成立した。この共生の成立直後の形態を今も残しているのが石灰藻シアノフォラである[6]。細胞内に捉えられたシアノバクテリアに由来するが，もはや独立して増殖できないので「シアネラ」とよばれる。共生が進むにつれて，シアノバクテリアのゲノム（4 Mb）にコードされていた遺伝子の多くは宿主の核ゲノムに移行するか，重複していて不要な場合には欠失して，比較的小さな葉緑体ゲノム（100 Kb）へと進化した。共生が確立するまでのオルガネラゲノムの宿主による略奪と制御系の確立には，細胞質からオルガネラへのタンパク質の移行システムの確立や，ゴルジ体を含む膜輸送系の進化が必要であった。酸素発生型の光合成で生育する真核生物の緑藻は，光エネルギーをシアノバクテリアよりも効率良く利用できたこと

から，海洋で大規模に繁殖し，その後，多細胞化を経て多様化していった。

　生命誕生から現在までの歴史の70～80%が微生物によって担われており，特に地球大気における酸素と CO_2 の分圧の変化には，酸素発生型の光合成を行うシアノバクテリアや緑藻を含む真核微細藻の寄与が大きい。

1.7節

モデル生物の緑藻クラミドモナス

　約10億年前から地球で繁栄した真核微細藻や従属型の捕食生物は多様な種に進化したが，7億年前の全地球凍結により多くの種は絶滅したと考えられている。しかし，この環境で生き残った種によって生命はさらに進化を続けた。共生により葉緑体をもった真核生物の緑藻の中でもクラミドモナスは，光合成で生育する植物としての性質と，鞭毛で遊泳する動物として性質を合わせもつことから，モデル生物の一種として生命科学研究に活用されている[7]。種々の研究分野で利用されるクラミドモナスの利点を下記に挙げる。

(1) 細胞分裂で増殖する無性生殖に加えて，雌雄の交配により有性生殖することから，遺伝学・生殖学に適していた。

(2) 鞭毛の単離精製が容易なので，その中心にある微小管の 9+2 構造（4章参照）が最初に解明された。遊泳がうまくできない変異株を用いることで，鞭毛の構成因子が単離同定され，鞭毛運動の理解に貢献した。

(3) 酢酸を炭素源として利用できるので，光合成に欠陥をもつ変異株が単離・維持でき，光合成の構成因子の理解に貢献した。特に，葉緑体 DNA が最初に発見され[8]，形質転換が最初に成功したことから，葉緑体ゲノムの操作も容易である。

(4) 光合成でエネルギーを得て生育できるので，呼吸欠陥変異株が単離でき，ミトコンドリア

の機能の理解に貢献した。

(5) 複数の光受容体（眼点のチャネルロドプシン，鞭毛の青色光受容体など）の変異株を利用することで，光合成や細胞運動の光制御機構の理解が進んだ。

(6) 強光や栄養源欠乏などの外環境に順化できない変異株を調べることで，光合成や細胞増殖の制御について理解が進んだ。特に，水生光合成生物がもつ「CO_2 濃縮機構」がこの種で初めて発見され，光合成を維持する機能の理解に貢献した[9]。

1.8節
酸化的な地球環境での光合成維持

光合成生物が生育する速度は，さまざまな環境因子によって制限される。そこで，光強度が過剰な時や，大気中の CO_2 濃度が不足する時には，生物は光合成を維持するために種々の補助的な機構をもつように進化した。例えば，生物に降り注いだ光は，すべてが光合成のエネルギーとして利用されるのではなく，熱や蛍光のエネルギーとして放散される。過剰なエネルギーは光化学系 II で生成する酸素に受け止められ，一重項酸素や活性酸素など危険な物質に変化し細胞の成分を酸化し破壊することになりかねない。その場合に備えて，光合成生物は生成した活性酸素などを解毒する代謝系（酵素）をもつようになり，過剰な光エネルギーは熱や蛍光として細胞外に逃がすように進化してきた。一方，過剰な光エネルギーを受けた時に，そのエネルギーを効率的に炭素化合物の還元に充てることができれば，光ストレスから解放される。実際に，CO_2 の入手が困難な水中で水生生物は炭素を獲得するために，**CO_2 濃縮機構**を誘導し，炭素固定酵素に CO_2 濃度を供給する。例えば緑藻クラミドモナスでは，細胞膜に ABC 型の重炭酸輸送体と，葉緑体包膜に局在するアニオンチャネルが同時に発現することで光合成を維持することができる[10]。さらに，それらの発現

には，CO_2 濃度の低下を検知する因子[11]やチラコイド膜に局在するカルシウム結合タンパク質が必須である[12]。植物の CO_2 利用により大気中の CO_2 濃度が徐々に低下し，水生生物は炭素固定酵素の CO_2 に対する親和性の低さを補うために，CO_2 濃縮機構を進化させることで生存を図ったと考えられる。現在，この CO_2 濃縮機構を陸上植物に付与することで生産性を向上させようという挑戦が行われている。

1.9節
植物の多様化と陸上化

ある種の緑藻は，従属栄養型の真核生物に二次共生することでユーグレナなどの原生生物が出現した。また，緑藻とは異なる光合成色素をもつ紅藻が従属真核生物に二次共生することで珪藻や円石藻などに進化し，多種多様な微細藻が繁栄した。実際に，20 億年前の地層に核をもつ多種多様な真核藻類の化石が見つかっており，現在産出される原油は円石藻の生産する炭化水素に由来することが示されている。多様化した微細藻類とこれを捕食する小動物が海洋で大規模に繁栄し，酸素を放出していった（**図 1.4**）。

約 7 億年前に地球が全球凍結したことによって多くの生物が枯死したが，氷河によって地表の栄養塩類が削り取られて海洋に運ばれることで，真核藻類の増殖が再度活発化し，光合成による生産性が向上したことにより，食物連鎖の基盤が成立した。その間に，細胞の分裂機構が進化して多細胞生物が出現する。

約 6 億年前の地球の酸素濃度は，現在の地球大気のレベルとほぼ同レベルにまで到達したと考えられる。大気圏の上層にはオゾン層が形成されて，地上に到達する紫外線レベルが徐々に低下した。このような環境で爆発的な藻類の繁栄と植物の陸上化が始まった（維管束植物の成立）。最初に陸上化した植物は，苔類であるとされる。苔類のなかでもゼニ

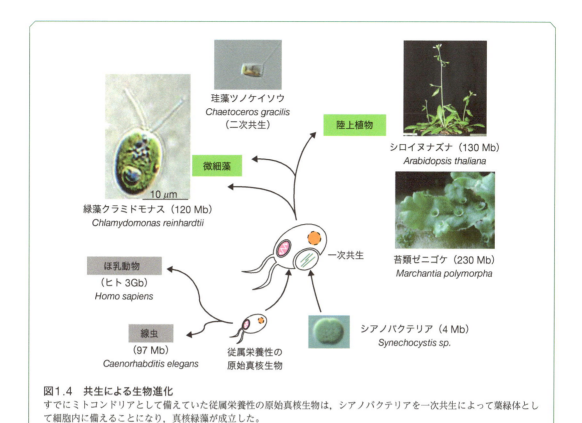

図1.4　共生による生物進化
すでにミトコンドリアとして備えていた従属栄養性の原始真核生物は，シアノバクテリアを一次共生によって葉緑体として細胞内に備えることになり，真核緑藻が成立した。

ゴケは，陸上で水平方向に成長することで，維管束をもたなくとも陸上で成長を続けることができた。また，雌雄性をもつが無性的に自らと同じコピーとなる新しい個体を増やす方法と，有性生殖を行って遺伝的混合をする方法を使い分けている。ゼニゴケは，世界に先駆けて日本で葉緑体ゲノム[13]，ミトコンドリアゲノム[14]，230 Mbにおよぶ核ゲノムの全構造[15]が解明されている。核ゲノムの遺伝的冗長性が低いことから，現在，モデル植物として改めて脚光を浴びている。

ゲノムから見た動植物の関係

　ヒト，シロイヌナズナ，緑藻クラミドモナスのゲノムから推定したタンパク質を相同性によって分類すると，互いに共通なタンパク質が存在することが示されている（図1.5）。次の問について考えてみよう。

〈発展問題〉

問2　ヒトと緑藻で共通に存在して，シロイヌナズナには存在しないタンパク質（図1.5中のグループ A）には，どのような機能に関わるタンパク質が含まれるか。

問3　ヒトには存在しないが，緑藻とシロイヌナズナに共通して存在するタンパク質（グループ B）には，どのような機能に関わるタンパク質があるか。

問4　3種の生物すべてに共通するタンパク質（C）には，どのような機能に関わるタンパク質が含まれるか。

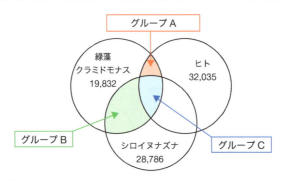

図1.5 哺乳類のヒト, 維管束植物のシロイヌナズナ, 単細胞緑藻のクラミドモナスにおけるタンパク質の相同性
ゲノム配列から推定されたタンパク質のアミノ酸配列を比較し, タンパク質の類似性をベン図で示した (出典：文献16 の Fig. 1 を改変)。

緑藻クラミドモナスとヒトに存在し, アラビドプシス (シロイヌナズナ) には存在しない688種のタンパク質 (図1.5のグループA) の中に, ヒトのバルデー・ビードル症候群 (Bardet-Biedl Syndrome) の原因遺伝子産物 BBS5 が含まれていた。この BBS5 タンパク質は, マウスならびに線虫において鞭毛基部に存在し, 鞭毛および繊毛の構築ならびに運動に必須であることが示された[16]。また, ヒトの内臓逆位 (50%の頻度で心臓が右に発生する) 症状で知られるカルタゲナー (Kartagener) 症候群の原因遺伝子が近年明らかにされた。鞭毛運動が異常になった緑藻クラミドモナスでは, 鞭毛の構成成分であるダイニンやキネシンの遺伝子の異常が知られていた。一方, カルタゲナー症候群の原因遺伝子がこの鞭毛構成成分をコードすることから, 個体の発生における左右決定が繊毛運動で生じる水流に依存することが証明された[17]。

なお, 本章では立襟鞭毛虫の成立からヒトに至るまでの動物の進化については割愛したので, 参考図書を参照されたい。

文献
1) M. Medigan et al., Brock Biology of Microorganisms, p.34, Pearson Education (2012)
2) 井上 勲著, 藻類30億年の自然史, 東海大学出版 (2007)
3) B. アルバート他著, 中村桂子・松原謙一監訳, 細胞の分子生物学 第6版, p.315, ニュートンプレス (2017)
4) T. R. Cech, O. C. Uhlenbeck, *Nature*, 372, 39 (1994)
5) 杉浦美羽他編, 福澤秀哉著, 光合成のエネルギー変換と物質変換, p.202, 化学同人 (2015)
6) D. C. Price et al., *Science*, 335, 843 (2012)
7) S. S. Merchant et al., *Science*, 318, 245 (2007)
8) R. Sager, M. R. Ishida, *Biochem.*, 50, 725 (1963)
9) M. Badger et al., *Plant Physiol.*, 66, 407 (1980)
10) T. Yamano et al., *Proc. Natl. Acad. Sci. USA*, 112, 7315 (2015)
11) H. Fukuzawa et al., *Proc. Natl. Acad. Sci. USA*, 98, 5347 (2001)
12) L. Wang, et al., *Proc. Natl. Acad. Sci. USA*, 113, 12586 (2016)
13) K. Ohyama, H. Fukuzawa, et al., *Nature*, 322, 572 (1986)
14) K. Oda, et al., *J. Mol. Biol.*, 223, 1 (1992)
15) J. L. Bowman, T. Kohchi, et al., *Cell*, 171, 287 (2017)
16) J. B. Li, et al., *Cell*, 117, 541 (2004)
17) Y. Tanaka, et al., *Nature*, 435, 172 (2005)

参考・推薦図書
・『藻類30億年の自然史』井上 勲著, 東海大学出版 (2007)
・『細胞の分子生物学 第6版』B. アルバーツ他著, 中村桂子・松原謙一監訳, ニュートンプレス (2017)
・『新しい分子進化学入門』宮田 隆編, 講談社 (2010)
・『カラー図解 アメリカ版大学生物学の教科書 第4巻進化生物学』D. サダヴァ他著, 石崎泰樹, 斎藤成也監訳, 講談社 (2014)

2章 生き物の体
微生物, ウイルス, 動物, 植物
片山高嶺（2.1節）／朝長啓造（2.2節）／永尾雅哉（2.3節）／遠藤 求（2.4節）

2.1節

微生物

現在，生物は進化的に**バクテリア・アーキア・ユーカリアの3ドメイン**に分けられている。このうちバクテリアとアーキアが原核生物であり，ユーカリアが真核生物である*。

微生物には，原核生物のすべてと真核生物の一部が含まれる。原核生物は上述の通りバクテリアおよびアーキアであり，真核生物としては菌類，一部の植物および単細胞性の原生生物が含まれる。つまり微生物という言葉は分類学上の名称ではない。

微生物の構造を知ることは，特に病原微生物に対する薬剤を開発する上で重要である。例えば，抗生物質ペニシリンはバクテリアに特徴的な細胞壁形成過程を標的としている。また，微生物に特徴的な構造は宿主がそれらに感染した際にそれを認識する手がかり（免疫機構）としても重要である。本節では，微生物の形について例を挙げながら概説し，特にバクテリアについて詳しく述べる。

*アーキアは古細菌とも始原菌ともいわれる。

2.1.1 原核生物（バクテリア・アーキア）

A. バクテリアとアーキア

バクテリアは，地球上のほぼすべての環境に生息しているといっても過言ではないが，特に腸管内および土壌中に高密度（$10^{9\sim13}$/g）に存在する。ヒト腸管内には100兆程度生息するとされ，これは

ヒト自身の細胞数（60兆程度）より多い。バクテリアは病原体として忌諱されてきた歴史もあるが，発酵食品の製造に利用されるなど我々の生活に密接している。さらに，多くの抗生物質を含む医薬品（もしくは前駆体）が放線菌とよばれるバクテリアから単離されてきたこと，また制限酵素のみならずゲノム編集技術などの遺伝子操作技術開発の礎となったことも忘れてはならない。

一方，**アーキア**はいわゆる極限環境から単離されることが多く，100℃以上の高温や，pHが0.1以下あるいは12以上で生育可能なものもある。PCR（遺伝子増幅）に使用されるDNAポリメラーゼはアーキア由来のものがほとんどであり，バクテリアと同様,生命科学の発展を支えてきた立役者である。

B. 原核生物の構造と形態

ほとんどの**原核生物**の大きさは0.5～2.0 μmであり，形態としては球状や桿状およびらせん状をとる。例外的に300 μm以上にもなるバクテリア（*Thiomargarita namibiensis*）も発見されている。原核生物であるため核をもたず，染色体は折りたたまれた核様体として認識される。また明確な細胞内小器官を有していないが，光合成を行うシアノバクテリアは色素体とよばれる多重膜構造を細胞質内に有している。原核生物のゲノムは1本の環状DNAであると長い間信じられていたが，ストレプトマイセス属細菌（*Streptomyces*属放線菌）などは直鎖上DNAを有しており，その末端には真核生物のテロメアとは異なった2次構造が存在する。また，コレラ菌（*Vibrio cholerae*）のように2本の環状DNAを染色体として有しているものもある。コレラ菌のゲノムサイズは大腸菌とほ

ぼ変わらないが（～5 Mbp），倍化時間は大腸菌の半分程度（10分）であり，これはゲノム複製時間の短縮によるものだと考えられている。染色体以外に，**プラスミド**とよばれる小さな環状DNA（もちろん放線菌では直鎖のものもある）を有しているものもあり，抗生物質耐性遺伝子などがコードされている場合が多い。プラスミドは遺伝子工学ツールとして重要な役割を果たしているが，一方でバクテリア間の水平伝播による薬剤耐性獲得にも関わっており，医療現場において深刻に捉えられている。

バクテリアの細胞膜はほとんどの場合グリセロリン脂質（グリセロール骨格にリン酸と脂肪酸がエステル結合している）で構成されており，コレステロールやスフィンゴ脂質を含まない点で真核生物のそれと異なる（一部例外はある）。呼吸を行うバクテリアにおいては，電子伝達系は細胞膜に存在する。なお，アーキアでは脂肪酸の代わりにイソプレノイドアルコールがエーテル結合している。

C. グラム染色

歴史的にバクテリアは**グラム染色**（Gramによって開発されたクリスタルバイオレット等の塩基性色素を基本とする対比染色法）によって**グラム陰性菌と陽性菌**に分けられている。バクテリアの細胞壁には糖とアミノ酸から構成されるくり返しユニットが網目状に連結した**ペプチドグリカン層**（ムレインともよばれる）が存在しており，グラム陰性菌では数層程度であるが，グラム陽性菌では数十層にもなる。これがグラム染色性に差異をもたらす主要因である（**図2.1A，B**）。

D. ペプチドグリカン

ペプチドグリカンの糖部分は，β-$(1 \rightarrow 4)$-結合したN-アセチルグルコサミン（GlcNAc）とN-アセチルムラミン酸（MurNAc）である。このMurNAcに4アミノ酸からなるペプチドが結合した構造がペプチドグリカンを形成するユニットである。ペプチド構造はバクテリアによって少し異なり，大腸菌（*Escherichia coli*）と黄色ブドウ球菌（*Staphylococcus aureus*）では**図2.1C**のよう

になっている。大腸菌ではメソジアミノピメリン酸が，黄色ブドウ球菌ではリジンから伸長したグリシンが，隣のユニットのD-アラニンと架橋して網目構造となる（ペプチドグリカンユニットの前駆体にはD-アラニンがもう1つ付加されているため，合成反応でなく転移反応である）。

この架橋を担うトランスペプチダーゼをターゲットにした抗生物質が**ペニシリン**であり，青カビ（*Penicillium*属）が産生する。ペニシリンによってペプチドグリカンの網目構造を形成できなくなったバクテリアは分裂する際に浸透圧で破裂する。なお，唾液や涙に含まれるリゾチームはペプチドグリカンユニットの糖部分を加水分解して溶菌させる。アーキアにも同様の構造が見られるが糖およびアミノ酸の構成成分が異なり，シュードムレインとよばれる。

グラム陰性バクテリアの薄いペプチドグリカンは，さらに脂質2重層からなる外膜によって覆われている（図2.1A）。外膜の内葉にはリポタンパク質が，外葉にはリポ多糖が埋め込まれている。また，物質輸送に関わるポーリンが存在し，低分子化合物の透過を可能としている。ペプチドグリカンと細胞膜（グラム陰性菌では内膜ともいわれる）の間の空間を**ペリプラズム**とよび，内膜と外膜の間の輸送に関わるタンパク質やジスルフィド結合形成に関わる酵素などが存在している。外膜のリポ多糖は病原菌の血清型を決める因子の1つである（大腸菌O157株など）。ヒトはこのリポ多糖（内毒素）を認識するレセプターを有しており，グラム陰性菌から一度に大量に遊離すると死に至るほどの炎症を引き起こす場合がある。グラム陽性菌には外膜は存在しないが，グラム陰性菌にはないテイコ酸とよばれるグリセロールリン酸もしくはリビトールリン酸から構成されるポリマーが存在する。また，グラム陽性菌はペプチドグリカンにタンパク質をつなぎ止めておく特殊な機構を有しており，例えばソーターゼとよばれる酵素は細胞膜から外側に分泌されてきたタンパク質中のロイシン-プロリン-X（任意）-スレオニン-グリシン配列（LPXTGモチーフ）を認識し，そのスレオニン部分をペプチドグリカンの架

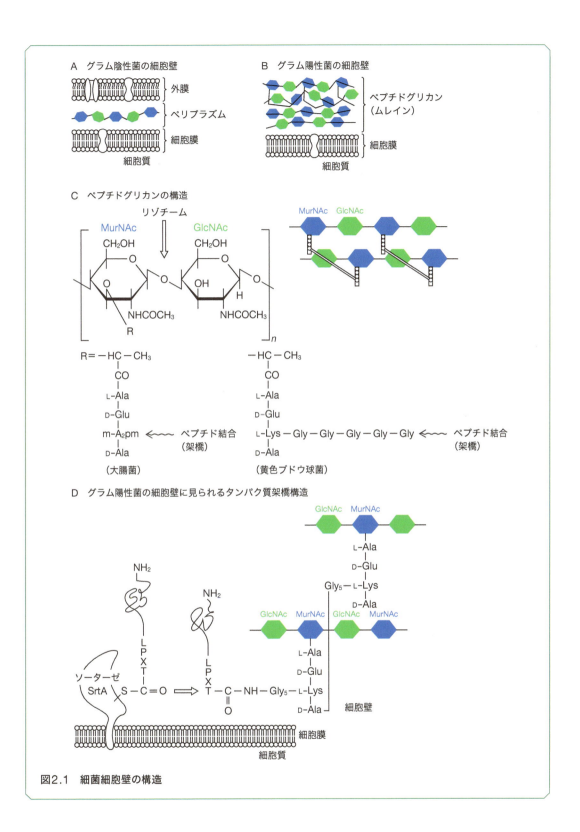

図2.1 細菌細胞壁の構造

橋部分であるグリシンに転移する（図2.1D）。このようなバクテリアに特異な酵素は，抗生物質開発を行う上で重要なターゲットとなりうる。マイコプラズマ属細菌は例外的に細胞壁をもたず，それを反

映してゲノムサイズも 500 Kbp 程度であり，これは大腸菌の 1/10 程度である。

E. 鞭毛・線毛

バクテリアは鞭毛や線毛とよばれる構造体を有していることもある。鞭毛は多数のサブユニットからなる複雑な構造体であり，多くの場合プロトン駆動力を利用して回転する。回転は時計回りにも反時計回りにも起こり，これによりバクテリアは負の走化性（忌避）または正の走化性（誘因）を得ている。線毛には，性線毛および付着線毛がある。性線毛は細菌同士の DNA 伝達（接合）に関与しており，上述したプラスミドによる薬剤耐性の獲得などに関与することが知られている。付着線毛は，宿主に対する感染に関係していることが多く，例えば尿路感染症を引き起こす大腸菌（*E. coli*）の P 線毛は宿主細胞表層の糖鎖を認識して結合する。

バクテリアは細胞外に多糖類を形成してバイオフィルムとよばれる集合体を形成することがあり，歯垢などがこれにあたる。バイオフィルム内ではバクテリア同士のコミュニケーションがあるとされており，抗生物質に対する高い抵抗性を示す。最近，メンブレンベシクル（膜小胞）とよばれる 30 〜 400 nm 程度の構造体が注目を集めており，この中には核酸やタンパク質が含まれている。この構造体は溶菌後の廃棄物として捉えられていたが，バクテリアはコミュニティー内で積極的にメンブレンベシクルを作って，バイオフィルム形成に役立てていることを示唆するような研究結果が得られている。

F. 芽胞

グラム陽性菌のうち，枯草菌（*Bacillus subtilis*）やクロストリジウム（*Clostridium*）属細菌などは栄養状態が悪くなると芽胞とよばれる非常に強固で水分含量が少なく高い抵抗性を有する構造体を形成する。芽胞を通常の生活レベルで死滅させるのはほぼ不可能であり，芽胞化された炭疽菌（*Bacillus anthracis*）はバイオテロとして現在でも脅威である。

図2.2　放線菌（*Streptomyces avermitilis* NBRC 14893株）の電子顕微鏡像
（画像提供：独立行政法人製品評価技術基盤機構バイオテクノロジーセンター（NBRC））

G. 放線菌

グラム陽性菌である放線菌（*Actinomycetales* 目）の多くは多様な 2 次代謝産物を生産することで知られ，天然の抗生物質の半数以上は放線菌から取得されている。2015 年にノーベル生理学・医学賞の受賞対象となったエバーメクチンは放線菌 *Streptomyces avermitilis* 由来の抗寄生虫薬であるし，免疫抑制作用や抗がん作用を有するラパマイシンは *Streptomyces hygroscopicus* から単離されている。これらの放線菌はバクテリアでありながら形態分化する点で非常にユニークである（図2.2）。培地に塗布すると，枝分かれした多核の基生菌糸が培地中に伸び，その後，気中菌糸が分化して空中に向かって伸長していく。さらに気中菌糸には隔壁が形成されて胞子が形成される（カビと似ている）。放線菌のゲノムサイズが他のバクテリアに比して大きいのは（9 Mbp 程度），2 次代謝産物合成能および形態分化能と関連すると考えられるが，まだ未解明な点が多く残されている。

2.1.2　菌類（酵母・カビ・キノコ）

菌類もバクテリアと同様，我々の生活に密着しており，食品そのものであったり，発酵生産に使用されるものもあれば動植物に感染症を引き起こすものもいる。また，一部のカビやキノコは強力な毒を産生することが知られている。コメやナッツ類から検

出されることのある発がん性物質アフラトキシンは
代表的なカビ毒であり，*Aspergillus flavus* が産
生する。カビは動植物にとって有害な性質が強調さ
れることが多いが，多くの陸上植物は根において
アーバスキュラー菌根菌（カビ）と共生しており，
本菌は土壌からリン酸を吸収して植物に供与し，反
対に植物は光合成で得られた糖類を本菌に与えてい
る。この共生によって植物には生長促進のみならず
耐病性やストレス耐性向上が見られる。なお，酵母，
カビおよびキノコは俗称であり分類を示す名称では
ないが，一般に広く用いられているために，本項で
はそのまま使用する。

A. 酵母

酵母は 4 ～ 6 μm 程度の大きさの単細胞生物で
あり，代表的なものには *Saccharomyces cere-
visiae* や *Schizosaccharomyces pombe* があ
る。前者はワインや日本酒の醸造で使用され出芽に
よって増殖するが，後者は分裂によって増殖する（図
2.3）。細胞膜より内側を見た場合，高等な真核生物
と同等の細胞内小器官を有していることから（6.1
節参照），古くからモデル生物として利用され，特
に膜小胞を介したタンパク質輸送（4.1 節参照），
細胞周期（10 章参照），および染色体分配（10.1
節参照）に関する研究で重要な役割を果たした。

2 層から構成される厚い細胞壁を有しており，原
核生物や植物細胞のそれとは構成成分が異なる。外

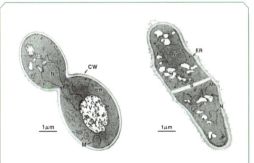

**図2.3　出芽酵母（左）と分裂酵母（右）の電子顕
微鏡像**
左は出芽中，右は隔壁形成完了後（画像提供：綜合
画像研究支援　大隅正子先生）

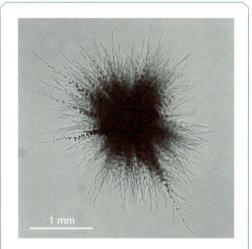

図2.4　偽菌糸形成した *Candida albicans*
（画像提供：鹿児島大学　玉置尚徳先生）

側の膜は主に α-D-マンノースからなるマンナン（α
$(1\rightarrow6)$-結合を主鎖, $\alpha(1\rightarrow3)$-結合を側鎖とする）
がタンパク質に結合したマンノプロテインによって
形成され，内側の膜は β-D-グルコースからなるグ
ルカン（$\beta-(1\rightarrow3)$-結合）によって形成されている。
内側膜には，β-N-アセチル-D-グルコサミンから
なるキチンも少量含まれている。出芽酵母は条件に
よっては偽菌糸とよばれる形態をとることもあり，
このような形態はカンジダ症を起こす *Candida
albicans* では病原性と関連があるとされている
（図 2.4）。

B. カビ

カビは多核生物であり，菌糸とよばれる糸状の細
胞が分岐あるいは伸長することで成長する。すなわ
ち，細胞分裂ではなく胞子によって細胞数を増やす
（図 2.5）。菌糸には，環境から栄養を獲得するため
の栄養菌糸と空中に伸びて胞子を形成する気菌糸が
ある。菌糸に隔壁をもつものもあれば，もたないも
のもある。栄養菌糸の隔壁には通常穴があいており，
栄養成分だけでなく細胞内小器官なども移動可能で
ある。菌糸の成長点においては Spitzenkörper（ス
ピッツェンケルパー）とよばれる構造体が観察され，
膜小胞や微小管またアクチンが集まっている。

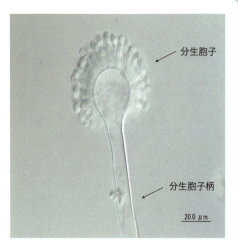

図2.5　胞子形成した黒コウジカビ（*Aspergillus niger* NBRC 4043株）
（画像提供：独立行政法人製品評価技術基盤機構バイオテクノロジーセンター（NBRC））

図2.6　緑藻クラミドモナス（*Chlamydomonas reinhardtii*）

カビの胞子には有性胞子あるいは無性胞子がある。一部の子嚢菌および多くの担子菌は2核相（2n）となった後に胞子（単相1n）を散布させるための大きな構造体（子実体）を形成するが，これがいわゆるキノコである。子嚢菌の子実体の例としては黒トリュフ（*Tuber melanosporum*）があり，担子菌の例としては椎茸（*Lentinula edodes*）がある。一方，有性世代が明らかでない菌類もあり，このようなものは不完全菌とよばれる。細胞壁は，酵母と違ってキチンが主成分であり，それ以外にグルカンやキトサンを含む場合もある。

2.1.3　一部の植物（緑藻・紅藻）

緑藻や紅藻は，ある種の従属栄養生物が光合成細菌であるシアノバクテリアを取り込む（一次共生）ことにより進化してきたと考えられており，以前は原生生物に分類されていたが現在は陸上植物と同じ系統的位置（アーケプラスチダ）に分類されている。緑藻クラミドモナス属のコナミドリムシ（*Chlamydomonas reinhardtii*）は鞭毛と葉緑体を有する，すなわち動物と植物の性質を併せもつ単細胞生物であり，モデル生物として研究で使用されている（図2.6）。日本人にとって最も身近な紅藻は海苔（ア

マノリ属 *Pyropia*）であろうが，多細胞で形成されているために微生物の範疇ではない。単細胞性紅藻としては海洋性チノリモ（*Porphyridium purpureum*）がある。

2.1.4　単細胞性原生生物

原生生物は形態的および機能的に非常に多様である。以前は分類学上の界を形成していたが，現在では動物・植物・菌類を含めてさまざまな系統に分けられている。多細胞性のものもあるが，多くは単細胞性である。

ミドリムシや珪藻などの原生生物は，一次共生をした緑藻や紅藻（2.1.3参照）をさらに取り込んで進化してきたと考えられている（二次共生）真核生物である。ミドリムシ（*Euglena* 属の総称）は，光合成を行うとともに長鞭毛を使って運動することが可能である。長鞭毛の根元には光受容体があり，適度な光強度の場所へ移動する（図2.7）。珪藻も光合成を行う単細胞生物であり，珪酸（二酸化ケイ素）からなる固い被殻に覆われている。プランクトンの主要成分であり，化石化した堆積物は珪藻土とよばれ日常生活でも使われている。海洋性珪藻である *Chaetoceros gracilis* はツノケイソウ属とい

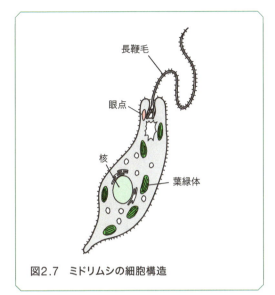

図2.7　ミドリムシの細胞構造

長鞭毛

眼点

核

葉緑体

図2.8　珪藻ツノケイソウ（*Chaetoceros gracilis*）

う名前の通り刺毛を有しており，また，遺伝子組換えが可能であることから珪藻モデルとして利用が考えられている（図2.8）。

　単細胞性の原生生物にはこれ以外に，アメーバ赤痢を引き起こす *Entamoeba histolytica* やマラリアを引き起こすマラリア原虫（*Plasmodium* spp.）などがある。

推薦図書・文献
・『キャンベル生物学』B. Reece ら著，池内昌彦ら訳，丸善出版（2013）
・『IFO 微生物学概論』大嶋泰治ら編，培風館（2010）

ウイルス

2.2.1　ウイルスとは

　微生物の一種である“ウイルス”による疾患は古くより知られ，ギリシャの有名な叙事詩「イーリアス（Iliad）」にも紀元前10世紀以前の狂犬病の話が登場する。また，紀元前15世紀のエジプトの石碑にはポリオに罹患した痕跡をもつ男が描かれている。ウイルスの存在が実験的に確認されたのは，19世紀の終わりになる。ロシアのイワノフスキー（D. Iwanowsky）は，1882年にタバコモザイク病に侵された植物の葉の汁には，細菌の濾過器を通過する“濾過性病原体”が含まれていることを発見している。1889年には，ドイツのレフラー（F. Loeffler）とフロッシュ（P. Frosch）が，牛の口蹄疫の病原体が濾過性病原体であり，細菌ではない未知の小さな病原体だと記載している。

　ヒトのウイルスとして最初に確認されたのは，野口英世の研究でも有名な黄熱病ウイルスである。1901年にアメリカのリード（W. Reed）とキャロル（J. Carrol）が濾過した患者血清を健常人に接種することで黄熱病の伝播を確認している。その後，ヒトや動物からさまざまな濾過性病原体が分離され，人工培地の中では増えることができないなどの細菌とは異なる性状が明らかになっていく。ウイルス粒子の初めての可視化は，1939年のルスカ（H. Ruska）によるタバコモザイクウイルスの電子顕微鏡観察である。

　ウイルス性状の定義は以下になる。

①大きさはnm（ナノメートル）で，多くは20〜300 nmである。

②DNAかRNAのどちらか一方の核酸を遺伝物質とし，周囲をタンパク質で囲まれた微小な粒子構造をとる。

③その他の微生物と異なり，エネルギー代謝系もタンパク質合成系ももたないため，宿主に完全

に依存して増殖する。

④人工培地では増殖できない。

⑤細胞内の増殖過程において感染性を失う時期がある。増殖は二分裂ではない。

ウイルスは地球上のすべての生物種に感染している。

2.2.2　ウイルスの構造

ウイルス粒子（ビリオン；virion）は，ウイルスゲノムとしての核酸（DNA もしくは RNA）を**カプシド**（capsid）とよばれるタンパク質の外殻が取り囲む基本構造からなっている（図2.9）。カプシドとその内側の核酸を合わせた構造を**ヌクレオカプシド**（nucleocapsid）とよんでいる。

カプシドは，ウイルスがつくり出す一種類あるいは複数のタンパク質が一定数非共有結合により結び付けられて形成されている。カプシドを形成するタンパク質の各ユニットが相互に等価で安定した結合をするためには，各ユニットが対称性に配置されるのが好都合である。実際に，ウイルスカプシドは正20面体型もしくはらせん対称型に大別される。

ウイルスの種類によっては，カプシドのさらに外側に糖タンパク質と脂質からなる膜構造（エンベロープ；envelope）をもつものがある。エンベロープ保有ウイルスでは，エンベロープとカプシドの間を，テグメント（tegument）あるいはマトリックス（matrix）とよばれるタンパク質が介在している場合がある。

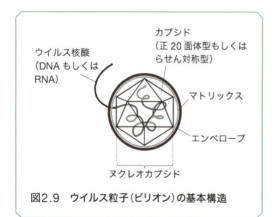

図2.9　ウイルス粒子（ビリオン）の基本構造

2.2.3　ウイルスの種類と分類

ウイルスはあらゆる生物を宿主にしており，宿主の種類によって脊椎動物ウイルス，無脊椎動物ウイルス，植物ウイルス，細菌ウイルス，古細菌ウイルス，藻類ウイルス，原虫ウイルス，真菌ウイルスに分けられる。最近では巨大ウイルスに感染するウイルスも発見されている（表2.1）。

宿主に関係なくすべてのウイルスに適用される分類法として，ウイルスの構造やゲノム核酸の種類，生物学的性状などに主眼をおいた方法が用いられている。ウイルスの分類と命名は1966年から国際ウイルス分類委員会（International Committee on Taxonomy of Viruses; ICTV）によってなされている。現在は2015年の報告（http://www.ictvonline.org/virustaxonomy.asp）が最新であり，その中においてウイルスは7目（Orders）111科（Families）27亜科（Subfamilies）609属（Genera）3704種（Species）に分類されている。

2.2.4　ウイルス核酸の性状

ウイルス分類の基準となるウイルス核酸の性状に関して記載する。ウイルスゲノムは大別してDNAとRNAに分類される。さらに，増殖過程において**逆転写**（reverse transcription; RNA からDNA への転写）するものをDNA ウイルスやRNA ウイルスとは別に分類している。

ウイルスゲノムは，その構造が**一本鎖**（single strand）か**二本鎖**（double strand）か，**直鎖状**（linear）か**環状**（circular）かに分けられる。DNA ウイルスでは多くが二本鎖環状であり，RNA ウイルスの多くは一本鎖直鎖状である。

RNA ウイルスの多くは一本鎖であるため，ゲノム RNA の極性（polarity）による区分も行われる。プラス鎖 RNA ウイルスはゲノムとして，mRNAと同じ極性を有する RNA がゲノムであるため，ゲノム自体が mRNA として機能しうる。マイナス鎖RNA ウイルスは，mRNA と相補的な極性をもつRNA がゲノムである。

ウイルスによっては，ビリオン中に異なる遺伝子をコードする複数のゲノムをもつものがある。このようなゲノムを分節ゲノム（segmented genome）とよぶ。

以上のようなウイルス核酸の性状により身近なウイルスを分類してみる（表2.1）。

ヘルペスウイルスやパピローマウイルスは直鎖状二本鎖 DNA ウイルス，インフルエンザウイルスは分節型一本鎖マイナス鎖 RNA ウイルス，麻疹（はしか）ウイルス，狂犬病ウイルス，そしてエボラウイルスなどは非分節型一本鎖マイナス鎖 RNA ウイルスとなる。レトロウイルスはビリオン中に同一の一本鎖プラス鎖 RNA ゲノムを 2 本もっているため，二量体一本鎖プラス鎖 RNA 逆転写ウイルスとなる。

2.2.5　ウイルスの生活環

ウイルスは他の微生物と異なり，宿主に完全に依存して増殖する（図2.10）。ウイルス粒子の材料はすべて宿主細胞の代謝系によってつくられる。そのため，細胞に侵入した親ウイルス 1 個から，数百〜数千個の子ウイルスがつくられる。

細胞に感染する際，ウイルスは細胞膜表面上の特異的な受容体（receptor）に付着する。この段階を吸着（adsorption）とよぶ。細胞膜表面に吸着したウイルス粒子は，細胞の食作用もしくは細胞膜とウイルスエンベロープの融合（fusion）により細胞質へと侵入（penetration）する。その後，細胞質内のリソソーム酵素などの宿主タンパク質の働きでウイルスの核酸がカプシドから脱殻（uncoating）する。

ウイルス核酸は，細胞質内もしくは核内において

表2.1　ヒトに感染する主なウイルスの分類

ゲノム核酸	ウイルス科	ウイルス種	エンベロープ	カプシド
dsDNA 二本鎖 DNA ウイルス	ヘルペスウイルス科	単純ヘルペスウイルス 水痘・帯状疱疹ウイルス EB ウイルス	＋	正 20 面体
	アデノウイルス科	アデノウイルス	－	正 20 面体
	パピローマウイルス科	ヒトパピローマウイルス	－	正 20 面体
	ポックスウイルス科	天然痘ウイルス	＋	卵型
ssDNA（−） 一本鎖マイナス鎖 DNA ウイルス	パルボウイルス科	ヒトパルボウイルス	－	正 20 面体
ssRNA（＋） 一本鎖プラス鎖 RNA ウイルス	フラビウイルス科	日本脳炎ウイルス デングウイルス C 型肝炎ウイルス	＋	多面体
	コロナウイルス科	SARS コロナウイルス	＋	らせん型
	ピコルナウイルス科	ポリオウイルス	－	正 20 面体
ssRNA（−） 一本鎖マイナス鎖 RNA ウイルス	パラミクソウイルス科	麻疹ウイルス ムンプスウイルス	＋	らせん型
	フィロウイルス科	エボラウイルス	＋	らせん型
	ラブドウイルス科	狂犬病ウイルス	＋	らせん型
	ボルナウイルス科	ボルナ病ウイルス	＋	らせん型
分節一本鎖マイナス鎖 RNA ウイルス	オルソミクソウイルス科	インフルエンザウイルス	＋	らせん型
dsRNA 分節二本鎖 RNA ウイルス	レオウイルス科	ロタウイルス	－	正 20 面体
ssRNA 分節アンビセンス鎖 RNA ウイルス	ブンヤウイルス科	ハンターンウイルス 重症熱性血小板減少症候群ウイルス	＋	らせん型
RNA/DNA 逆転写ウイルス	レトロウイルス科	ヒト T 細胞白血病ウイルス ヒト免疫不全ウイルス	＋	球形・多型体型

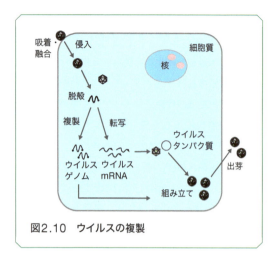

図2.10　ウイルスの複製

ウイルスゲノムより mRNA を**転写**（transcription）し，子孫ウイルスの組み立てに必要なウイルスタンパク質を合成する。同時に，ウイルスゲノムのコピーを**複製**（replication）する。DNA ウイルスの多くは核内で，細胞の転写酵素である **RNA ポリメラーゼⅡ**を用いて転写する。

　一方，RNA ウイルスの多くは細胞質で転写する。RNA ウイルスは転写酵素である **RNA 依存性 RNA ポリメラーゼ**（RNA-dependent RNA polymerase）を自身の粒子内にもっており，それを用いて転写と複製を行う。細胞内で合成された子孫ウイルスの材料は，細胞質内でウイルス粒子として組み立てられ（assembly），細胞外へと放出される。エンベロープをもつウイルスではヌクレオカプシドがウイルスタンパク質をまとった細胞膜をかぶって細胞外に出芽（budding）する。

2.2.6　内なるウイルス

　上述してきたウイルスの性状と特徴は，個体から個体へと伝播し，時に宿主に病気を起こすウイルスの説明である。これらのウイルスを**外来性ウイルス**（exogenous viruses）とよぶ。私たちが"ウイルス"という場合には，一般にこの外来性ウイルスを指す。

　ウイルスには外来性ウイルスの他に，生物のゲノムに組み込まれている**内在性ウイルス**（endogenous viruses）がある。内在性ウイルスは，太古の昔に感染した外来性ウイルスの痕跡であり，ウイルス化石（virus fossil）ともよばれる。ヒトではゲノムの約8%が内在性ウイルスであり，そのほとんどはレトロウイルスとよばれる特殊なウイルスに由来している。レトロウイルスは，RNA ゲノムを自身がもつ**逆転写酵素**（reverse transcriptase）により DNA へとコピーし，それを宿主ゲノムへと**挿入**（integration）することで複製する。そのため，生殖細胞に感染が起こると，ゲノムに組み込まれたウイルスの遺伝情報は子孫個体のゲノムに伝わる。このようにして，同一の系統集団内において広く維持されるようになったウイルス由来配列が内在性ウイルスである。

　内在性ウイルスには，レトロウイルスの他にもボルナウイルスなどのさまざまな種類のウイルスに由来するものが見つかっている。内在性ウイルスの中には，進化過程で宿主の遺伝子として機能を付加されたものが存在している。哺乳類の胎盤形成に必須の遺伝子の中にも，レトロウイルスに由来する内在性ウイルス遺伝子が存在している。

推薦図書・文献
・『生命科学のためのウイルス学−感染と宿主応答のしくみ，医療への応用−』D. ハーパー著，下遠野邦忠，瀬谷 司 監訳，南江堂（2015）

2.3節

動物

2.3.1　動物細胞の特徴

　動物細胞と植物細胞を比べると，動物細胞には細胞壁や葉緑体などの色素体（プラスチド）がないことがわかる。また，液胞が植物細胞では大きく発達しているのに対して，動物細胞ではほとんど発達していない。また，植物では，中心体が藻類やコケ・シダ植物の一部の細胞に見られるだけであるが，動物細胞では常に確認できる（**図 2.11**）*。

*リソソームは動物細胞にしかなく，植物細胞では液胞がそれにあたるという考え方と，植物細胞にもリソソームは存在するとする考え方がある。

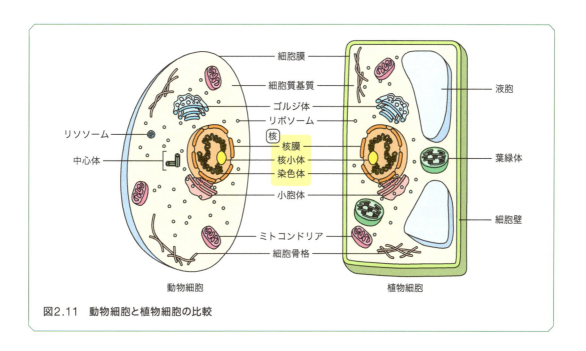

図2.11　動物細胞と植物細胞の比較

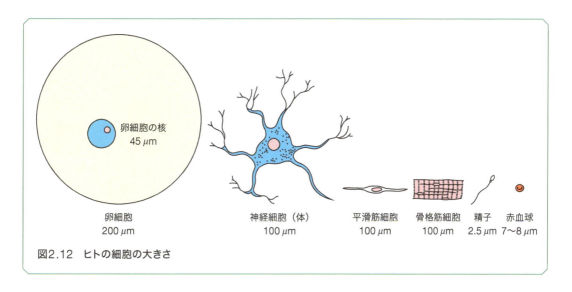

図2.12　ヒトの細胞の大きさ

A. 動物細胞の大きさと種類

　ヒト細胞の大きさは，直径 10 ～ 30 μm 前後の
ものが多い。精子の細胞はおよそ 2.5 μm（鞭毛を
含めると 60 μm）で最も小さく，赤血球は 7 ～
8 μm 程度で，卵子（卵細胞）が最も大きく，約
200 μm である（図2.12）。そして，ヒトのゲノム
DNA は全長 2 m ぐらいであるが，これが通常 5
～ 10 μm ぐらいの核に収められている*。ヒトの

個体中には約 60 兆個の細胞があり，260 種類ぐら
いの細胞がある。

　*他の動物に目を向けると，ダチョウの卵は1個の細胞で
　直径 15 cm ほどもある。

B. ヒト細胞の分化

　1 つの受精卵から，個体を構成するすべての種類
の細胞ができるが，その細胞の分化や細胞種の多様
性ができていく様子は，ワディントン（Wadding-

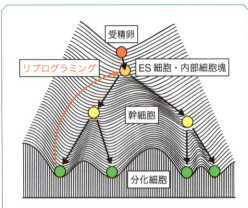

図2.13　Waddington地形を用いた細胞の分化による多様性獲得過程の説明

ton）地形を転がりおちる球のように，分岐点で異なる谷に進む毎に，分化の方向性が異なり，最終的な分化を遂げた機能細胞になると例えられる（図2.13）。

　一般的には分化の過程で染色体のDNA塩基配列そのものには変化はないが，いわゆるエピジェネティックな変化（DNAやヒストンタンパク質の修飾，転写因子の結合やそれに伴う共役因子・クロマチンリモデリング因子のリクルート，クロマチン構造の変化など）により，個々の遺伝子の発現のオン，オフが制御されることで，細胞は異なる機能を有する分化細胞へと変化して機能を発揮する。通常，この分化の過程は逆戻りしないが，俗に山中因子とよばれる遺伝子群を導入して，分化した細胞を人工的に胚性幹細胞様の幹細胞へ戻す（リプログラミング（初期化）する）ことで，多様性幹細胞であるiPS細胞を樹立することができる[1]。

　細胞の多様な分化過程については，例えば，血液細胞は共通の造血幹細胞から，さまざまな種類の血球細胞へと，さまざまな接着因子，液性因子の作用を受けることで分化していく（図2.14）。

2.3.2　動物の組織，器官と個体

　組織とは，数種の決められた細胞が一定の様式で集合した固有の役割を果たす構造単位のことである。動物の組織は，上皮組織，結合組織（液状組織

である血液とリンパを含む），筋組織，神経組織に分けることができる。また，何種類かの組織が集合して器官ができている。例えば，図2.15のように，皮膚という器官はいくつかの組織の集合体であることがわかる。

A. 上皮組織

　上皮組織とは，体表面（皮膚），管腔（消化管，呼吸器，泌尿器，生殖器），体腔（心膜腔，胸膜腔，腹膜腔）などの表面に存在し，単層または重層の細胞でできた組織であり，細胞どうしが密接に表面に並んでいる。

　上皮組織を発生学的に分類すると，大まかにいえば，いわゆる狭義の上皮とよばれる体表面の皮膚の上皮は外胚葉由来であり，消化管・気管・肺胞上皮やそれらに付随する分泌を行う腺上皮などは内胚葉由来である。また，心臓，血管，リンパ管などの内面側を覆う単層扁平上皮は内皮とよばれ，体腔の内面側を覆う単層扁平上皮は中皮とよばれ，どちらも中胚葉由来である。

　形態的には，大きく分けて単層の細胞からなる単層上皮と複数層からなる重層上皮に分類できる。機能的に分類すると，主なものとして，単層扁平上皮（血管内皮や肺胞など栄養分や，酸素・二酸化炭素の交換に関わる），重層扁平上皮（皮膚，口腔・食道など外来の刺激に耐えて保護するもの），単層円柱上皮（胃・小腸・大腸など消化管の粘膜上皮で物質の吸収のために，ある程度の体積があり，微絨毛をもつ場合があるもの），線毛上皮（気管，鼻腔，卵管など線毛があり，運搬機能をもつもの），移行上皮（膀胱，尿管，腎盂，腎杯など尿の貯留に重要で，排泄に応じて細胞層の厚さが変化するもの）があり，その他に，立方上皮（尿細管や甲状腺などの濾胞上皮で一層の立方体が並ぶ）などがある。

　最も表面にある上皮組織の下側には通常，結合組織が存在し，その境界には基底膜が存在する。基底膜は細胞外マトリックスで構成されている。

B. 結合組織

　結合組織とは，組織を大きく4つに分類した際に，

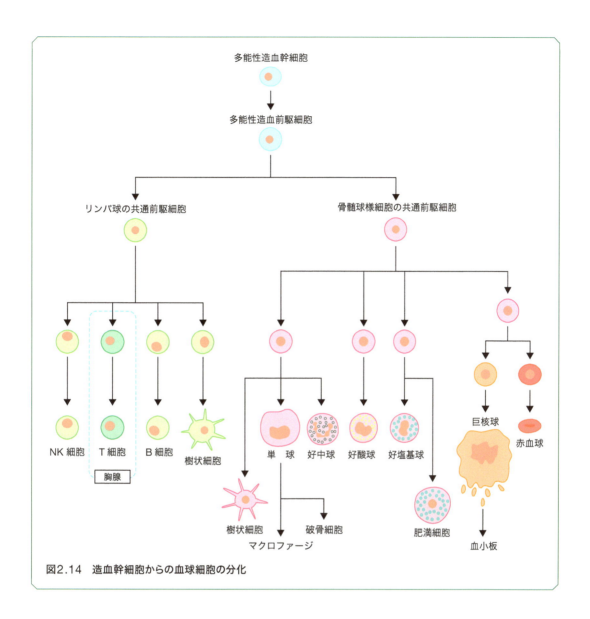

図2.14　造血幹細胞からの血球細胞の分化

上皮・筋・神経組織に分類されない組織で，中胚葉に由来し，細胞とその周りのコラーゲンなどの細胞外マトリックスからなり，構造の支持にあたる組織である。結合組織自身はさらに固有結合組織，特殊結合組織，胚性結合組織（胎生期に存在する未分化な結合組織）などに分類される（線維性結合組織と結合支持組織等に分類している場合もある）。固有結合組織には，疎性結合組織（器官や上皮を保持し，コラーゲンやエラスチン線維などを含む），密性（強靱）結合組織（靱帯，腱など，強度の強いコラーゲン線維が存在），脂肪組織，細網組織（リンパ器官

などを支持）などがあげられる。特殊結合組織としては，血液，骨，軟骨などがある。

C. 筋組織

　筋組織は，主に紡錘状または線維状の筋線維ともよばれる筋細胞からできている。筋組織は大きく分けて横紋筋と平滑筋に分かれる。横紋筋のうち，骨格筋は随意筋で運動神経の支配下で意識的に動かすことができるが，心筋は不随意筋で自分の意志で制御できない。一方，平滑筋は，消化管，血管，内臓等の筋肉で自律神経に支配される不随意筋である

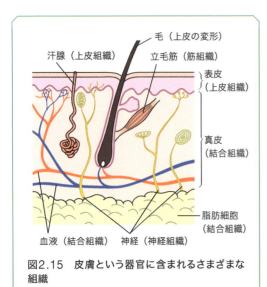

図2.15　皮膚という器官に含まれるさまざまな組織

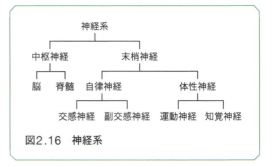

図2.16　神経系

表2.2　筋組織の分類

横紋筋	骨格筋	随意筋（体性運動神経）
	心筋	不随意筋（自律神経）
平滑筋	内臓筋	

（表2.2）。

D. 神経組織

　神経組織は主に神経細胞とそれを支持する神経膠細胞（グリア細胞）などが含まれる。なお，神経膠細胞にはアストロサイト，オリゴデンドロサイト，ミクログリア，上衣細胞，シュワン細胞，衛星細胞等がある。神経組織は，脳・脊髄からなる中枢神経系と，それ以外の末梢神経系に分類できる（図2.16）。末梢神経は，さらに自分の意志で動かせない自律神経と，動かせる体性神経（随意神経ともよばれる）に機能的には分類することができる。自律神経はさらに大まかな表現でいえば，活動時，緊張時に働く交感神経と，休息時，リラックス時に働く副交感神経に分けることができる。交感神経と副交感神経の働きのバランスが健康維持には重要である。一方，体性神経は感覚（知覚）神経（感覚器からの情報を求心性に中枢神経系に伝える）と運動神経（中枢神経系から効果器に遠心性に情報を伝える）

に分類することができる。

　なお，さまざまな器官には，神経細胞や神経線維が入り込んでおり，それぞれの器官内に神経組織が存在する。

2.3.3　動物（ヒト）の器官，器官系，個体

　組織はそれだけでは機能を果たすには不十分で，さまざまな組織がまとまって器官を形成することで機能を果たす。例えば，骨格筋という筋肉の器官は，血管，神経，結合組織などの筋細胞以外の細胞でできた組織が連携することによって，はじめて器官として機能する。さらに関連する器官が連携して，器官系を形成する。ヒトの器官，器官系は，下記のように分類することができる。

I.　運動器系（骨格系）
　　骨，筋肉
II.　循環器系（脈管系，心臓・血管系・リンパ管系）
　　心臓，血管，リンパ管
III.　血液系
　　顆粒球系，リンパ球系
IV.　呼吸器系
　　鼻，咽頭，気管，肺
V.　消化器系
　　口，食道，胃，十二指腸・小腸，大腸，肝臓，胆嚢
VI.　泌尿器系
　　腎臓，膀胱
VII.　生殖器系
　　精巣，前立腺，卵巣，子宮

VIII. 内分泌系

下垂体，甲状腺，松果体，副腎，膵臓

IX. 神経系

大脳，脳幹，小脳，骨髄

X. 感覚器系（視覚，聴覚，嗅覚，深部感覚）

目，耳，鼻

XI. 外皮系

皮膚，毛，爪

XII. 特殊器官

発音器（声帯）

これらの器官・器官系が集まって，1つの生物体の単位となる個体が形成される。

消化管をよく見てみよう：消化管（腸管）は単なる消化吸収の場所ではない！

消化管は単なる消化吸収の器官ではない。腸管には絨毛組織が発達し，ヒトの場合ではその表面積はテニスコート1面分もある，外界との境界であり，腸内細菌を含めたさまざまな微生物から身を守り，共存をはかるための免疫器官でもある。実際，ヒトの免疫細胞の60～70％は腸に存在し，腸管関連リンパ組織（gut associated lymphoid tissue；GALT）を形成している。ヒト腸管にはGALTの1つとして，パイエル板（Peyer's patch）という免疫組織が小腸に点在し，パイエル板の表面の濾胞細胞の中にM細胞（microfold cell）とよばれる，外来の微生物や水溶性抗原を取り込む細胞が存在する（図2.17）。M細胞には内側（基底膜側）にポケット構造があり，そこには取り込まれた微生物を処理する樹状細胞が存在する。樹状細胞は微生物由来のペプチドをMHC分子（Major Histocompatibility Complex；主要組織適合抗原分子）に乗せて，ナイーブT細胞に対して抗原提示を行い，ナイーブT細胞はエフェクターT細胞へと活性化する。エフェクターT細胞のうちのヘルパーT細胞はサイトカインを分泌することで，B細胞を活性化して，IgA（Immunoglobulin A）抗体の産生を促して，微生物に対する防御を行っている。

また小腸には，腸管上皮細胞間（小腸内）リンパ球（intraepithelial lymphocytes；IEL）とよばれる細胞が，上皮細胞に挟まれるように散在している。主として細胞傷害性（キラー）T細胞やナチュ

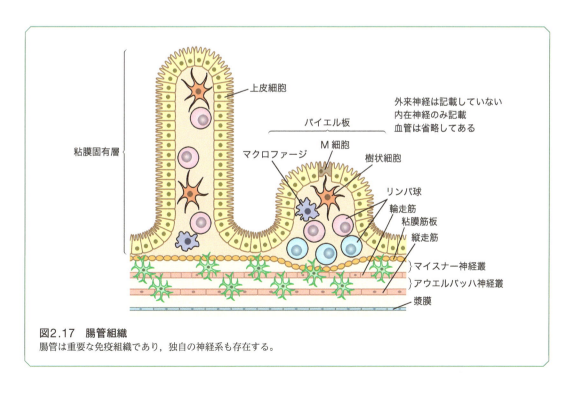

図2.17　腸管組織
腸管は重要な免疫組織であり，独自の神経系も存在する。

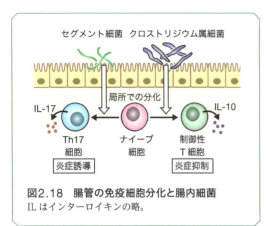

図2.18　腸管の免疫細胞分化と腸内細菌
IL はインターロイキンの略。

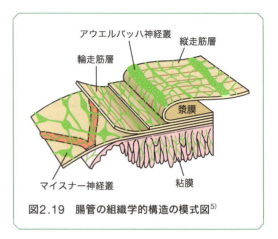

図2.19　腸管の組織学的構造の模式図[5]

ラルキラー（NK）細胞からなり，局所での感染に対する防御，腸管上皮細胞の恒常性維持（損傷細胞の除去や，増殖促進），食物抗原に対するアレルギーの制御（経口免疫寛容）などに関わっている。また最近では，腸管には，自然免疫に関わる T 細胞や B 細胞とは異なる，NK 細胞を含めた**自然リンパ球**（innate lymphoid cell; ILC）が豊富に存在することが明らかになってきている[2]。

　最近，腸内細菌叢と腸管の関係が注目を集めている。乳酸菌やビフィズス菌などの善玉菌だけではなく，日和見菌とよばれる常在菌の機能が明らかになりつつある。セグメント細菌は病原性細菌の排除や炎症の誘導に関わる Th17 細胞を誘導し，一方でクロストリジウム属細菌は逆に炎症の抑制に関わる制御性 T 細胞の誘導に関わることが知られており[3]（**図 2.18**），このように多様な腸内細菌によって生じる免疫系応答のバランスが健全な腸管の維持に重要である。

　一方，腸は第二の脳とよばれるように，中枢神経系の支配も受けるが，独自の神経系（**腸壁内神経系**）をもつ器官でもある。交感神経や副交感神経のような消化管外からくる「外来神経」とは別に，粘膜下には粘膜下神経叢（マイスナー神経叢）が，輪走筋と縦走筋の間には筋層間神経叢（アウエルバッハ神経叢）が存在する。また，c-kit 陽性の「カハールの間質細胞」とよばれる細胞が，消化管平滑筋の自発的な活動のペースメーカー細胞として機能すると考えられている[4]（**図 2.19**）。分節，振子，蠕動運動からなる腸管運動は，腸独自の腸壁内神経と外来神経によって制御されている。

引用文献
1) K. Takahashi, S. Yamanaka, *Cell*, 126, 663-76 (2006)
2) J. W. Bostick, L. Zhou, *Cell Mol Life Sci.*, 73, 237-52 (2016)
3) Y. Furusawa, Y. Obata, K. Hase, *Semin Immunopathol.*, 37, 17-25 (2015)
4) 高木　都，日本生理学雑誌，68, 253-261（2006）
5) J. B. Furness, M. Costa, The enteric nervous system, Churchill Livingston (1987)

推薦図書
・『実験医学増刊　Vol.32 No.5，常在細菌叢が操るヒトの健康と疾患』羊土社（2014）
・『実験医学 2016 年 4 月号 Vol.34 No.6，明かされる"もう 1 つの臓器"　腸内細菌叢を制御せよ!』羊土社
・『内臓感覚　脳と腸の不思議な関係』福土　審著，NHK 出版（2007）
・『脳はバカ，腸はかしこい』藤田紘一郎著，三五館（2012）

2.4節

植物

2.4.1　植物細胞の特徴

　植物細胞の特徴の 1 つである**細胞壁**（図 2.11 参照）は，細胞の形を規定し細胞の伸長方向や伸長速度を制御するだけでなく，骨格をもたない植物に物理的強度を与えている。細胞壁は 1 次細胞壁と 2 次細胞壁で構成され，セルロースやヘミセルロースといった多糖類に加え，エクステンシンなどの糖タンパク質，リグニン（芳香族ポリマー）を含んでい

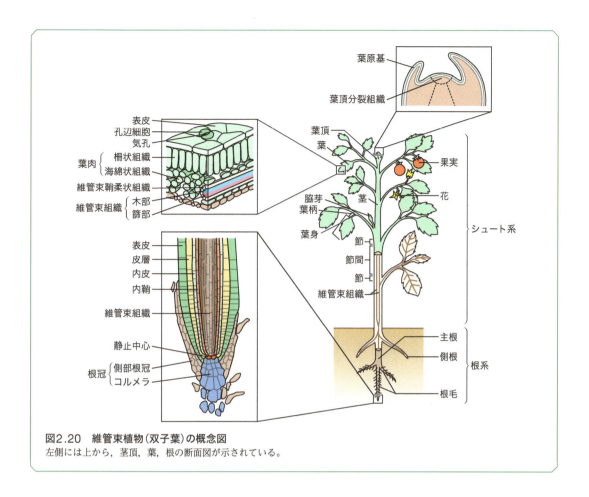

図2.20　維管束植物（双子葉）の概念図
左側には上から，茎頂，葉，根の断面図が示されている。

る。

　細胞内に色素体（プラスチド）をもつことも植物細胞の特徴である。色素体には光合成を行う葉緑体や花弁や果実の着色に関わる有色体，デンプンやタンパク質・脂質の貯蔵に関わる白色体が存在する。

　さらに，植物細胞は発達した液胞をもつ。一般に，成熟した植物細胞では中央液胞とよばれる1つの大きな液胞が細胞の30～90％もの体積を占めている。液胞は液胞膜（トノプラスト）とよばれる一重膜によって囲まれており，膨圧の調節・貯蔵・分解・廃棄物集積などさまざまな役割を果たしている。大きな液胞をもつために，植物細胞の大きさは直径10～100 µm程度と動物細胞より大きい傾向にある。

2.4.2　維管束植物の組織，器官と個体

　特定の機能をもった細胞の集団を組織とよぶ。特に，同じ機能をもつ細胞によって構成される組織を単組織，異なる機能をもつ細胞によって構成される組織を複合組織とよぶ。

　組織には，木部・篩部・表皮・葉肉などさまざまな種類があり，いくつかの組織が集まって，より大きいレベルの組織を形成している。この組織群を組織系という（図2.20）。組織系の分け方にはいくつかあるが，ドイツのザックス（J. Sachs）が提唱した3組織系（表皮系・維管束系・基本組織系）が用いられることが多い。

A. 表皮系

　植物体の表面を覆う組織系であり，植物体の保護

図2.21　動物の成長と植物の生長
動物では胎児期に基本的な構造はできあがっているのに対して，植物では新しい器官を常に生み出している。
（写真提供：マウス−松本真美（京都大学 ウイルス・再生医科学研究所），植物−清水華子 博士（京都大学 生命科学研究科））

と物質の出入りの調節を行っている。多くの植物では，表皮は葉緑体を含まない１層の細胞からなっており，表皮細胞，孔辺細胞（気孔），毛状突起（毛や根毛）などを含む。

B. 維管束系

維管束系は水や無機養分の通り道である木部と同化産物の通り道である篩部からなっている。また植物に物理的強度を与え，長距離シグナル伝達物質の輸送にも関わっている。

C. 基本組織系

主として柔組織からなり，同化組織・貯蔵組織・通気組織・機械組織・分泌組織などから構成され，植物の基本的な働きを担う。形態的・機能的にさまざまな組織の寄せ集めであり，まとまった特徴はない。葉の葉肉組織は光合成に関わる組織である。

組織系がさらにまとまり器官を形成する。植物は動物と比べて器官の分化が少なく，内部構造も単純である。維管束植物の場合，植物個体を形成している器官は大きく，根・茎・葉の３つに分けられる。

D. 根

通常，地中にあり，水や無機養分を地中から吸収して他の器官へ供給するとともに，植物体を支える役割を担っている。養分や水分を蓄える貯蔵根や通気組織をもつ呼吸根・寄生のための吸器をもつ寄生根など特殊化した根をもつ植物，根をもたない植物などさまざまである。

E. 茎

通常，地上部にあり，葉をつける。植物体を支持し効率的な光合成を助けるとともに，葉と根を結びつけ，栄養分や水を受け渡す役目を担っている。茎まきひげ，茎針，葉状茎，塊茎など，大きく変形し特殊化した茎をもつ植物も多い。

A

B

C

図2.22 タンポポに見られる植物の生長
（写真提供：岩瀬 哲 博士（理化学研究所））
（A）セイヨウタンポポ、プレート育成。切ってから14日後（左）と18日後（右）。
（B）セイヨウタンポポの主根を土の中で切って1ヶ月後。
（C）セイヨウタンポポの主根を掘り出して，切って水を含ませたティッシュの上に放置。18日後。

F. 葉

　通常，茎についており，蒸散・呼吸・光合成など
を行う。茎や葉は同じ分裂組織からつくられること
から，葉のついた茎をシュートとよぶ。

2.4.3　植物細胞の分化

　このように，植物の体制は基本的には共通してい
るものの，そこから派生した器官や組織も多く，そ
れらが植物の多様性を生み出す1つの要因となっ
ている。多くの動物では，発生の初期に器官が分化
を終えるため，個体当たりの器官の数は遺伝的に決
定されており，足が6本のマウスなどはまず生ま
れない。そのため，多くの動物は個体サイズが相似
的に大きくなることで成長する。一方で植物は，新
しい器官・組織が次々と付け加えられることで生長
していく（図2.21）。

　また，傷口からは新たな器官が再生したり，環境
によって形態を大きく変化させたりと，可塑性が大
きいことも特徴である。

　こうした植物の可塑性を支えているのが，植物の
分裂組織と分化全能性である。植物は動物とは異な
り，初期胚発生を除いて新しい細胞は茎頂分裂組織
や根端分裂組織などの分裂組織で生み出される。分
裂組織で生み出された細胞は成熟し，それぞれの細
胞へと分化する。こうした，分裂組織からの細胞新
生は一生を通じて起こり，分裂組織は絶えず幹細胞
の増殖と分化を行い，これを維持しているため，生
長を続けることが可能である。

　こうした通常の細胞分化に加え，植物細胞は脱分
化を介して組織を再生させることも可能である。植
物は，たとえ体の大半を失ったとしても，分化しつ
つある細胞が脱分化し幹細胞を再生することで，継
続的な生長を維持することができる（図2.22）。こ
うした能力を分化全能性といい，挿し木や茎頂培養
など身近なものにも利用されている。

推薦図書・文献
・『テイツ／ザイガー　植物生理学・発生学　原著第6版』L. テイツ,
　E. ザイガー, I. M. モーラー, A. マーフィー編, 西谷和彦, 島崎研
　一郎監訳, 講談社（2017）

3章

体をつくる成分
糖, 脂質, アミノ酸, タンパク質, 細胞外基質

吉村成弘（3.1〜3.2節）／神戸大朋（3.3〜3.5節）

糖

3.1.1　単糖類と光学異性体

糖は脂質と並び，代謝によりエネルギーを取り出したり貯蔵したりすることができる重要な生体高分子である。糖は，炭水化物という別名の通り，「炭素に水が結合した」物質であるため，一般的に$(CH_2O)_n$という化学式（炭素1つに水1つが結合）で表される。我々の身近に存在する糖の多くは，nが4から7の間で，炭素数5のペントース（Pentose），6のヘキソース（Hexose）のように，-oseという接尾語で表される。

図3.1にまとめて示すとおり，糖の構造は，直鎖状の炭素骨格から両側に水素（H）と水酸基（−OH）が突き出ており，直鎖の一方の末端には，水酸基ではなく，アルデヒド（R–CHO）またはケトン基（R–C(=O)–R）が存在し，アルデヒドのものを**アルドース**，ケトンのものを**ケトース**とよんで区別する。また，末端以外で水酸基が結合している炭素はすべて不斉炭素であり，光学異性体が1対存在する。例えば，炭素数6のアルドースの場合，1番目と6番目以外の4つの炭素が不斉炭素原子であり，光学異性体の数は$2^4=16$通りとなる。一般的に，アルドースの場合，2^{n-2}個，ケトースの場合2^{n-3}個の光学異性体が存在する。

糖の構造と光学異性体との関係を理解するためには，最小構造単位である炭素数3のグリセルアルデヒドを基点として光学異性体を構築する方法がわかりやすい。グリセルアルデヒドは2番目の炭素原子のみが不斉炭素原子であり，その構造によりD体とL体に区別される（図3.1）。ここで，D–グリセルアルデヒドのアルデヒド基と不斉炭素原子の間に炭素原子（と水酸基）を1つ追加して炭素数4の糖を作成すると，新たに追加した炭素が不斉炭素原子となり，さらに2通りの光学異性体が生じる。この光学異性体もDとLで区別できるが，糖の命名法では，これをD–エリトロースとD–トレオースという別々の名前でよぶことにしている。同様にして，アルデヒド基のすぐ隣に炭素を追加してゆくと，そのたびに光学異性体の数が倍になるが，これらにはすべて異なる名前が割り当てられており，D–グルコースもそのうちの1つとなる。このように，糖の命名法では，アルデヒド（もしくはケトン）から一番離れた不斉炭素の構造のみがDかLを規定し，それ以外の不斉炭素に由来する光学異性体は，別々の名前でよぶというルールになっている。

ケトースの場合もアルドースと原理は同じであるが，起点となるのはグリセルアルデヒドではなく，そのケト同位体であるジヒドロキシアセトンであり，不斉炭素をもたない（図3.2）。このカルボニル炭素（2位）と3位の炭素の間に炭素（と水酸基）を挿入すると，これが不斉炭素原子となり，1組の光学異性体を生じる（D–およびL–エリトルロース）。さらにカルボニル炭素の隣に炭素を挿入してゆくと，そのたびに不斉炭素が生じ，2つの光学異性体が生じるが，これ以降の同位体にはすべて異なる名前が付与される。よって，ケトースの場合でも，カルボニル炭素から一番遠い不斉炭素原子の光学異性体がDかLを決定する要素になっている。また，自然界に存在する糖は，アルドース，ケトースに関係なく，ほとんどがD体である。

一般的に，糖は分子内アセタール縮合反応によ

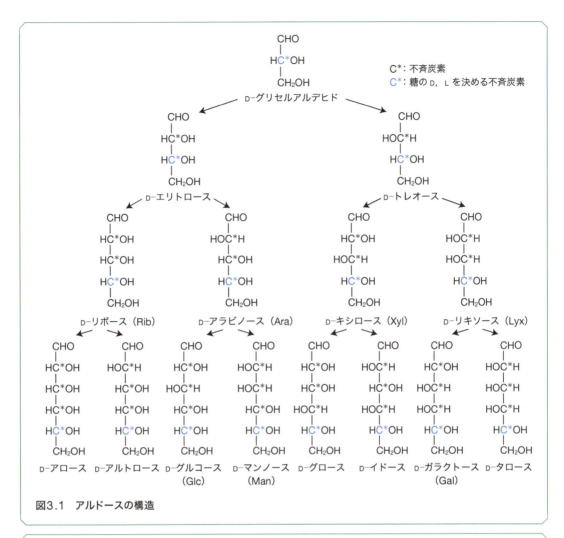

図3.1 アルドースの構造

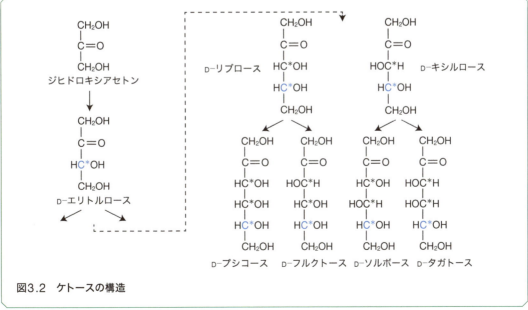

図3.2 ケトースの構造

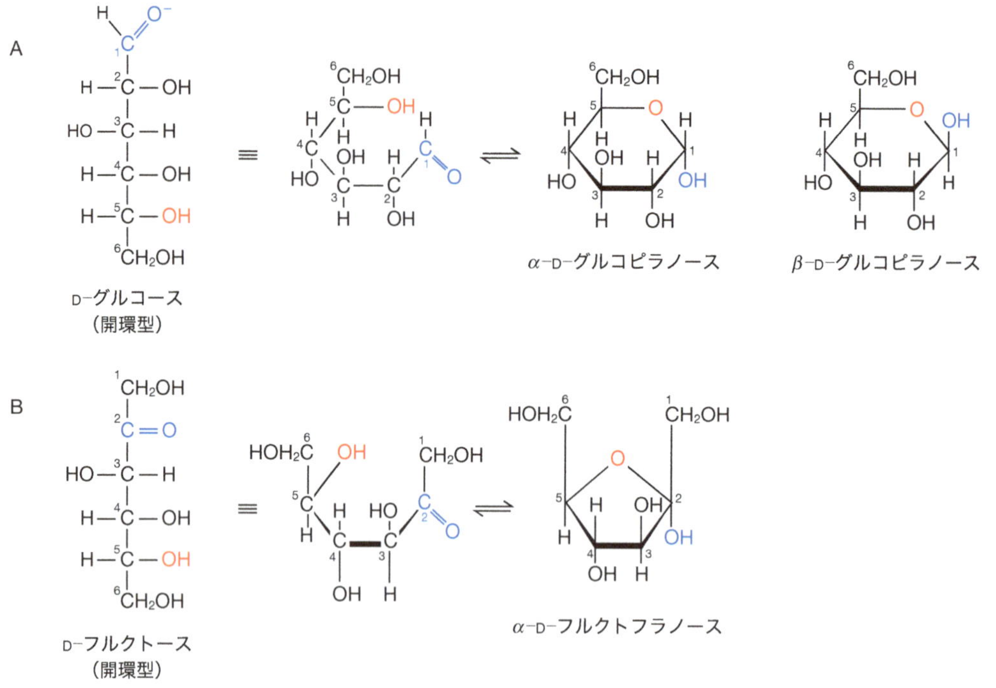

図3.3　グルコースとフルクトースの構造変化

り，環状構造をとる。例えば，炭素数6のアルドースとケトースは，それぞれ六員環（ピラノース）と五員環（フラノース）をもつ構造になる（図3.3）。いずれの場合も，カルボニル炭素と5位の炭素に結合している水酸基とが反応して環を形成する。六員環を形成したグルコースを特にグルコピラノースとよぶことがある。ピラノースであれフラノースであれ，環状化により新たな不斉炭素原子が誕生することを忘れてはならない。アセタール反応により，カルボニル炭素（アルドースの場合1位，ケトースの場合2位）は不斉炭素原子になり，2つの異性体を生じる。この2つはαとβという文字で区別され，環から突き出た6位のヒドロキシメチル基からみて，環の同じ側に1位の水酸基が出ていればβ-，反対側であればα-と表記する。

3.1.2　多糖類

　糖はグリコシド結合により結合・重合し，さらに大きな多様性を作り出している。グルコースやフル

クトースのように糖の単位が1つだけのものをまとめて「単糖類」，スクロース（ショ糖：グルコース＋フルクトース）やマルトース（麦芽糖：グルコース＋グルコース）のように単糖が2つ結合したものを「二糖類」，たくさんつながったものはまとめて「多糖類」とよばれる（図3.4）。多糖類には，穀物やイモ類の主成分であるデンプン（アミロースとアミロペクチンの混合）やグリコーゲン，食物繊維の主成分であるセルロースなどが含まれる。グリコシド結合は糖の1位と4位の水酸基の間で形成されるが，1位と6位の間でも形成される。例えば，1,4位のグリコシド結合のみで形成されるものには，アミロースとセルロースがある。アミロースはα-D-グルコースがすべてα-1,4グリコシド結合で，一方セルロースはβ-D-グルコースがすべてβ-1,4結合で重合しており，両者とも直鎖状のポリマーである。さらに，アミロースの鎖の所々にα-1,6グリコシド結合が混在すると，鎖はそこで枝分かれして，アミロペクチンやグリコーゲンになる。アミロ

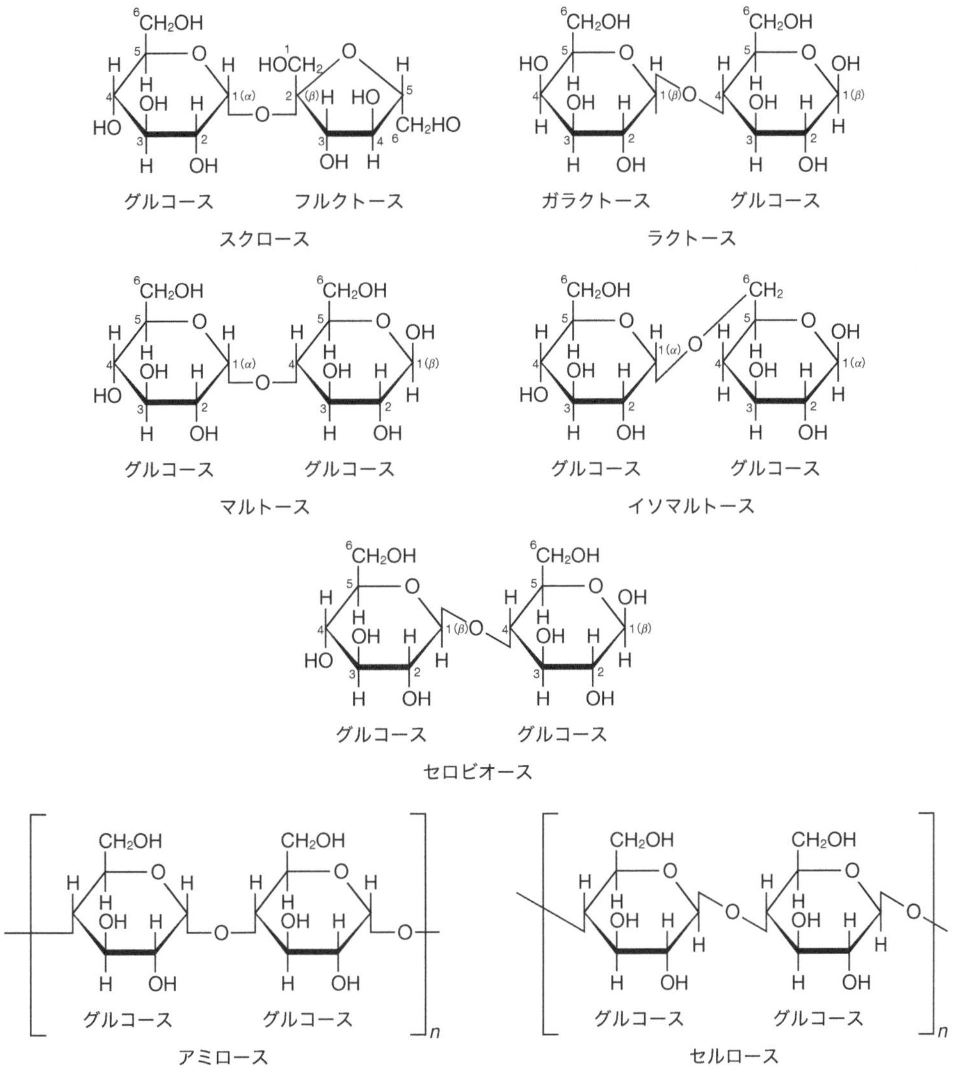

図3.4　二糖類（上）と多糖類（下）

ペクチンはおおよそ 24 ~ 30 残基ごと，グリコーゲンは 8 ~ 12 残基ごとに 1 つの枝分かれをもつ。

3.1.3　糖の構造と代謝

　我々が穀物やイモ類から摂取したデンプンは，アミラーゼやマルターゼにより胃や腸でブドウ糖（グルコース）まで分解され，腸壁から体内に取り込まれエネルギーとなる。このように，糖は分解されてエネルギーを作り出す原料となるが，人間の場合，その中心的役割を果たすのがグルコースやフルク

トースである。特にグルコースは，そのまま血中や細胞内部に存在して代謝されるほか，動物であればグリコーゲンに姿を変え，肝臓や筋肉に蓄えられていて，必要に応じてグルコースへと分解されてエネルギー生産に利用される（グルコースからエネルギーを取り出すしくみは 5 章を参照）。また，糖のもつアルデヒド基やケトン基は反応性が高く，タンパク質の機能を阻害することがある。

　一方，炭水化物であるにもかかわらず，セルロースからはエネルギーを取り出すことはできない。な

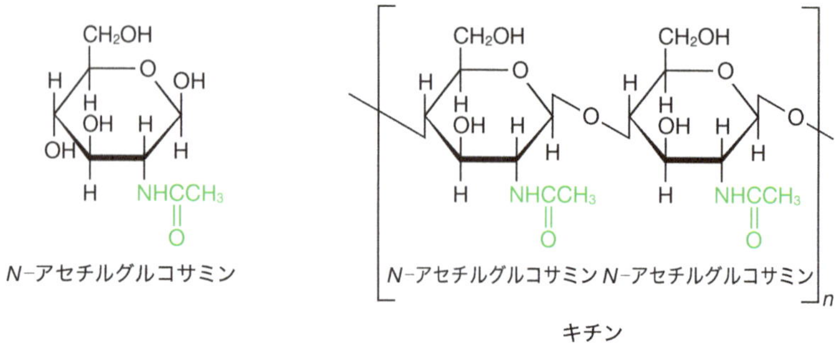

図3.5　N-アセチルグルコサミン

ぜなら，我々がもっているアミラーゼは α-1,4 グリコシド結合を切断することはできても，β-1,4 グリコシド結合は分解できないからである。ヒトが野菜をいくら食べてもエネルギーにならないのはこのためである。

これまでに述べた糖以外にも，自然界には多くの糖誘導体が存在する。特に，グルコサミン（細胞膜に存在する多くの糖タンパク質や細胞外基質の成分としても重要）は，グルコースの 2 位炭素に付いている水酸基がアミノ基に置き換わったものであり（アミノ糖），動物においては，アミノ基がさらにアセチル化（-COCH₃）された N-アセチルグルコサミンの形で，さまざまな糖誘導体の成分となっている（図3.5）。例えば，甲殻類の殻に含まれるキチンは，N-アセチルグルコサミンが β-1,4 グリコシド結合で重合したものである。また，N-アセチルグルコサミンの 3 位の水酸基とグルクロン酸（グルコースの 6 位のヒドロキシメチル基が酸化されてカルボン酸になったもの）の 1 位とがグリコシド結合でつながった二糖が重合したものがヒアルロン酸である。ヒアルロン酸は，動物では軟骨の主成分であるプロテオグリカンにふくまれる重要な構成要素であり，動物の体の働きにとってなくてはならない重要な糖である（後述）。

脂質

脂質は，糖質，タンパク質と並ぶ 3 大栄養素の 1 つであり，多くの熱量を取り出すことができる。1 グラムあたりの熱量は，糖質，タンパク質が約 4 キロカロリーであるのに対して，脂質は約 9 キロカロリーであり，2 倍以上の熱量を取り出すことができる。グリコーゲンとして蓄えられる熱量（成人で 1,300 ～ 1,800kcal）より脂肪として蓄えられる熱量の方が大きく，エネルギーの長期貯蔵には脂質が適している。脂質という日本語に厳密な定義はないが，一般的に脂肪酸とアルコールとのエステルを脂質とよぶことが多い。アルコールがグリセリンの場合はグリセロ脂質，スフィンゴシンの場合をスフィンゴ脂質とよぶ。ここでは，我々の体に関係の深いグリセロ脂質を中心に話を進める。

3.2.1　脂肪酸の構造と性質

脂肪酸は末端にカルボキシル基をもつ炭化水素で，炭素数が数個のものから 20 個以上のものまで存在する（図3.6）。脂肪酸の性質を決定する要因として，i）炭素鎖の長さ，ii）二重結合の数，iii）二重結合の位置，が挙げられる。炭素鎖が長くなるほど融点は高くなり，常温でより固体に近くなる。例えば，10 個の炭素（C10）からなるカプリン酸

記号†	常用名	系統名	構　造	融点（℃）
飽和脂肪酸				
12：0	ラウリン酸	ドデカン酸	$CH_3(CH_2)_{10}COOH$	44.2
14：0	ミリスチン酸	テトラデカン酸	$CH_3(CH_2)_{12}COOH$	52
16：0	パルミチン酸	ヘキサデカン酸	$CH_3(CH_2)_{14}COOH$	63.1
18：0	ステアリン酸	オクタデカン酸	$CH_3(CH_2)_{16}COOH$	69.6
20：0	アラキジン酸	イコサン酸	$CH_3(CH_2)_{18}COOH$	75.4
22：0	ベヘン酸	ドコサン酸	$CH_3(CH_2)_{20}COOH$	81
24：0	リグノセリン酸	テトラコサン酸	$CH_3(CH_2)_{22}COOH$	84.2
不飽和脂肪酸（二重結合はみな cis）				
16：1	パルミトレイン酸	9-ヘキサデセン酸	$CH_3(CH_2)_5CH=CH(CH_2)_7COOH$	−0.5
18：1	オレイン酸	9-オクタデセン酸	$CH_3(CH_2)_7CH=CH(CH_2)_7COOH$	13.4
18：2	リノール酸	9,12-オクタデカジエン酸	$CH_3(CH_2)_4(CH=CHCH_2)_2(CH_2)_6COOH$	−5
18：3	α-リノレン酸	9,12,15-オクタデカトリエン酸	$CH_3CH_2(CH=CHCH_2)_3(CH_2)_6COOH$	−17
18：3	γ-リノレン酸	6,9,12-オクタデカトリエン酸	$CH_3(CH_2)_4(CH=CHCH_2)_3(CH_2)_3COOH$	
20：4	アラキドン酸	5,8,11,14-イコサテトラエン酸	$CH_3(CH_2)_4(CH=CHCH_2)_4(CH_2)_2COOH$	−49.5
20：5	EPA	5,8,11,14,17-イコサペンタエン酸	$CH_3CH_2(CH=CHCH_2)_5(CH_2)_2COOH$	−54
24：1	ネルボン酸	15-テトラコセン酸	$CH_3(CH_2)_7CH=CH(CH_2)_{13}COOH$	39

†　炭素原子数：二重結合数

図3.6　各種脂肪酸[1]

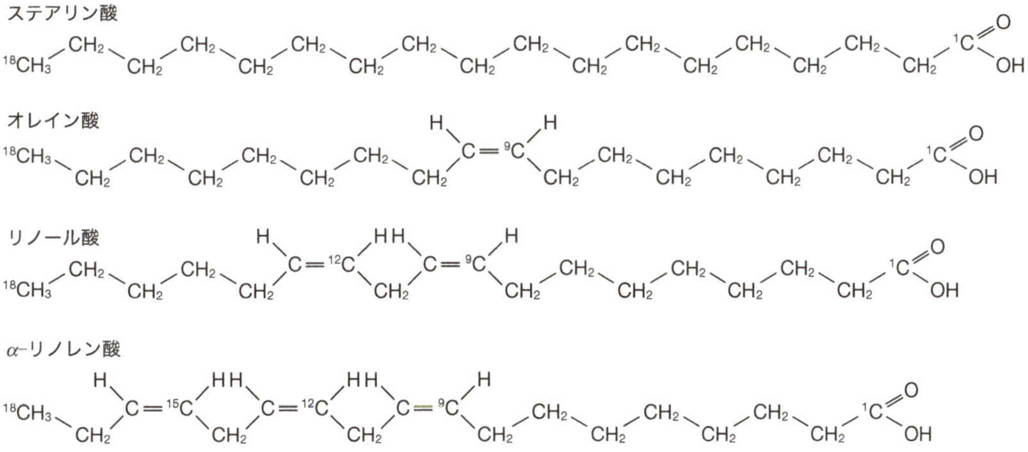

図3.7　飽和脂肪酸と不飽和脂肪酸

の融点は32℃であるが，18個（C18）のステアリン酸は70℃である（図3.6）。よって，常温（25℃前後）では，カプリン酸は液体，ステアリン酸は固体で存在する。炭素数4〜8個の**短鎖脂肪酸**は乳製品に，9〜12個の**中鎖脂肪酸**はココナッツ油やヤシ油に多く含まれており，炭素数13個以上の**長鎖脂肪酸**は動物性脂肪の主成分であり，常温で固体である。

　二重結合をまったく含まない脂肪酸を**飽和脂肪酸**とよぶのに対して，二重結合（不飽和結合）を1個以上含む脂肪酸は**不飽和脂肪酸**とよばれる（**図3.7**）。炭素数18の飽和脂肪酸であるステアリン酸のカルボキシル基から数えて9番目と10番目の炭素結合が二重結合になった不飽和脂肪酸がオレイン酸であり，さらに12番目と13番目も不飽和結合になったものはリノール酸となる。自然界に存在する不飽和脂肪酸に含まれる二重結合はかならずシス型である。工業的に合成した脂肪酸にはトランス型

が含まれているケースも見られる。

　一般に，炭素数が同じであれば，二重結合が増えるにしたがって脂肪酸の融点は下がる（図3.6）。前述のステアリン酸は70℃，オレイン酸は13℃，リノール酸は−5℃である。飽和脂肪酸では炭素間結合がすべて一重結合であるため，それぞれが自由に回転することができる。これにより炭化水素鎖は自由に形を変えることができ，多数の脂肪酸分子が集まったときに密に集合することができる。一方，二重結合は結合平面が固定されているので自由な回転ができず，炭素鎖は二重結合の場所で角度を固定されてしまう。このため，多分子が集合すると，飽和脂肪酸ほど密な集合ができず，固体になりにくい。

　脂肪酸の命名法には，国際的な規格も含め，いくつかの方法がある。パルミチン酸やステアリン酸といったよび名は一般名であり，正式名はそれぞれヘキサデカン酸，オクタデカン酸という（ヘキサデカン，オクタデカンは，それぞれ16，18を表す）。飽和脂肪酸の構造が炭素数だけで決まるのに対して，不飽和脂肪酸は二重結合の数や場所を示す必要がある。C18のモノ不飽和脂肪酸であるリノール酸は9,12-オクタデカジエン酸，ポリ不飽和脂肪酸であるαリノレン酸は9,12,15-オクタデカトリエン酸となる。これとは別に，不飽和脂肪酸を名付ける方法としてω系が用いられることが多い。この命名法では，カルボキシル基から数えて一番遠い炭素をω−1とラベルし，そこからカルボキシル基に向かってω−2，ω−3と名付ける。この方法で一番末端の二重結合の場所を示す。よって，オレイン酸はω−9脂肪酸ということになる。魚脂に多く含まれているドコサヘキサエン酸（DHA）やエイコサペンタエン酸（EPA）は炭素数22もω−3ポリ不飽和脂肪酸である（図3.6）。他にも，カルボキシル炭素から順に番号を振り，炭素の数，不飽和結合の数，不飽和結合の場所，に関する情報を記述する方法も使われている。例えば，前述のリノール酸は，18:2;9,12と記述する。

3.2.2　脂質は脂肪酸から合成される

　脂肪酸はグリセロールなどのアルコールと結合することで脂質になる。ヒト体内の脂質量の9割を占める**トリアシルグリセロール**（トリグリセリド，中性脂肪）は，グリセロールと3分子の脂肪酸がエステル結合したものである（図3.8）。この合成反応では，まず脂肪酸のカルボン酸がCoAにより活性化され，これが解糖系の中間体でもあるグリセロール3−リン酸の2つの水酸基と結合して，**ホスファチジン酸**となる。ホスファチジン酸は脂質合成の重要な中間体で，さらにもう1つの脂肪酸が結合するとトリアシルグリセロールに，またリン酸基にコリンやエタノールアミンが結合するとリン脂質になる。**リン脂質**は生体膜の主成分である。脂肪酸の炭化水素鎖は疎水性，リン酸基は高い親水性の官能基なので，リン脂質は「両親媒性」の分子である。これが二重の層を形成することで，表面が親水性，内部が疎水性の平面膜ができあがる（図3.9）。

　トリアシルグリセロールのようにグリセロールと脂肪酸のみから構成される脂質を単純脂質，リン脂質のようにそれ以外の官能基が含まれる脂質を複合脂質とよぶ。リン脂質と並んで重要な複合脂質に**スフィンゴ脂質**がある。スフィンゴ脂質は，グリセロールの代わりに，**スフィンゴシン**とよばれる分子を基本構造にもっている（図3.10）。スフィンゴシンに脂肪酸が結合したものをセラミドとよび，神経細胞で重要な役割を果たしている脂質の基本構造である。可変部にリン酸基を介してコリンが結合したものはスフィンゴミエリンとよばれ，神経細胞の髄鞘に存在する。可変部に単糖やオリゴ糖が結合したものは**糖脂質（スフィンゴ糖脂質）**とよばれ，神経組織に広く分布する。特に，シアル酸が1個以上結合したものを**ガングリオシド**とよび，細胞膜に存在して細胞同士の認識や受容体として機能する重要な役割をはたしている。

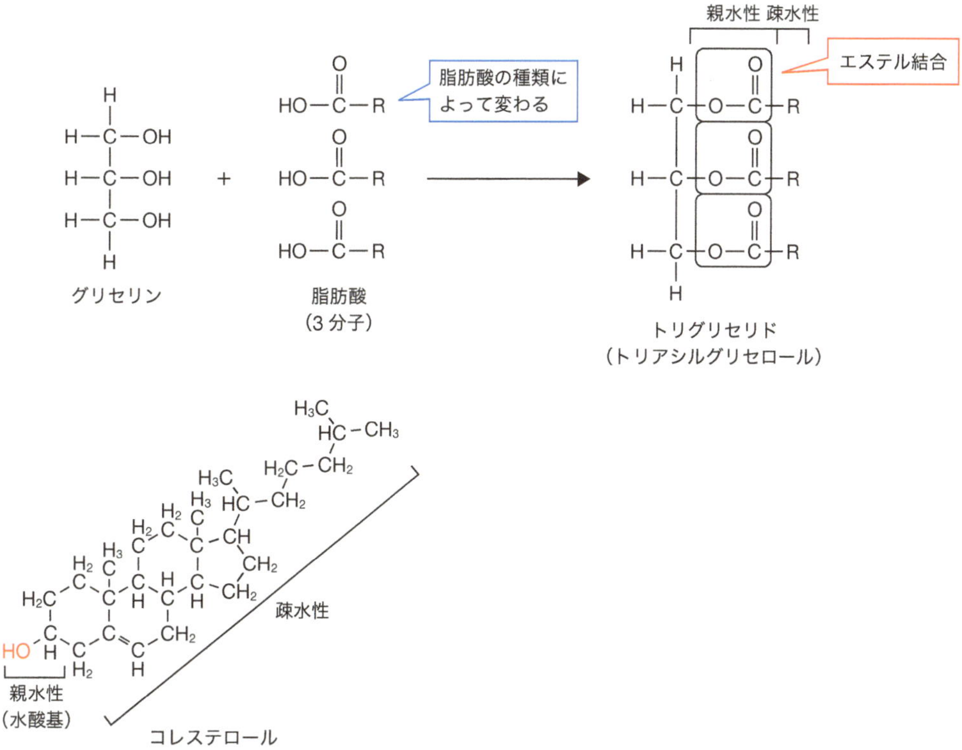

図3.8 脂質の構造

3.2.3 コレステロールは各種ホルモンの重要な原材料となる

トリアシルグリセロールやスフィンゴ脂質と並び，人の体内で重要な脂質に**コレステロール**がある（図 3.8）。動物の体ではみずからコレステロールを合成しており，ヒト成人の肝臓では 1 日に 1.2 g のコレステロールが合成されている。食物から摂取する量は多くても 0.4 g 程度なので，体内に蓄積しているコレステロールの大半は，自分の肝臓で合成されたものであるといえる。

コレステロールは，アセチル CoA（炭素数 2）を原料として，途中メバロン酸（炭素数 6）やスクアレン（炭素数 30），を含む合計 10 以上のステップを経て合成される（**図 3.11**）。この過程で機能する酵素の多くはホルモンや代謝産物により複雑に制御されていて，体内でのコレステロール量を厳密にコントロールしている。コレステロールは体内の脂質輸送で重要な役割を果たしているだけでなく，各種ホルモンの原材料として重要である。胆汁酸，ステロイドホルモン，ビタミン D などはすべてコレステロールから作られる。コレステロールの代謝と機能に関しては 5 章を参照。

3.2.4 体内における脂質の循環

食べ物から摂取したトリアシルグリセロールは，唾液や膵液に含まれる**リパーゼ**により脂肪酸とグリセリンに分解される（**図 3.12**）。この時，脂肪酸は胆汁酸により管内で安定化され，吸収されやすい状態になる。グリセリン，脂肪酸，グリセロールは小腸表面の細胞から吸収されたあと，血液やリンパ液に乗って全身へと運ばれる（図 3.12）。中鎖脂肪酸は比較的水に溶けるので，血液に乗ってそのまま肝臓に運ばれるが，長鎖脂肪酸やコレステロールは水に溶けにくいので，**リポタンパク質**とよばれる粒子に梱包されて血液やリンパ液にのって全身に輸送さ

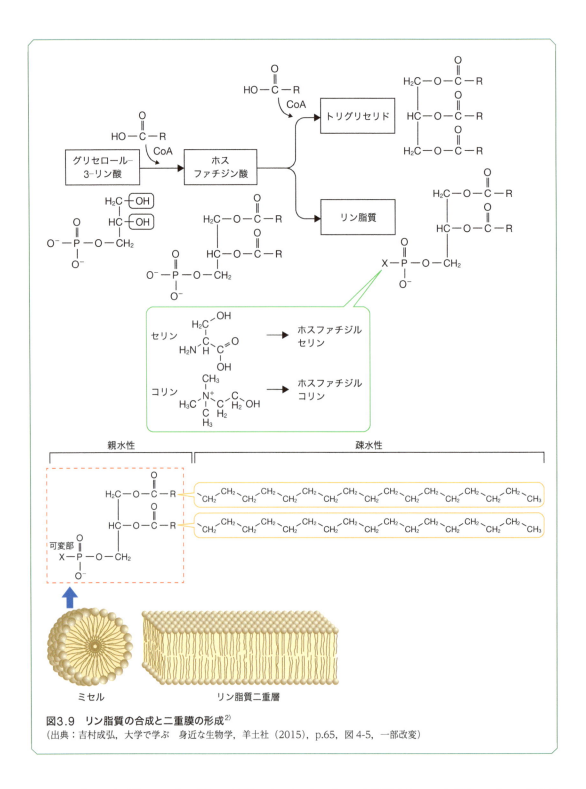

図3.9　リン脂質の合成と二重膜の形成[2]
（出典：吉村成弘，大学で学ぶ　身近な生物学，羊土社（2015），p.65，図 4-5，一部改変）

れる。リポタンパク質は，**アポリポタンパク質**，リン脂質，非エステル化コレステロールなどの比較的親水性の分子を表面にもち，トリアシルグリセロールやコレステロールエステルなどの疎水性分子を中心にもつ二重構造をしている（図3.13）。アポリポタンパク質には，リポタンパク質形成を促進したり，リパーゼを活性化したりするタンパク質で，ヒトでは 9 種類が見つかっている。リポタンパク質は，

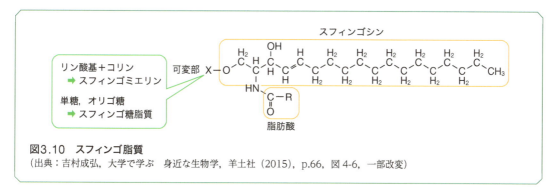

図3.10　スフィンゴ脂質
（出典：吉村成弘，大学で学ぶ　身近な生物学，羊土社（2015），p.66，図4-6，一部改変）

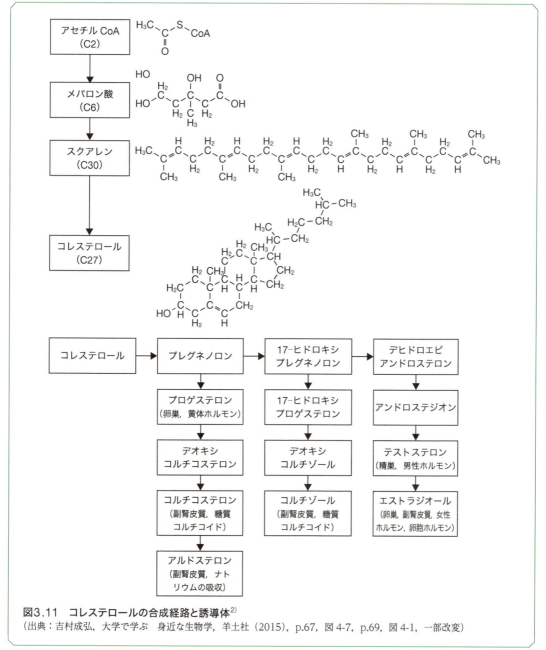

図3.11　コレステロールの合成経路と誘導体[2]
（出典：吉村成弘，大学で学ぶ　身近な生物学，羊土社（2015），p.67，図4-7，p.69，図4-1，一部改変）

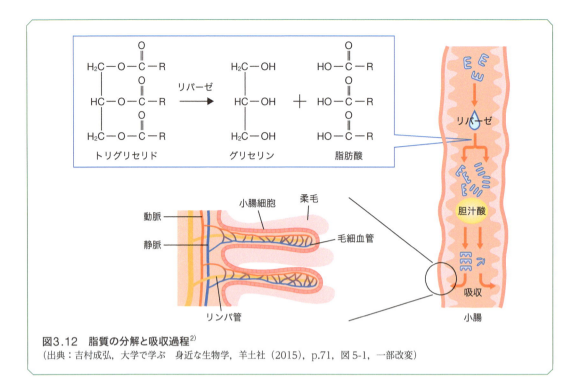

図3.12　脂質の分解と吸収過程[2]
（出典：吉村成弘，大学で学ぶ　身近な生物学，羊土社（2015），p.71，図5-1，一部改変）

その大きさや密度により働きが異なり，それぞれ異なる名前で分類されている（図3.13）。直径が一番大きく密度が低いものはキロミクロンとよばれ，腸が吸収した長鎖脂肪酸とコレステロールの輸送に重要な働きをしている。以下，VLDL，IDL，LDL，HDLの順にサイズは小さく，密度は大きくなる。それぞれのリポタンパク質は大きさだけでなく，アポリポタンパク質の組成が異なり，これにより異なる働きをもっている。

　小腸細胞に取り込まれた脂肪酸は，グリセロールと結合して再びトリアシルグリセロールとなり，コレステロールととともにキロミクロンに梱包される。この状態で小腸細胞からリンパ系に放出されたのちに胸管から血液に入り，最終的に肝臓へと到達する。キロミクロンは，直径75～1200 nmで，その80%以上がトリグリセリドである（図3.13）。肝臓へと到達した脂質はそこでまた脂肪酸に戻されて，全身へと運ばれるか，もしくは酸化されてアセチルCoAになり大量のエネルギーが取り出される（β酸化，5章参照）。脂肪酸を分解してエネルギーを取り出すか，もしくは全身に運んで蓄積するかは，

その時の体内のエネルギー状態に大きく依存する。エネルギーが過剰なときは貯蔵にまわされ，足りないときは分解されてエネルギーとなる。

　キロミクロンが食べ物から吸収した脂質を肝臓へと輸送する働きであるのに対して，VLDL系（VLDL，IDL，LDL）は肝臓で合成された脂質を全身に運ぶはたらきをする（図3.12）。トリアシルグリセロールとコレステロールはVLDLに梱包され，肝臓を出発したあと血中に分泌され，末梢の組織まで輸送される。VLDLは血中を浮遊している間にアポリポタンパク質の働きによりトリグリセリドを放出し，自分はやせて軽くなってやがてIDL，LDLになる（この結果トリグリセリドの含有率は20%程度まで減少する）。コレステロールがあまりにも過剰に存在すると，コレステロールを豊富に含んだLDLが血中に長時間浮遊し続け，血管内のマクロファージにより取り込まれて動脈硬化を引き起こす。これが，LDLが「悪玉コレステロール」とよばれる所以である。

　VLDLが肝臓から末梢への脂肪輸送ではたらいていたのに対して，末梢から肝臓への脂質輸送は

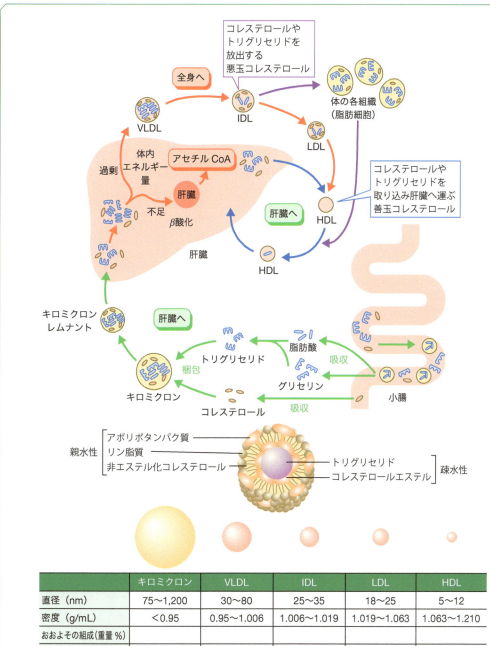

	キロミクロン	VLDL	IDL	LDL	HDL
直径（nm）	75〜1,200	30〜80	25〜35	18〜25	5〜12
密度（g/mL）	<0.95	0.95〜1.006	1.006〜1.019	1.019〜1.063	1.063〜1.210
おおよその組成(重量%)					
タンパク質	1	10	18	22	33
トリグリセリド	83	50	31	10	8
コレステロール	8	22	29	46	30
リン脂質	7	18	22	22	29
アポリポタンパク質	A-I, A-II, B-48 C-I, C-II, C-III	B-100 C-I, C-II, C-III E	B-100 C-I, C-II, C-III E	B-100	A-I, A-II C-I, C-II, C-III D, E

表上の ● は大きさの比を表す

図3.13 脂質の代謝，循環とリポタンパク質[2]
（出典：吉村成弘，大学で学ぶ 身近な生物学，羊土社（2015），p.72，図5-2，p.73，表5-1，一部改変）

HDL によって行われる（図 3.12）。HDL は末梢組織でコレステロールやトリアシルグリセロールを内部に取り込み，肝臓に戻ってくる。体内の余分なコレステロールを肝臓まで逆輸送するので，いわゆる「善玉コレステロール」とよばれる。このように，脂質は小腸，肝臓，全身の組織の間を往き来して，体の調子を整えたり（ホルモンの合成），エネルギー源として使用されている。脂肪酸からエネルギーを取り出す仕組み，および脂肪酸の合成に関しては，第 5 章を参照。

文献
1) R. M. C. Dawson, D. C. Elliott, W. H.Elliot, K. M. Jones, Data for Biochemical Research, 3rd ed., Chapter 8, Clarendon Press (1986)
2) 吉村成弘著，大学で学ぶ 身近な生物学，羊土社（2015）

3.3節

アミノ酸

3.3.1 アミノ酸の構造と性質

　すべての生物を構成している生体成分は，同じ基本ユニットが組み合わさってできており，タンパク質を構成するアミノ酸もその 1 つである。自然界には約 300 種のアミノ酸が存在するが，生体を構成しているタンパク質は，これらの中のわずか 20 種類程度のアミノ酸だけにとどまる（図 3.14）。

　アミノ酸は，1 つの分子内にアミノ基とカルボキシル基の両官能基を含んでいる。生体を構成するアミノ酸はプロリンを除き α–アミノ酸であり，α–アミノ酸では，両官能基が同じ α–炭素原子に結合している。さらに，側鎖（R 基と略す）も α–炭素原子に結合するため，グリシン以外のアミノ酸は，α–炭素原子を中心とした 4 つの異なった基が形成する四面体構造となる（$RCH(NH_2)COOH$）（図 3.14）。したがって，アミノ酸は光学的活性（偏光面を回転する能力）をもっており，生体タンパク質中にあるアミノ酸はすべて L–アミノ酸となっている。生体内で利用される 20 種類のアミノ酸は，そ

れぞれの側鎖の化学的性質によって，疎水性アミノ酸と親水性アミノ酸に分類され，さらに親水性のアミノ酸は，酸性アミノ酸，塩基性アミノ酸，中性アミノ酸に分類される。疎水性アミノ酸では，側鎖の大きいアミノ酸ほど疎水性が高い。生体内のタンパク質の中には，これらアミノ酸に加え，アミノ酸誘導体を含む場合がある。アミノ酸誘導体は，転写・翻訳を経てタンパク質生合成された後に当該アミノ酸が修飾された結果生じる。動物はすべてのアミノ酸を体内で生合成できる訳ではない。そのため，体内で生合成できないアミノ酸は，必須アミノ酸とよばれ，食物から摂取される必要がある。必須アミノ酸は動物種によって異なり，ヒトでは 9 種類のアミノ酸が該当する（図 3.14）。アミノ酸は，アミノ基とカルボキシル基をもつため，溶液中ではこれらの基が互いにプロトン平衡状態で存在している。

$$R-COOH \rightleftharpoons R-COO^- + H^+$$
$$R-NH_3^+ \rightleftharpoons R-NH_2 + H^+$$

したがって，溶媒の pH によって，陽性，陰性，中性の電荷をもちうる。$R-COOH$, $R-NH_3^+$ はこれらの平衡においてプロトン化されており，$R-COO^-$ と $R-NH_2$ はそれぞれ対応するプロトン受容体として機能する。$R-COOH$ と $R-NH_3^+$ はともに弱酸であるが，酸としては $R-COOH$ が $R-NH_3^+$ よりも強い酸となる。細胞内ではカルボキシル基は，ほとんど $R-COO^-$ として存在しているが，アミノ基はほとんど会合した状態（プロトン化）$R-NH_3^+$ で存在している。α–アミノ酸のカルボキシル基とアミノ基のおおよその pK_a 値（酸解離定数）はそれぞれ 2 と 10 であり，pH が徐々に上がるとまず $R-COOH$ からのプロトンが解離し，その後 $R-NH_3^+$ からプロトンが解離する。

3.3.2 アミノ酸の結合・ペプチド結合

　2 つ以上のアミノ酸が，アミノ基とカルボキシル基を介して結合した構造をペプチドという。この結合は，ペプチド結合（$-CONH-$）とよばれ，ペプチド結合を介して，アミノ酸は多数つながることが

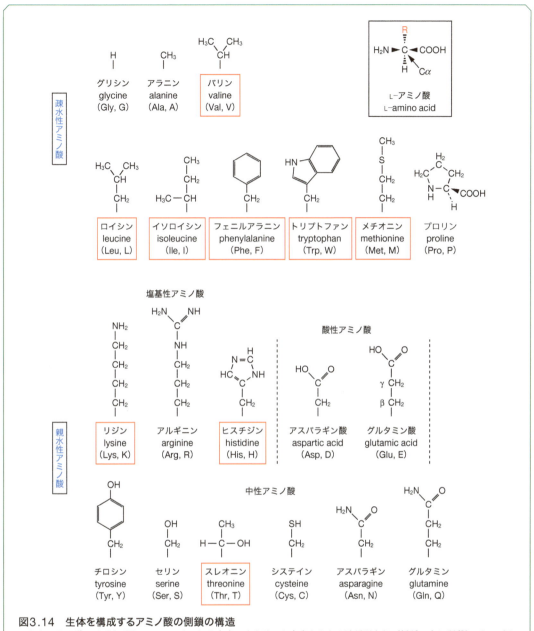

図3.14　生体を構成するアミノ酸の側鎖の構造
これらアミノ酸にはそれぞれアルファベット3文字，または，1文字からなる略号があり（括弧の中に記載），タンパク質の一次構造の記述に使用される。赤い四角で示したアミノ酸がヒトの必須アミノ酸となる。

できる。便宜上，ペプチド構造は常に左にN末端アミノ酸（遊離α-アミノ基をもつアミノ酸）を，右にはC末端アミノ酸（遊離α-カルボキシル基をもつアミノ酸）をもってくるように記載し，ペプチド結合でつながっているアミノ酸をアミノ酸残基とよぶ。ペプチドの配列（一次構造）が変わるとその

生物学的活性は大きく変化する。動物や植物は多種多様の低分子量のポリペプチド（10～100のアミノ酸残基）をもっており，それらペプチドはホルモン作用，神経伝達作用，抗菌作用をはじめとしたさまざまな生理活性作用を発揮する。例えば，血圧を上昇させることがよく知られるアンギオテンシンII

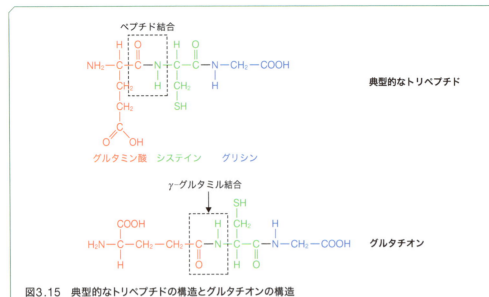

ペプチド結合

典型的なトリペプチド

グルタミン酸　システイン　　グリシン

γ-グルタミル結合

グルタチオン

図3.15　典型的なトリペプチドの構造とグルタチオンの構造
どちらも3つのアミノ酸（グルタミン酸，システイン，グリシン）で構成されるが，その構造は大きく異なる。

は，8個のアミノ酸から構成されるペプチド（Asp-Arg-Val-Tyr-Ile-His-Pro-Phe）である。ペプチドの中には，典型的なペプチド結合とは異なる様式をもつものも存在する。例えばタンパク質中の正しいジスルフィド結合生成のために不可欠となるグルタチオンは，アミノ末端のグルタミン酸が側鎖のカルボキシル基（γ-カルボキシル基）を介したペプチド結合でシステインのアミノ基と結合している非典型的なトリペプチドである（図3.15）。

3.4節

タンパク質

3.4.1　タンパク質の種類

　タンパク質は高分子のペプチドであり，大きなペプチドと小さなタンパク質の境界は，分子量8000 ～ 10000の間とされている。タンパク質には，アミノ酸のみから構成される単純タンパク質以外に，アミノ酸に加え他の成分を含む複合タンパク質に分類される。ヘムやビタミン誘導体，炭水化物や脂質

を含むタンパク質は，それぞれヘムタンパク質，糖タンパク質，脂質タンパク質とよばれる。それぞれのタンパク質の構造や機能を系統立てて理解するために，タンパク質を分類する意義は大きい。しかしながら，完璧にタンパク質を分類することはできず，三次元構造，溶解度，物理学的特性，形状や機能などを考慮し，分類されることが多い。タンパク質の生物学的特徴は構成するアミノ酸の種類，ペプチド結合で連なったアミノ酸配列，その結果生じるアミノ酸間の空間的位置関係によっておおよそ決定づけられる。したがって，これらが考慮された分類は，機能未知のタンパク質の機能を推察する上でも有用なことが多い。

　タンパク質では，ペプチド結合によってアミノ酸残基が連結されるが，それ以外にも2つのシステイン残基で形成されているジスルフィド結合が，タンパク質中のペプチド鎖相互間で形成される。ジスルフィド結合は共有結合であるため，通常のタンパク質変性の条件下では切断されることはないが，β-メルカプトエタノールなどの還元剤によって2個のシステイン残基にもどすことができる。さらに，タンパク質構造の安定化には，ペプチド結合やジスルフィド結合の他にも，イオン結合，水素結合，疎

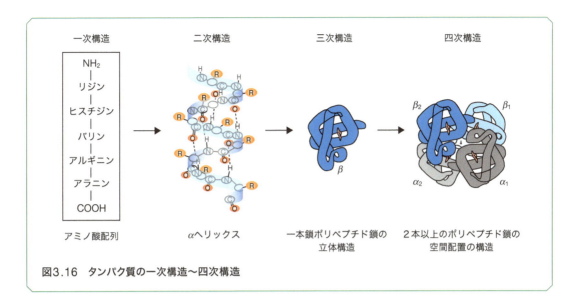

図3.16 タンパク質の一次構造〜四次構造

一次構造	二次構造	三次構造	四次構造
アミノ酸配列	αヘリックス	一本鎖ポリペプチド鎖の立体構造	2本以上のポリペプチド鎖の空間配置の構造

水性相互作用，ファンデルワールス相互作用といった非共有結合も大きく寄与している。タンパク質で働くイオン結合は側鎖で反対に電化したアミノ酸の間で形成され，水素結合はペプチドのアミノ酸の側鎖間やペプチド結合の水素原子と酸素原子の間で形成される。また，疎水性アミノ酸側鎖で形成される疎水結合はタンパク質内部を安定化する。

3.4.2　タンパク質の構造

　タンパク質構造は一次から四次構造の4つに階層に分けて考えられる（図3.16）。一次構造は，タンパク質をコードする遺伝子の塩基配列によって決定されるアミノ酸配列のことであり，上述のようにN末端を1番として左において表す。タンパク質では，一次構造のわずかな変化が大きな生理的効果をもたらすことがあり，例えば，先天性疾患では，アミノ酸残基の1つが変わることによって生理活性を失い，重大な結果を引き起こす。二次構造は，ペプチド結合で形成された主鎖がとる局所的な立体構造のことであり，αヘリックスやβシート，βターンなどの構造を指す。αヘリックスはタンパク質の決められた構造を維持するために重要であり，ポリペプチド鎖が自身の主鎖内で水素結合を形成してできる。βシート構造は，2本の鎖の間でできる水素結合により形成される。水素結合を形成する2本

のペプチド鎖の方向が同じ場合を並行，逆の場合を逆並行βシートとよぶ。二次構造の間には，主鎖のポリペプチドの方向が突然ターンすることがあるが，このようなU字型の構造をβターンとよぶ。βターンによってポリペプチドは球状塊を形成することができ，タンパク質の表面にみとめられることが多い。三次構造は，タンパク質のポリペプチド鎖全体の三次元的な立体構造のことである。三次構造では，二次構造をつくった部分がどのように折れ曲がり，いろいろな側鎖がどのように相互作用して配置されるのかを表すことができる。2本以上のポリペプチド鎖が会合してタンパク質が構成されている場合，その空間配置をタンパク質の四次構造とよぶ。四次構造の会合は，ペプチド結合のような共有結合以外の力で形成されており，これらの集合を安定化する力は水素結合や静電的結合，あるいはイオン結合も含まれる。このように四次構造を形成するタンパク質をオリゴマーと称し，各ポリペプチド鎖をサブユニット（プロトマー）とよぶ。多くのオリゴマータンパク質は，プロトマーをお互いに相対的に配置しており，その空間的方向を変えることでのタンパク質の機能を調節することができる。このような四次構造をもっているタンパク質が集まりでき上がった巨大分子複合体は，電子伝達や脂肪酸の生合成などで不可欠な役割を果たしている。

タンパク質を精製するには，塩濃度（溶解度を利用した塩析），電荷（等電点*），分子サイズ，タンパク質の存在部位（細胞内オルガネラ），特定物質との親和力などの性質の差異が利用される。また，タンパク質の構造や機能を解析する手法には，X線結晶構造解析，CDスペクトル解析，NMRによるタンパク質構造決定，タンパク質量分析，イメージング，ピコ・ナノ秒レベルでの反応解析などが用いられており，年々高度化・先端化している。このような技術革新に加えて，タンパク質の大規模データベースが構築され，さまざまな機能・構造検索サイトが公開されており，現在，未知タンパク質の構造や機能はコンピューターで予測できるようになってきている。

*タンパク質の等電点（pI）：タンパク質は，アミノ基やカルボキシル基をもつために，溶液中のpHを変化させていくと，表面の電荷の総和が0になるpHがある。このときの水素イオン濃度（pH）を等電点とよび，等電点にあるタンパク質は，電場をかけてもプラスにもマイナスにも移動せず，溶解度は最小になる。

3.4.3 酵素とは

生命活動には，数多くの化学反応で構成される代謝経路が必要となる。この化学反応を仲介する生体触媒として機能するタンパク質が酵素である。酵素は，化学反応を穏やかな条件で円滑に進行させるため，反応の活性化エネルギーを低下させることで反応速度を加速させる。また，酵素は，作用する物質を厳密に選択する能力（基質特異性）をもち，それによって，特定の化学反応しか触媒しない（反応特異性）。基質特異性の特徴を上手に説明する概念として，1894年にフィッシャーによって鍵と鍵穴説（lock and key hypothesis）が提唱された。本説は，基質の形状と酵素のある部分の形状が鍵と鍵穴の関係にあり，うまく適合した物質は触媒されるが，形が似ておらず適合しない物質は触媒されないことを意味する。しかし，実際には，酵素によって，その基質結合部位（鍵）の形が元々鍵穴に適合した形のものもあれば，基質がない時は適合しない形であるが基質があると形が変わって適合形に変化する誘導適合のものもある。さらに，酵素の重要な性質と

して，立体特異性や構造特異性をもつことがあげられる。例えば，酵素はキラル（左右の手のように，鏡像関係にあって重ね合わせることのできない物質の性質）な基質の一方にだけ結合して作用することができるので，消化酵素は，L-アミノ酸のポリペプチド鎖であるタンパク質を加水分解することができるのに対して，D-アミノ酸鎖には作用できない。このように，酵素は，基質の基の構造も厳密に区別して作用する。

3.4.4 酵素の活性に影響を与える要因

酵素反応は，さまざまな環境要因によって影響される。酵素速度に影響を与える要素としては，温度，pH，基質濃度，補因子や補酵素，イオン強度などがあげられる。例えば，酵素活性は，至適温度において最大となることが知られ，至適温度を超えたある温度以上になると急速に熱変性を起こして活性を消失（失活）する。また，pHも同様で，特殊な酵素を除き，通常の酵素はpH5～9の範囲でのみ活性を示すため極端な酸性およびアルカリ性条件では変性を起こし失活する。pHが変化すると，酵素と基質との結合，触媒活性，基質のイオン化が影響されるため，酵素反応に与える影響は大きい（図3.17）。

生体内においては，酵素の触媒活性に必要な補因子（補酵素と補欠分子族に大別される）として金属イオンやヘムなどの有機分子が重要であり，また，多くのビタミンが補酵素前駆体として機能している。よって，生体は，生命反応を円滑に進めるために，食事よりミネラルやビタミンを摂取することが必要となる。また，酵素の中には，活性部位以外の場所に特異的に物質を結合させることで構造が変化し，活性が促進，あるいは阻害されるものがある。このような性質を示す酵素をアロステリック酵素とよぶ。酵素はタンパク質であるため，熱やpHのほか溶媒や極端な塩濃度の変化により立体構造を失うまでに変化（変性）すると失活する。

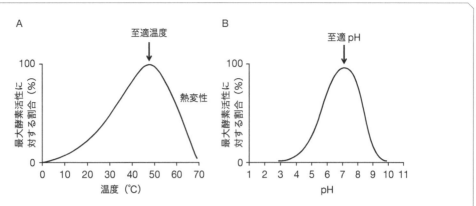

図3.17　温度変化とpH変化が酵素活性に与える影響
酵素反応の速度に及ぼす温度（A）とpH（B）の影響（仮想図）。（A）酵素は，最大活性を与える至適温度を超えたある温度以上になると急速に熱変性を起こして失活する。（B）通常の酵素はpH 5～9の範囲でのみ高い活性を示す。通常，高温や低pH，高pHに曝される時間が短いほど，酵素を変性させる作用は小さくなる。

3.4.5　酵素反応速度論の基礎

　酵素反応を定式化するために，1913年にミカエリスとメンテンは，酵素基質モデルを提唱した。ミカエリスとメンテンのモデルによると，単一基質単一生成物反応の酵素反応は，

　　酵素（E）＋基質（S）⇄酵素基質複合体（ES）→酵素（E）＋生成物（P）

で表される。この生成物（P）を生じる酵素反応の速度は，基質（S）を増やしてもそれに比例して線形に増えるわけではなく，上式の酵素基質複合体（ES）の濃度に比例する。また，酵素反応は，酵素と基質が一時的に結びついて酵素基質複合体を形成する第1の過程（第1段階反応）と，酵素基質複合体が酵素と生成物とに分離する第2の過程（第2段階反応）とに分けられる。実際に

$$E + S \xrightleftharpoons[k_{-1}]{k_1} ES \xrightarrow{k_2} E + P$$

式を用いてミカエリス-メンテンのモデルで考えてみよう。例えば，酵素Eに対して基質Sが大過剰に存在して生成物Pを生じる酵素反応を考えてみると，酵素Eは完全に基質Sで飽和しており，すべて基質酵素複合体ESとなる。この場合，全体の反応速度は，律速となる第2段階反応に依存して

おり，基質Sが少し変化したくらいでは変わらない。したがって，反応速度vは酵素基質複合体ESに比例することとなり，この反応が速度定数k_2をもつとすると，

$$v = d[P]/dt = k_2[ES]$$

となる。

　基質酵素複合体ESの生成速度は，第1段階反応で生成する量と逆反応で減少する量および第2段階反応で減少する量の差となるため，

$$d[ES]/dt = k_1[E][S] - k_{-1}[ES] - k_2[ES] \quad （式1）$$

ここで第1段階反応が平衡にあると仮定すると（定常状態仮説），

$$K_s = k_{-1}/k_1 = [E][S]/[ES] \,(K_s：第1段階反応の$$
解離定数）

$$d[ES]/dt = 0$$

また，酵素全量を$[E]_{tot}$すると

$$[E]_{tot} = [E] + [ES]$$

この定常状態仮説を式1に当てはめると

$$k_1([E]_{tot} - [ES])[S] = (k_1 + k_2)[ES] \text{ になり，}$$

これを変形して

$$[\text{ES}]\left(k_{-1}+k_2+k_1[\text{S}]\right)=k_{-1}[\text{E}]_{\text{tot}}[\text{S}]$$

両辺を k_1 で割ると，$[\text{ES}]$ は下の式で与えられる。

$$[\text{ES}]=[\text{E}]_{\text{tot}}[\text{S}]/(K_{\text{M}}+[\text{S}])$$
$$K_{\text{M}}=(k_{-1}+k_2)/k_1$$

この K_{M} をミカエリス定数とよぶ。

　一般に，反応の初速度では，逆反応や生成物（P）による阻害を考えないでよいと考えられ，初速度 v_0 は

$$v_0=\mathrm{d}[\text{P}]/\mathrm{d}t=k_2[\text{ES}]=k_2[\text{E}]_{\text{tot}}[\text{S}]/(K_{\text{M}}+[\text{S}])$$

となる。

　この式は，基質（S）の濃度が大過剰に存在しており，酵素が基質ですべて飽和している（$[\text{E}]_{\text{tot}}=[\text{ES}]$）と仮定した場合にはさらに単純化することができ，その時の速度（最大速度 $V_{\max}$）は，

$$V_{\max}=k_2[\text{E}]_{\text{tot}} \quad となり，$$
$$v_0=V_{\max}[\text{S}]/(K_{\text{M}}+[\text{S}])$$

この式はミカエリス–メンテン式とよばれ，酵素速度論の基礎となる。

　ミカエリス–メンテン式では，ミカエリス定数

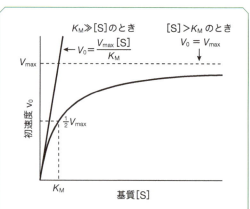

図3.18　酵素反応における基質濃度の初速度に対する影響
基質濃度が低いとき（$K_{\text{M}}\gg[\text{S}]$ のとき），ミカエリス–メンテン式の分母の $[\text{S}]$ は無視できるため，式は $v_0=V_{\max}[\text{S}]/K_{\text{M}}$ と単純化できる。したがって，この時 v_0 は $[\text{S}]$ に比例するようになる。一方，基質濃度が高いとき（$[\text{S}]>K_{\text{M}}$ のとき），ミカエリス–メンテン式の分母の K_{M} は無視できるため，$v_0=V_{\max}$ と単純化される。これは，基質濃度が高いときに，酵素活性が極限値を示すことに対応する。ミカエリス定数 K_{M} は，酵素の反応速度が $V_{\max}$ の半分になるときの基質濃度として定義される。

K_{M} を介して，初速度 v_0，最大速度 $V_{\max}$，基質濃度 $[\text{S}]$ が関係づけられる。ミカエリス定数 K_{M} は，酵素の反応速度が $V_{\max}$ の半分になるときの基質濃

COLUMN 　**酵素の系統的分類**

　生命反応には極めて多数のさまざまな酵素が存在しているが，これら酵素を反応特異性と基質特異性の違いから分類すると，系統的な分類が可能となる。国際生化学・分子生物学連合（IUBMB）は，このような系統的分類のために，命名規則を導入してお

り，E.C. 番号という記号を設けている。現在，触媒する反応は大きく6クラスに分けられ，それぞれのクラスは，さらにサブクラス，サブサブクラスに分類されており，EC に続く4個の番号 "EC X.X.X.X"（X は数字）によって表される。

	分類	反応
EC 1.X.X.X	オキシドレダクターゼ（酸化還元酵素）	酸化還元反応
EC 2.X.X.X	トランスフェラーゼ（転移酵素）	基の転移反応
EC 3.X.X.X	ヒドロラーゼ（加水分解酵素）	加水分解反応
EC 4.X.X.X	リアーゼ（解離酵素）	基がとれて二重結合を残す反応
EC 5.X.X.X	イソメラーゼ（異性化酵素）	異性化反応
EC 6.X.X.X	リガーゼ（合成酵素）	ATP の加水分解を伴う結合の生成

度として定義される。このことはミカエリス–メンテン式で $[S]=K_M$ を代入することで確認できる（図3.18）。ミカエリス–メンテン式を用いることで，酵素反応の機構を速度論の観点から調べることが可能となり，速度論は酵素の反応機構や活性調節機構，また阻害物質がどのように酵素活性を阻害するかといったことなどを解析する有力な方法の1つとなっている。

酵素の中には，複数の活性中心が相互作用する多量体（四次構造を形成する）の酵素も存在する。このような酵素においては，1つの基質の結合が，続く基質の結合に影響を与える場合（アロステリック酵素のように活性部位への基質の結合が協調的に制御される場合）には，上述の v_0 の $[S]$ に対するプロット（図3.18の曲線）は，シグモイド曲線となる。

生体内での酵素反応においては，酵素の活性は，その酵素の立体構造の変化で制御され，エフェクター分子（修飾因子）の結合によって変化することがある。

生命活動においては，酵素活性が共有結合されたリン酸（例えば，セリンやスレオニンチロシンのリン酸化）によって調節されることが重要であり，このようなリン酸化による制御は，細胞内シグナル伝達に必須となっている（9章参照）。

3.5節

細胞外基質

多細胞生物では，生体組織を支持するために細胞外の空間を充填する物質が極めて重要である。この細胞外の線維状や網目状の構造は，細胞接着における足場としても重要であり，細胞外基質（extracellular matrix）とよばれる。動物の場合，コラーゲン，フィブロネクチン，ラミニン，エラスチン，プロテオグリカン，ヒアルロン酸などが主な成分であり，植物における代表的な細胞外マトリックス成分は，セルロースとなる（前述）。

3.5.1 細胞外基質を構成する
##　　　　タンパク質

コラーゲンは，ほとんどすべての結合組織の主な構成成分であり，動物体内のタンパク質の約25%を占める。その構造は，$(Gly–X–Y)_n$ で表されるくり返しのある三重ヘリックス構造となっている。この固いヘリックス構造がコラーゲンが張力に強い理由となっている。コラーゲンの中には，ヘリックス構造が集合してコラーゲン原線維をつくり，さらにそれが集合してコラーゲン線維を形成するものもある。コラーゲン線維は，骨，腱，靭帯，皮膚（真皮）を構成する上で欠かすことができない。また，細胞がコラーゲンと結合するためには，糖タンパク質のフィブロネクチンが必要である。フィブロネクチンは，コラーゲン線維に結合するのと同時に，別の部位を介してインテグリンと結合することで，細胞をコラーゲンと連結させている。また，インテグリンは，細胞外でフィブロネクチンと結合する一方で，細胞内では細胞骨格との結合を仲介する。さらにインテグリンは，上皮層では，基底膜中のラミニンと結合することで上皮細胞を結合組織に連結させている。ラミニンは，基底膜を構成する巨大なタンパク質であり，インテグリン以外にもさまざまな細胞外マトリックスと結合するため，細胞接着や細胞の増殖・移動と密接に関わる。エラスチンは，伸長性と弾力性に重要なタンパク質で，コラーゲン線維を支える役割をもっているため，動脈系の血管や肺，靭帯，声帯など弾性が要求される組織に特に多く存在する。エラスチンもコラーゲンと同様に特徴的なアミノ酸組成をもっており，Gly や Ala などの小さい非極性アミノ酸が主体を占めている。

3.5.2　プロテオグリカン

プロテオグリカンは，糖とタンパク質の複合体で，枝分かれのない二糖のくり返しによって構成されたグリコサミノグリカンが複数個共有結合した糖タンパク質である（図3.19）。グリコサミノグリカンを構成する二糖のうちの1つは常にアミノ糖となっており，さら多くの場合，硫酸基で修飾されて

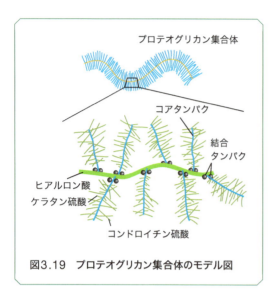

プロテオグリカン集合体

コアタンパク

結合
タンパク

ヒアルロン酸
ケラタン硫酸

コンドロイチン硫酸

図3.19　プロテオグリカン集合体のモデル図

持力をもつためである。プロテオグリカンは，コラーゲンやエラスチンと結合することで，組織化された構造を決定するのに重要であり，また，分泌された細胞増殖因子を補足して，供給する役割も果たす。

　このように，細胞外基質は，細胞と細胞の間を満たして生体組織を支持する極めて重要な物質であると同時に，細胞の増殖や分化の制御にも重要な役割を果たす。

　多細胞生物において，細胞外に分泌されるタンパク質や細胞表面に局在するタンパク質の多くが糖タンパク質となっているが，タンパク質への糖鎖付加は，小胞体やゴルジ体の内腔で行われる。糖鎖はタンパク質内のアスパラギン（N結合型）やセリン／スレオニン残基(O-結合型)に共有結合しており，糖鎖の生合成には200種類以上の糖転移酵素が機能し，多様な構造を作り上げている（タンパク質への糖鎖付加に関しては6.1.3を参照）。

いる。この組み合わせにより，ヘパラン硫酸やコンドロイチン硫酸，ヒアルロン酸などに分類される。プロテオグリカンも重要な細胞外成分であり，グリコサミノグリカンのたくさんの水酸基（–OH基）を介して，細胞の周囲に水和した空間をつくることを可能にする。関節や皮膚などの細胞外マトリックスとして機能するヒアルロン酸が，最近大きな注目を集めているのは，この非常に高い保湿性・水分保

参考・推薦図書
・『Essential 細胞生物学　原書第4版』B. アルバーツ他著，中村桂子，松原謙一監訳，南江堂（2016）
・『ハーパー生化学　原書30版』V. W. ロドウェル他著，清水孝雄監訳，丸善（2016）
・『ヴォート基礎生化学　第5版』D. ヴォートら著，田宮信雄ら訳，東京化学同人（2017）

神戸大朋（4.1節）／渡邊直樹（4.2.1，4.2.3）／豊島文子（4.2.2）／
千坂　修（4.3節）

4章　細胞の形を保つしくみ
生体膜，細胞内輸送，細胞骨格，細胞接着

4.1節

生体膜，細胞内輸送

4.1.1　生体膜

　生体を構成する細胞は，生体膜で覆われており，細胞内部のさまざまな**細胞内小器官（オルガネラ）**も膜構造で完全に区画化されている。生体膜はリン脂質を基本成分とする膜脂質と多様な膜タンパク質から構成されており，リン脂質は1本の親水性の頭部と2本の疎水的な炭化水素鎖を有する尾部をもつ。この分子構造によって，**脂質二重層**を形成することが可能になり，極性をもつ頭部は外側に位置して水性の環境に面する一方で，疎水性鎖をもつ尾部は互いに向かい合っている（**図4.1**）。

　1つの細胞中には，炭化水素鎖長や二重結合の位置や数を異にする極めて多数の膜脂質が存在しており，その種類は組織や細胞種，オルガネラ間で異なっている。また，スフィンゴ脂質やコレステロールを主要構成成分とする微小領域が存在することが知られ，それらはマイクロドメインや脂質ラフトとよばれる。生体膜内では，タンパク質はモザイク状に埋め込まれており，膜への会合の強さで実験的に膜内タンパク質と膜面タンパク質に分類されている（図4.1）。前者は，疎水力により強く膜に結合するために膜を壊さなければ分離することができないが，後者は，比較的容易に膜から解離するために，膜を壊さないで分離することができる。また，膜内タンパク質は，リン脂質の炭化水素鎖との疎水性領域間の疎水性相互作用によって膜に保持されており，膜の

基本構造を破壊することなく，膜内を水平方向に自由に動き回り，回転できる。このような生体膜の流動性は流動モザイクモデルとして広く受け入れられており，1972年にシンガー（S. Singer）とニコルソン（G. Nicolson）によって初めて提唱された[1]。現在，このようなタンパク質分子の動きは一分子観測などの技術を用いて観察することができる。一般に，生体膜内にコレステロールが加わると，その固い構造（ステロール核）の影響で炭化水素鎖の動きが制限されるため，膜の流動性は下がることが知られる。また，生体膜を構成するリン脂質が両親媒性であるため，脂溶性の物質（ステロイドホルモンなど）は膜構造に溶け込み，自由に通過することができる。一方，水溶性の物質は生体膜を通過できないため，このような水溶性の物質を移動させるためには，細胞膜に埋め込まれた膜内タンパク質（＝トランスポーターやチャネル）が必要となる（図4.1）。

　脂質二重層では外側と内側の膜の組成が非対称に分布する。脂質二重層を構成するリン脂質分子が，反転して二重層の反対面に動くことを**フリップ・フロップ**（反転拡散）という。フリップ・フロップが起こるには，リン脂質の極性の頭部が二分子膜の尾部で構成された炭化水素層を通過しなければならないために，高いエネルギーが必要となる。そのため，フリップ・フロップは通常ほとんど起こらないが，細胞はこの反転を促進する複数の酵素（リン脂質トランスロケースとして機能するフリッパーゼなど）を用いてリン脂質分子を反対側の膜に移動させてバランスをとり，脂質二重層の非対称性を維持している。

4.1.2　細胞内輸送

　真核細胞にはさまざまな細胞内小器官が存在す

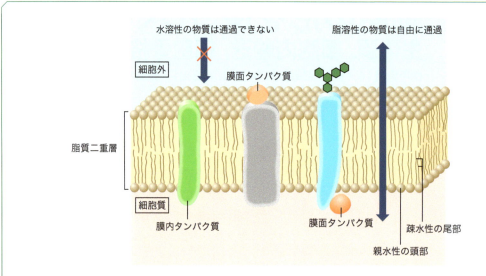

図4.1　生体膜の構造
リン脂質二重層の生体膜にタンパク質がモザイク状に埋め込まれている。膜内タンパク質は，膜内を水平方向に自由に動き回り回転することができる。真核細胞の細胞表面のタンパク質には多くの場合，オリゴ糖が結合している。ステロイドホルモンなどの脂溶性の物質は自由に膜を通過することができるが，水溶性の物質は通過できない。

る。これらの細胞内小器官が正しく機能するためには，それぞれの小器官で働く分子が正しく輸送されて，局在することが必要となる。この細胞内のオルガネラを結ぶ連絡経路は**小胞輸送***とよばれ，細胞の内と外とを結ぶ連絡経路となっている（**図4.2**）。小胞輸送には，「小胞体→分泌経路→細胞表面」のように細胞外へ向かうものと，「細胞表面→エンドソーム→リソソーム」のように細胞内に取り込まれる方向に向かうものがあり，このオルガネラ間におけるタンパク質や脂質などの輸送は，脂質二重層からなる小胞によって制御される。この小胞輸送の過程で，細胞外に向かった小胞が細胞膜に融合して細胞内物質を放出する過程を**エキソサイトーシス**（開口放出），逆に，細胞膜の一部が陥入して小胞を形成し，細胞外の物質を細胞内に取り込む過程を**エンドサイトーシス（飲食作用）**とよぶ。

　小胞輸送は，それぞれのオルガネラの膜の一部が出芽（budding）し，切り取られて輸送小胞（transport vesicle）となり，標的のオルガネラまで運ばれ，結合して膜融合が起こることで完了する。すなわち，小胞輸送は出芽と融合のくり返しで進行

する。小胞輸送が正しく進行するためには，目的に合ったタンパク質（積み荷）や脂質だけを輸送小胞に取り込み，標的となる膜とだけ正確に融合することが必要となる。そのため，細胞はそれぞれの輸送経路に応じて，個別の輸送小胞を発達させており，輸送小胞は，それぞれに固有のタンパク質と脂質の組成を保持しながら，オルガネラ間を常に循環している。

*小胞輸送：日本語で「膜輸送」というと，小胞輸送と，チャネルやトランスポーターによる膜を介した物質の輸送の両者が含まれるが，英語では，前者は"membrane traffic"，後者は"membrane transport"となり，まったく異なる意味をもつことから注意が必要である。
また，小胞輸送は，単なる物質運搬ではなく，「原材料の調達から製品消費までのものの流れの総合的なマネジメント」という経済用語の意味を込めて「細胞内ロジスティクス」とよばれることもある。

　この入り組んだ膜輸送経路網を実現するために，小胞輸送には，目的となるオルガネラ膜とだけ融合し，それ以外の膜とは融合しないように識別する機構が備わっている。この識別作業は，輸送小胞の膜に結合しているタンパク質が担っており，この過程で重要な膜タンパク質として，Rabタンパク質

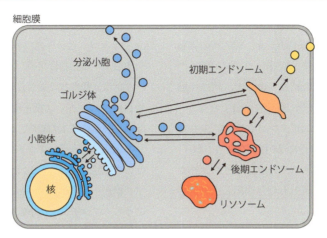

図4.2　細胞内小胞輸送
膜から出芽した輸送小胞がオルガネラ膜や細胞膜との間で出芽と融合をくり返すことで，膜成分と水溶性タンパク質（積み荷）とが輸送される。輸送小胞には目的に合った膜成分と積み荷だけが組み込まれ，さらに標的となるオルガネラ膜とだけ融合する。これにより，目的物を正確に輸送することが可能となる。

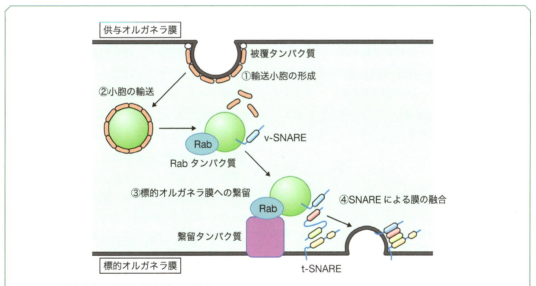

図4.3　輸送小胞の形成と標的膜への融合
Rab タンパク質，繋留タンパク質，さらに，SNARE タンパク質の働きにより，供与オルガネラ膜より出芽した小胞が標的オルガネラ膜に正確に融合できるようになる。

（Rab GTPase）が知られる。小胞の膜表面にはそれぞれ特有の Rab タンパク質が配置されており，受け手オルガネラ膜には，Rab タンパク質を識別する繋留タンパク質が備わっている。両者が相互作用することで，輸送小胞と受け手オルガネラとの選択的な結合（繋留）が促進される（**図4.3**）。さらに，膜輸送経路の特異性を規定するために，膜が融合する段階も厳密に制御されており，これには，**SNARE**（Soluble *N*-ethylmaleimide-sensitive factor Attachment protein REceptor）**タンパ**

ク質が重要な役割を果たす。SNAREは，輸送小胞
と受け手オルガネラ膜双方に存在しており，小胞に
存在するSNARE（v-SNARE）を，標的膜の細胞
質側表面にある相補的なSNARE（t-SNARE）が
識別する。両SNAREの結合によって，輸送小胞
が正しい標的オルガネラ膜に確実に融合できること
となる（図4.3）。SNAREタンパク質は，少なく
ともヒトに36種類，酵母に25種類存在しており，
真核細胞で高度に保存されている。Rabタンパク
質はSNAREタンパク質とも相互作用し，繋留か
ら膜の融合にも関与する。

　輸送小胞の形成には，被覆タンパク質とよばれる
タンパク質群が細胞質からオルガネラ膜上に付着し
て膜を変形させることも重要な段階となっており
（図4.3），被覆タンパク質の違いからいくつかのタ
イプに分類される。代表的な被覆小胞としては，
COP I小胞（ゴルジ体〜小胞体），COP II小胞（小
胞体〜ゴルジ体），クラスリン小胞（トランスゴル
ジ網〜エンドソーム・リソソームやエンドサイトー
シス）があげられる。出芽の過程では，GTPase
が膜の切り離しに重要な役割を果たすと考えられて
おり，エンドサイトーシス経路において，クラスリ
ン被覆小胞が形成される際には，ダイナミンとよば
れるGTPaseが機能する。

文献
1) S. J. Singer, G. L. Nicolson, *Science*, 175, 4023, 720-31
　(1972)
推薦図書
・『細胞の分子生物学　第6版』B. アルバーツ他著，中村桂子・松
　原謙一監訳，ニュートンプレス（2017）
・『Essential 細胞生物学　原書第4版』B. アルバーツ他著，中村
　桂子，松原謙一監訳，南江堂（2016）
・『ハーパー生化学　原書30版』V. W. ロドウェル他著，清水孝雄
　監訳，丸善（2016）

4.2節

細胞骨格〜動的な形態制御のメカニズム〜

はじめに

　細胞が機能するとき，形態や内部の構造を動的に
変化させる。この形の変化を駆動するのが細胞骨格
である。動物細胞には，アクチン，微小管，中間径
フィラメントといった3種類の線維状タンパク質
を中心とする細胞骨格系が存在する。これらのタン
パク質は，数珠状に重合し線維構造をつくる。細胞
骨格線維は，古くは電子顕微鏡観察によって3種
類の異なるサイズの線維，6ナノメータ径のマイク
ロフィラメント（＝アクチン線維），10ナノメータ
径の中間径フィラメント，25ナノメータ径のチュー
ブ状構造をもつ微小管，として認識されていた。こ
のうち，アクチンと微小管は，両端の性質が異なる
極性をもつ線維を形成する。アクチン線維や微小管
の極性は，重合・脱重合の制御に重要な役割を果た
すとともに，それぞれの線維に結合し滑走するモー
ター分子が機能を発揮するために不可欠な性質であ
る。

4.2.1　アクチン細胞骨格系

　アクチン細胞骨格系は，細胞表層の主要な成分で
あり，細胞の形態変化，接着，遊走に応じて柔軟に
形をかえる。アクチン系には，2つの主たる力の発
生装置がある。1つは，重合するアクチンが線維先
端で押す力であり，もう1つは，アクチン線維上
を滑走するモーター分子ミオシンの力である。

　アクチン細胞骨格系の特徴は，アクチン結合分子
の多様性と，結合タンパク質とともに形成される形
状の多様性にある。アクチン線維の交点をつなぐク
ロスリンカー（フィラミンなど），アクチン線維を
束ねる束化タンパク質（複数のアクチン結合部位で
2つの線維をつなぐαアクチニンや，負の電荷に
よって本来であれば反発しあう線維の間にはまり束
化するフィンブリンやファシンなど），アクチン線
維端をキャップする分子（キャッピングプロテイン，
ゲルソリンなど），アクチン線維の側面に結合し新
たな線維を伸ばすArp2/3複合体，アクチン線維
上を動くモータードメインをもつ多種多様なミオシ
ンの作用によって，多様な形態と機能を備えたアク
チン構造が形成され，単一の細胞の中に共存する。

　アクチンは，ほとんどの真核細胞に豊富に存在
し，細胞内濃度は数百μMに達する。単量体アク

チン（Gアクチン）が重合したアクチン線維（Fアクチン）によって構成されており，培養細胞ではGアクチンとFアクチンがおよそ1：1の比率で存在する。運動する細胞内でアクチンは，速やかに重合・脱重合をくり返す。例えば，培養細胞の先導端に形成されるベール状の仮足ラメリポディアでは，アクチンは3分の1が重合後10秒以内に脱重合し，線維の平均寿命は30秒と短い。この絶え間ない線維崩壊と新たな重合を通して，ラメリポディアは伸展方向を変え，細胞運動を素早く先導する。ちなみにアクチン線維の半減期は，糸状仮足フィロポディアの束化した線維ではおよそ80秒，ストレス線維では約5分と長い。

A. アクチン線維の極性とトレッドミリング

アクチンの制御機構においては，生化学反応を理解することが重要である。アクチンは，非対称性の線維を形成する。ミオシンで加飾した電子顕微鏡像から，線維端の一方を矢じり端（pointed end），もう一方を反矢じり端（barbed end）とよぶ。反矢じり端がより速い重合・脱重合を行う。アクチン重合反応が定常状態に至ると，Fアクチンの反矢じり端が伸長し，矢じり端が脱重合するトレッドミリングが起きる。このトレッドミリングには，Fアクチンによる ATP の加水分解が必要である。

*ATP 存在下で G アクチンを重合し，線維量が一定になる定常状態に至ると，反矢じり端で G アクチンが重合し，矢じり端から ADP 結合型 G アクチンが解離しつづける状態となる。これをトレッドミリングとよぶ。G アクチンに結合した ATP は，重合後，速やかに ADP と Pi（無機リン酸）に加水分解される。しかし，Pi の離脱が遅いため反矢じり端からのアクチン解離は阻害される。一方，矢じり端では，G アクチンが臨界濃度まで減少すると，ADP アクチンの解離が G アクチンの付加よりも速くなり脱重合に傾く。総和として，アクチン線維は，片方が伸長，もう一方が縮む運動を行う。

B. 臨界濃度

Gアクチンが存在しうる濃度を臨界濃度とよぶ。臨界濃度以上では，Gアクチンは徐々に線維核を形成し重合する。上述したように，アクチンは定常状態においてトレッドミリングするが，臨界濃度のGアクチンが存在すれば，反矢じり端の伸長速度

と矢じり端の短縮速度が等しくなり，Gアクチン濃度が一定となる。この濃度は，$\approx 0.1\ \mu M$ と低い。一方，細胞内では，$100\ \mu M$ かそれ以上のGアクチンが存在する。隔離タンパク質がGアクチンと結合し，重合を抑制するためである。隔離タンパク質として主要なものは，サイモシン $\beta 4$ ファミリーとプロフィリンである。サイモシン $\beta 4$ 結合Gアクチンは，重合反応がすべて阻害されるが，プロフィリン結合Gアクチンは，線維核形成はできないものの線維伸長はGアクチンと同等に寄与する。また，プロフィリンは，脱重合した ADP アクチンの ADP-ATP 交換反応を加速し，アクチン伸長反応を助ける。加えて，アクチン伸長因子である Ena/VASP タンパク質やフォルミン類似タンパク質のポリプロリン配列と結合し，反矢じり端の伸長を促進する。

細胞は，隔離タンパク質に結合した豊富なGアクチンのプールをもつ。隔離タンパク質とGアクチンは，迅速に結合解離をくり返しており，細胞は必要に応じて速やかに大量のアクチン線維を形成することができる。

C. アクチンの重合・脱重合サイクル

アクチン重合には，重合核形成，線維伸長という2つのステップが存在する（図4.4）。精製アクチンを低塩濃度下におくと，徐々に脱重合しGアクチンとなる。これに塩を加えるとFアクチンに変換するが，重合初期にFアクチンがなかなか増加しない遅延相が存在する。この遅延は，線維数の増加に時間がかかるためである。Gアクチンは，溶液中で盛んに二量体，三量体を形成するが，多くはアクチン分子が解離し線維形成に至らない。いったん四量体になると線維同様，両端が異なる速度で伸長する。この線維生成過程を**重合核形成**（nucleation）とよぶ。重合核形成の効率は，遊離Gアクチン濃度の約3乗に比例する（図4.5）。隔離タンパク質により低い濃度を保たれる遊離Gアクチンから，効率よく線維核を形成する因子の存在が予想され，1998年に Arp2/3 複合体，2002年にフォルミンファミリーが同定された。これらは低分子量

GTP 結合タンパク質 Rho ファミリーの下流で働く分子である。これらのしくみによって，細胞は必要なときに必要な場所に異なる形状のアクチン線維構造を生み出す。一方，アクチン線維はコフィリンを中心とするアクチン脱重合機構により G アクチンに分解され，次の重合サイクルに利用される。また，線維伸長は，キャッピングプロテインに阻害される。キャッピング反応は，アクチン動態に単に抑制的に働くのではなく，むやみな線維伸長を抑制し，必要なアクチン重合を持続させる重要な役割を担っ

ている。注意すべきは，重合核形成がなくても，線維切断や線維端の脱キャップが起きると新たに伸長する線維が生じることである。細胞内で，これら3つの反応がどの割合で新たなアクチン伸長を開始するかわかっていない。

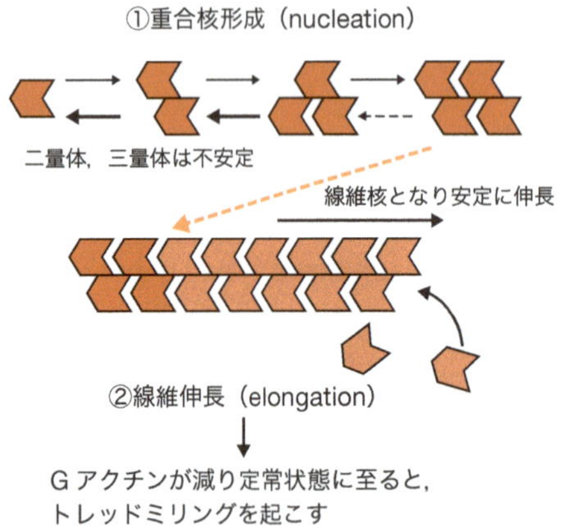

D. 葉状仮足の樹状核化アクチンネットワーク

移動する細胞の先端には扁平なラメリポディア，細い突起であるフィロポディアが形成される。細胞辺縁の仮足ラメリポディアでは，F アクチンは反矢じり端を外に向け，その重合によって仮足を伸展する。ラメリポディアには，70 度に枝分かれしたアクチン線維ネットワークが観察される。これは，既存の F アクチンの横に結合し，新しい線維核をつくる Arp2/3 複合体の働きによる。Arp2/3 複合体は，VCA ドメインをもつ WAVE によって活性化され，ラメリポディアの先端近くに重合核を形成する。

ラメリポディアにおいて，F アクチンは，レトログレードフローとよばれる細胞中心へ向かう絶え間ない流動運動を示す。このことから，細胞先端で個々の線維の反矢じり端が伸長し，矢じり端がラメリポディアの根元で脱重合するトレッドミリングモデルが古くは支持されていた。しかし，線維が個別にトレッドミリングの動きをするのではないこと，アクチン重合・脱重合による線維の入れかわり（ターン

図4.4 アクチン重合の2つのステップ，重合核形成と線維伸長

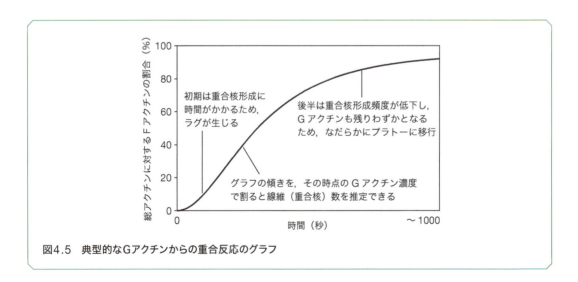

図4.5 典型的なGアクチンからの重合反応のグラフ

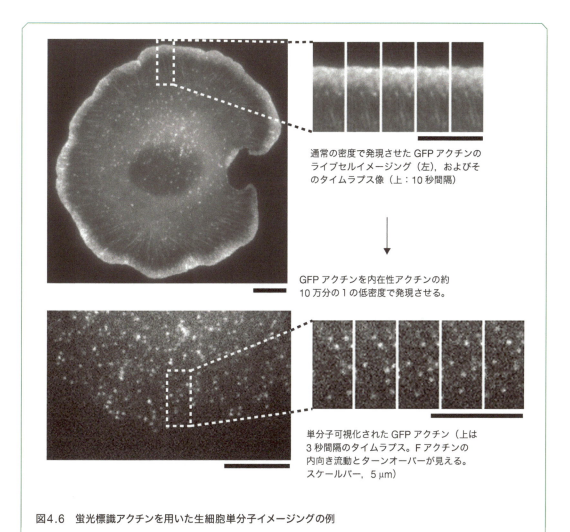

通常の密度で発現させた GFP アクチンの
ライブセルイメージング（左），およびそ
のタイムラプス像（上：10 秒間隔）

GFP アクチンを内在性アクチンの約
10 万分の 1 の低密度で発現させる。

単分子可視化された GFP アクチン（上は
3 秒間隔のタイムラプス。F アクチンの
内向き流動とターンオーバーが見える。
スケールバー，5 μm）

図4.6　蛍光標識アクチンを用いた生細胞単分子イメージングの例

オーバー）はラメリポディアの先端と後端に限られ
ないことがわかり，トレッドミリングモデルは，修
正が必要なことが判明している。

E. 細胞分子イメージングが示すアクチン動態

　この細胞内アクチン動態の詳細は，蛍光 1 分子
イメージングによって解明された。蛍光標識された
アクチンをごく低濃度細胞内に導入し，高感度蛍光
顕微鏡で撮影すると 1 分子ごと可視化できる（図
4.6）。この手法の長所は，重合した標識体のみが点
状のシグナルとして画像化されることである。細胞
内の G アクチンの拡散係数は約 5 $\mu m^2/s$ であり，
1 秒ほどの露光時間の間に G アクチン状態にある

標識体の大半は，数ミクロンに渡る範囲をブラウン
運動する。一方，F アクチン状態にある標識体は，
アクチン流動に沿って 100 nm 以下の距離を移動
するだけである。点光源からのシグナルは，光学顕
微鏡の回折限界のため 200 ～ 300 nm 幅の領域に
結像する。よって，標識体がアクチンネットワーク
に会合したとき点状に画像化され，解離すると像は
かすみ，見かけ上消失する。

　この手法によって，レトログレードフローについ
ては，アクチン分子は互いの位置を保ちながらほぼ
平行に移動することがわかった。アクチン線維が互
いに高度にクロスリンクされるためであろう。さら
に，ラメリポディアのアクチン線維は，重合後 1/3

が脱重合し，半減期が30秒と短いことが判明した。アクチン流動によって，アクチンネットワークは先導端からラメリポディア基部に2～5分ほどで到達するが，その間，Fアクチンのかなりの部分が重合・脱重合をくり返す。Fアクチンの速いターンオーバーは，外来刺激に応答した細胞の迅速な形態変化に必須の性質と考えられる。

F. 迅速な細胞内でのアクチン脱重合

細胞の形態変化には，迅速に細胞構造を壊す機構が必要である。反矢じり端の伸長は，Gアクチン，もしくはプロフィリン結合Gアクチンの濃度に比例して加速し，細胞内では毎秒60～90個のGアクチンが付加する。一方，アクチンの矢じり端からの解離は遅く，アクチン脱重合因子コフィリン／ADFファミリーにより加速されても遅く，トレッドミリングでは細胞内の速いアクチン動態を説明できない。現在，コフィリンを含むより複雑な線維分解機構が知られている。Fアクチンは，約72 nmで1回転する二重螺旋構造（long-pitch helix）をもつが，コフィリンが結合するとその捻じれが30%近く増強する。また，コフィリンはFアクチンに沿って協調的に結合し，結合する領域と結合しない領域の境界で線維切断が起きやすい。さらに，コロニン1BやAIP1と協働的に線維両端を迅速に崩壊させる。ラメリポディアでの迅速な線維の崩壊は，このような協働的機構により，線維の両端や切断された断端が急速に脱重合することで実現すると考えられている。このように，細胞内では，トレッドミリングと異なるメカニズムでアクチンのリサイクリングが進行する。

G. アクチンを制御する細胞内情報伝達系

多くの培養細胞を増殖因子（インスリンを含む）や種々の生理活性物質，それらを多量に含む血清で刺激すると5～15分程の間，著明なアクチン線維のリモデリングが観察される。これらは，細胞の接着，収縮，遊走，極性形成，受容体（複合体）のエンドサイトーシスといったアクチン系が関与する細胞応答が強く現れたものと考えられる。しかし，生

体でも同様かなど，観察されるアクチンリモデリングの真の機能的意義については不明な点が多い。とはいえ，このような形態学的観察から，アクチン系を制御する細胞内情報伝達機構の解明が進められてきた。その中で中心的な役割を果たすのが，Rho, Rac, Cdc42に代表されるRhoファミリー低分子量Gタンパク質である。これらを細胞内にマイクロインジェクションすると，アクチンストレス線維，ラメリポディア（葉状仮足），フィロポディア（糸状仮足）がそれぞれ形成される。重要なのは，これらの誘導の迅速さ（<5分）である。この手法による迅速なアクチンリモデリングの観察は，個々のシグナルの違いを把握するのに役立った。前述したイメージングと並び，多分子が協調してダイナミクスを生む系において，直接現象を捉えることが有用であった例である。興味深いことに，Rhoファミリーの直接のエフェクターには，分子種が異なるものの，アクチン重合核形成を促進する分子が同定されている。Rhoが活性化するmDia（フォルミンファミリーに属する），RacのWAVE複合体，Cdc42のN-WASPが代表的なものである。

H. 細胞内のアクチン重合核形成のしくみ

上述したようにアクチン重合には，重合核形成と線維伸長の2ステップが存在する。

細胞内においても，サイモシンβ4ファミリーやプロフィリンによって遊離Gアクチン濃度が低く抑えられるため，なかなか線維核が形成されない。この重合核形成反応を促進する分子として，Arp2/3複合体，フォルミンファミリー，Spire（WH2ドメインを複数もつ分子）などが同定されてきた。上述したWAVEとWASPは，そのC末端側にArp2/3複合体に結合しアクチン線維（母フィラメント）の横に連結することで枝分かれした線維の重合核形成を促進するモチーフを共有する。興味深いのは，WASPにはCdc42が直接結合するものの，WAVEの場合は，Racが複合体の別のサブユニットに結合し，WAVEを活性化することである。また，リン脂質（WASPではPIP$_2$，WAVE複合体では特にPIP$_3$）も活性化に重要で

ある。この性質は，WAVEによるラメリポディア先端やWASPによるエンドサイトーシス周辺部など，アクチン重合核形成位置を決めるとともに，細胞膜直下の反矢じり端の配向にもおそらく役立っている。mDiaについては，Rhoが結合すると自己抑制的な分子内結合が開裂し，フォルミンファミリーが共有するFH1-FH2ドメインが活性化し，アクチン重合核をつくる。加えて，フォルミンファミリーに共通する驚くべき性質として，重合核形成後も反矢じり端にとどまり，プロセッシブにアクチンを伸長させることができる。このため，キャッピングプロテインによる阻害を受けにくくなり，例外的に長い線維が形成される。また，ポリプロリン配列がくり返すFH1ドメインには，プロフィリン－アクチン複合体をよび寄せることでアクチン伸長を著明に加速，細胞内では毎秒700個を超えるアクチン分子が線維端に付加することが，mDia1の分子可視化により観察されている。これらの迅速に長いアクチン線維を形成する能力は，フォルミンファミリーが関与するストレス線維や酵母のアクチンケーブル，細胞質分裂の収縮環等の形成に欠かせない性質と考えられる。

mDiaを含むフォルミンファミリーは，細胞表面の物理ストレスに応答して迅速に重合核形成を行う。物理ストレスにより崩壊した線維から放出されたGアクチンの作用と考えられるが，これは，①Gアクチン総量の増加がわずか（2割程度）でも，アクチン隔離タンパク質による緩衝（上述）が追い付かなくなり，遊離Gアクチンが著明に（2倍以上）増加，②フォルミンファミリーの重合核形成効率が遊離Gアクチン濃度の3乗に比例，というしくみにより重合核形成が加速するためである。因みに，②は，Arp2/3複合体の場合（ほぼGアクチン濃度の比例）と異なっている。異なる制御機構が使い分けされるしくみの1つと考えられる。

I. ミオシンによる収縮のしくみ

アクチン線維との相互作用によってATPアーゼ活性が上昇するモータードメインを共有するミオシンは，多様に進化した30を超えるファミリーに分類される。このうち，ミオシンIIは筋収縮で働く主要なミオシンであり，長いロッド状のコイルドコイル配列からなる尾部を介して，双極性のフィラメントを形成する。非筋細胞の運動や組織の形態形成においても，アクチン線維をたぐり寄せるようにして収縮力を生み出すことで重要な役割を担っている。その他，「非定型」ミオシンには，尾部のコイルドコイルによって二量体化しミオシンヘッドを並べてもつ双頭型や，ミオシンIのような単頭型がある。前者には，色素顆粒の細胞内輸送を担う，アクチン線維上を長距離移動する（プロセッシビティーが高い）ミオシンVや，反矢じり端に向かう運動をする通常のミオシンとは異なり，逆方向に移動するミオシンVIなどがある。

ミオシンIIによる収縮は，骨格筋，心筋，平滑筋，非筋細胞とも細胞内Caイオンによって制御されるが，その機構は，前2者と後2者には違いがある。骨格筋や心筋では，細胞膜の脱分極が，筋小胞体上のリアノジン受容体に迅速に伝わり，細胞質中へCaイオンを流入させる。特に，骨格筋では，細胞膜から内に延びる横行小管（T管）が多数存在し，活動電位が筋線維全体に急速に伝播する。上昇したCaイオンが，平常時にはアクチンとミオシンの相互作用を遮断するトロポニンに結合すると，筋収縮機構が動作可能となる。

J. 平滑筋，非筋細胞の収縮とCa感受性

種々のリガンドによるGタンパク質（Gq）共役受容体の活性化によって産生されたIP$_3$は，小胞体にあるIP$_3$受容体を活性化し，Ca^{2+}を細胞質中に放出させる。次いでCa結合型カルモジュリンがミオシン軽鎖キナーゼ（MLCK）に結合，活性化し，ミオシン軽鎖をリン酸化することで，アクトミオシンが収縮する。一方，ミオシンホスファターゼがリン酸化を元に戻す。上述した骨格筋や心筋とは異なり，ゆっくりとした収縮力の変化が起きる。

これらに加え，Ca感受性による制御機構がある。当初，平滑筋において，最大収縮を発生しない中間濃度のCaイオン存在下で収縮力を増強する機構が発見された。このCa感受性には，低分子量GTP

アーゼである Rho が必要であり，そのエフェクターであるキナーゼ，ROCK がそのシグナルを介在する。Rho が結合し活性化した ROCK は，ミオシンホスファターゼをリン酸化することで不活化することと，直接，ミオシン軽鎖をリン酸化することでミオシンⅡを活性化する。上述したように，Rho の活性化は培養細胞のアクチンストレス線維形成を促進するが，この ROCK を介したアクトミオシン収縮の増強は，mDia による線維形成とともにそのフェノタイプの大きな部分を担っている。Rho ファミリーの情報伝達の上流については，活性化因子であるグアニンヌクレオチド交換因子（GEF），および不活化因子である GTP アーゼ活性化タンパク質（GAP）とも，50 種を超える多様な分子が存在するが，Ca 感受性を調整するシグナル経路としては，$G_{12/13}$ 型の三量体 G タンパク質に活性化される Rho-GEF（p115-RhoGEF 等）が存在する。これらを含めた多数のシグナル分子や構造分子の相互作用によって，細胞の動的な形態変化が駆動されるが，このような複雑系の解明をいかにして進めていくかは，現代の生命科学の難題の 1 つであり，長い道のりと多くの試みが必要となるであろう。

4.2.2　微小管

A. 微小管の構造

　微小管（microtubule）は，枝分かれのない直径 20 〜 25 nm の中空の管である。この管構造は，**プロトフィラメント**とよばれる直径約 5 nm の細い 13 本の線維がそれぞれ側面で結合し，円筒状に並ぶことで形成されている。プロトフィラメントは，αチュブリンとβチュブリンとよばれる 2 種類のタンパク質からなるチュブリンヘテロ二量体が連なったポリマーである。αチュブリンとβチュブリンは，ともに分子量約 55kDa の球状タンパク質であり，それぞれグアノシン三リン酸（GTP）との結合部位をもつ。αチュブリンに結合した GTP は，チュブリンヘテロ二量体の境界面に埋め込まれ，加水分解を受けず安定に存在する。一方，βチュブリンに結合した GTP は，ヘテロ二量体の表面に位置

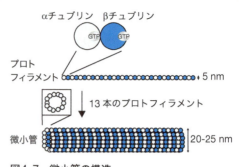

図4.7　微小管の構造
微小管はプロトフィラメントが円筒状に 13 本並んだ管空構造をしている。プロトフィラメントは，αチュブリンとβチュブリンからなるヘテロ二量体が連なったポリマーである。

するため，加水分解によりグアノシン二リン酸（GDP）に変換しうる。チュブリンヘテロ二量体どうしの結合はαチュブリンとβチュブリンの間で生じるため，プロトフィラメントの中では，すべての二量体が（α-β）-（α-β）-（α-β）の配列で一列に並んでいる。その結果，微小管の一端はαチュブリンが露出しており，もう一端はβチュブリンが露出している。このように，微小管は極性をもった管状の線維である（**図4.7**）。

B. 微小管の重合と脱重合

　微小管は，その両端でチュブリンヘテロ二量体が重合あるいは脱重合することで，伸長と短縮をくり返す。重合の速度は両端で異なる。αチュブリンが露出した一端は，重合速度が遅く，**マイナス端**とよばれる。一方，βチュブリンが露出した一端は，重合速度が速く，**プラス端**とよばれる。微小管の重合には GTP が必要であり，チュブリンへの GTP の結合と加水分解が重合と脱重合に大きな影響を与える。上述の通り，チュブリンヘテロ二量体では，βチュブリンに結合した GTP が加水分解を受ける。チュブリンヘテロ二量体の状態ではβチュブリンに結合した GTP の加水分解の頻度は低いが，重合により微小管に取り込まれると速やかに GTP から GDP に変換される。したがって，微小管を構成するチュブリンには，GTP 結合型と GDP 結合型が

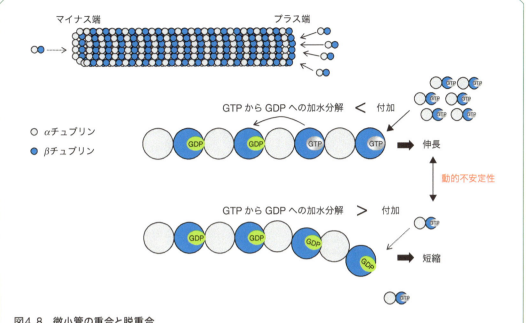

図4.8 微小管の重合と脱重合
マイナス端は，αチュブリンが露出し重合速度が遅い。プラス端は，βチュブリンが露出し重合速度が速い。微小管の重合にはGTPが必要である。微小管に取り込まれると，βチュブリンに結合したGTPはGDPに加水分解される。重合速度がGTP加水分解速度よりも速い時は，プラス端のβチュブリンがGTP型となり，微小管は伸長する。重合速度がGTP加水分解速度よりも遅い場合は，プラス端のβチュブリンがGDP型となり，微小管は短縮する。このような，伸長期と短縮期をくり返す微小管の性質を動的不安定性という。

存在する。

　微小管の先端がGTP結合型βチュブリンであるときは，プロトフィラメントは真っ直ぐに伸びて安定した構造をとり，微小管は伸長する。一方，GTPがGDPに加水分解されると，βチュブリンの立体構造が変化するためプロトフィラメントが曲がり，微小管の構造が不安定になって脱重合して微小管は短縮する。微小管の先端がGTP結合型βチュブリンであるかGDP結合型βチュブリンであるかは，GTPの加水分解速度とチュブリンヘテロ二量体の付加速度のバランスで決まる。すなわち，加水分解速度よりも付加速度の方が速ければGTP結合型βチュブリンとなり，遅ければGDP結合型βチュブリンとなる。このバランスは，溶液中の重合していないGTP結合型チュブリンの濃度に大きく依存し，十分量存在する場合は微小管は重合を続けるが，ある一定の濃度（臨界濃度）にまで下がると，微小管の重合は停止する。この時，微小管の先端では伸

長と短縮が確率論的に起こっている。すなわち，GTP結合型βチュブリンの付加と加水分解が確率論的に起こるため，微小管は伸長と短縮をくり返す。このように，ある一定のチュブリン濃度下で，伸長期と短縮期をくり返す微小管の性質のことを**動的不安定性**とよぶ。伸展期から短縮期への移相を「カタストロフ」とよび，短縮期から伸展期への移相を「レスキュー」とよぶ。後述の通り，微小管の動的不安定性は，細胞分裂期における紡錘体形成に重要である（図4.8）。

　試験管内で微小管を形成させる場合は，チュブリンヘテロ二量体を形成核として重合するが，重合の開始には高濃度のチュブリンヘテロ二量体が必要となる。細胞内では，微小管形成中心（microtubule-organizing center; MTOC）という特殊な構造が微小管の形成核となり，より低濃度のチュブリンヘテロ二量体条件下でも重合が開始できる環境となっている。MTOCには，多くの場合γチュブリンと

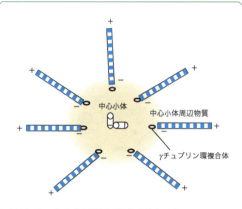

図4.9　中心体は微小管形成中心である
中心体は2つの中心小体とそれを取り囲む中心小体周辺物質から構成される。中心小体周辺物質にはγチュブリン環複合体が存在し，この複合体から中心体が生える。微小管のマイナス端（−）は中心体側に，プラス端（＋）は細胞質側に向く。

よばれるタンパク質が含まれている。γチュブリンは複数のタンパク質と結合し，γチュブリン環複合体（γ-tubulin ring complex; γ-TuRC）という13個のγチュブリンがらせん状に並んだ立体構造を形成する。このγ-TuRCが基板となって，13本のプロトフィラメントからなる微小管が伸長する。

　多くの動物細胞では，核の近傍に存在する中心体とよばれる細胞内小器官が，MTOCとして機能する。中心体は，「中心小体（中心子）」とよばれるL字型に配置された1組の短い微小管から形成される構造物と，それを取り囲む「中心小体周辺物質」から構成される（図4.9）。中心小体は，微小管トリプレットが環状に9組並んだ構造をしている。中心小体は，繊毛形成の核となる基底小体としても機能する。中心小体周辺物質の中には，多数のγ-TuRCが存在してMTOCとして機能する。そのため，細胞内では中心体から多数の微小管が生える。微小管のマイナス端が中心体に接し，プラス端が細胞表層側に配置されるため，細胞内では中心体から多数の微小管が放射状に伸びている。その結果，中心体を起点として細胞内部に極性が生じる。この中心体−微小管による細胞極性は，後に述べる細胞内小胞輸送に重要な役割を果たす。

C. 微小管のダイナミクスを制御する細胞内因子

　細胞内での微小管の重合・脱重合は，試験管内での精製チュブリンの重合・脱重合と比べると，はるかにダイナミックである。これは，細胞内には微小管の安定性や重合・脱重合を制御するさまざまなタンパク質が存在するからである。微小管の側面に結合するタンパク質を，微小管結合タンパク質（microtubule-associated protein; MAP）と総称する。代表的なMAPとして，MAP2，MAP4，タウが挙げられる。これらは分子内に微小管結合ドメインをもち，このドメインを介して微小管の側面に結合して，微小管の安定化や束化，あるいは微小管と他の細胞骨格（中間径フィラメントなど）との相互作用を補強する作用をもつ。MAP2とタウは，神経細胞に多く発現が認められ，神経細胞から伸びる長い軸策や樹状突起の形成・維持に関与していると考えられている。MAP4は多くの細胞・組織に発現が認められ，細胞内の微小管ネットワークを普遍的に制御すると考えられている。

　一方，微小管やチュブリン分子に結合して，微小管を不安定化するタンパク質も存在する。例えばスタスミン（Op18）は，チュブリンヘテロダイマーの二量体に結合し，微小管への取り込みを阻害する。また，カタニンは，微小管切断因子として知られており，微小管をMTOCから解離させ，微小管の脱重合を促進すると考えられている。

　微小管には，マイナス端とプラス端が存在するが，それぞれに特異的に結合し，微小管の重合・脱重合を制御するタンパク質も存在する。マイナス端は，多くの場合キャッピングタンパク質か中心体と結合し，重合・脱重合の速度と頻度が低く保たれている。これに対し，プラス端は，重合を促進するタンパク質（XMAP215など）や脱重合を促進するタンパク質（キネシン13など）と結合し，重合・脱重合の速度と頻度が高い動的不安定性を示す。また，伸長中の微小管のプラス端に特異的に結合するタンパク質も存在し，これらは，＋Tips（plus-end tracking proteins）と総称される。＋Tipsには，上記のXMAP215などの微小管重合を直接促進す

る作用をもつタンパク質に加え，伸長中のプラス端を捉えて，微小管を細胞内の構造物に誘導（ガイド）する作用をもつタンパク質もある。これらにはEB1やCLIP-170などが知られており，伸長中の微小管と細胞表層をリンクさせ，細胞内の微小管の配行や中心体の位置を決めると考えられている。

D. 微小管モータータンパク質

微小管をレールとして，ATPの加水分解エネルギーを用いて微小管状上を動くタンパク質を微小管モータータンパク質と総称する。微小管モータータンパク質は，微小管上を動く方向の違いにより，ダイニンとキネシンに大別される（図4.10）。

ダイニン（dynein）は，微小管上をマイナス端（すなわち中心体）に向かって動くモータータンパク質である。ダイニンは，細胞質ダイニンと繊毛ダイニン（または軸糸ダイニン）の2つのクラスに大別される。細胞質ダイニンは，2本の重鎖と複数の中間鎖，軽鎖から構成される巨大タンパク質複合体である。重鎖である頭部に微小管結合領域とATP加水分解活性からなるモータードメインをもち，他の領域で補助タンパク質を介して細胞小器官や細胞表層因子などと相互作用するため，微小管のマイナス端に向かって細胞小器官を輸送したり，細胞表層と微小管をリンクさせる作用がある。細胞質ダイニンは，ほぼすべての真核細胞に存在し，細胞小器官，

中心体，核などの配置や細胞分裂における紡錘体の形成などの機能を担う。例えばゴルジ体は，細胞質ダイニンによって微小管のマイナス端に向かって輸送されるため，間期の細胞ではゴルジ体が中心体の近傍に配置されている。一方，繊毛ダイニン（軸糸ダイニン）は，真核生物の鞭毛や繊毛に存在し，鞭毛・繊毛の波打ち運動に必須の役割を果たす。鞭毛や繊毛は，微小管が2本連なったダブレット微小管が9セット環状に並び，その環の中心に2本の微小管が配置された「9＋2構造」を形成している。繊毛ダイニンは，各ダブレット微小管に結合し，隣のダブレット微小管上をマイナス端未向かって動く。そのため，となり合ったダブレット微小管の間で滑り力が生じるが，各ダブレット微小管を架橋する構造物が存在するため，滑り力は屈曲運動に変換され，結果的に鞭毛・繊毛の波打ち運動が引き起こされる。

キネシン（kinesin）は，微小管上をプラス端（すなわち中心体から離れる方向）に向かって動くモータータンパク質である。ダイニンと同様に，頭部に微小管結合領域とATP加水分解活性からなるモータードメインをもち，他の領域で膜性の細胞内小器官や他の微小管などと結合し，細胞内小器官の配置や分裂期の紡錘体形成を制御している。ダイニンとは異なり，キネシンには数多くの分子が同定されており，キネシンスーパーファミリーを形成している。それぞれのキネシンは，結合するタンパク質やモーター活性の有無などが異なり，各キネシン分子によって役割分担がなされていると考えられている。例えばキネシン1は，神経細胞において細胞体から軸索の先端に向かって伸びる微小管上をプラス端（すなわち軸索の先端）方向に移動するため，小胞を軸索の先端に輸送する働きを担う。一方，キネシン13はモータードメインをもつものの，微小管上を移動することはなく，プラス端に集積して微小管の脱重合を促進する働きをもつ。

E. 細胞分裂における微小管ダイナミクス

微小管は，細胞分裂期において，紡錘体を形成する。まず，MTOCである中心体が，細胞周期のS

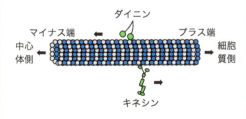

図4.10　微小管モータータンパク質
微小管モータータンパク質は，ダイニンとキネシンに大別される。ダイニンは微小管上をプラス端からマイナス端に向かって移動する。キネシンは微小管上をマイナス端からプラス端に向かって移動する。キネシンにはスーパーファミリーが存在し，モータードメインはもつが，微小管上を移動しない種類もある。

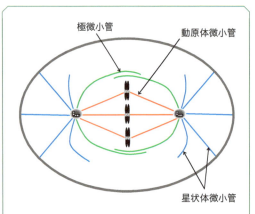

図4.11　紡錘体の構造
分裂期には中心体が2つになり，紡錘体の極となる。
両極から微小管が伸長し，紡錘体が形成される。
染色体の動原体に結合した微小管を動原体微小管，
両極から伸びた微小管がアンチパラレル（逆平行）
に重なっている。
微小管を極微小管，極から細胞表層に向かって伸び
る微小管を星状体微小管とよぶ。
動原体微小管は，染色体を極に向かって牽引するこ
とで染色体を赤道面に整列させる。
表層に結合した星状体微小管は，紡錘体軸を決める
ことで分裂面を決定する。

期に2つに複製され，分裂期に入るとそれぞれが移動して紡錘体の2つの極を形成する。紡錘体極から伸びる微小管は，「動原体微小管」「極微小管」「星状体微小管」に分類される。「動原体微小管」は，染色体のセントロメア領域に形成される動原体に結合する微小管である。「極微小管」は，両極から伸びた微小管がアンチパラレル（逆平行）に重なっている微小管である。「星状体微小管」は，紡錘体極から細胞表層に向かって伸びる微小管である（図4.11）。

　紡錘体の形成には，微小管のダイナミクスが重要である。細胞周期が間期から分裂期に入ると，微小管のダイナミクスが大きく変化する。微小管ダイナミクスは「伸長速度」「短縮速度」「カタストロフの頻度」「レスキューの頻度」「MTOC活性」の5つのパラメータで決まるが，分裂期に入ると「カタストロフの頻度」が顕著に増加し，また「中心体のMTOC活性」が上昇する。つまり，紡錘体の両極から次々と微小管が生えて，それらは高頻度に脱重合を起こす。そのため，間期の細胞では比較的長い微小管が観察されるが，分裂期に入ると多数の短い微小管が紡錘体の両極から生えているのが観察される。この分裂期における微小管の動的不安定性の上昇は，紡錘体形成において，微小管が染色体の動原体を捉える効率を上げると考えられている。すなわち，紡錘体極から多数の短い微小管を伸ばし，動原体を捉えた一部の微小管プラス端のみ選択的に安定化させることで，微小管と動原体が出会う頻度を上げるという仮説である。この仮説は search and capture モデルとよばれ，紡錘体形成の原理の1つと考えられている。カタストロフの頻度の増加は，分裂期において MAP がリン酸化されて微小管から解離することや，微小管切断因子の活性化が起因となると考えられている。

　紡錘体の形成には，微小管モータータンパク質の働きが欠かせない。特に，キネシン5，キネシン4/10，ダイニンは，紡錘体形成に必須の役割を果たす。キネシン5は，紡錘体の両極から伸びる逆平行微小管（極微小管）に結合し，両方の微小管上をプラス端に向かって移動する。その結果，逆平行微小管がスライドし，紡錘体の両極が離れる力が発生する。したがって，キネシン5を阻害すると，紡錘体の単極化が引き起こされる。キネシン4/10は，染色体に結合して微小管をプラス端に向かって移動するため，染色体を紡錘体極から紡錘体の中央領域（赤道面）へ運び，染色体の整列に寄与する。ダイニンは，紡錘体極，動原体，細胞表層に局在し，微小管をマイナス端に向かって移動するため，紡錘小管の紡錘体極でのフォーカシングや，染色体の配列，紡錘体の大きさの調整などの機能を担う。

　細胞内のMTOC活性は，多くの場合，中心体がその機能を担うが，分裂期においては，中心体（すなわち紡錘体極）に加えて，染色体を起点とした微小管の重合も起こる。この現象は，卵母細胞などの中心体をもたない細胞の分裂期において重要である。これらの細胞では，染色体から伸びた微小管は，ダイニンやキネシンの働きにより，中心体のない2つの極からなる紡錘体を形成する。中心体をもつ細胞の場合でも，染色体に依存した微小管重合は，紡錘体形成の効率を上げると考えられている。

紡錘体両極から伸びる動原体微小管は，姉妹染色体ペアの動原体をそれぞれ捉えるため，染色体は両極から引っ張られる。そのため，動原体は常に極方向への牽引力を受けており，この力が平衡化する赤道面に染色体は整列する。しかし，両極から伸びた微小管がどちらとも同じ動原体を捉えた場合，あるいは 1 つの極から伸びた微小管が姉妹染色体の両方の動原体を捉えた場合などは，牽引力が不均等になる。このような時，動原体から微小管との相互作用を阻害するシグナルが発生し，微小管の解離を誘導して，正しい結合を促進すると考えられている。染色体が赤道面に整列した後も，紡錘体微小管は重合・脱重合している。これは，微小管フラックス（極に向かう流れ）とよばれる現象であり，動原体から取り込まれた蛍光チュブリンが，紡錘体の極へ移動する観察から発見された。微小管フラックスの分子機構と意義は不明であるが，動原体にかかる牽引力の発生や，分裂期後期における染色体分配に関与すると考えられている。

4.2.3　中間径フィラメント

中間径フィラメント（intermediate filament，以下，IF）は，アクチン（マイクロフィラメント）と微小管の中間である約 10 nm 幅の線維を形成する。多数の分子種が存在し，組織や細胞ごとに異なる分子が発現する。それゆえ，IF のいくつかの分子種は，細胞分化を追跡するマーカーとしても用いられる。真菌や植物には存在せず，昆虫では，細胞核の内側にメッシュ状構造をつくるラミンのみが存在する（ラミンをコードする遺伝子から種々の IF が進化したと考えられている）。また，アクチン（ATPase）やチュブリン（GTPase）とは異なり，ヌクレオチドと結合せず，その加水分解に伴う性質変化もない。それゆえ重合・脱重合による動的なターンオーバーを通常行わない。IF は，線維に構造上の極性はなくその上を滑走するモーター分子が存在しない。細胞組織化学において，固定せずとも界面活性剤や高塩溶液処理で最後まで残存する安定的な線維構造をつくる。

A. 強固でやわらかいロープ状構造の中間径フィラメント

IF の個々のサブユニットは，中央のコイルドコイル構造をもつロッドドメインを挟んで N 末端と C 末端をもつ。コイルドコイルは，キネシンやミオシン，トロポミオシンなど多くのタンパク質に存

在するロッド状に伸びた二量体の形成に役立つモチーフで，IF もパラレルの二量体を形成する。さらに 2 つの二量体が逆方向に並ぶことで，4 分子からなる基本単位をつくる。最終的には，この基本単位が N 末と C 末で連結したものが 4 つ（つまり 16 分子）が並んだロープ状の線維が IF である。IF は，非常にフレキシブルであり，おそらく基本単位の中で二量体どうしがずれることで線維が伸縮性をもつとともに，高い引っ張り強度をもつ。細胞内では，細胞-基質間をつなぐデスモソーム，細胞-細胞間をつなぐヘミデスモソームにアンカーされており，接着分子機構を介して隣の細胞どうし，基質との間をまたぐネットワークを形成する。

B. 生体内での役割

　例えば，皮膚は，ヒトにおいて歯，骨につぐ強度をもつといって過言ではない。この皮膚は，表皮の角化細胞の中間径フィラメントであるケラチンが細胞死の後に残存したものである。爪や毛も同様に形成される。皮膚のバリア機能にケラチン分子のいくつかが重要であることが知られている。例えば，単純型表皮水疱症は，ケラチン 5, 14 の変異で起きるが，機械的刺激を受けやすい部位に大小の水疱形成を来す病状を呈する。基底膜分子（VII型コラーゲン，ラミニン 5）や接着分子インテグリン α6β4 の変異によっても類似の表皮水疱症を来す。また，ケラチン 1，10 または 2e の変異で，水疱型先天性魚鱗癬様紅皮という，生下時より全身性の潮紅をきたし，角質増殖・鱗屑する皮膚のバリア機能障害が生じる。これらの知見は，IF が上皮の構造保全や物理ストレスへ抵抗するために重要であることを示している。

C. 核ラミンの変異によるプロジェリアと治療の可能性

　中間径フィラメントの特殊なものとして，細胞の核膜内側に網目状のネットワークをつくるラミンがある。稀な早期老化様症状を来す疾患として，プロジェリア（Progeria; Hutchinson-Gilford Progeria Syndrome）が古くから注目されてきたが，根気強い遺伝学的研究を通して，ラミン A 遺伝子の変異がその原因であることがわかった。強皮症・禿頭・皮下脂肪消失などの皮膚老化，骨格・歯の形成不良など老化様の変化を幼少時から来し，平滑筋を中心とする心血管系障害によって若くして亡くなるが，神経系ならびに脳機能は正常に保たれ，がんの発生も伴わない。変異はラミン A の特定部位に起こるが，それにより，タンパク質の成熟プロセスにおける C 末端ペプチドの切断除去が阻害される。切断を免れた C 末端には，ファルネシル化が起きており，異常ラミン A を発現する細胞は，それが核膜に蓄積し，核膜の形態異常を来す。このファルネシル化は，Ras や Rho ファミリーの低分子量 G タンパク質等に起きる翻訳後修飾であり，活性化型 Ras によるがん化の促進に必須である。そのため，修飾酵素（ファルネシル基 - タンパク質転移酵素）の阻害薬は，抗がん剤の候補として開発され，治験を通して，ヒトへの安全性も確立している。そのうちのいくつかが，上記の異常ラミンによる核膜の変形を改善し，プロジェリアのマウスモデルの症状を軽減することが確認され，世界でも 100 人を切る数しかいない登録患者に対しての治療（治験）が試みられることとなった。地道な遺伝学，生化学研究の積み重ねが治療の可能性にもたらした例である。

D. 中間径フィラメントの崩壊のしくみ

　培養上皮細胞に標識ケラチンをインジェクションすると，1 時間以上かけて徐々に細胞内のケラチンネットワークに取り込まれる。これは，アクチン線維や微小管のターンオーバーに比べて，明らかに遅い。しかし，細胞には強固に組まれた中間径フィラメントを迅速に壊さないといけないときがある。それは，細胞分裂時である。

　細胞が分裂期に入ると，前期に染色体が凝集し，2 つの中心体が分かれ紡錘体の形成がはじまる。その後，前中期にかけて核膜が迅速に崩壊し，染色体が分配される準備のため，中期板に整列を始める。このときの核ラミンの崩壊は，分裂期サイクリン依存性キナーゼ（Cdk1）によってリン酸化されることで引き起こされる。

それ以外のIFについても脱重合が必要な場面がある。それは，細胞質分裂のときである。IFは，N末端に近いセリンやスレオニン残基のリン酸化によって脱重合が起きる。候補となる部位のリン酸化を認識する抗体を用いて免疫染色することで，細胞質分裂時の分裂溝にいくつかの部位がリン酸化されたIFが集積することが示されている。

4.3節

細胞接着

多細胞生物は，細胞–細胞，および細胞–細胞外基質との接着を通じて個体の形態を維持している。接着部位は単なる糊での接着とは違い，細胞どうしのシグナル伝達の場（隣がどんな細胞か，増殖すべき時期かなどを検知する）や，細胞が移動するときの足場として働く。

図4.12に動物の上皮組織および上皮組織以外における細胞間接着構造を示す。上皮ではまず頂端側から**タイト・ジャンクション**（tight junction，密着結合ともいう），**接着結合**（adherens junction），**デスモソーム**（desmosome，接着斑），**ギャップ結合**（gap junction）が隣接細胞間の接着装置として存在する。無脊椎動物ではこの他にセプテート結合とよばれる結合も存在する。底部の細胞外基質との間には細胞−基質間接着装置であるヘミデスモソーム（半接着斑），焦点接着（focal contact）などが見られる。（B）のように上皮以外ではさまざまな分子が細胞間接着に関与するが，上皮ほど強固な接着構造をつくらない。

それぞれの接着装置の構成タンパク質と役割について，表4.1にまとめた。

タイト・ジャンクションの多くは水分子すら通さないもので，これは脳の血管では「脳血液関門」と

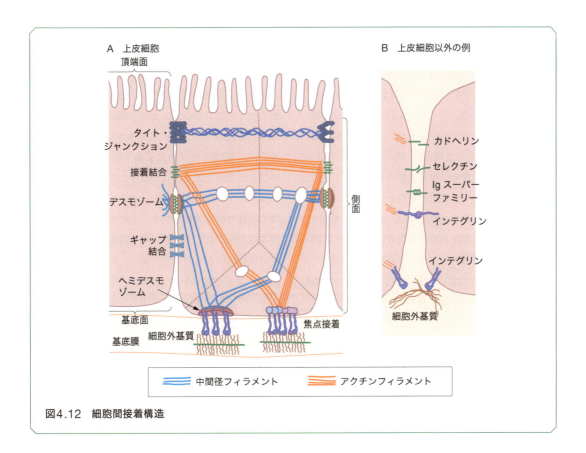

図4.12　細胞間接着構造

表4.1　接着装置の構成タンパク質と役割

名　称	機　能	主な構成タンパク質	細胞内での主な結合タンパク質
タイト・ジャンクション	上皮の隣接細胞どうしを強固に接着させ，体の外側と内側を遮断する。上皮細胞の極性形成，アクチン線維やチュブリンとの結合にも関わる	クローディン，オクルディン，JAMs	ZO-1, 2, 3 シンギュリン
接着結合	隣接する上皮細胞間の接着に必要。細胞内ではアクチン線維と結合する	カドヘリンネクチン	α, β カテニン，p120 アファディン
デスモソーム	隣接する細胞間で中間径フィラメントを中継し，細胞の形を保つ	デスモグレイン，デスモコリン	プラコグロビン，デスモプラキン，プラコフィリン
ギャップ結合	無機イオンや小分子を通す細胞間チャネルを形成する。アクチン線維や微小管にも結合する	コネキシン	ドレブリン，ZO-1，EB-1
ヘミデスモソーム	基底部で細胞外基質と細胞中の中間径フィラメントを結合させる	インテグリン	プレクチン，BP230
焦点接着	基底部で細胞外基質とアクチン線維を結合させる	インテグリン	テーリン，パキシリン，ビンキュリン，テンシン，ジキシン，α アクチニン

して存在しており，脳に送り込める薬剤が制限されている。

　接着結合は細胞間接着の主要な役割を果たすものである。接着結合ではカドヘリンというカルシウム依存性の膜タンパクが相対する2つの細胞から突き出して結合する。カドヘリンにはたくさんの種類があり，同種のカドヘリンどうしが強く結合する（"ホモフィリック"な結合）。発生途上の脳では，神経核（同じ機能をもつ神経細胞の集まり）ごとに発現するカドヘリンの種類が異なり，人工的に異なるカドヘリンを発現させた細胞は，本来形成するべき神経核からはじき出されてしまう。このように同種の細胞は同じ種類のカドヘリンを発現し，安定に結合している。発生途上で器官形成が行われる時期には，特異的に発現するカドヘリン種の変遷が見られる。接着結合の細胞内側では，カドヘリンの細胞内領域にカテニンとよばれるタンパク群が結合し，さらにアクチンという細胞骨格線維と結合して細胞間をつないでいる。

　デスモソームではデスモグレイン，デスモコリンという非典型的カドヘリン（細胞外領域が小さい）

が細胞間をつなぎ，細胞内では細胞骨格の一種，中間径フィラメント（ケラチンやニューロフィラメントなど）に結合し，細胞の形を保持する働きをしている。

　ギャップ結合ではコネキシンというタンパクが6個くっついてコネクソンという細胞間の通路（チャネル）を形成する。このチャネルは内径が1.5 nmなので，無機イオンや分子量1,000くらいまでの小分子が通過できる。このことからすぐに推測されるように，隣接する細胞間のイオン環境や代謝物濃度を同調させる機能がある。心筋の興奮状態の伝播同調などがこれにあたる。多くの組織で，ギャップ結合は細胞外からの刺激により，開閉状態が調節される。例えば強い光を浴びると，網膜神経細胞のギャップ結合の透過性が減少し，電気シグナルの伝導パターンの変化から使用する光受容器が，弱い光用の杆体から強い光用の錐体に切り替わる。

　基底部（basal）の細胞 - 細胞外基質間の接着には2種類ある。1つはヘミデスモソームで，$\alpha6\beta4$インテグリンやタイプVIIコラーゲンという膜タンパク質を介して，細胞内とはケラチンなどの中間

径フィラメント，細胞外とは基底膜の細胞外基質と結合し，細胞の形態保持機能をもつ。もう1つは接着斑とよばれる構造で，インテグリンという膜タンパク質を介して細胞内ではタリン・ビンキュリン・アクチン線維の順に結合し，細胞外とはやはり糖タンパク質を介して基底膜と結合している。

　細胞が移動する場合，細胞−細胞間接着および細胞−基底膜の接着は動的に変化し，移動のための足場形成，移動後に隣接するべき細胞の選別などに関わる。これらの接着装置以外にも広く存在するIgスーパーファミリーとよばれる一群のタンパク質が細胞間の認識に関わっており，一部（ネクチン）は前述の接着結合，タイト・ジャンクションの形成に必須の機能をもつことが知られている。

　植物細胞においては図4.13に示すような**原形質連絡**（plasmodesma，複数形plasmodesmata）により，隣接する細胞質どうしがつながっている。この原形質連絡の内径は中点で50～60 nmもある。これは動物のギャップ結合とは異なり，細胞膜で内張りされているので，細胞質がつながっている。

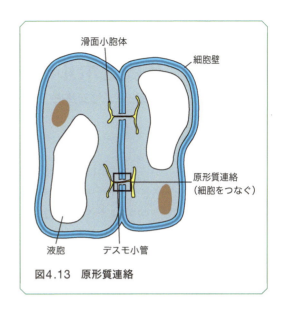

図4.13　原形質連絡

イオン・小分子・一部のタンパク質・マイクロRNAなどがこの原形質連絡を通過できる。花芽形成タンパク（FT）は原形質連絡を伝って長距離の移動をすることが知られている。

5章 身体を保つしくみ
代謝とホルモン

加藤裕教／竹安邦夫

我々の体が成長していく，あるいは活動していくためには，食物などからさまざまな栄養分を得ることによって，新しく細胞をつくるために必要なタンパク質や核酸（nucleic acid），脂質（lipid）を合成し，また細胞が活動するためのエネルギーをつくり続けなければならない。そのためには，食物から吸収した栄養分をいったん分解し，自分が必要とするタンパク質や脂質，核酸，エネルギーなどに変化させる必要がある。このように，我々が生命を維持していくために種々の栄養を取り入れ，それを消化分解することで自分の細胞の構成成分や活動するエネルギーにつくり変えていくことをくり返す一連の反応を代謝(metabolism)とよぶ。この章では，我々の体を構成している細胞の中で毎日起こっている代謝と，それに関わる生体物質について解説する。

5.1節

グルコースの代謝

5.1.1 解糖

我々の細胞にとって最も必要なエネルギー源がグルコース（glucose，ブドウ糖）である。我々が普段口にしている食物中の炭水化物に含まれるデンプンが，我々の体の中にあるさまざまな消化酵素によってグルコースまで分解され，血液を使って全身の細胞に運ばれる。細胞表面にはグルコースを取り込むための輸送体（トランスポーター）が存在し，必要に応じて細胞内へとグルコースが取り込まれる。細胞内に取り込まれたグルコースは，再び細胞外へと拡散されることを防ぐためにただちにリン酸

化されてグルコース6-リン酸となる（図5.1）。このグルコース6-リン酸は，いくつかの代謝経路（解糖，糖新生，ペントースリン酸経路，グリコーゲン分解，各経路の詳細は後述）の分岐点となる重要な分子である。

六炭素のグルコース6-リン酸は，解糖経路（glycolysis）とよばれるさまざまな酵素を介した一連の反応によって，三炭素のピルビン酸2分子へと分解される（図5.3参照）。このとき酸素が十分に存在する場合は，ピルビン酸がミトコンドリア内で酸化を受けて脱炭酸され（酸化的脱炭酸），アセチル基が補酵素A（CoA）に付加されアセチルCoA（column 1）となる。その後，アセチルCoAからクエン酸回路（TCA cycle）の中間産物であるオキサロ酢酸へのアセチル基（CH_3-CO-）の転移が起こり，ピルビン酸は最終的にクエン酸回路，電子伝達系を介して水と二酸化炭素にまで変換される。この過程において，細胞が活動するエネルギーとして使われるATP（adenosine triphosphate）が大量に産生される（図5.1）。

一方，我々の筋組織の細胞では，短距離走のときなど，盛んに筋収縮が起こっている場合には短時間に大量のエネルギーが必要となるが，血流からの十分な酸素の供給が間に合わないことが起こる。このとき，筋組織の細胞ではピルビン酸を細胞質内で乳酸へと変換することで解糖経路のみを利用してエネルギーを産生し，酸素が不足した状態でもエネルギーを供給し続けることができる（乳酸発酵）。また，ある種の植物組織や酵母のような微生物においては，ピルビン酸は低酸素条件下でエタノールと二酸化炭素へと変換される（アルコール発酵）。このアルコール発酵を行う酵素は，脊椎動物や乳酸発酵を行う生物には存在しない。

68

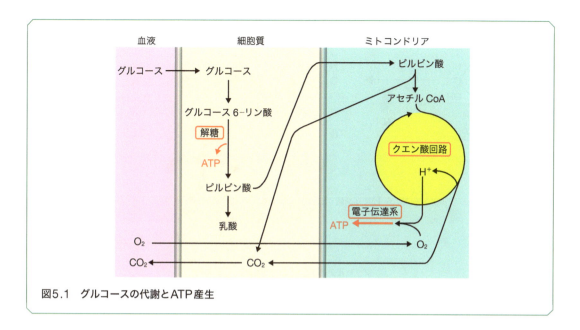

図5.1　グルコースの代謝とATP産生

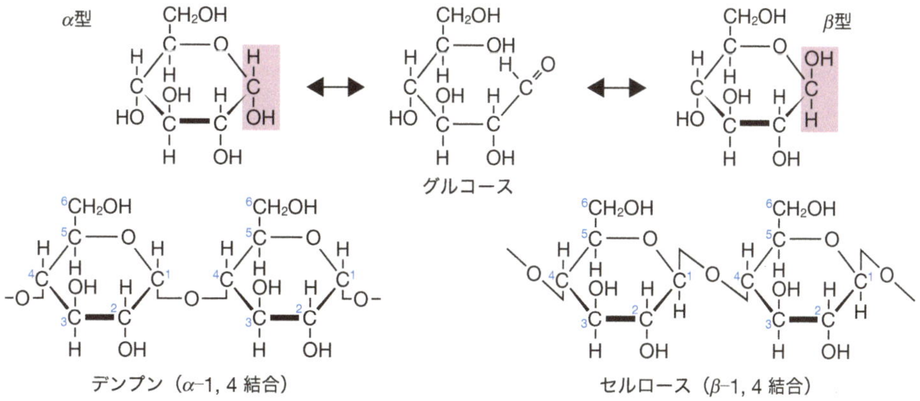

図5.2　グルコース，デンプン，セルロースの関係

我々が普段口にしている飲み物や食品の中には，さまざまな微生物が起こす発酵を利用してつくられているものが数多く存在する。例えば，ヨーグルトは乳酸菌がミルク中の糖質を乳酸発酵することでできたものであり，また，ビールは大麦のような穀物の糖質を酵母がアルコール発酵することによりつくられている。

　綿や紙などの主な成分であるセルロースもデンプンと同様，グルコースが結合してできている。ところが，我々の体にある消化酵素は，デンプンをグルコースまで分解することができるが，セルロースを消化分解できない。その理由は，グルコースにはα型とβ型の2つのタイプが存在し，デンプンはα型のグルコース，セルロースはβ型のグルコースが結合してできたもので，我々がもつ消化酵素はα型のグルコースの結合しか分解できないためである（図5.2）。

解糖経路は大きく2つの段階に分けられる

　グルコースがピルビン酸2分子に分解されるま

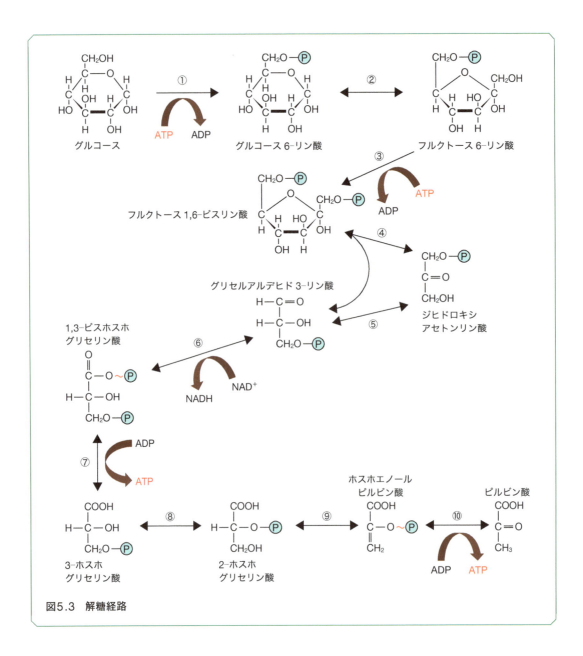

図5.3　解糖経路

でには10の酵素反応が存在し，このうち最初の5つの反応が準備段階，後半の5つの反応がエネルギーを獲得する段階となっている（図5.3）。

　まず，細胞内に取り込まれたグルコースは，ATPを使って6位の–OH基がリン酸化される（図5.3①）。生成したグルコース6–リン酸は，フルクトース6–リン酸に変換され（②），さらにATPを利用して1位の–CH$_2$–OHがリン酸化を受けてフルクトース1,6–ビスリン酸となる（③）。次に，フルクトース1,6–ビスリン酸は，ジヒドロキシアセ

トンリン酸とグリセルアルデヒド3–リン酸の，それぞれ三炭素の分子に分割される（④）。ジヒドロキシアセトンリン酸は最終的に異性化反応によってグリセルアルデヒド3–リン酸に変換される（⑤）。このように，最初の準備段階ではグルコース分子を三炭素のグリセルアルデヒド3–リン酸2分子へと分割するために，2分子のATPが消費される。

　後半の反応では，まずグリセルアルデヒド3–リン酸がNAD$^+$（ニコチンアミドアデニンジヌクレオチド）を利用して酸化され，1,3–ビスホスホグ

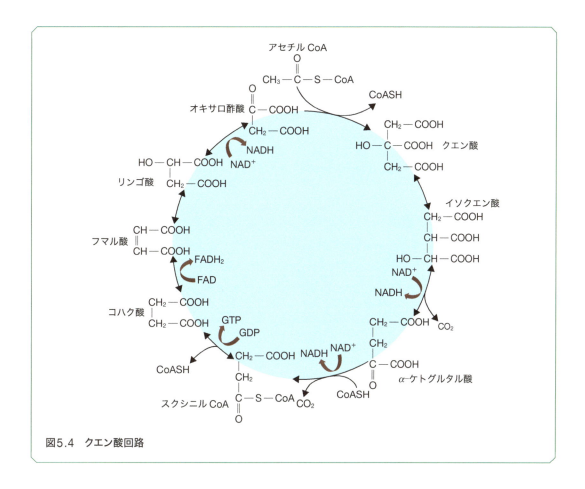

図5.4　クエン酸回路

リセリン酸が生じる（⑥）。この酸化反応によって添加された無機リン酸が，高エネルギーリン酸として貯蔵される一方，NAD^+は還元型の$NADH$に変換される。1,3-ビスホスホグリセリン酸に貯蔵されたリン酸基のエネルギーはATPの産生に使われ，3-ホスホグリセリン酸となる（⑦）。次に，3-ホスホグリセリン酸は2-ホスホグリセリン酸へと転換され（⑧），その後，脱水反応を伴った分子中のエネルギーの再分配が行われて，高エネルギーリン酸をもつホスホエノールピルビン酸がつくられる（⑨）。この高エネルギーリン酸がADPに付加されてATPを生成し，最終的にピルビン酸が生じる（⑩）。

　このように，後半の反応では2分子のグリセルアルデヒド3-リン酸から2分子のATPが生成される反応が2回，合計で4分子のATPが生じるため，解糖経路全体では1分子のグルコースから2分子のATPが生成されることになる。エネルギーとしては，グルコース1分子当たり生成される2分子の$NADH$によっても保持される。

5.1.2　クエン酸回路の反応

　クエン酸回路（TCA回路）は，ミトコンドリアの中でアセチル基の変換を行う一連の反応で，糖，脂肪酸，多くのアミノ酸などの炭素骨格を最終的に二酸化炭素まで完全に酸化するための代謝回路である。クエン酸回路では，アセチル基はアセチルCoAとして存在し，アセチルCoAが酸化される過程でできるエネルギーが$NADH$および$FADH_2$の形で保持される。これらが次の電子伝達系に入り，酸化的リン酸化の過程で大量のATPが産生される。このように，クエン酸回路はエネルギー産生における中心的な役割がある一方で，クエン酸回路の中間体はさまざまな物質の前駆体としても利用されている（図5.4，column 2）。

ピルビン酸の酸化的脱炭酸とアセチルCoA

ピルビン酸はミトコンドリア内において，NADH存在下でピルビン酸デヒドロゲナーゼ複合体により酸化され，カルボキシル基がCO_2分子として取り除かれる。残った2つの炭素はアセチル基として補酵素Aに付加され，アセチルCoAが生じる。補酵素Aのもつ-SH基がアセチル基とチオエステル結合（-S-CO-）をつくり，これが高エネルギー結合であるため，適当な酵素の存在下で容易に他の化合物へアセチル基を転移することができる。アセチルCoAは，脂質やアミノ酸（amino acid）の代謝においても重要な役割を示す。

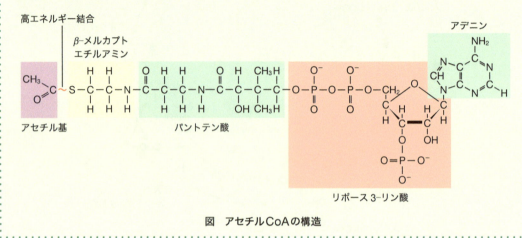

図　アセチルCoAの構造

5.1.3 ペントースリン酸経路

グルコースの消費には，解糖経路を使ってエネルギーを産生するために使われるだけではなく，細胞にとって必要なさまざまな物質を生成するために利用される経路が存在する。なかでも特に重要な経路が**ペントースリン酸経路**である。骨髄や皮膚などの細胞分裂がさかんに行われる細胞では，この経路を使ってDNAやRNAなどのヌクレオチド合成の前駆体となるリボース5-リン酸がつくられるほか，細胞にとっては有害となる活性酸素の除去に働く還元型グルタチオンを生成するために必要な**NADPH**（ニコチンアミドアデニンジヌクレオチドリン酸）が合成される（図5.5）。

ペントースリン酸経路で最初に働く酵素であるグルコース6-リン酸デヒドロゲナーゼを遺伝的に欠損している患者では，NADPHの産生が低下するため，急激に活性酸素が発生するような環境下では活性酸素の除去が間に合わない。その結果，特に赤血球における細胞損傷による溶血がみられ，貧血を引き起こす。

5.1.4 糖新生とグリコーゲンの貯蔵

我々の体では，少々飢餓状態になっても血液中のグルコース濃度は一定に保たれている。また，肉食動物のほとんどの栄養源がタンパク質であるにもかかわらず，肉食動物の血液中のグルコース濃度は我々のような炭水化物を摂取する雑食動物と同じである。これは，生体の中にはグルコースを分解するだけでなく，合成していつでもグルコースを全身の細胞に供給できる機構が存在しているためである。このように，食物から十分量の糖質が得られない時などにみられるグルコースを供給するしくみを**糖新生**とよぶ。糖新生で使われる主な基質はアミノ酸や乳酸などで，主に肝臓でグルコースへと変換される（図5.6）。

一方，グルコースの供給が十分にある場合，余分

COLUMN 2 NADHと酸化的リン酸化

クエン酸回路によって生じたNADHは，ミトコンドリア内の電子伝達系においてNAD⁺へと酸化され，このときにプロトン（H⁺）と電子が生じる。生じたプロトンと電子によって大量のATPが合成される（詳細は6章を参照）。このように，酸化還元反応によって遊離されるエネルギーを用いて，ADPと無機リン酸からATPを合成する反応を酸化的リン酸化（oxtdative phosphorylation）とよぶ。

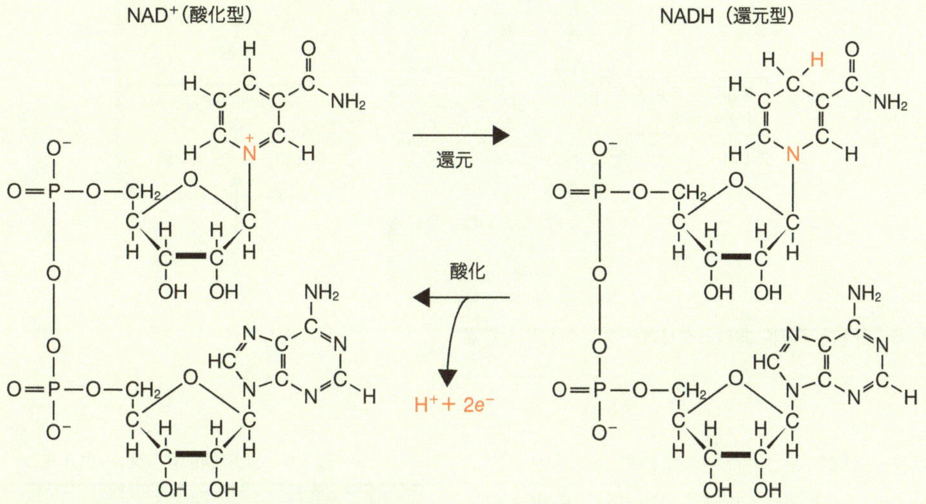

図　NADHの酸化還元

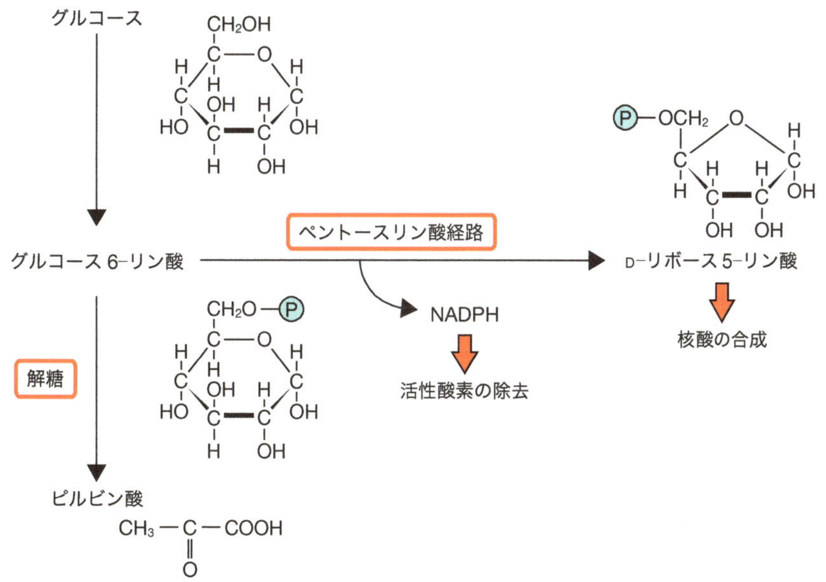

図5.5　ペントースリン酸経路

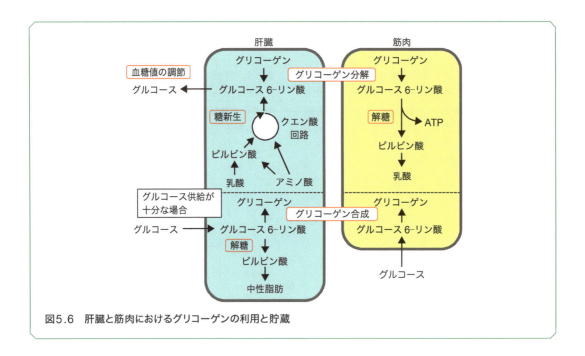

図5.6　肝臓と筋肉におけるグリコーゲンの利用と貯蔵

なグルコースはいざという時のために**グリコーゲン**（glycogen）とよばれる物質に変換され，肝臓または筋肉に貯蔵される。肝臓のグリコーゲンとして貯蔵されるタンクが満タンになったにもかかわらずさらに炭水化物を摂取すると，肝臓でグルコースが今度は脂肪酸（fatty acid）へと変換される。これがやがては中性脂肪となって我々の体の中に蓄積されることが肥満の原因となっている。

　一方，筋肉は体に存在する量が肝臓と比べて多いため，一般の人で筋肉全体には肝臓の約3倍の量のグリコーゲンを貯蔵できる。筋肉に蓄積されたグリコーゲンは血液中の血糖値の調整には使われず，もっぱら筋肉を動かすためだけに必要に応じて使われる。筋肉では糖新生の機構が存在しない（**図5.6**）。

5.1.5　血糖値の調節と糖尿病

　血液中のグルコース濃度が高すぎたり低すぎたりすると，我々の体には重篤な障害が起こる。そのため，我々の体には血液中のグルコース濃度を一定に保つためのしくみが備わっている。それがインスリン（insulin）などのホルモンによる血糖値の調節である。このうち，血糖値が下がったときに，グリコーゲンの分解やアミン酸からの糖新生によって

表5.1　血糖調節に関わるホルモン

ホルモン	はたらき	血糖に対する作用
グルカゴン	肝臓におけるグリコーゲン分解 アミノ酸，乳酸からの糖新生	上げる
アドレナリン	肝臓および筋肉グリコーゲン分解 末梢組織のグルコース分解促進	
コルチゾール	末梢組織のタンパク質分解 肝臓におけるアミノ酸取り込み アミノ酸からの糖新生	
インスリン	グリコーゲン合成，グルコース分解 末梢組織へのグルコース取り込み	下げる

血糖値を上げる方向に働くホルモンが**グルカゴン，アドレナリン，コルチゾール**である。一方，血糖値が上がったときに，グルコースの分解やグリコーゲンに変換することで血糖値を下げる方向に働くホルモンが**インスリン**である（**表5.1**）。

　我々の体は，グルコースが体にとって重要なエネルギー源であるため，血液中のグルコースを枯渇さ

せないために進化の過程で血糖値を上昇させる機構を多く備わえてきたと考えられる。一方，現在のように食べ物が豊富に存在する時代では，つい炭水化物を多く取りすぎることがある。ところが，血糖値を低下させる作用を示すホルモンはインスリンのみであるため，インスリンが作用するしくみがおかしくなると，すぐに糖尿病のような疾患に結びついてしまう。

糖尿病（diabetes mellitus）は，インスリンの作用不足に基づく慢性の高血糖状態を主徴とする代謝疾患群で，その原因としてインスリンの供給不全（絶対的ないし相対的インスリン分泌低下）とインスリン感受性の低下（インスリン抵抗性）がある。インスリンの供給不全は，自己免疫疾患などによりインスリン分泌を担う膵臓の β 細胞が炎症によって破壊され，血中インスリンが欠乏する状態で，**1型糖尿病**とよばれる。一方，**2型糖尿病**は，過食や運動不足などによる肥満など，生活習慣が原因によるインスリン感受性の低下が起こることに加えて，もともと遺伝的に軽度のインスリン分泌不全が加わって発症する場合もある。

糖尿病では，インスリンの作用が不足することで全身においてグルコースの取り込みとグルコース分解系が十分に働かなくなり，エネルギー供給不足をまねくことで疲れが出やすいなどの症状が現れる。また高血糖が継続すると，グルコースによる浸透圧の上昇により多尿，口渇などの症状が発生する。さらに病状が進むと，過剰なグルコースがタンパク質に結合することによるタンパク質の機能低下や喪失，分解をまねき，その結果，細小血管障害（網膜症，腎症，末梢神経障害），大血管障害（冠動脈疾患，脳血管障害，下肢閉塞性動脈硬化症）などのさまざまな合併症を引き起こす。

核酸の代謝

5.2.1　核酸の生合成

核酸の前駆体であるプリンとピリミジンのヌクレオチドは，核酸以外にもエネルギー代謝やタンパク質合成，酵素活性の調節，シグナル伝達など，さまざまな機能に関与している。我々が核酸を大量に含む食事を摂取しても，食物由来のプリンやピリミジンが直接，核酸として使われることはなく，細胞内において合成することで核酸に取り込まれる。

プリンやピリミジンの合成には大量のエネルギーが必要とされる。また，特にプリンの合成は非常に多くの酵素反応による過程を経て行われるため，核酸合成に使われるプリンの約80％は再利用によるものとされている。核酸の合成には，グルコース6-リン酸からペントースリン酸経路によってつくられたリボース5-リン酸が用いられ，プリン，ピリミジンそれぞれ別々に非常に多くの酵素反応を経て最終的にヌクレオチドリン酸がつくられる（図5.7）。

5.2.2　核酸の分解

核酸に使われなかったアデニル酸（AMP）やグアニル酸（GMP）などのプリンヌクレオチドは，キサンチンを経て難溶性の尿酸に最終的に変換される。高尿酸血症は，プリン体の生合成が異常に亢進する疾患である。プリン体の合成が亢進すると，余分なプリン体が代謝されて多量の尿酸がつくられる。ところが，尿酸が難溶性であるため血清中の尿酸レベルが溶解度の上限を超えると，尿酸ナトリウムとなって軟組織および関節で結晶となって析出し，炎症反応を引き起こす。特に，尿酸の結晶が関節に析出することで炎症を引き起こす結晶誘発性関節炎は，痛風とよばれている。一方，ヒトではプリンが欠乏することはまれである。

シチジン三リン酸（CTP）とチミジル酸（dTMP）

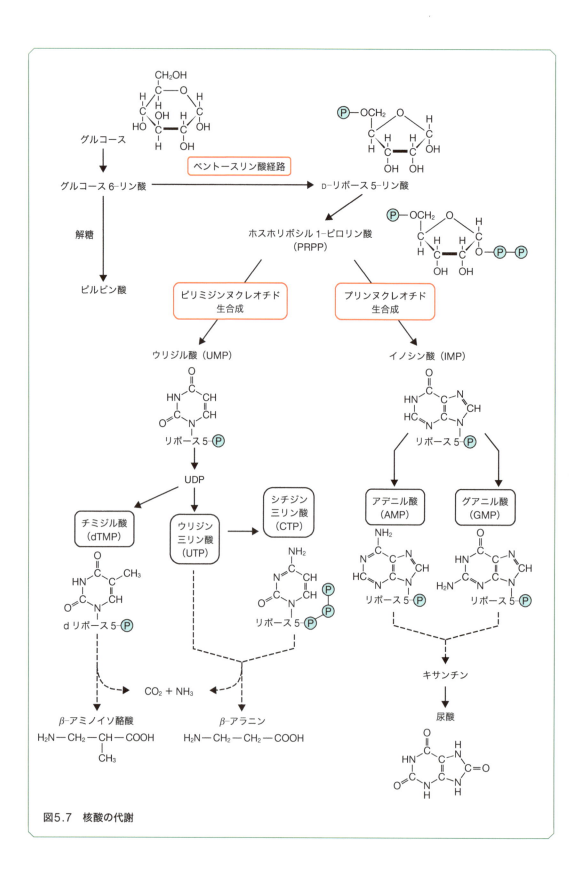

図5.7　核酸の代謝

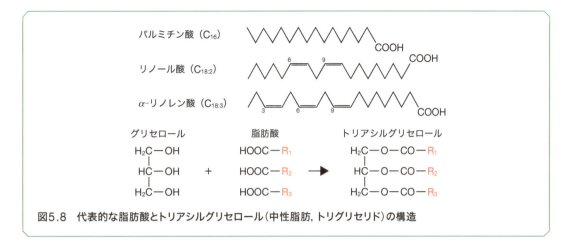

図5.8　代表的な脂肪酸とトリアシルグリセロール（中性脂肪，トリグリセリド）の構造

にそれぞれ含まれるシトシンとチミンのピリミジンは，最終的に水溶性の代謝産物へと変換される。シトシンが β-アラニンに，チミンが β-アミノイソ酪酸へと，二酸化炭素とアンモニアを排出して代謝され，β-アミノイソ酪酸は最終的にクエン酸回路の中間代謝物でもあるスクシニル-CoA まで変換される。プリン分解物と異なり，ピリミジン分解物の過剰生産が異常をもたらすことはまれである。

5.3節

脂質の代謝

5.3.1　生体内に存在する主な脂質

　脂質は，我々の細胞の中と外を隔てる細胞膜の構成成分として重要な役割がある。それ以外にも，いざというときのためのエネルギー源として細胞内に貯蔵されたり，またホルモンなどの生理活性物質の材料としても使われたりする。我々の体の中にある主な脂質に，脂肪酸，トリアシルグリセロール（中性脂肪；tri-acyl glycerol），コレステロール（cholesterol），リン脂質（phospholipid），糖脂質（glycolipid）などがある。脂肪酸には，炭素の数が16個のパルミチン酸や18個のステアリン酸な

どの飽和脂肪酸と，リノール酸や α-リノレン酸などの二重結合が分子内に存在する不飽和脂肪酸がある（図5.8）。特に，リノール酸と α-リノレン酸は植物性の脂質に多く含まれるが，動物の体の中では n-6 位の二重結合が導入することができないために，我々はこれらの脂肪酸を合成することはできない。このような脂肪酸を必須脂肪酸とよび，栄養学上はこれらをバランスよく摂取することが望まれる。

　一方，トリアシルグリセロールは一般的に中性脂肪ともよばれ，3価のアルコールであるグリセロールと脂肪酸がエステル結合してできた化合物である。このトリアシルグリセロールは，貯蔵される脂肪の主たるもので，動物では特に皮下脂肪組織に多く含まれており，必要に応じて脂肪酸とグリセロールに分解され，エネルギー源として利用される。脂質は糖質やタンパク質よりもエネルギー効率が高く，体内にエネルギーとして貯蔵するのに最適な物質となっている。

　リン脂質と糖脂質はともに複合脂質とよばれる。リン脂質は，リン酸基を介してさまざまな親水性の構造をもった部分と，疎水性の脂肪酸が結合してできた両親媒性の脂質で，細胞膜の主要成分の1つとなっている。一方，糖脂質は分子内に水溶性の糖鎖と脂肪酸を含む脂質で，ヒトの血液型の決定などにも利用されている。

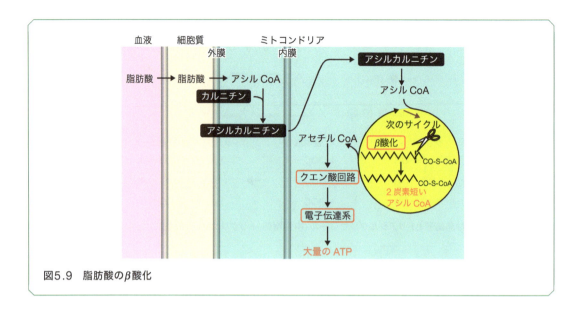

図5.9　脂肪酸のβ酸化

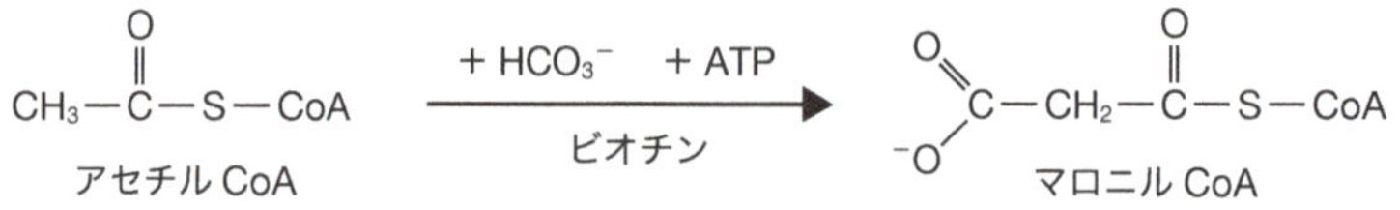

$$CH_3-\overset{\overset{\displaystyle O}{\|}}{C}-S-CoA \quad \xrightarrow[\text{ビオチン}]{+ HCO_3^- \quad + ATP} \quad {}^-O-\overset{\overset{\displaystyle O}{\|}}{C}-CH_2-\overset{\overset{\displaystyle O}{\|}}{C}-S-CoA$$

アセチル CoA　　　　　　　　　　　　　　　　　　　　　　　　　マロニル CoA

図5.10　アセチルCoAからマロニルCoAの合成

5.3.2　脂肪酸の代謝

　脂肪酸は，補酵素 A（CoA）と反応した後，ミトコンドリア内で脂肪酸のβ位（カルボキシル基から 2 番目）が段階的に酸化され，アセチル CoA として 2 炭素単位で切り離される。この次々と切り離されたアセチル CoA が，クエン酸回路，電子伝達系を経て膨大なエネルギーを産生する（β酸化, 図 5.9）。ミトコンドリア内への脂肪酸の輸送にはカルニチンとよばれる分子が必要であり，脂肪酸とカルニチンが結合したアシルカルニチンとしてミトコンドリア内に運ばれる。そのため，カルニチンが欠乏すると脂肪酸がミトコンドリア内へ輸送されず，脂肪酸がβ酸化されないためエネルギー産生が低下するとともに，筋細胞に脂肪の異常な蓄積が起こり，心筋障害やさまざまな筋肉の機能低下を引き起こす。

　一方，脂肪酸の合成はβ酸化の単純な逆向きの反応ではなく，まず細胞質内において ATP を使ったアセチル CoA のカルボキシル化反応（＋CO_2）によりマロニル CoA がつくられる（図 5.10）。この反応にはビタミン B7（ビオチン）が必要である。その後，マロニル CoA 由来の炭素を 2 個ずつ延長しながら脂肪酸が合成される（column 3）。

　飢餓で糖質が不足したり，糖尿病で組織での糖質利用が低下したりすると，糖質に代わって脂肪酸のβ酸化が速い速度で起こり，クエン酸回路で処理しきれない過剰のアセチル CoA が生成される場合がある。その結果，過剰のアセチル CoA が別の経路によって最終的にアセト酢酸（CH_3–CO–CH_2–COOH）に変換され，体内にアセト酢酸の異常な蓄積が起こる。アセト酢酸の蓄積は，体液や血液が酸性側へ傾く状態（アシドーシス；acidosis）の原因となり，我々の体にとっては有害である。

COLUMN 3 | 脂肪酸の合成

　脂肪酸の長い炭素鎖は，脂肪酸合成酵素といういくつかの酵素が集まった複合体によって合成される。まずマロニル CoA とアセチル CoA が脂肪酸合成酵素に結合することによって活性化され，それぞれの炭素基が縮合反応することでマロニル基から CO_2 が離脱する（①）。NADPH によって還元されてアルコールとなる（②）。脱水反応によって二重結合が生じる（③）。二重結合が還元され，2炭素が付加されたアシル基が生じる（④）。もとのアセチル基が結合していたところに合成されたアシル基が転移される（⑤）。新たなマロニル CoA が脂肪酸合成酵素に結合する（⑥）。合成されたアシル基とマロニル基の炭素が縮合し，CO_2 が離脱する（⑦）。さらに②からの反応をくり返すことで，2炭素ずつアシル基に付加されて脂肪酸が合成される。

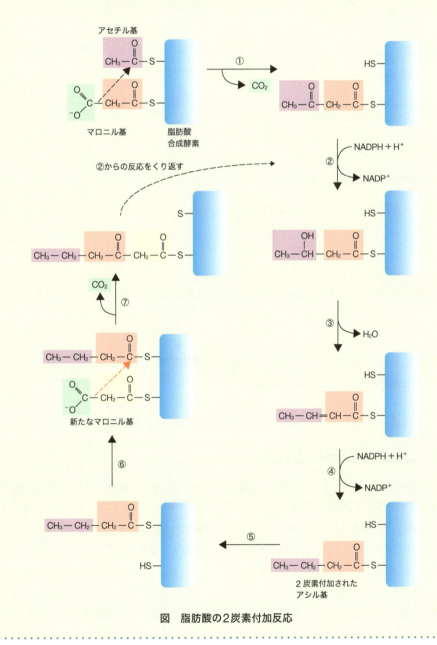

図　脂肪酸の2炭素付加反応

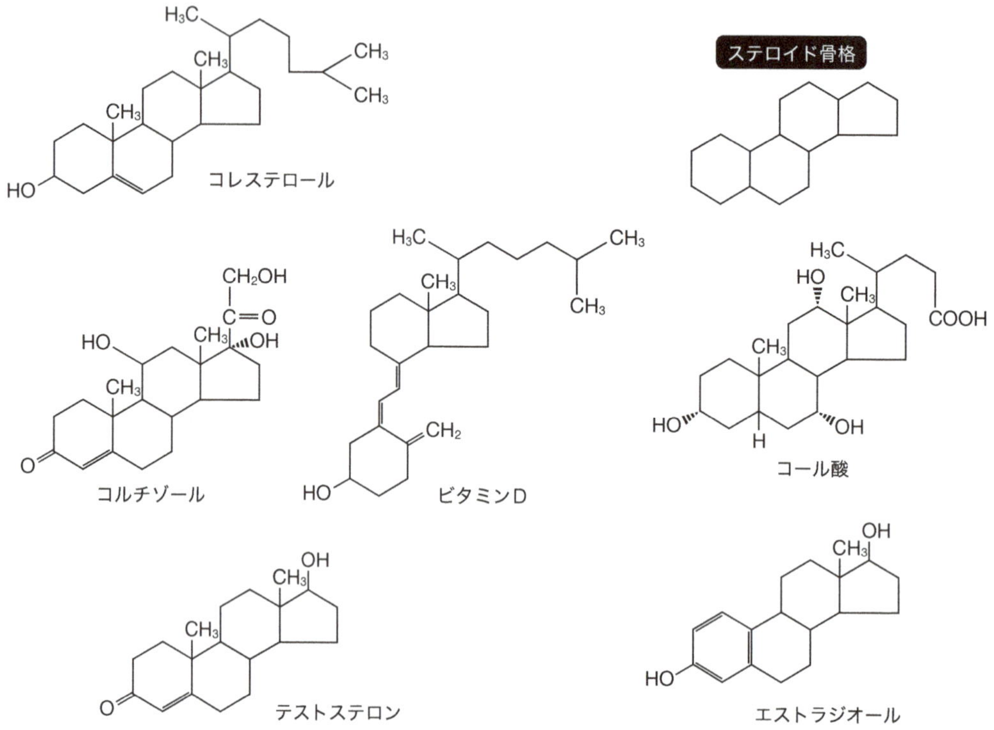

図5.11 コレステロールからつくられる生体物質

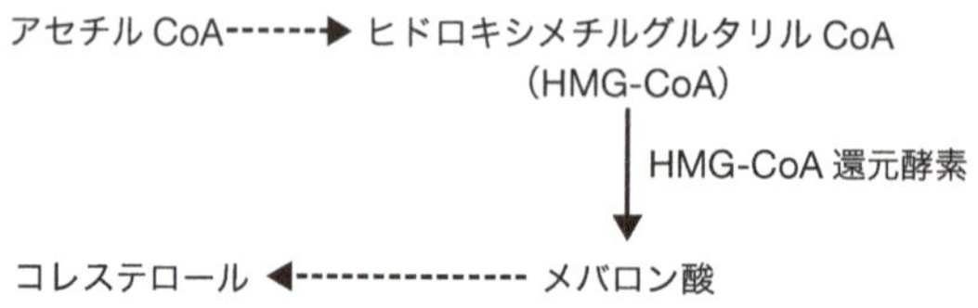

図5.12 生体内におけるコレステロールの合成

5.3.3 コレステロールの代謝

ステロイド骨格をもつコレステロールは，生体膜の重要な構成成分であるとともに，ステロイドホルモン（血糖値を上げる働きがあるコルチゾール，テストステロンやエストラジオールなどの性ホルモンなど）や胆汁酸の構成成分であるコール酸，あるいはビタミン D などの生成に使われる材料としての重要な役割がある（図 5.11）。

血中コレステロールの多くはリノール酸，オレイン酸などの不飽和脂肪酸とエステルを形成したエステル型コレステロールとして存在する。体内のコレステロールの大部分は，代謝されると胆汁酸となり，胆汁中へと排出される。胆汁酸は，腸内で脂肪の分散化や脂肪酸の水溶化を助け，脂肪の消化，吸収を促進する役割をもつ。

一方，コレステロールは食事からも摂取されるが，大部分は体内で合成される。コレステロール合成の調節は，中間生成物である HMG-CoA（ヒドロキシメチルグルタリル CoA）からメバロン酸の

変換に関わる HMG–CoA 還元酵素の働きが重要である（図5.12）。そのため，HMG–CoA 還元酵素の働きを抑える阻害薬は，血中コレステロール濃度を下げ，高脂血症の薬としてよく使われている。

5.3.4 脂質の体内輸送と動脈硬化

食事からの吸収や，肝臓や脂肪組織での合成によって得られた脂質は，その後利用されたり蓄積されたりするために，種々の組織や器官の間を輸送されなければならない。ところが，脂質は水に溶けないため，血液中で脂質をそのまま輸送することは困難である。そこで，我々の体はタンパク質とリン脂質やコレステロール，トリアシルグリセロールが結合した高分子の複合体の状態で脂質の輸送を行う。この複合体をリポタンパク質(lipoprotein)とよび，主に運搬する脂質や機能の違いによりいくつかの種類に分類される。このうち，主にコレステロールの運搬に働いている LDL（低比重リポタンパク質）と HDL（高比重リポタンパク質）は，動脈硬化などの血管障害との関わりが深く，そのためこれらの数値が血液検査の対象となっている。

動脈硬化は，動脈血管の壁の結合組織にリポタンパク質のコレステロールやコレステロールエステルが沈着することが特徴である。脂質代謝の異常が深く関わっており，脂質代謝異常には遺伝的なものと二次的な原因（生活習慣）によるものがある。動脈硬化のそのほかの危険因子として，加齢，高血圧，糖尿病，喫煙などがあげられる。メタボリックシンドロームとは，内臓脂肪の蓄積に加えて，1) 脂質代謝異常（血清トリグリセリド値 150 mg/dL 以上，あるいは HDL コレステロール 40 mg/dL 未満のいずれか，また両方，2) 高血圧（収縮期血圧 130 mmHg，拡張期血圧 85 mmHg 以上のいずれか，また両方，3) 高血糖（空腹時血糖 110 mg/dL 以上）の 3 項目のうち 2 つ以上当てはまる場合で，動脈硬化症の予防対策として広く認識されている。

アミノ酸の代謝

5.4.1 生体内のアミノ酸

アミノ酸は，アミノ基とカルボキシル基をもつ共通の化学構造を有し，ペプチド結合（peptide bond）によりタンパク質を形成する（図3.15参照）。アミノ酸は，我々の体を作るタンパク質の素材となるため，特に体内で合成できない必須アミノ酸は，毎日食物から摂取しなければならない。それ以外にも，神経伝達物質やホルモン生成の材料となるなど，タンパク質以外の体内の窒素化合物もほとんどがアミノ酸からつくられる。また栄養欠乏時には，タンパク質がエネルギー源としてアミノ酸に分解され消費される。このときアミノ酸は，アミノ基が炭素骨格から切り離され（脱アミノ化），最終的に炭酸ガス，水，および尿素にまで分解される。タンパク質 1 g あたり 4 kcal のエネルギーが産生され，これは糖質と同じ程度のエネルギー産生である（脂質は 1 g あたり約 9 kcal）。

アミノ酸のうち，必須アミノ酸にはバリン，ロイシン，イソロイシン，スレオニン，メチオニン，リジン，フェニルアラニン，トリプトファン，ヒスチジンが含まれる。アルギニンは，幼児期における合成速度が成長を支持するには不十分であるため，準必須アミノ酸（幼児期必須アミノ酸）ともよばれる。必須アミノ酸のどれかが欠乏した食事を摂取していると成長が止まり，体重が減少する。

役割を終えたタンパク質はアミノ酸へと分解され，その一部はリサイクルされて再びタンパク質の合成に利用されるが，残りのアミノ酸は脱アミノ化を受けた後，分解される。いったん除去された窒素はタンパク質合成に再利用されるか，あるいは尿素に変換されて排出される（尿素回路；urea cycle）。

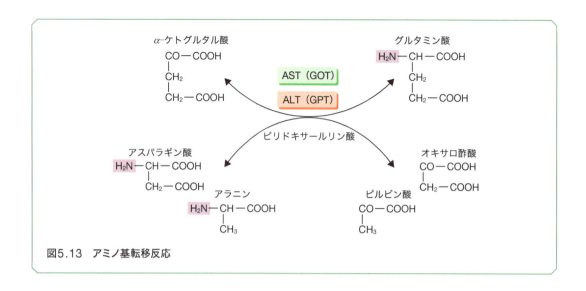

図5.13　アミノ基転移反応

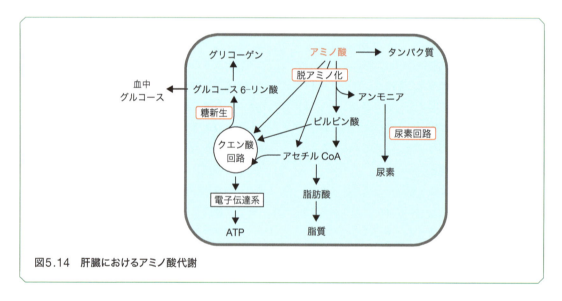

図5.14　肝臓におけるアミノ酸代謝

5.4.2　肝臓におけるアミノ酸の代謝

　ほとんどのアミノ酸は，いったん肝臓に運ばれた後，ピリドキサールリン酸（ビタミン B6 の活性型）を補酵素として，アミノ基をα-ケトグルタル酸に移行させ，遊離のアンモニアを生成することなく脱アミノ化される（**アミノ基転移反応**，**図 5.13**）。この反応を担うアスパラギン酸アミノトランスフェラーゼ（GOT，または AST）とアラニンアミノトランスフェラーゼ（GPT，または ALT）の 2 つの

酵素は，本来筋肉や肝臓の細胞内に存在しているが，急性肝炎などの肝臓に疾患がある状態では血液中に現れるので，血清中のこれらの酵素活性の測定が診断に欠かすことのできない重要な検査となっている。アミノ酸が脱アミノ化を受けた残りの炭素骨格は，最終的に糖質（グリコーゲン）を生成する代謝中間体に変換されるもの（糖原性アミノ酸）と脂質を生成する代謝中間体に変換されるもの（ケト原性アミノ酸）とに分かれ，糖代謝あるいは脂質代謝経路に合流する。特に糖原性アミノ酸はクエン酸回路の中間体となり，糖新生反応に使われる（**図 5.14**）。

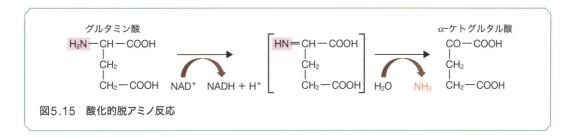

図5.15 酸化的脱アミノ反応

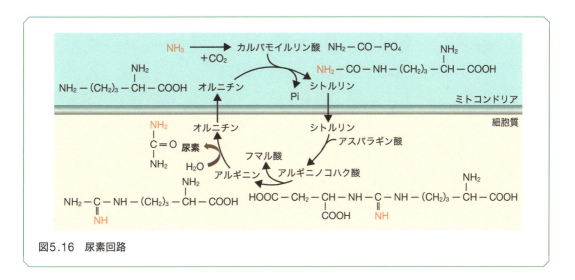

図5.16 尿素回路

COLUMN 4 尿素回路と生物の進化

　窒素の最終産物として尿素を形成する生物を尿素排出動物（哺乳類，は虫類の一部，両生類）といい，このほかにアンモニアを排出するもの（魚類）や尿酸を排出するもの（鳥類）が知られている。一般に，排出する窒素の最終産物の違いは，動物の生息する環境，特に水の量との関係による。アンモニアを排出するにはその猛毒性により大量の水が必要であるため，水が多いところに住む動物がアンモニア排出型，水の少ないところに住む動物は尿酸型で，その中間が尿素排出型となっている。尿素はよく水に溶けるので，ある程度の水があればよいが，尿酸は水に難溶で固形にして排出する。

　一方，アミノ基を移行された α–ケトグルタル酸はグルタミン酸となり，肝細胞内の細胞質からミトコンドリアへ運ばれたのち，アミノ基の脱離によりアンモニアが生成される（酸化的脱アミノ反応，図5.15）。生成されたアンモニアは，脊椎動物にとってはきわめて有毒であるため，尿素回路によって無毒な尿素に変えられて腎臓から尿中へと排出される（図5.16，column 4）。尿素回路の先天性代謝異常によって血液中のアンモニア量が増加する先天性高アンモニア血症という疾患が知られており，タンパク質の摂取によりアンモニア中毒症状，すなわち嘔吐，嗜眠（強い刺激を与えないと覚醒しない意識障害），けいれん，発育障害，知能障害を来す。

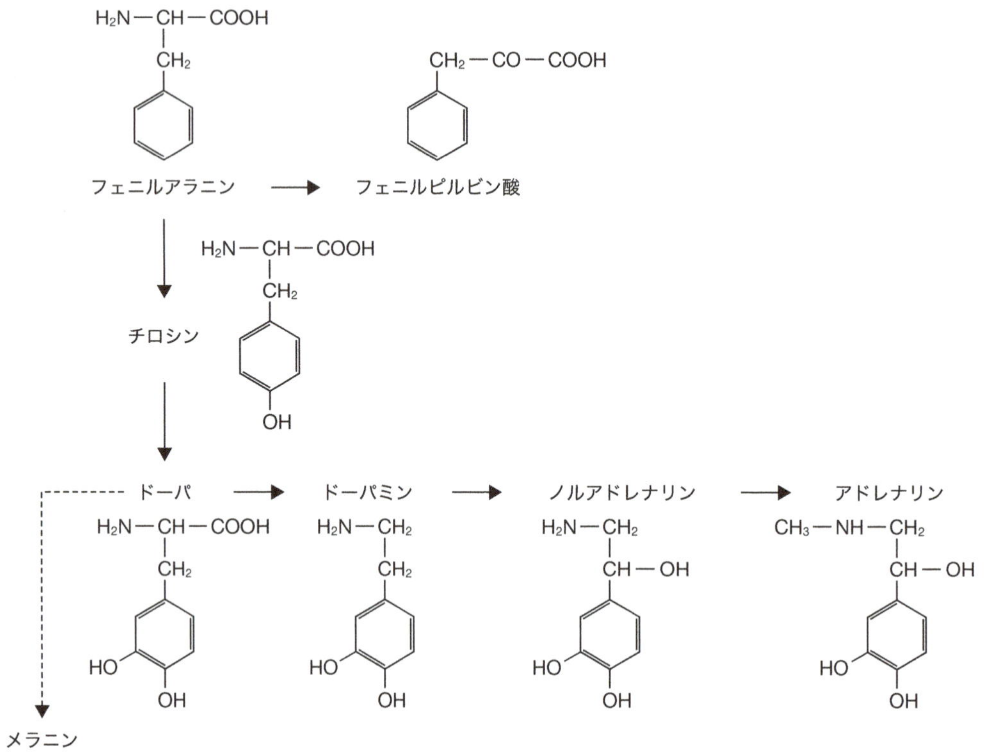

図5.17 フェニルアラニンから神経伝達物質, メラニンへの変換

5.4.4 アミノ酸代謝異常による疾患

　アミノ酸がアミノ基を除去された後, 最終的にクエン酸回路の中間体やアセチル CoA にまで分解される過程や, アミノ酸が神経伝達物質などのタンパク質以外の体内の窒素化合物に変換される過程では, その途中でたくさんの酵素が関わっていることが知られている。またこれらの酵素が遺伝的に欠損していることにより起こる遺伝性の疾患についてもいくつか報告されている。このうち, メープルシロップ尿症はカエデ糖尿症ともよばれ, 分岐アミノ酸(バリン, ロイシン, イソロイシン)の分解過程で働く脱水素酵素が欠損するために, ロイシン, イソロイシン, バリンおよびそれぞれのアミノ酸から変換された 2-オキソ酸が増量し, これらが尿中に排出される分岐アミノ酸代謝の異常症である。尿や汗が

メープルシロップに似た特有のにおいを発生するのが特徴で, 極めて重篤な疾患であり, 嘔吐, けいれんなどの神経症状が現れ, 精神・身体の発育は著しく遅延する。

　芳香族アミノ酸のフェニルアラニンは, チロシンに変換された後, ドーパミンやアドレナリンなどの神経伝達物質となったり, メラニン色素の生成に使われる重要なアミノ酸である (図 5.17)。したがって, これらの変換に関わる酵素の欠損は, さまざまな重篤な異常を引き起こすことが知られている。例えば, フェニルアラニンからチロシンへの変換に関わる酵素の欠損によりチロシンが生成されず, フェニルアラニンの血中濃度が異常に上昇する疾患がフェニルケトン尿症である。この疾患では, 異常に貯まったフェニルアラニンがアミノ基転移によりフェニルピルビン酸へと変換され, 尿中へと排出されるためにこのようによばれており, 神経伝達物質

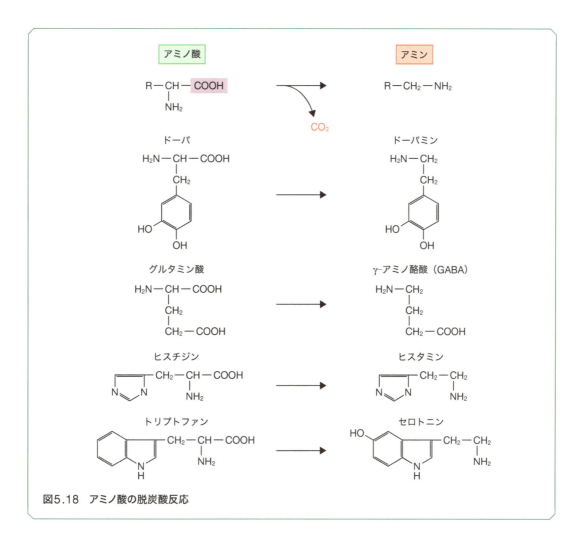

図5.18　アミノ酸の脱炭酸反応

やメラニンがつくられないために，生後ただちに治療を行わないと知能障害，けいれん，色素の欠乏などの症状が現れる。白人に多く，米国ではすべての新生児に対して血中フェニルアラニン濃度を測定している。このほかにも，ドーパからメラニンの形成までに働く酵素に欠損が見られる遺伝性疾患である色素欠乏症では，メラニン形成障害による眼や皮膚のメラニン色素が減少，あるいは消失を来す。

5.4.5　アミノ酸からつくられる その他の生体物質

　ビタミンB6を補酵素とした脱炭酸反応によって，アミノ酸のカルボキシル基が二酸化炭素の形で取り除かれ，アミノ酸からアミンがつくられる。こ

のアミノ酸の脱炭酸反応によってつくられたアミンが，我々の生体内で重要な働きを担うものがいくつか存在する。例えば，先ほども述べた神経伝達物質のドーパミンは，チロシンからつくられたドーパ（3,4−ジヒドロキシフェニルアラニン）が脱炭酸されてできたアミンである。また，中枢神経系における最も重要な抑制性の神経伝達物質であるγ−アミノ酪酸（GABA）は，グルタミン酸の脱炭酸反応によってつくられる。一方，ヒスタミンやセロトニンは，それぞれヒスチジン，トリプトファンが脱炭酸されてつくられたアミンである。（図5.18）。

　ヘムは，ポルフィリン骨格に2価の鉄（Fe^{2+}）が配位した鉄錯体で，グリシンおよびスクシニルCoAから合成される（図5.19）。主なヘム含有タ

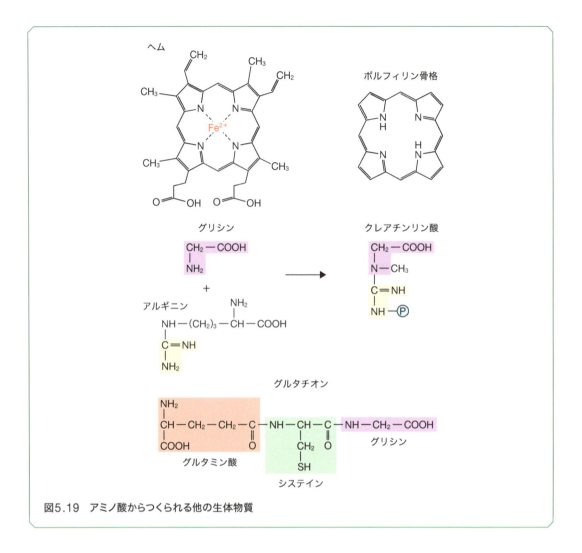

図5.19　アミノ酸からつくられる他の生体物質

ンパク質として，赤血球中に含まれ，酸素と可逆的に結合し，血液による酸素の運搬役として機能しているヘモグロビン，筋肉細胞にて酸素と結合し，酸素貯蔵体として機能しているミオグロビン，酸化還元反応を行って電子伝達系に関わるチトクロム c，過酸化水素を分解する酵素であるカタラーゼなどがある。

クレアチンはグリシンとアルギニンから生成され，90％以上が筋肉に存在する。クレアチンはリン酸化されると高いエネルギーを有するリン酸化合物となり，筋肉収縮の際のエネルギーの供給源として重要な役割をもつ。

グルタチオンは，グリシン，グルタミン酸，システインの3つのアミノ酸がつながった構造で，細胞内の活性酸素を除去する還元剤の役目をする。

5.5節

ミネラルの働き

成人では，体重の約60％が水からできている。このうち生体内にあって，電解質（electrolytes）や栄養素などを含む液体を体液という。体液に含まれる代表的な電解質は，Na^+，K^+，Ca^{2+}，Mg^{2+}，Cl^-，HCO_3^-，HPO_4^{2-}，SO_4^{2-}などがある。

我々の細胞の内側と外側ではそれぞれの電解質の組成が異なり，Na^+，Ca^{2+}，Cl^-は細胞内の濃

表5.2　各電解質の生体内における主な働き

カルシウム (Ca²⁺)	生体内のカルシウムの99%は，骨や歯の構成成分としてリン酸などと結合して存在している。残りの1%のカルシウムは，細胞内においてさまざまな刺激に対する信号としての働きがあり，筋肉の収縮や神経伝達物質の刺激を引き起こす信号などに利用されている。このため，細胞内のカルシウム濃度は細胞外液と比べて非常に低くなるように厳密に保たれている。カルシウムは小腸上皮で吸収され，ビタミンDによりその吸収は促進される。したがって，ビタミンD不足による腸管からのカルシウムの吸収に障害が出ると，血中のカルシウム濃度の低下による神経や筋の興奮性の増大が起こり，全身の骨格筋の痙攣が現れる。
リン酸 (PO₄³⁻)	リン酸の約80%は骨や歯に含まれ，残りは細胞内で核酸やATP，リン脂質などの構成成分として存在する。また，細胞内におけるタンパク質のリン酸化は，細胞内の信号を伝達する上で非常に重要な役割を果たしている。
カリウム (K⁺)	細胞内に最も多い陽イオンで，膜電位の発生に重要な働きをもつ。そのため，血清カリウムの上昇は膜電位の低下に伴う心筋の興奮性の増大を，逆に血清カリウムの低下は興奮性の低下を引き起こす。
ナトリウム (Na⁺)	細胞外液の主要な陽イオンで，酸・塩基平衡や浸透圧の維持，活動電位の発生に重要な働きをもつ。
硫黄 (S)	システインやメチオニンなどの硫黄を含むアミノ酸や，グルタチオンなどの構成成分として存在している。
塩素 (Cl⁻)	細胞外液の主要な陰イオンで，胃ではプロトンポンプの作用により分泌され胃酸（HCl）となる。また，酸・塩基平衡や浸透圧の調節に重要な働きをもつ。
マグネシウム (Mg²⁺)	約70%はリン酸塩などとして骨に存在し，その他の細胞内ではある種の酵素の活性に必要であったり，ヌクレオチドとタンパク質の結合にも使われたりしている。
鉄 (Fe²⁺)	約60%はヘモグロビンに結合して赤血球に存在しており，不足すると貧血を引き起こす。その他，筋肉のミオグロビン，ミトコンドリアのシトクロムなどにも含まれる。
亜鉛 (Zn²⁺)	金属酵素の構成成分として存在し，生体の維持に欠かせない多くの酵素において，酵素タンパク質の特定部位に結合し，活性中心としての役割をもつ。亜鉛欠乏症は，発育不全，骨格奇形，関節炎，老人での骨粗しょう症，味覚・嗅覚の異常を引き起こす。
銅 (Cu²⁺)	鉄とヘモグロビンを結びつける作用があるため，銅の不足も貧血を引き起こす。また亜鉛と同様，ある種の酵素活性に必要である。
ヨウ素 (I)	ほとんどは有機物と結合した形で，その80%は甲状腺に存在し，甲状腺ホルモンの成分となっている。
コバルト (Co)	ビタミンB12の構成成分として存在し，ビタミンB12の不足は悪性貧血を引き起こす。

度が外側よりも低く，逆に K^+，Mg^{2+}，HPO_4^{2-} は細胞内の方が外側よりも高くなっている。これら電解質の主な働きとして，1）体の中の体液をpH7.4付近に維持する，2）浸透圧を保つ，3）神経および筋肉細胞において，細胞膜に電位を発生させることで信号を別の細胞へと伝達する，などがあげられる。体内で働く酵素など，多くの生体機能はpH7付近で働くため，我々の体液の電解質の組成は厳密にコントロールされている。そのため，生体内のなんらかの異常によって体内の電解質の組成に変化が生じると，さまざまな疾患と結びつくこととなる。

　例えば，肺や気管支，あるいは呼吸中枢などの異常による呼吸器障害が見られると，体内の CO_2 をうまく排出できずに CO_2 が体内に蓄積し，過剰な CO_2 が水と反応することで HCO_3^- と H^+ がつくられる。この過剰な H^+ によって体液が酸性になるアシドーシスとなり，頭痛や錯乱，慢性では記憶障害や睡眠障害などの症状が現れる。このアシドーシスは，重度の下痢などによりアルカリ性の腸液が損失し，HCO_3^- が減少した場合や，腎臓からの H^+ の排泄障害などによっても起こる。逆に過換気症候群に見られる過換気が原因で血漿中の CO_2 の減少や，激しい嘔吐などによる H^+ の喪失によってアルカローシスが見られる。各電解質の生体内における主な特徴については表5.2に示す。

ビタミンの働き

ビタミン（vitamin）は，生体内で3大栄養素（糖質，脂質，タンパク質）の代謝に関わる酵素の働きを助ける補酵素として作用するなど，さまざまな生体内の生化学反応にとって必要となる重要な物質である。そのため，ビタミンが欠如すると重篤な欠乏症を引き起こす。ところが，我々の体内ではビタミンは合成されないため，通常は食物などから摂取しなければならない。

ビタミンは大きく分けて，脂溶性ビタミン（ビタミン A, D, E, K）と水溶性ビタミン（ビタミン B, C）があるが，溶解性の特徴以外は脂溶性および水溶性ビタミンの中での構造や性質などに共通点はほとんど見られない（図 5.20，ビタミン D の構造は図 5.11 に，NAD は column 2 に示す）。

A. チアミン（ビタミン B1）

リン酸が2個結合してチアミンピロリン酸となり，ピルビン酸の酸化的脱炭酸酵素の補酵素として働く。この酵素はクエン酸回路の重要な酵素で，したがってビタミン B1 は糖代謝にきわめて重要なビタミンである。欠乏症により，末梢神経の変成が起こり，脚気を引き起こす。

B. リボフラビン（ビタミン B2）

活性型のリボフラビンであるフラビンモノヌクレオチド（FMN），あるいはフラビンアデニンジヌクレオチド（FAD）の形で生体内では働く。FMN，FAD ともに，糖，核酸，脂質，アミノ酸の代謝に関わる多くの酸化還元酵素の補酵素として働くため，非常に広範な代謝に関わる重要な物質となっている。ところが，欠乏症は咽頭痛，口唇や口腔粘膜の炎症，結膜炎などが起こるにとどまり，生命を脅かすような重篤な症状は引き起こさない。

C. ナイアシン（ビタミン B3）

ナイアシン（ニコチン酸）の誘導体であるニコチンアミドアデニンジヌクレオチド（NAD）とそのリン酸型（NADP）は，多くの酸化還元反応に関与する酵素の補酵素となっており，細胞内のさまざまな物質の代謝には極めて重要である。ナイアシンは，生体内でトリプトファンからも合成することができるため，食事による欠乏症はまれである。ナイアシンおよびトリプトファンの摂取が不十分だとペラグラ（ナイアシン欠乏症の一般名。皮膚の炎症，口内炎，舌炎，下痢，精神異常などが見られる）を引き起こす。

D. パントテン酸（ビタミン B5）

ピルビン酸からクエン酸回路に入る中間体のアセチル CoA や，脂肪酸の β 酸化に関わるアシル CoA として利用される補酵素 A（CoA）を生成するための材料として使われる。幅広い食品に含まれるため，食事による欠乏症はまれである。

E. ビタミン B6

構造の違いによってアルコール型のピリドキシン，アルデヒド型のピリドキサール，およびアミン型のピリドキサンがある。リン酸化されてピリドキサールリン酸またはピリドキサミンリン酸となり，血液，中枢神経系，および皮膚におけるさまざまな物質の代謝において重要な反応に関わる補酵素として作用する。特にアミノ酸の代謝に重要で，神経伝達物質として働くアミンの合成に必要である。幅広い食品に含まれるため，食事による欠乏症はまれであるが，さまざまな条件で起こる二次性欠乏症は，末梢神経障害，貧血，痙攣発作が起こる。

F. ビオチン（ビタミン B7）

糖質および脂質の代謝に必須であるカルボキシル化反応（炭酸イオンの転移反応）の補酵素として働く。ビオチンは，卵白中に存在するアビジンと特異的に結合して不溶性になるため，生の卵白を多食するとビオチン欠乏症となる。

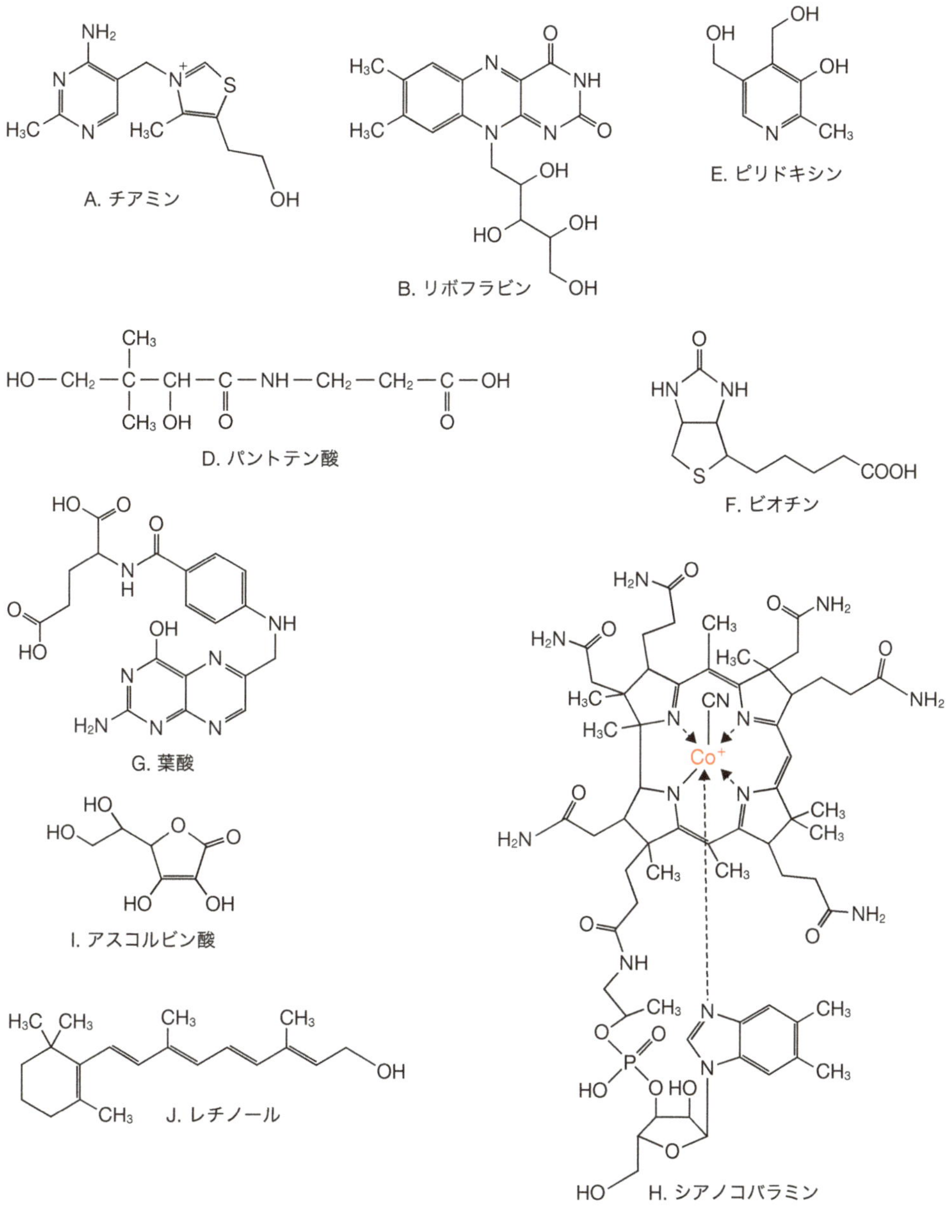

図5.20 主なビタミンの構造

G. 葉酸（ビタミンB9）

　生体内で還元され，テトラヒドロ葉酸に変換された形で働く。プリン体やピリミジンの合成で必要なメチル基転移反応の補酵素として働き，核酸合成に重要な役割を担っている。そのため，細胞分裂が盛んに起こるために多量の核酸合成を必要とする造血

器官等では，欠乏時にその機能が深刻な影響を受け，悪性貧血を引き起こす。

H. コバラミン（ビタミンB12）

　通常単離されるものはシアノコバラミンであるが，生体内では活性型のメチルコバラミンあるいはデオキシアデノシルコバラミンに変換されて働く。

金属のコバルトが構造内に含まれ，核酸合成や脂肪酸の代謝に重要な役割を果たす。このビタミンを腸から吸収するためには胃から分泌される因子が必要であるため，胃を切除した人などではビタミンB12の欠乏による悪性貧血を引き起こす。野菜や果物にはほとんど含まれず，腸内細菌などの一部の微生物によってのみつくられる。

I. アスコルビン酸（ビタミンC）

還元性が強く，抗酸化ビタミンともいわれる。血管壁や種々の細胞間に存在するコラーゲンが，軟らかいプロコラーゲンから硬いコラーゲンへと変換するときに働く酵素，プロリンヒドロキシラーゼの活性に必要であるため，ビタミンC欠乏症は壊血症の原因とされている。また，フェニルアラニンやチロシンなどのアミノ酸代謝にも関与しているほか，鉄が腸管から吸収される際に Fe^{3+} から Fe^{2+} にならなければならないため，ビタミンCがその還元に関わっている。

J. レチノール（ビタミンA）

体内でカロチンから合成され，血液中ではレチノール結合タンパク質に結合して存在する。上皮組織の維持や，光刺激を網膜の神経細胞に伝達しているロドプシンの生成に必要である。そのため，欠乏すると夜盲症を引き起こす。緑黄色野菜よび黄色野菜や色が濃い果物に含まれる β カロチンから変換され摂取される。

K　ビタミンD

ステロイド骨格をもつカルシフェロール（D_3），エルゴカルシフェロール（D_2）の2つの型が存在し，それぞれ食品等に含まれるエルゴステロール，7-デヒドロコレステロールが紫外線の働きにより変換され生成される。そのため，日光照射の少ない場合にビタミンD不足となり，小腸や腎尿細管からのカルシウムの吸収が不足するので，小児ではくる病，成人では骨軟化症を引き起こす。

L. トコフェロール（ビタミンE）

トコフェロールには，α，β，γ，δ の4つが知られている。細胞膜にある多価不飽和脂肪酸の酸化を防ぐ抗酸化作用を有し，種々の医薬品としても利用されている。

M. ビタミンK

天然には K_1（フィロキノン），K_2（メナキノン）の2つの型が存在する。フィロキノンは緑色野菜などの食物由来のビタミンKで，メナキノンは腸管内の細菌により合成される。肝臓において血液の凝固に関わるプロトロンビンの生成に必須であり，新生児の場合，ビタミンKの欠乏症は胃腸管からの出血がみられる。

5.7節

ホルモンの働き

ホルモンとは，生体の恒常性維持や成長・分化の制御に関与している化学物質のことで，内分泌系で生産・分泌され，血流にのって輸送されたのち，作用する標的細胞に情報を伝える。標的細胞には，各ホルモンと特異的に結合する受容体タンパク質が存在し，ホルモンとこの受容体が結合することで細胞内に情報が流れ，代謝酵素や遺伝子発現の調節を行ったり，細胞骨格に働きかけて細胞の形態や運動性を調節したりする。受容体タンパク質には，細胞膜に存在するものと核内に存在するものがある。一方，ホルモンは大きく分けて次の3つのタイプが存在する。

（1）タンパク質・ペプチドホルモン

小さいもので9残基から大きいもので200残基以上のアミノ酸からなり，視床下部や下垂体から分泌されるホルモンや，膵臓から分泌されるインスリンやグルカゴンが含まれる。

（2）アミノ酸誘導体ホルモン

低分子量のアミノ酸の誘導体で，副腎髄質から分

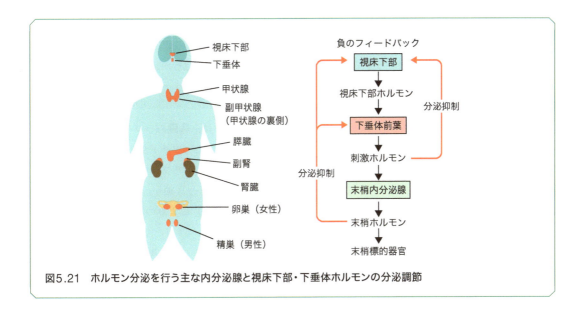

図5.21　ホルモン分泌を行う主な内分泌腺と視床下部・下垂体ホルモンの分泌調節

泌されるアドレナリン，甲状腺から分泌されるチロキシンなどが含まれる。

（3）ステロイドホルモン

　ステロイド骨格を有するホルモンで，副腎髄質から分泌されるコルチゾール，アルドステロンや，性腺から分泌されるテストステロン，エストラジオールなどが含まれる。

　生体内でホルモンが分泌される主な組織には，脳内の視床下部と下垂体，甲状腺，副腎，膵臓，精巣や卵巣などがある（図5.21）。

A. 視床下部ホルモン

　副腎皮質刺激ホルモン放出ホルモン（CRH），甲状腺刺激ホルモン放出ホルモン（TRH），性腺刺激ホルモン放出ホルモン（GnRH）などの視床下部ホルモンは，すべてペプチドホルモンで，脳下垂体前葉を刺激して下垂体ホルモンの分泌をコントロールしている。視床下部や，次に紹介する下垂体ホルモンは，末梢のホルモンなどから分泌の調節を受ける（負のフィードバック，図5.21）。

B. 下垂体ホルモン

　脳下垂体は視床下部の支配を受けて主にペプチドホルモンを分泌し，他の内分泌腺のホルモン分泌を調節する。下垂体には前葉と後葉がある。下垂体前葉からは副腎皮質刺激ホルモン（ACTH），甲状腺刺激ホルモン（TSH），黄体形成ホルモン（LH），卵胞刺激ホルモン（FSH），プロラクチン（PRL）など，他の内分泌腺からのホルモン分泌を刺激するホルモンが多数分泌される。一方，下垂体後葉からは，腎臓の遠位尿細管に作用して水分の再吸収を促進するバソプレシン（ADH）や，子宮収縮と乳汁分泌に働くオキシトシンが分泌される。

C. 甲状腺ホルモン

　甲状腺でつくられる糖タンパク質チログロブリンからチロシン残基にヨウ素が4原子結合したチロキシン（T_4）と3原子結合したトリヨードチロニン（T_3）が切り離され，これらが作用して特定のタンパク質の合成を促進し，成長や基礎代謝の維持に働いている。乳幼児に甲状腺ホルモンの分泌不足（甲状腺機能低下）が起こると，成長発育障害や精神知能の発育遅延を伴い（クレチン症），若年者や成人では粘液水腫が起こる。一方，甲状腺ホルモンの分泌過剰（甲状腺機能亢進）では，基礎代謝の亢進による体温上昇，頻脈，心悸亢進などの症状を伴う。

D. 副甲状腺ホルモン

　副甲状腺ホルモンは，副甲状腺から分泌されるペプチドホルモンで，骨からのカルシウム放出の促進，および腎臓でのリン酸排泄の促進とカルシウム排泄の抑制によって，血中カルシウム濃度を上昇させる働きがある。また副甲状腺ホルモンはビタミンDを活性化し，小腸および腎尿細管でのカルシウムの吸収を促進させる。副甲状腺の除去によって副甲状腺ホルモンが欠乏すると，血中カルシウム濃度が低

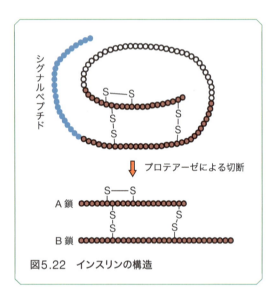

図5.22　インスリンの構造

下し，筋肉の興奮性が増して痙攣を引き起こす（テタニー症）。またこのホルモンの分泌過剰では，骨の萎縮による骨粗鬆症が起きる。

E. 膵臓ホルモン

　インスリンは，膵臓のランゲルハンス島のβ細胞から分泌されるペプチドホルモンで，もともと1本のポリペプチドからプロテアーゼによって切断されてできたA鎖とB鎖が，2ヶ所でジスルフィド結合（S–S結合）によりつながった構造をしている（図5.22）。

　膵臓のランゲルハンス島β細胞の細胞膜上には，グルコースを取り込むタンパク質（グルコーストランスポーター）が存在し，血液中のグルコース濃度が上昇すると，その濃度に依存してこのトランスポーターからグルコースがβ細胞内へと取り込まれる。その後，取り込まれたグルコースによって細胞内でさまざまな分子を介した反応を経て，最終的に細胞内にカルシウムイオンが流入し，この流入したカルシウムイオンが引き金となって，血液中へとインスリンが分泌されるしくみになっている（図5.23，①）。次に，分泌されたインスリンが肝臓や筋肉の細胞に存在する受容体タンパク質に結合すると，その受容体の活性化が起こる（②）。その結果，細胞内でさまざまな分子を介した一連の反応が起こ

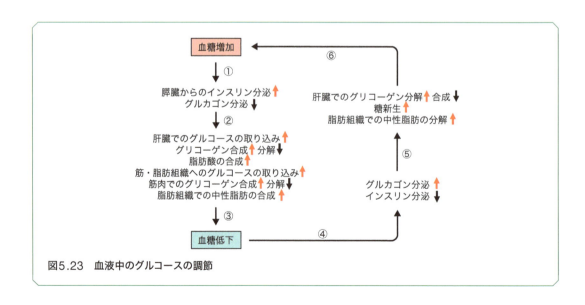

図5.23　血液中のグルコースの調節

り，最終的にランゲルハンス島のβ細胞で働いたものとは別のグルコーストランスポーターを細胞膜上に多く発現させる。これにより，グルコースの細胞内への取り込みが促進し，血中の糖の濃度が低下する（③）。一方で，インスリン受容体の活性化によってグルコースからグリコーゲンの合成を行う酵素が活性化され，その結果取り込まれたグルコースはグリコーゲンへと変換され貯蔵される。インスリンにはこのほかにも，肝臓や脂肪組織における脂質の合成を促進する作用も存在する。

　逆に，血糖値が下がった場合は，今度はランゲルハンス島のα細胞から**グルカゴン**とよばれるホルモンが分泌される（④）。グルカゴンは，29アミノ酸からなるペプチドホルモンで，プレプログルカゴンからプログルカゴンを経て生合成され，肝臓や脂肪組織の細胞に存在する受容体タンパク質に結合し受容体タンパク質が活性化される（⑤）。その結果，肝臓のグリコーゲン分解に関与する酵素が活性化されてグリコーゲンの分解が起こるとともに，解糖系の反応が抑制されて糖新生が促進され，血中へのグルコースの放出が増加し血糖値の上昇が起こる（⑥）。また，脂肪組織における中性脂肪の分解も促進される。一方，グルカゴンはインスリンとは異なり，筋肉のグリコーゲン分解には働かない。

F. 副腎髄質ホルモン

　アドレナリンと**ノルアドレナリン**を合わせてカテコールアミンとよばれ，チロシンからドーパミンを経て生合成される（**図5.17参照**）。アドレナリンとノルアドレナリンは，交感神経の緊張時における血圧上昇，血糖値の上昇，および脂肪組織での脂肪の分解に働いている。アドレナリンは肝臓と筋肉においてグリコーゲンの分解に働く。

G. 副腎皮質ホルモン

　糖質コルチコイドは，血糖上昇，肝臓での糖質から脂肪合成の抑制とタンパク質の合成促進，肝臓でのタンパク質から糖新生の促進とグリコーゲンの合成促進，筋肉でのタンパク質の分解促進などの働きがある。また，糖質コルチコイドはホスホリパーゼA_2を阻害することで抗炎症作用を示す。糖質コルチコイドの分泌不足では，低血圧，色素沈着，無力症などを伴うアジソン病を引き起こし，逆に分泌過剰では満月様顔貌，高血圧，皮膚線条などの症状がみられるクッシング症候群がみられる。

　一方，アルドステロンに代表的される**鉱質コルチコイド**は，Na^+の再吸収とK^+の排泄促進に働き，体内の電解質代謝を調節している。鉱質コルチコイドの分泌は，レニン–アンギオテンシン系によって調節されている（**図5.24**）。副腎皮質機能亢進による鉱質コルチコイドの分泌過剰では，原発性アルドステロン症が起き，高血圧による頭痛，低カリウム血症による筋力低下，多尿などがみられる。

H. 性ホルモン

　男性の性ホルモンである**アンドロゲン**は，精巣の間質細胞で生合成され，胎生期の性分化，男性性器の発育と機能維持，骨格筋などでのタンパク質合成の促進などに働いている。一方，女性の性ホルモンである**エストロゲン**は，主に卵巣，胎盤で合成され，女性性器の発育促進，月経周期の調節，排卵の誘発などに働いている。

I. ホルモン関連物質

（1）メラトニン

　松果体において，トリプトファンからセロトニンを経て合成され，その合成は光周期によって支配されている。すなわち，体の1日の周期を制御している脳の視交差上核から交感神経により松果体細胞に日周リズムが伝えられ，メラトニン生成の律速酵素であるセロトニン–N–アセチラーゼ（セロトニン–N–転移酵素）の活性を調節している。したがって，松果体から分泌されるメラトニンの血中濃度は1日の中で一定のリズムで変動し，昼間低く，夜は高くなる。軽い催眠作用と体温低下作用があり，不眠症や時差ぼけの解消などの睡眠障害の治療に利用されている。

（2）レニン

　腎臓の傍糸球体細胞から血中に分泌されるタンパク質分解酵素で，血中のアンギオテンシノーゲン

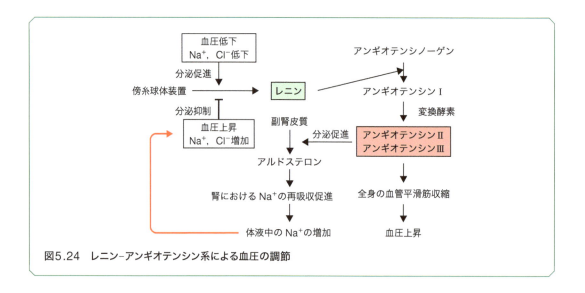

図5.24　レニン–アンギオテンシン系による血圧の調節

を分解することで，アンギオテンシン I の生成に働いている。生成したアンギオテンシン I は，肺循環中に変換酵素によってアンギオテンシン II に変換される。アンギオテンシン II は血管収縮作用を示すとともに，副腎皮質に作用してアルドステロンの分泌促進に働いている。レニンの分泌は，血圧低下や，尿細管液中の Na^+ や Cl^- 濃度の低下によって促進され，逆に血圧上昇や，Na^+ や Cl^- の濃度の増加によって抑制されている（図5.24）。

（3）エイコサノイド

細胞膜のリン脂質からホスホリパーゼ A_2 によってアラキドン酸が遊離され，さまざまな酵素よってプロスタグランジン，トロンボキサン，ロイコトリエンなどの生理活性物質が生成される。これらの生理活性物質をエイコサノイドと総称し，アラキドン酸からエイコサノイドが生成される経路を**アラキドン酸カスケード**とよぶ。

主な生理作用として，血管の拡張や収縮，胃酸分泌抑制，子宮収縮，利尿，体温上昇，血小板凝集やその抑制，血栓形成，睡眠誘発などがあり，エイコサノイドの種類によって多岐にわたる。解熱剤の多くは，体温上昇作用があるプロスタグランジンの合成に関わる酵素を抑制する働きがある。

J. 内分泌攪乱化学物質（環境ホルモン）

我々が住む環境中には，農薬，工業排水，生活排水，排煙などに含まれてさまざまな化学物質が存在している。環境中に放出される化学物質として，急性毒性や発がん性などの毒性があり厳しく規制されている化学物質（ダイオキシン，PCB，有機塩素系農薬など）のほかに，性ホルモンや甲状腺ホルモンの代わりに作用したり，逆に作用を阻害したりする化学物質などの存在がわかってきている。このように，環境中に放出されるものの中で，ホルモンの働きに影響を及ぼす化学物質を内分泌攪乱化学物質（環境ホルモン）とよぶ。

参考・推薦図書
・『生化学辞典　第4版』大島泰郎他編，東京化学同人（2007）
・『レーニンジャーの新生化学』D. ネルソン他著，中山和久編，廣川書店（2015）
・『ハーパー生化学　原書30版』V. W. ロドウェル他著，清水孝雄監訳，丸善（2016）
・『わかりやすい生化学　第5版』石黒伊三雄，篠原 力雄監，ヌーヴェルヒロカワ（2017）

6章 細胞の中の工場

細胞内小器官，エネルギー産生，光合成

今村博臣（6.1, 6.2節）／遠藤　剛（6.1, 6.3節）

真核生物はその細胞内部に，脂質膜で区画化され，形態も機能も異なるさまざまな細胞内小器官を発達させている。これらは，特定の化学反応を進める細胞の中の化学工場のような存在であり，細胞に必要な機能を分業して担当することで細胞全体の機能を支えている。本章では，まず代表的な細胞内小器官について概説する。さらに，細胞内小器官が担う機能のうち，エネルギー産生と光合成について，詳しく解説する。

6.1節

細胞内小器官

真核細胞内部には，脂質膜で区画化されたさまざまな細胞内小器官が存在する（図 2.11 参照）。それぞれの細胞内小器官は，機能も形態も大きく異なる。細胞内小器官が，細胞のもつ機能を分業して担当することによって，細胞全体が機能する。細胞が機能の一部を細胞内小器官に割り振ることで，特定の機能が比較的少数のタンパク質で達成され，さらにその制御も容易になると考えられる。

以下に代表的な細胞内小器官を挙げる。

6.1.1　核

遺伝情報を担うゲノム DNA を格納する場所が核であり，遺伝子の転写はここで行われる。小胞体とつながった 2 層の脂質二重膜からなる核膜で覆われており，細胞質とは核膜に存在する核膜孔を通じてつながっている。低分子は比較的自由に核膜孔を通過することができる。一方で，巨大分子は核膜孔を自由に通過できず，これらの核−細胞質間輸送はインポーチンやエクスポーチン等のタンパク質によって制御されている。核内でつくられた tRNA や mRNA，リボソーム等も核膜孔を通じて細胞質へと移行する。

6.1.2　小胞体

小胞体は一層の脂質二重膜で囲まれたコンパートメントであり，細胞内にネットワーク状に張り巡らされている。小胞体の主要な機能の 1 つは脂質の合成であり，リン脂質やトリグリセリド，コレステロールなどの脂質を合成する反応の大部分は小胞体膜上で進行する。

もう 1 つの主要な機能として，小胞体はタンパク質の品質管理工場としての役割を有している。細胞外や細胞膜，リソソームなどの一部の細胞内小器官へ運ばれるタンパク質は，mRNA から翻訳されるのと同時に，小胞体膜に存在するトランスロコンとよばれる穴を通じて小胞体内部へと送り込まれる。小胞体内部では，オリゴ糖転移酵素が，タンパク質中の特定のアミノ酸配列を認識して，アスパラギン残基に糖鎖を結合する。その後，正常なかたちに折りたたまれたタンパク質のみが認識されてゴルジ体へと運ばれる。一方，折りたたみに失敗したタンパク質が蓄積すると，これらは細胞質へ逆輸送され，プロテアソームとよばれるタンパク質分解装置によって分解される。

小胞体はまた，細胞内におけるカルシウムイオンの貯蔵庫としての機能をもち，重要なセカンドメッセンジャーである細胞内カルシウムイオンの動態を制御する重要な役割を担う。筋肉細胞では筋小胞体とよばれる特殊化したかたちで存在し，神経からの

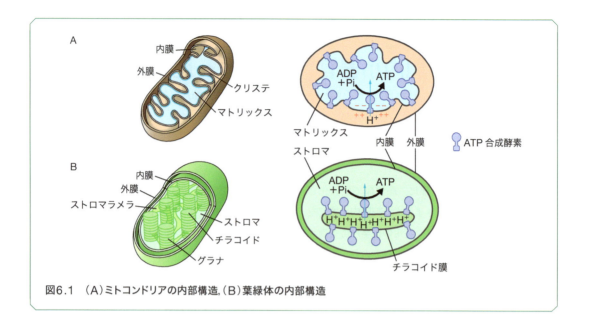

図6.1　（A）ミトコンドリアの内部構造,（B）葉緑体の内部構造

刺激によってカルシウムイオンを放出して筋線維の収縮を引き起こす。

6.1.3　ゴルジ体

ゴルジ体は扁平な膜小胞が層状に重なった細胞内小器官である。小胞体から運ばれたタンパク質の糖鎖が編集されるほか、新たにセリンやスレオニン残基への糖鎖付加が起こる。ここで細胞外や細胞膜へ向かうタンパク質とリソソームに向かうタンパク質は仕分けされ、輸送小胞によって運び出される。

6.1.4　リソソームと液胞

動物細胞において、細胞にとって不要となったものを分解する細胞内小器官が、リソソームである。ATP依存的に細胞質からリソソーム内に水素イオンが汲み上げられることによって、リソソーム内部は酸性に保たれている。リソソーム内に存在する分解酵素群は酸性条件で高い活性をもち、運ばれてきた不要物を分解する。オートファジーにおいては、オートファゴソームと融合することによってその内容物を分解する。酵母や植物ではリソソームの代わりに巨大な液胞が同様の機能を果たしている。動物細胞のリソソームは直径 $1\,\mu m$ に満たない小さなコンパートメントであるのに対し、植物の液胞は細胞の大部分を占めるほど巨大である。

6.1.5　ミトコンドリア

ミトコンドリアは、外膜と内膜の二層の脂質膜から構成された細胞内小器官であり、内膜には内側に向かって袋状にくびれた特徴的な構造（クリステ構造）が多数見られる（図6.1）。直径 $1\,\mu m$ ほどのフィラメント状の形態をとる場合が多いが、細胞内では分裂と融合を盛んにくり返して、そのかたちを絶えず変化させている。ミトコンドリアの最も重要な機能は、呼吸によって細胞内のエネルギー通貨であるATPを産生することであり、内膜には、ATPを産生するためのタンパク質が豊富に存在している。ミトコンドリアはATP産生以外にも、リン脂質の生合成、脂肪酸の分解、アポトーシスの制御、カルシウムイオンの恒常性維持等のさまざまな細胞機能に関与している。

ミトコンドリアは、進化の過程で α プロテオバクテリアが細胞内に共生することによって生じたと考えられており、独自の環状ゲノムDNAをもっている。しかし、進化の過程で、ミトコンドリアタンパク質をコードする遺伝子の大部分は核ゲノムに移行しており、高等動物の場合、ミトコンドリアゲノム上に残されている遺伝子はわずか37個である。

6.1.6 プラスチド

プラスチドは植物や藻類に存在する細胞内小器官であり，光合成を行う葉緑体のほかに，非緑色細胞ではデンプンを蓄積するアミロプラスト，モノテルペンの合成にかかわるロイコプラスト，キサントフィルやカロテノイド等の色素が蓄積するクロモプラスト（有色体）等がある。異なる型のプラスチドは，光照射等により相互変化する可塑性を有している。プラスチドの起源をたどると光合成を行うバクテリア（シアノバクテリア等）が，細胞内共生により細胞内小器官化したものと考えられている。シアノバクテリア等は呼吸電子伝達鎖と光合成電子伝達鎖をもち，自力で生育・増殖できるが，プラスチドは進化の過程で呼吸機能をミトコンドリアに譲り渡したほか，多くの生育に必要な遺伝子を核ゲノムに移行させ，現在のプラスチドには 100 〜 200 個程度の遺伝子が残されているのみである。

葉緑体内部には複雑な折りたたみ構造をもつ膜（チラコイド膜）があり（図6.1），緑色の色素クロロフィルを多量に含む光合成電子伝達複合体が膜上に並んでいる。チラコイド膜以外の部分は可溶性タンパク質を多量に含みストロマとよばれる。葉緑体でのエネルギー生産，すなわち光合成はほとんどすべての生命体の生活活動を支える重要な役割を担う。

6.2節

細胞内エネルギーの産生

生物は極めて精緻で秩序だった低エントロピー状態にある。そのため，何もしなければエントロピーは上がり続け，乱雑無秩序な状態に陥ってしまう。すなわち，すべての生物は，秩序だった状態を保つためにエネルギーを外部から取り入れ続ける必要がある。細胞において，エネルギーの流れの中心となる物質がアデノシン 3−リン酸（ATP）である。

6.2.1 細胞のエネルギー通貨 ATP

動物は食餌からエネルギーを摂取し，植物は光からエネルギーを得る。微生物も周囲からエネルギーを含む物質を取り込んでいる。ところが，細胞は外部から取り込んだエネルギー（例えば，ブドウ糖などの糖に含まれる化学的なエネルギー）を，直接生体内の化学反応を進めるためではなく，主に ATP をつくり出すために利用する。ATP の最も外側のリン酸無水結合が加水分解されると，アデノシンに 2 つのリン酸が結合したアデノシン 2−リン酸（ADP）と無機リン酸が生じる。細胞内の生理的条件におけるこの反応の自由エネルギー変化は約 -12 〜 15 kcal mol^{-1} と比較的大きな負の値を示す。すなわち，この反応はエネルギー的に進みやすい「下り坂の化学反応」（発エルゴン反応）である。

一方で，生体内ではさまざまな「上り坂の化学反応」（吸エルゴン反応）を行わなければならない。例えば，神経細胞ではナトリウムイオンを細胞の中から外へ，カリウムイオンを細胞の外から中へ輸送することによって，神経細胞の機能に必須の細胞膜電位を維持している。しかし，ナトリウムイオン濃度は細胞外で高く，カリウムイオン濃度は細胞内で高い。そのため，この輸送はイオン濃度勾配に逆らっており，自発的には起こらないはずである。しかし，生物はナトリウム - カリウム輸送のような吸エルゴン反応と ATP の加水分解反応を共役させることで，反応全体のエネルギー収支を負にして反応を進めるという非常に巧みな方法をとっている。すなわち，細胞は外部から取り込んだエネルギーを自分たちが使いやすいエネルギー形態である ATP にいったん変換してから，細胞内の化学反応に利用しているのである（図6.2）。

この生命のエネルギーの流れは現代の人間社会のそれと非常によく似ている。私たち人間は，石油や天然ガス，太陽光，風力，水力，原子力など，さまざまなエネルギー資源を利用している。多くの場合，これらのエネルギー資源に含まれるエネルギーは直接用いられず，いったん電力というかたちに変

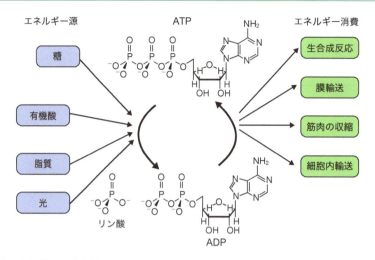

図6.2 細胞のエネルギー通貨ATP
糖や光のエネルギーは，ATPへと変換される。ATPは細胞内の共通のエネルギー通貨として，細胞内のさまざまな反応に利用される。

換される。そして電力は，照明や空調，コンピューター，鉄道などさまざまな場面に用いられる。エネルギー流通における電力は，モノやサービスの交換における通貨のような役割を果たしている。ATPはいわば細胞にとっての電力のような存在であり，「細胞内のエネルギー通貨」ともよばれている。このようなしくみをもつために，細胞は，環境中のエネルギー資源の変動に対する影響を小さく抑えることが可能となっている。

6.2.2 ATP合成のしくみ

ATPの加水分解により生じたADPとリン酸は，基本的には廃棄されず，細胞が取り込んだエネルギーを利用してATPに再生される。このようにして，生体の中では常にATPの再生と分解がくり返されている。ヒトでは1日のあいだに，自身の体重に匹敵する重量のATPが再生・分解されていると考えられている。上で触れた通り，生体内での吸エルゴン反応は，多くの場合ATPの加水分解エネルギーを利用して進められる。

では，吸エルゴン反応であるATP自身の再生反応は，どのようにして達成されているだろうか？一番単純な再生反応は，生体内化学反応の自由エ

ルギー変化を利用して，ATPをつくるものである。グルコースからピルビン酸を生成する解糖系は10段階の化学反応からなっているが，そのうち大きな自由エネルギー変化を伴う1,3-ビスホスホグリセリン酸から3-ホスホグリセリン酸への反応，およびホスホエノールピルビン酸からピルビン酸への反応と共役して，ADPからATPが再生される。しかし，これらの反応ではグルコース1分子から2分子のATPしかつくることができない(5章参照)。

細胞の中でATPの再生を主に担っているのが，ミトコンドリアの内膜，葉緑体のチラコイド膜，そして細菌の細胞膜に存在する ATP合成酵素(図6.3)である。この酵素は，一部が脂質二重膜に埋まったタンパク質の複合体である。後述するように，ATP合成酵素が存在する膜の内側と外側には，プロトン（水素イオン）の濃度差，および電位差が形成されている。そのため，プロトンには膜を介した濃度勾配と電位に従って膜の一方からもう一方へ流れようとする力（プロトン駆動力）が働く。ATP合成酵素の膜内在部分（F_0）にある通り道を，強い駆動力を受けたプロトンが通過するとき，その力によってプロテオリピドとよばれるリング状構造が回転する。その回転は回転軸によって膜の内側に突き

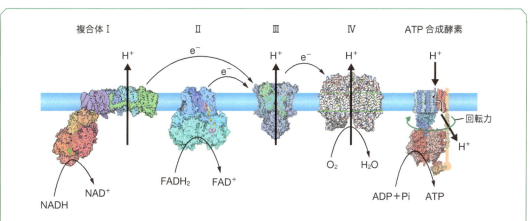

図6.3　ミトコンドリアにおけるATP合成
呼吸鎖複合体ⅠとⅡが，それぞれNADHとFADH$_2$から引き抜いた電子は，複合体Ⅲを通り，複合体Ⅳにおいて酸素を還元して水を生成する。電子伝達の過程でプロトンがミトコンドリア内膜の内側から外側へと運ばれて，プロトン駆動力が形成される。プロトンがATP合成酵素内部を通過することで生じる，ATP合成酵素の中心軸の回転力を利用して，ADPとリン酸からATPが再生される（出典：© 日本蛋白質構造データバンク（PDBj），Molecule of the Month © David S. Goodsell and RCSB PDB licensed under CC 表示 4.0 国際）。

出た部分（F$_1$）に伝わり，F$_1$では回転の力学エネルギーを利用してADPとリン酸からATPを合成している。すなわち，ATP合成酵素は，電気化学的エネルギーから力学エネルギーへの変換，そして力学エネルギーから化学エネルギーへの変換という2段階のエネルギー変換を行っている。

このしくみは水力発電と非常によく似ている。膜を介したプロトン濃度差と電位差はダムの水位に，F$_0$は水の流れを利用して回転するタービンに，F$_1$は回転エネルギーで電力をつくり出す発電機に対応する。ATP産生を行うミトコンドリアや葉緑体は，さながら細胞内の発電所ともいえる。すべての生物において，F$_1$部分は1回転で3分子のATPを合成することができる。一方，F$_0$のプロテオリピドを1回転させるのに必要なプロトンの数は生物によって異なり，哺乳類では8個である。すなわち，哺乳類では，8個のプロトンがATP合成酵素を通って，ミトコンドリア内膜の外から内へ戻るごとに，3分子のATPが合成される。では，ATP合成に必要なプロトン駆動力は，ミトコンドリアと葉緑体ではどのようにしてつくられているだろうか？　実は，両者とも電子の流れを上手に利用している。

ミトコンドリアでは，炭水化物から生じる電子を利用する。解糖系によって生じたピルビン酸や脂質の代謝によって生じた脂肪酸はミトコンドリアマトリックスに運ばれたのち，アセチルCoAを経てクエン酸回路で代謝され，ATP合成に必要な酸化還元力をミトコンドリア内膜の電子伝達系に供給している。たとえば，グルコースが完全に酸化されて二酸化炭素が生じる過程は，以下の2段階の式で表すことができる。

$$C_6H_{12}O_6 + 6H_2O \rightarrow 6CO_2 + 24H^+ + 24e^- \quad (1)$$
$$6O_2 + 24H^+ + 24e^- \rightarrow 12H_2O \qquad (2)$$

実際の細胞内では，（1）で生じた電子は直接酸素を還元するわけではなく，解糖系とクエン酸回路（図5.4参照）によってNAD$^+$とFAD$^+$を還元して10個のNADHと2個のFADH$_2$をつくり出す。生じたNADHとFADH$_2$の電子はミトコンドリア内膜に存在する4つの呼吸鎖複合体を通じて，還元電位の低い方から高い方へと順番に流れていく。

まず，NADHおよびFADH$_2$は，それぞれ**呼吸鎖複合体Ⅰ**と**呼吸鎖複合体Ⅱ**によって酸化されてNAD$^+$とFAD$^+$となり，引き抜かれた電子（e$^-$）は補酵素Qに受け渡される。電子はさらに呼吸鎖複合体Ⅲによって補酵素Qから**シトクロムc** (cytochrome c）へ渡り，最終的には呼吸鎖複合体Ⅳがシトクロムcから引き抜いた電子で酸素を還元して水が生成する。複合体Ⅰ，Ⅲ，Ⅳの酸化還元反応は大きな還元電位差を有しており，その還元電位差に相当する自由エネルギー変化を利用して，これらの複合体はプロトンをミトコンドリア内膜の内側（マトリックス）から外側へ移動する。

　このように，ミトコンドリアでは呼吸鎖複合体による酸素の還元（酸素呼吸）によって，ATP合成反応に必要なプロトン駆動力を形成する（図6.3）。この酸素に依存した**ATP合成システム（酸化的リン酸化）**は非常に効率が良く，解糖系で合成される2分子のATPと合わせると，グルコース1分子の完全酸化によって，ヒトの場合約34分子のATPを合成することが可能である。逆に，絶対好気性生物の場合，酸素が無ければ，高い需要に見合ったATPを十分につくり出すことができない。

　一方，葉緑体では，光のエネルギーによって水から引きぬかれた電子を利用してプロトン駆動力をつくり出す。水由来の電子は最終的にNADP⁺にまで伝達されてNADPHを生成するが，この電子伝達の過程でチラコイド膜を介したプロトン駆動力が形成される（次節参照）。

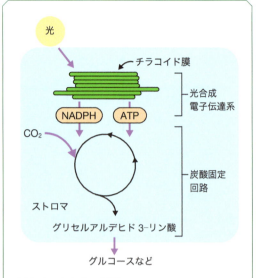

図6.4　光合成の概要
葉緑体内には折り畳まれたチラコイド膜があり，光合成電子伝達にかかわる複合体が膜上に並んでいる。ここでは光エネルギーがNADPHとATPの化学結合エネルギーに変換される。チラコイド膜は，可溶性タンパク質を多量に含有するストロマに囲まれている。ストロマではNADPHとATPのエネルギーを利用して二酸化炭素を固定し，糖を生合成する炭酸固定サイクルの諸酵素が働く。

6.3節

光合成

　光合成は，葉緑体中のチラコイド膜上の**光合成電子伝達系**で光エネルギーから高エネルギー化合物（ATPとNADPH）を生成するエネルギー生産反応と，このエネルギーを利用して葉緑体ストロマで炭酸固定を行う反応とからなる複雑な代謝系である（図6.4）。

6.3.1　光合成電子伝達系

　チラコイド膜には，光を受けると励起するクロロフィル分子を多数含む**光化学系**（photosystem）とよばれるタンパク質複合体が存在する。光を受け

て励起したクロロフィル分子は，隣り合うクロロフィル分子に励起エネルギーを受け渡し，最後にすべての励起エネルギーは**反応中心クロロフィル**とよばれる特別なクロロフィル分子に集められる。反応中心クロロフィルは励起されると，高エネルギーの電子を電子の受け皿となる化合物に受け渡し，ここから一連の電子伝達反応が始まる。

　植物の葉緑体では2つの光化学系を中心とした電子伝達鎖を電子が伝達される（図6.5）。まず，**光化学系Ⅱ**で，クロロフィルの励起エネルギーは水分子から電子を引き抜き，その結果水分子は酸素分子にまで酸化される。現在の地球大気中に大量に存在する酸素はこの反応でできた酸素が起源となっている。光化学系Ⅱから電子はプラストキノン，シトクロム*b6/f*複合体，プラストシアニンを経由して**光化学系Ⅰ**で還元力を付与され，NADPHという強い還元力をもつ化合物が生成する。またこれと同時に，電子がチラコイド膜の電子伝達鎖で伝達され

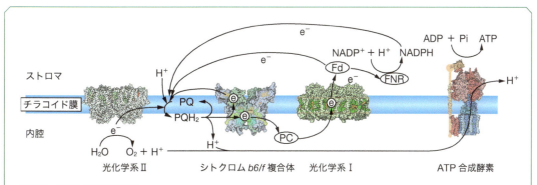

図6.5　光合成電子伝達系
水から引き抜かれた電子は，光化学系Ⅱから電子伝達鎖を経て光化学系Ⅰに渡され，NADPH を生成する。電子伝達と共役してプロトンがチラコイド膜内腔に蓄積し，膜内外の電気化学ポテンシャルを生み出す。このエネルギーにより ATP が生成する。最近の研究では光化学系Ⅰで生成した還元力の一部がプラストキノン（PQ）に戻され，循環的電子伝達系路をつくることが示唆されている。この経路はプロトン勾配の生成に寄与して ATP の不可的生成装置として機能できる。PQ：プラストキノン，PC：プラストシアニン，Fd：フェレドキシン，FNR：フェレドキシン -NADP⁺ レダクターゼ（出典：© 日本蛋白質構造データバンク（PDBj），Molecule of the Month © David S. Goodsell and RCSB PDB licensed under CC 表示 4.0 国際）。

ることが，チラコイド膜内外でのプロトン勾配を誘導する。この膜内外のプロトン濃度の違いが解消される方向に膜を横切ってプロトンが移動することと共役して，ATP 合成酵素によって ATP がつくられる。この ATP 生成の機構は，呼吸電子伝達によるものと共通である。まとめると，**光合成の電子伝達系は，光のエネルギーにより NADPH と ATP が生成する反応**であるといえる。

6.3.2　炭酸固定系

　光合成電子伝達系で生成した ATP と NADPH を利用して二酸化炭素から糖を生合成するしくみを炭酸固定という。この同化経路は還元的ペントースリン酸回路，またはカルビン–ベンソン回路とよばれる（図6.6）。

　まず，二酸化炭素は炭素 5 原子を含むリブロース 1,5–ビスリン酸と結合して不安定な炭素 6 原子の化合物に同化されるが，この分子はすぐに炭素 3 原子からなる 3–ホスホグリセリン酸 2 分子に分かれる。この反応はリブロース 1,5–ビスリン酸カルボキシラーゼ（ルビスコと略称される）という酵素により触媒される。この反応により二酸化炭素は，最初の安定な代謝産物である 3–ホスホグリセリン酸となり，その後，電子伝達で生成した ATP と

NADPH を利用した一連の反応によりグリセルアルデヒド 3–リン酸が生成する。この化合物は 3–ホスホグリセリン酸と同様に 3 原子の炭素原子を含む化合物であるが，分子内の化学結合エネルギーとして ATP と NADPH に由来する高いエネルギーを保持していて，これ以後はエネルギーを必要とせず，グルコースなどの糖へと変換される。そのため，**炭酸固定経路とは二酸化炭素からグリセルアルデヒド 3–リン酸を生成する反応である**と考えるとわかりやすい。こうして生成したグリセルアルデヒド 3–リン酸の一部は，ATP を利用してリブロース 1,5–ビスリン酸を再生する材料として利用されるため，この代謝系は回路として教科書に図示される。

　炭酸固定酵素ルビスコは，二酸化炭素の代わりに酸素と反応することがあり，その結果 2 分子の 3–ホスホグリセリン酸ではなく 1 分子の 3–ホスホグリセリン酸と 1 分子の 2–ホスホグリコール酸ができる。後者はそのままカルビン–ベンソン回路で利用できないため，ペルオキシソームとミトコンドリアを経由する代謝経路を通ってグリセリン酸に再生され，葉緑体に戻る。この反応ではルビスコ反応により酸素が消費され，代謝過程で二酸化炭素が放出されるため，光呼吸（photorespiration）とよばれる（図6.7）。

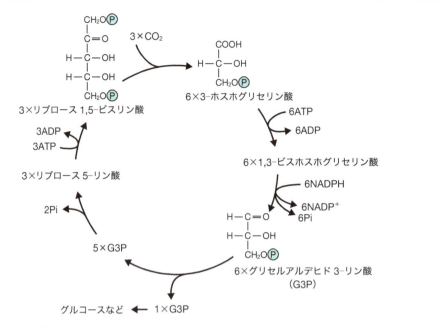

図6.6 炭酸固定回路
3-ホスホグリセリン酸にATPとNADPHのエネルギーを付加して生成するグリセルアルデヒド3-リン酸（G3P）が炭酸固定系の主要な生成物であり，グルコース等の生合成に使われる。G3Pの一部は多数の中間体（この図では省略）を経由してリブロース1,5-ビスリン酸の再生に使われるが，その過程でさらにATPを消費する。この図では，3個の炭素原子がCO_2の形で回路に入り，1分子の3炭糖リン酸（G3P）として回路から外れる。

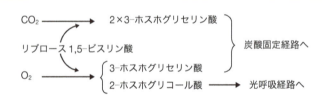

図6.7 ルビスコの行う2つの反応
ルビスコの基質リブロース1,5-ビスリン酸がCO_2と反応すると2分子の3-ホスホグリセリン酸が生成して，炭酸固定経路で糖の生合成へ向かう。一方，O_2と反応すると3-ホスホグリセリン酸と2-ホスホグリコール酸が生じる。後者は糖生合成の材料とはならず，光呼吸経路で代謝される。

　一部の植物ではこの不毛な光呼吸反応を回避するため，ルビスコの周辺に二酸化炭素を濃縮する機構を進化の結果獲得している。この機構をもつ植物では，細胞外から取り込んだ二酸化炭素を，いったん炭素原子4個の有機酸（オキサロ酢酸やアスパラギン酸）の形で取り込み，ルビスコの周辺で二酸化炭素を再放出するという方法で二酸化炭素を濃縮する。最初にC4化合物に二酸化炭素を取り込むため，この機構を伴う光合成を **C4光合成** とよび，こ

のタイプの光合成を行う植物を **C4植物** とよぶ。これに対して，二酸化濃縮機構をもたず直接ルビスコでC3化合物3-ホスホグリセリン酸ができる光合成を **C3光合成** とよぶ。

　C4光合成は高温や強い光強度下では非常に効率のよい光合成を示すが，その一方で，弱い光条件下では，二酸化炭素濃縮に必要なATPの消費が足かせとなって，C3光合成よりも光合成速度が劣るという欠点をもつ。そのため，現在では，高温や乾燥

しやすい環境ではC4植物（トウモロコシ，サトウキビ等）が主に生育し，より冷涼な気候条件ではC3植物（イネ，コムギ等）が生育している。

6.3.3 光合成の制御機構

光合成を担うさまざまな複合体タンパク質や酵素タンパク質も，転写翻訳レベルで生合成速度が調整されている。例えば，太陽光が十分に当たらない場所に植物を何日も置くと，光を受けるための光化学系のタンパク質の生合成が促進され，より多くの光量子をもれなく受け取ろうとし，逆に炭酸固定系の酵素タンパク質は生合成が抑制される。強い太陽光が当たる場所で育つ植物では逆の制御が働く。すなわち，光化学系は少量で十分のエネルギーを受けられるのでたくさん生合成する必要はなくなる一方，炭酸固定系は電子伝達で生成したATPとNADPHをすべて有効利用するためフル操業する

必要があり，これに関わる酵素タンパク質の生合成が促進される。

こうした遺伝子発現レベルの制御とともに，時々刻々変動する太陽光の当たり方に応答して秒レベル，分レベルでの制御が存在する。曇り空からいきなり太陽が顔を出したり，隣の葉に影になっていた葉に太陽が当たり始めたりする時に迅速な制御機構が働かないと，受ける光エネルギーが炭酸固定系のキャパシティーを超えてしまい，余ったエネルギーがいわゆる活性酸素を生成して，葉緑体を構成する膜脂質やタンパク質を破壊することになる。このため，植物はいったん吸収した過剰な光エネルギーを熱として放散する安全弁のような制御機構や，生成してしまった活性酸素を迅速に無毒化する機構をもっていることが近年の研究で明らかになってきた。

7章 遺伝情報の担い手―DNA
DNAの複製と修復

古谷寛治／井倉　毅

はじめに

　遺伝情報であるゲノムDNAの複製や維持は，細胞が増殖する上で最も基本となる細胞内活動である。正確に自己複製を可能とする確固としたシステムを構築するとともに，さまざまな環境や，組織へと適応させるために柔軟にそのシステムを変化させてきた。また，DNA複製，修復研究はそのまま分子生物学の歴史といっても過言ではないほど，分子生物学とともに発展してきた。本章では，そういった研究の歴史とともに，大腸菌から高等真核生物に至るまでのDNA複製と修復機構についての分子機構と，それらに関連する細胞内活動，そして個体への影響を説明する。

7.1節

DNA複製の基本機構

　DNA複製研究の始まりは1953年のワトソン（J. D. Watson）とクリック（F. H. C. Crick）によるDNA二重らせんモデルの提唱が最初である。DNA複製研究で明らかとしてきたさまざまな現象は二重らせんモデルに基づいている。二重らせんモデルでは，DNAはデオキシリボース（糖）とリン酸が交互にならぶバックボーンに対をなす塩基（アデニン＝チミン，シトシン＝グアニン）を挟み，互いに逆向きにならぶ。この構造は，それぞれのDNA鎖が鋳型となって複製されること，すなわち半保存的にゲノムDNAは複製されることを示していた。実際にメセルソン（M. Meselson）とスター

ル（F. W. Stahl）により大腸菌ではゲノムDNAの複製は半保存的に起こることが示された（図7.1）。

　また，コーンバーグ（A. Kornberg）らによりバクテリアのDNAポリメラーゼが発見され，1950年の終わりから1960年の初めにかけてその性質が明らかになると，別の問題が生じてきた。DNAポリメラーゼはDNA鎖を一方向にしか合成できないことがわかったのである。DNAは方向性をもつ鎖であり（図7.2），DNAポリメラーゼは，

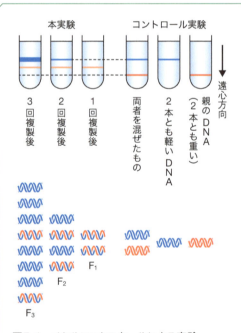

図7.1　メセルソンとスタールによる実験
同位元素で標識したDNAは親のDNA（一番右）の片方の鎖のみが複製される（半保存的複製）ので1回複製後は中間の重さのDNAが生じる。また2回，3回と複製されるごとに2本とも軽いDNAとの本数の比率が変わる。

図7.2　DNA鎖はDNAポリメラーゼにより伸長される
DNAポリメラーゼは方向性をもったDNA合成を行う。コーンバーグにより発見されたポリメラーゼはDNAの3′末端にdNTPを基質として付加していくが、プライマーなしではDNA合成ができない性質をもっていた。

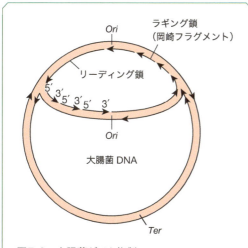

図7.3　大腸菌ゲノム複製
大腸菌は環状ゲノムDNAをもっており、そのDNA複製は1ヶ所からはじまり両方向に進む。

一本鎖DNAの鋳型に付着したDNA断片（プライマー）の3′末端にのみ、基質となる遊離ヌクレオチド、すなわちデオキシリボヌクレオチド三リン酸（dNTP）を重合する。当時、すでにバクテリアを用いた実験から、細胞内でのゲノムDNAの複製はDNAの二本鎖に沿って複製箇所が移動していくことで行われる（図7.3）ことがわかっていた。二重らせんモデルでは、DNA二本鎖の伸長を一方向に進めるために各DNA鎖の伸長方向は、一方の娘鎖では5′→3′となるが、もう一方では3′→5′となる。これは「DNA複製のジレンマ」と当時よばれており、それを解決したのは岡崎令治博士であった。岡崎博士は大腸菌に対し放射性のトリチウム（³H）標識されたチミジンを5秒という、ごく短時間パルス標識する実験を行った。合成されたばかりの新生一本鎖DNAは、ショ糖密度勾配遠心で分離すると10Sという小さな断片として一過的に見られることを1960年代に発見した。一連の成果から、3′→5′方向に伸長する鎖も5′→3′方向に合成される短いDNA鎖（100〜1000塩基からなり、**岡崎フラグメント**とよばれる）をつなぎ合わさることで長い鎖となる、という可能性が示され、ラギング鎖合成の発見につながった。

7.1.1　DNA複製は非対称に起こる

その後の大腸菌を中心とした研究から、現在のモデルでは、DNA複製は非対称に進むと結論づけられ、岡崎フラグメントは**ラギング鎖**とよばれる一方の娘鎖のみで一過的に見られることが明らかとなった。また、前述のようにDNAポリメラーゼは既存のポリヌクレオチド鎖の3′末端にヌクレオチドを重合する酵素であり、新しくDNA鎖の合成を開始する活性は有していない。したがってあらかじめ**プライマー**とよばれる10塩基ほどの短いRNA断片がDNAプライマーゼにより合成される。このプライマー合成は、リーディング鎖側においては複製開始時にのみだけでよい。しかしながら、ラギング鎖側においては岡崎フラグメントの合成の度にプライマーRNA鎖の合成を行う必要があるため、DNA複製の現場では複数の酵素が協調しあいながらDNA複製を進める必要がある。例えば、プライマーRNA鎖の合成はDNAプライマーゼという専用の酵素により担われている。その他リーディング鎖、ラギング鎖の合成、そして岡崎フラグメントのつなぎ合わせとプライマー鎖などの分解を担う酵素群など、さまざまな酵素が各ステップにおいて機能する。これらの酵素群が、クローニング技術を発端として同定され、その機能が明らかとなった。DNA複製の各ステップの概略を図7.4に示す。

また、DNA二重らせんとリーディング鎖、ラギ

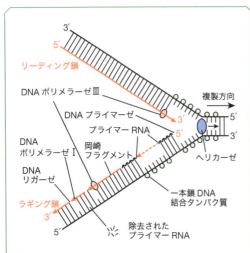

図7.4　非対称に進むDNA複製フォーク
リーディング鎖のDNA合成は連続的に起こるが，ラギング鎖では100～1000塩基ごとに断続的に行われる。

ング鎖を通じたDNA複製システムの理解から末端複製問題が生じた。これは，ラギング鎖（$3' \rightarrow 5'$方向）のDNA合成は線状の染色体であれば末端部がどうしても未複製のまま残るという問題である。この問題は最終的にテロメア配列の発見という形で結論づけられた（テロメアとその合成制御，老化に関しては14章で述べる）。

7.1.2　レプリコン仮説の継承

　1963年，ジャコブ（F. Jacob）らにより，大腸菌のゲノムDNAが1世代あたりに1回倍加するしくみを説明するモデルとして「レプリコン仮説」が提唱された。ジャコブはモノー（J. Monod）とともに転写制御システムとしてすでに「オペロン説」を唱え，転写調節においては抑制的なトランス因子としてリプレッサーを提唱していた。一方，レプリコン仮説においては，ジャコブは活性化因子であるイニシエーターを想定した。これは，複製能を失ったファージの染色体DNAは大腸菌ゲノムに組み込まれると複製されるが，それ自身では複製されないなど，DNA複製において抑制因子では説明できない現象が見られていたためである。また，大腸菌のゲノムDNA複製は当時からゲノムDNA上の

決まった場所から開始することが示されており，この点から，レプリケーターとよぶシス因子を想定した。この仮説をうけ，自己複製ができるDNA分子を**レプリコン**とよぶ。また，ゲノムDNAの開始地点は現在では**複製起点**（Replication Origin）とよばれている。大腸菌のような原核生物細胞においては1箇所の複製起点からゲノムDNAの複製が行われることが多い。一方，真核生物細胞においては染色体上に複数の複製起点をもつため，**マルチレプリコン**によってゲノムDNAの複製が行われる。

　ポリメラーゼなど複製装置の研究に引き続き，DNA複製研究において重点的に行われてきたのはDNA複製開始機構の解明であった。これらの解析はカエルの卵母細胞の系による免疫沈降，再構成といった系や，酵母での遺伝学的な解析から明らかとなった。DNA複製を開始することは細胞複製に必須である。また，真核生物細胞のようなマルチレプリコンの機構で複製を行う細胞にとって，DNA複製の開始制御は，細胞周期に一度だけ複製起点を活性化することは細胞の正常な機能を保つ上で非常に重要であり，そのため非常に厳密かつ，冗長性をもった制御機構を真核細胞は備えてきた。例えば，酵母においては400もの複製起点が，ヒトにおいては50,000もの複製起点が染色体上に存在する。通常の細胞増殖においては，1つの複製起点は必ず1回の細胞分裂あたり，一度のみ用いられる。もし，同じ複製起点が1回の細胞分裂の周期の間に二度複製されることになれば，染色体DNA領域が部分的に倍加を引き起こし，続く染色体分配などの細胞機能に破綻をきたす。そのような結末を防ぐためには，非常に高い精度でもって再複製を防ぐしくみを備えたDNA複製開始制御機構が備わっている必要がある（酵母では，10^{-5}の，ヒトでは10^{-7}の精度と考えられている。この染色体複製のライセンス化の分子機構については10章を参照）。

　真核細胞における染色体DNA複製の開始機構の厳密さを探求する研究は酵母をはじめとした種々の生物種において進められ，非常に多くのタンパク質が関わることがわかり，現在までの複製起点や複製開始機構の詳細がほぼ明らかとなった。下記にそ

DNA複製に関わる酵素群

　ゲノム DNA の複製を担うポリメラーゼは原核生物と真核生物とで大きく異なる。原核生物（ここでは大腸菌）のゲノム DNA 複製装置には同一のDNA ポリメラーゼ（DNA pol-Ⅲ）が3分子用いられている（図 A）。1分子がリーディング鎖を，もう2分子が，プライマーゼが合成した RNA プライマーから DNA を伸長させることで，交互に岡崎フラグメントの合成をとり行うと考えられている。

　一方，真核生物の DNA 複製においてはリーディング鎖とラギング鎖では異なる DNA ポリメラーゼが用いられる（図 B）。リーディング鎖では正確性の高い DNA ポリメラーゼ ε（図 B の polε）が働くことで長大な DNA 領域の合成を可能としている。また，ラギング鎖においてはプライマー RNA を取り除く活性の強い DNA ポリメラーゼ δ（図 B の polδ）が岡崎フラグメントの合成を行うなどの役割

分担がある。また，真核生物におけるプライマーはプライマーゼが合成した RNA プライマーを DNA ポリメラーゼ α がいったん伸長し，その後 DNA ポリメラーゼ δ に引き継がれる点でも原核生物と異なる）。

　なお，DNA 二重らせんは DNA ポリメラーゼが働く際には巻き戻される必要がある。DNA ヘリカーゼが ATP の加水分解を利用することで DNA 二重らせんをこじ開ける（真核生物ではライセンシング因子としても知られる MCM 複合体が，大腸菌では DnaB タンパク質がその役割を担う）。また，ラギング鎖合成の後，断片化した岡崎フラグメントは速やかに再結合されることは岡崎令治博士らの研究から明らかとなっていたが，この断片化した DNA 鎖間の連結の際には，DNA リガーゼがリン酸ジエステル結合をつくり出すことで行われる。

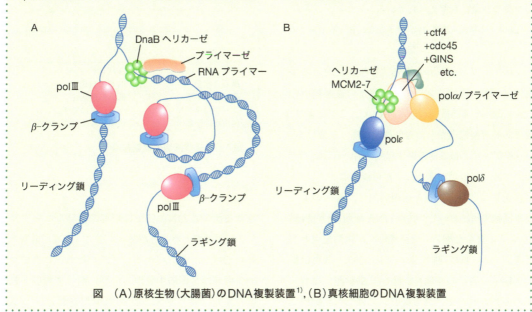

図　（A）原核生物（大腸菌）のDNA複製装置[1]，（B）真核細胞のDNA複製装置

れぞれの項目について主に原核生物と真核生物の違いに言及しながら述べる。

7.1.3　複製起点

　原核生物の複製起点は DNA 配列によって規定される。その DNA 配列は主に2つに定義づけられる。1つは**イニシエータータンパク質**（大腸菌で

は DnaA）を複数結合させるための反復 DNA 配列であり，もう1つは DNA 二重らせんをこじ開ける領域となる A-T 結合*に富んだ配列である（図7.5）。ほぼすべての原核生物の複製起点はこれら2種の配列から成り立っているが，イニシエータータンパク質の結合配列や，二重らせんがこじ開けられる領域の配向は種によって大きく異なる。このよう

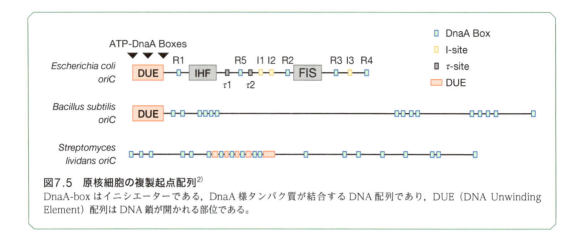

図7.5　原核細胞の複製起点配列[2]
DnaA-box はイニシエーターである，DnaA 様タンパク質が結合する DNA 配列であり，DUE（DNA Unwinding Element）配列は DNA 鎖が開かれる部位である。

な多様な複製起点をもつにいたったのは，原核生物細胞にとってのウイルスであるファージやそのほかの機構で取り込んだ外来 DNA により，DNA 複製が乱されないようにして種の特異性を守るための防御機構の一環とも考えられている。

> *DNA 二本鎖の水素結合は，水素結合が 2 ヶ所の A-T の方が 3 ヶ所の G-C よりも弱い。

マルチレプリコンからなる真核生物における染色体 DNA の複製においては，個々の複製起点の複製を開始する時間がずらされている。これにより，仮にある複製起点からの複製作業が滞った際にも，バックアップとして別の複製起点を用いることで未複製の領域をカバーすることが可能となっている。真核生物における DNA 複製開始は，酵母のような単細胞生物においては共通 DNA 配列（出芽酵母）や A-T に富んだ配列（分裂酵母）が複製起点として機能する。真核細胞においては，DNA 複製は細胞周期上の特定の時期（S 期：10 章参照）においてのみ行われるが，酵母においては DNA 配列により複製起点の開始活性の強さが決まることも多い。こういった細胞周期依存的な DNA 複製起点の制御は，クロマチン免疫沈降を中心とした解析を中心に理解が深まった。

一方，高等真核生物における複製起点は明確な DNA 配列によっては規定されておらず，その染色体領域の高次構造によるところが大きい。また，DNA 複製の開始のタイミングもその領域のクロマチン構造に左右される。例えば，S 期の初期に複製

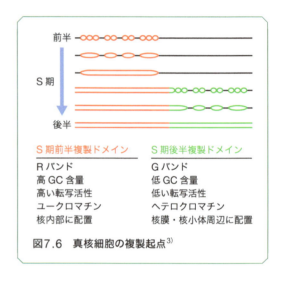

図7.6　真核細胞の複製起点[3]

されるゲノム DNA 領域は転写の活発なユークロマチン領域であることが多い。逆に，転写が抑制された DNA が密にパッキングされたヘテロクロマチン領域は S 期の中盤から後半において複製される。また，同じタイミングで複製されるゲノム DNA 領域は哺乳類細胞においては数百 kb にわたり，それぞれの領域では複数の複製起点から DNA 複製が行われる（図7.6）。ただ，このように，同じタイミングで複製する大規模な染色体領域をつくる生物学的意義はわかっていない。こういった DNA 複製起点の使用のされ方は発生段階においても変化していくことが知られており，その段階に応じたクロマチン構造の変化を反映していると考えられている。

原核生物から真核生物への進化に伴う大きな特徴は，ゲノムがクロマチンとよばれる構造をとることである。クロマチンの基本ユニットは DNA と DNA が巻きつくタンパク質であるヒストンである。ヒストンはヒストン＝フォールドとよばれるモチーフをもつタンパク質群であり，H2A, H2B, H3, H4 といったタンパク質が八量体（オクタマー）を形成する。ヒストン＝オクタマーに DNA が 1.75 回巻きつくことでヌクレオソームという単位構造を形成する。このヌクレオソームはゲノム DNA の約 200bp ごとに形成され，クロマチン構造をとる（図）。

これまでクロマチン構造は DNA 複製や DNA 修復酵素が DNA にアクセスする際の障害になると考えられてきた。実際，ゲノム DNA の複製においては DNA の凝縮度の高いヘテロクロマチン領域の方が凝縮度の低いユークロマチンよりも，そのタイミングが遅くなる。その一方で，クロマチンを構成する主要因子であるヒストンが DNA 損傷応答において重要な役割を担うといった報告も数多くされてきており，単なる DNA 上のバリアとしての役割では説明できないのも事実である。例えばある種のヒストン（H2AX）はリン酸化を受けることでさまざまな DNA 損傷応答因子と物理的な相互作用が可能になる。また，同様にアセチル化を受けることで DNA 損傷を受けたクロマチン上で動的な振る舞いを促し，シグナル因子としての機能も果たすなど，積極的に DNA 損傷応答に関与することも明らかとなってきている。こういったクロマチン構造と DNA 上で起こる反応との関わりに関する見方は大きく変わりつつあり，その根本原理の解明は今後の課題である。

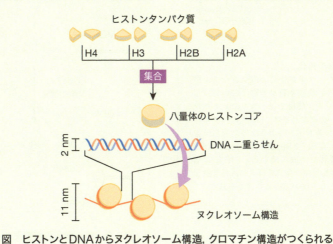

図 ヒストンと DNA からヌクレオソーム構造，クロマチン構造がつくられる

7.1.4 エピジェネティクス

エピジェネティクスとは DNA によらない形質の発現を意味し，同一の遺伝型であっても異なる形質を獲得することを可能とする機構である。一般的にはヒストンのアセチル化やメチル化，あるいは DNA のメチル化といった化学修飾がその制御を担い，その DNA 領域から発現される転写産物の量調節の機能を担う（図 7.7）。エピジェネティック情報は体細胞においては細胞分裂を越えて継承される。したがって DNA 複製の際にもその情報は複製されると予想できる。

7.1.5 複製開始機構

DNA 複製の開始制御は原核生物と真核生物とで大きく異なる。単一のレプリコンから染色体が構成される原核生物においてはイニシエータータンパク質の活性制御を通じて DNA 複製の開始の制御を行う。原核生物（ここでは大腸菌）のイニシエータータンパク質は ATP が結合した状態で DNA 二重らせんを巻き戻し，複製開始を行使する。原核生物での複製開始調節は，このイニシエータータンパク質

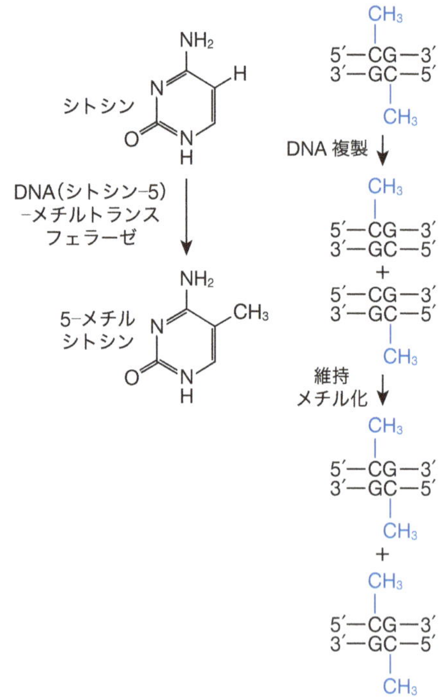

図7.7　DNAのメチル化

シトシン

DNA（シトシン-5)
-メチルトランス
フェラーゼ

5-メチル
シトシン

5′—CG—3′
3′—GC—5′

DNA 複製 ↓

5′—CG—3′
3′—GC—5′
＋
5′—CG—3′
3′—GC—5′

維持
メチル化 ↓

5′—CG—3′
3′—GC—5′
＋
5′—CG—3′
3′—GC—5′

図7.7　DNAのメチル化
真核生物では DNA のメチル化によるクロマチン構造の制御が行われる。植物や脊椎動物において見られる機構である。一方，酵母では DNA のメチル化は見られず，赤パンカビなどでは，DNA のメチル化は反復配列やトランスポゾンのような外来遺伝子を標的として行われる RIP（Repeat-Induced point mutation）とよばれる現象に関わる。RIP による DNA のメチル化は高頻度で変異を導入し，外来遺伝子からの防御機構として働いていると考えられる。

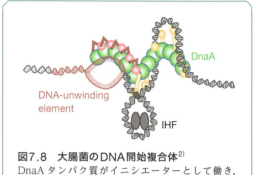

図7.8　大腸菌のDNA開始複合体[2]
DnaA タンパク質がイニシエーターとして働き，DNA 二本鎖の解離を促進する。

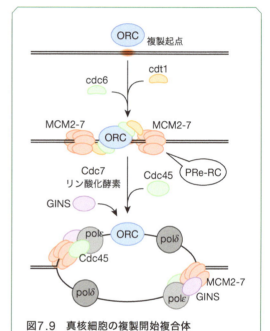

図7.9　真核細胞の複製開始複合体
複製起点は ORC タンパク質複合体の DNA への結合で定義づけられる。DNA ヘリカーゼである MCM タンパク質複合体が DNA 上に配置され，CDC7 キナーゼによるリン酸化やその他の複合体がヘリカーゼ活性を促進することで複製が開始される。

の活性調節を介して行われる。大腸菌では ATP 結合タンパク質である DnaA がイニシエータータンパク質として知られており，DnaA-BOX とよばれる結合配列を標的として複製開始点（大腸菌では *oriC*）領域に複数個結合する。DnaA の DNA 結合には ATP が重要な役割を果たすが，ATP-DnaA の ADP-DnaA に対する比率を調節することで DNA 複製開始を調節し，それがそのまま細胞増殖速度を規定する。DnaA の結合により DNA 二本鎖が解かれやすくなり，続いてヘリカーゼが二本鎖 DNA の解離を促進し，プライマーゼが働くことで DNA 複製が開始する（図7.8）。

　一方，マルチレプリコンからなる真核生物細胞では，複製起点を規定するイニシエータータンパク質自身には複製開始の制御能が備わっていない。イニシエータータンパク質（ORC とよばれる）は DNA ヘリカーゼを複製起点に呼び込むことが主な役割となっている。DNA 複製開始の制御は DNA ヘリカーゼの DNA 二重らせんを巻き戻す活性を調節することでとり行われ，ヘリカーゼ活性の活性化制御により DNA 複製が開始する（図7.9）。こ

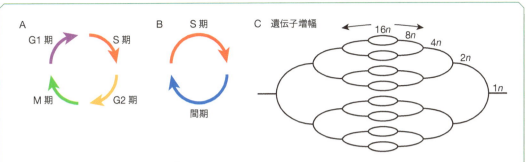

図7.10　局所的に多倍数性を生み出すエンドサイクル
（A）通常の細胞周期。（B）M期をスキップする特殊な細胞周期。（C）エンドサイクルにより部分的にDNAが増幅されることがある。

のように複製起点の規定（ORCタンパク質）とDNA複製の開始調節（MCMヘリカーゼ）とを異なる因子に担わせることで細胞内でのDNA複製の開始を複製起点ごと異なるタイミングで行うことが可能となっていると考えられている。また，このMCMタンパク質のヘリカーゼ活性の調節は細胞周期進行と密接に関わるリン酸化酵素を介して行われている。それらのリン酸化酵素と連携することで，各複製起点は細胞周期の複製期内の特定のタイミングで複製開始を行うことが可能となっており，先述したように同じ細胞内であっても染色体領域によってDNA複製のタイミングが異なることのしくみにも利用される。DNA複製中にDNA損傷が引き起こされたりした際には，S期の後期に開始される領域の複製開始のタイミングをさらに遅らせることで時間を稼ぎ，DNA損傷によって生じるトラブルを軽減させるチェックポイント機構を介した制御においてもこのしくみは利用されている（チェックポイントについては10章で述べる）。

7.1.6　DNA複製制御とその他の生命活動

真核細胞では，ゲノムDNA複製をくり返すことで多倍数性（polyploid）のゲノムDNAを有する細胞をつくり上げることがある（**図7.10**）。一般的には分裂期（M期）をスキップする，間期（G）とDNA複製期（S期）のみをくり返す特殊な"エンドサイクル（endocycle）"とよばれる細胞周期

を何回も行う。その結果，1000コピー以上のDNAをもつ巨大な染色体をつくり上げることすらある。ただ，すべてのゲノムDNA領域が多倍数性をとるわけではなく，部分的に複製が起こらない領域や，過剰に複製される領域が起こることが報告されている。このような多倍数性のゲノムDNAをもつことで，例えばハエの唾腺細胞においては代謝関連の転写産物を増幅させることが可能となっている。また，ゲノムDNAの量は細胞サイズと比例する。他の組織では細胞サイズを大きくさせる手段として多倍数性のゲノムDNAをもつと考えられており，昆虫をはじめとする種々の動物細胞や，植物の組織において観察されている。

7.1.7　トポロジー，DNA複製終結

DNA鎖は二重らせん構造をとっているが，染色体DNA複製の際にはいくつかの問題が生じる。DNA複製の際にDNA二重らせんを巻き戻すが，その先には正の**超らせん**（supercoil）が生じ，これを解消する必要もある。さらに，複製されたDNAもそのままではお互いが絡みあっており，放置すれば分裂期における染色体分離分配時に大きな問題を生じてしまう。また，DNA複製の終結時においては2つのDNA複製装置がお互いに近づきあう状況がでてくるが，この際には正の超らせんとともに絡み合った二重鎖が複製装置の前に蓄積し，ヘリカーゼによるDNA二重らせんの巻き戻しが

困難になり，DNA複製装置の進行を阻害するだけでなく，時に複製中のDNA構造（**複製フォーク**とよぶ）の崩壊をもたらすこともある（**図7.11**）。

これらのDNA高次構造の解消に貢献しているのが**トポイソメラーゼ**である（図7.11）。トポイソメラーゼは原核生物から真核生物まで最も保存されているタンパク質の1つであり，大きく分けてI型とII型に分けられる（**図7.12**）。I型のトポイソメラーゼはDNA二本鎖の一方の鎖を切断し，その間にもう一方の鎖を通すことで，正あるいは負の超らせんを弛緩させる。真核生物においてはI型のトポイソメラーゼはDNA複製装置との複合体に含まれ，密接に相互作用することで機能することが知られている。

II型のトポイソメラーゼはDNAの二本鎖を両方とも切断し，別の二本鎖を，ATPの加水分解による構造変換でもって潜らせることで正，負の超らせんの弛緩や絡まり合いを解く作業を行使する。また，バクテリアのジャイレース（gyrase）は負の超らせんをDNAに導入する特殊な性質も有している。このようにトポイソメラーゼのファミリータンパク質は似た機構を異なる基質DNAに作用させることで，サブタイプにより異なる役割を担う。例えばヒトにおいては6個のトポイソメラーゼ（IA，IB，IIAが各2遺伝子ずつ），酵母においては3個（IA，IB，IIA），大腸菌においては4個（IA，IIAが各2遺伝子ずつ）存在している。これらトポイソメラーゼは転写にも必要な酵素であり，さまざまなDNA二重らせん構造の関与する生命活動に関わっている。その阻害剤は増殖細胞の殺効果が高く，抗がん剤としても知られている。

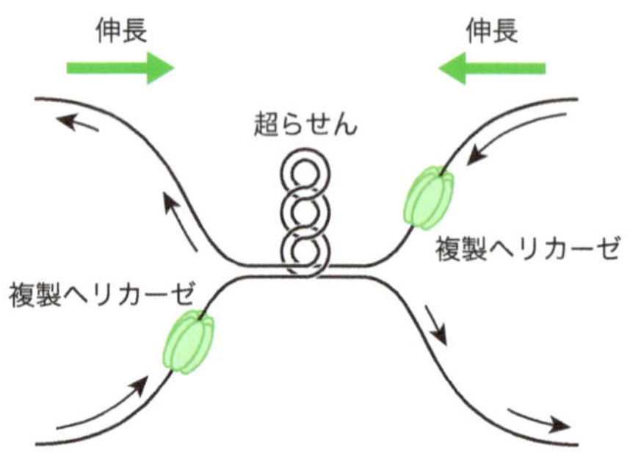

図7.11　トポイソメラーゼは複製装置が出会う箇所で必須となる
進行する複製装置の前方にはヘリカーゼによる巻き戻しから生じる正のスーパーコイル（超らせん）が蓄積し，それがトポイソメラーゼにより緩和される必要がある。

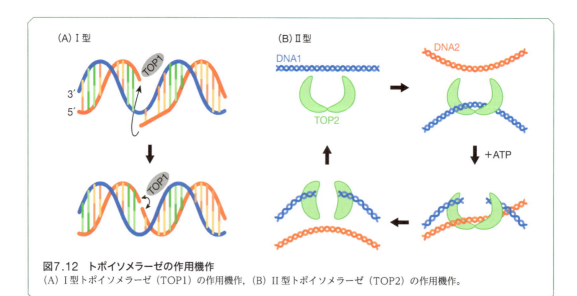

図7.12　トポイソメラーゼの作用機作
（A）I型トポイソメラーゼ（TOP1）の作用機作，（B）II型トポイソメラーゼ（TOP2）の作用機作。

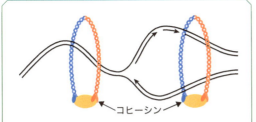

図7.13　DNA複製時に姉妹染色分体どうしはつなぎとめられる
G1期に染色体上にロードされたコヒーシンはDNA複製の過程で姉妹染色体を束ねる役割を担い，続く分裂期まで姉妹鎖を近傍に保持する役割を担う。

7.1.8　染色体間の結合，コヒーシン

　真核細胞の染色体複製は，DNAの複製のみが行われるわけではない。続く染色体分配の準備として，複製されたばかりの姉妹染色体をつなぎとめておく作業も行われる。そのしくみとして**コヒーシン**とよばれる複合体を染色体上に構築する作業も行われる（**図7.13**）。染色体をつなぎとめておくタンパク質性の因子の存在は高等真核生物において提唱されてきたが，90年代の後半に酵母の遺伝学を用いた系により立て続けに報告されてきた。2つのSMCとよばれる大きなタンパク質とアクセサリー因子からなる複合体で構成される因子であり，DNA複製装置と協調する形でリング状に姉妹染色体を取り囲む構造をつくり上げることが現在では明らかとなっている。

7.2節

DNA修復

　我々の身体の細胞のゲノムDNAは常に損傷を受けている。DNA損傷は転写やDNA複製などのゲノムDNAの活動を阻害するため，修復されなければ細胞の機能をも阻害し，ひいては個体に対しても重篤な影響を及ぼす。DNA損傷の主な原因は細胞内活動によっても生じる。例えば，DNA複製時の誤った塩基の挿入，DNA塩基の修飾や脱アミノ化のような反応もある確率で起こり，DNA鎖のミスマッチを生じさせることもある。また，呼吸や金属を介したフェントン反応によって生じる活性酸素もまた，DNA損傷を引き起こすことが報告されている。

　環境変化により受けるストレスもゲノムDNA損傷を引き起こす。紫外線のほとんどはオゾン層により吸収されるが，地上に届いたものだけでも1時間のうちに細胞あたり10万にも及ぶ損傷を生じさせる。環境に含まれる化学物質や，放射性の化学物質などが，突然変異あるいは環境ストレスといった形で我々の身体の細胞に影響を与え，がんをはじめとする生活習慣病を引き起こす。

　本節では，さまざまなDNA損傷とその修復機構および個体への影響について，歴史をふまえながら解説する。

7.2.1　DNA複製時の正確性の機構

　最も重要なDNA損傷の抑制機構はDNA複製機構そのものにある。DNA複製機構のヒトのDNA複製は非常に正確に行われる。100億の塩基に1個程度しか複製エラーは生じない。この正確性はさまざまな機能によってもたらされている。DNA合成を担うポリメラーゼには正しい塩基対を促す構造をもつ。例えば真核生物のリーディング鎖合成を担うDNAポリメラーゼεはDNAの塩基対形成に10万倍の正確さを提供する。さらにポリメラーゼ自身がもつ校正機構（誤った塩基対を分解する$3' \rightarrow 5'$エキソヌクレアーゼ活性）により100倍の正確性を増強する。さらに，これらをサポートする形でミスマッチ修復とよばれる修復機構が関わることで正確なDNA複製を行う（**表7.1**）。

7.2.2　さまざまな修復反応

　遺伝情報が傷つくという現象は，1920年にマラー（H. Muller）によって，X線の突然変異の誘発効果としてショウジョウバエで発見された。しば

表7.1 DNA変異率[4)]

DNAポリメラーゼによる正確性	校正機構	ミスマッチ修復
$10^0 \sim 10^{-6}$	$10^{-4} \sim 10^{-7}$	$10^{-6} \sim 10^{-9}$

らくして、バクテリアには光回復という紫外線による細胞障害効果が可視光の照射で抑制されることが見い出された。ちなみに光回復経路はバクテリア，植物，動物にいたるまで存在する修復経路であるが，哺乳類では見られない。その一方でヒトにおいては既日リズムに関与するタンパク質に光回復酵素と類似した活性をもつものが存在しており同じ起源から発展してきたと考えられている。

しかしながら，本格的なDNA修復機構の研究の発展はDNAの二重らせんモデルが提唱されてからである。また，原核生物特有の修復システムとしてはSOS応答があげられる。SOS応答は大腸菌が多量のDNA損傷を受けると誘導する機構であり，いったん細胞分裂を停止させ，普段は抑えられている40あまりのDNA修復因子の転写を亢進させる。この中にはDNA損傷部位を乗り越えるための特殊なDNAポリメラーゼも含まれており，これは通常のDNAポリメラーゼに比べて正確なDNA合成ができないため，SOS応答を受けた細胞では突然変異率が上昇する。また，このSOS応答を誘導するタンパク質はRecAとよばれるタンパク質である。RecAは，本来は相同組換え機構（後述）における中心因子であるが，DNA損傷を受けた細胞においてはタンパク質発現が上昇し，過剰量のRecAによりSOS応答が開始される（図7.14）。この後の項目ではさまざまなDNA修復の素反応を解説する。こういった経路は大腸菌においても保存されているものが多く，複数の生物モデルを通じて解析が進められてきた。

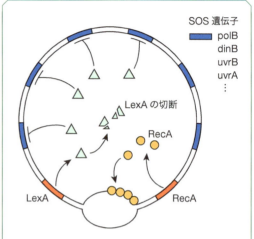

SOS遺伝子
polB
dinB
uvrB
uvrA
⋮

LexAの切断
RecA
LexA
RecA

LexA；SOS遺伝子発現のリプレッサー
RecA；相同組換え修復タンパク質。
　　　DNA上でフィラメントをつくることで
　　　SOS応答のきっかけとなる
　　　LexAタンパク質の切断を誘導する。

図7.14　大腸菌のSOS応答
大腸菌のSOS応答では，過剰のDNA損傷に曝された細胞の細胞分裂を停止させると同時にさまざまなDNA損傷応答タンパク質を発現させる。その際に突然変異率が上昇する。

A. ミスマッチ修復・塩基除去修復

DNAの塩基が後述するさまざまな理由で損傷したり，A-TあるいはG-Cといった正しい対合をしない塩基（ミスマッチ塩基）の修復は，基本的には損傷を受けた塩基を含むDNA一本鎖を切り出し，DNAポリメラーゼにより埋め，最後にリガーゼにより連結することで行われる。細胞内には種々の塩基損傷の形態に適応するためいくつものDNA修復機構が存在し，損傷箇所に適したしくみで修復される（図7.15）。

例えば，ミスマッチ修復（Mismatch Repair）は誤った塩基がDNA複製の際に挿入された箇所を検出し修復する機構であり，塩基の損傷を検出するわけではない。

DNAポリメラーゼには，校正機構があってもある頻度でDNA複製の過程で塩基が誤って挿入されることがある。その際に重要となるのはその塩基対のうちどちらが新しく挿入された方なのか，あるいはどちらが鋳型鎖に乗っていた方なのかを見極めることである。細胞にはDNA複製の過程で複製されたばかりのDNA二重らせんの自身が複製さ

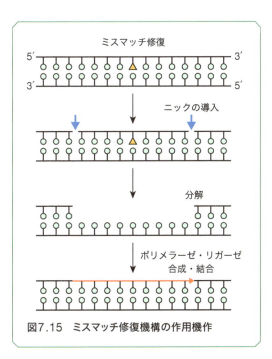

図7.15 ミスマッチ修復機構の作用機作

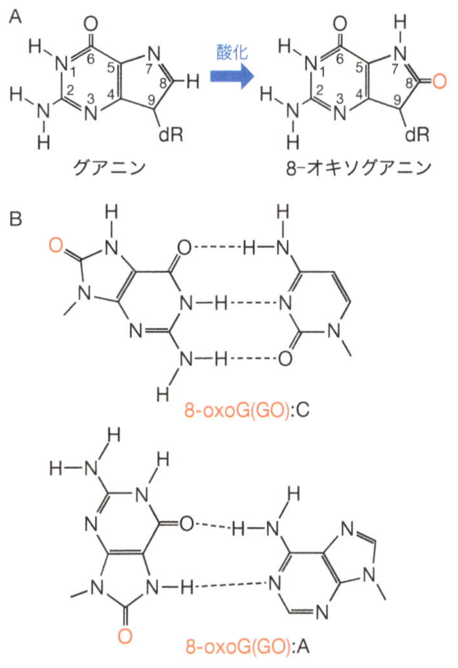

（左図内ラベル）
ミスマッチ修復
5′ 3′
3′ 5′
ニックの導入
分解
ポリメラーゼ・リガーゼ
合成・結合

A
グアニン　酸化　8−オキソグアニン

B
8-oxoG(GO):C
8-oxoG(GO):A

図7.16　塩基の酸化損傷
酸化により生じる 8 オキソグアニンは本来の塩基対とは異なる対合を行う。

れた向きをしばらくの間記憶するしくみがあり，それにより新生鎖と鋳型鎖を見分けることができる（Strand Discrimination）。大腸菌においてはDNAのメチル化がその役割を担っており，DNA複製の際に新生DNA鎖がメチル化を受けるまでの時間差があることで一過的に現れる片側鎖のみのDNAのメチル化（ヘミメチル化）を新生鎖・鋳型鎖の区別に用いている。一方，真核生物におけるStrand Discrimination のしくみはまだ完全にはわかっていない。

　塩基除去修復（Base Excision Repair）も重要な修復機構である。損傷した塩基を切り出し，修復する機構である。例えばシトシンの脱アミノ化は細胞内で 1 日に 200 程度自然に起こる。脱アミノ化したシトシンはウラシルとなるため，本来対をつくるはずのグアニンではなくアデニンと対をつくってしまう。したがってすぐに除去されなければ，C-Gの塩基対を U-A の塩基対として受け継がれてしまう。また，8−オキソグアニンをはじめとする酸化による塩基損傷は 1 日に 10,000 近くの数が生じている（図7.16）。これらの塩基損傷は誤った塩基対をつくり出すなどするため，突然変異の原因とな

る。損傷の種類は何十種類にもおよび，数種類の特異的，あるいは非特異的に損傷を認識する塩基グリコシラーゼが働くことで，損傷塩基を取り除き，脱塩基部位をつくり出す（AP 部位）。いったん脱塩基部位をつくったのちにエンドヌクレアーゼ（APエンドヌクレアーゼ）が 5′ 側を切断して 1 塩基のギャップをつくり出し，そのギャップをポリメラーゼが埋める。このように，各損傷塩基に対してグリコシラーゼが働いた後は常に脱塩基された状態を通過し，同様のしくみで修復されるため，頻度の高い脱プリンや脱ピリミジン化といった損傷にも対応可能となっている（図7.17）。

B. ヌクレオチド除去修復

　紫外線はさまざまな塩基損傷をもたらす。紫外線を吸収したシトシンやチミンはピリミジン環の二重結合が開裂し，隣のピリミジンと共有結合をつくるピリミジン・ダイマーとよばれる DNA 損傷へと

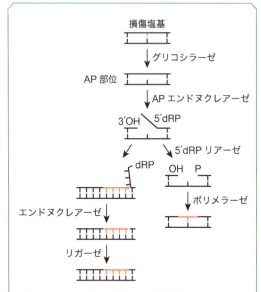

図7.17　塩基除去修復（BER）機構
BER 機構では AP 部位を切り出し，埋めることで修復が行われる。また，脱プリン，ピリミジンはそれぞれ 10,000 以上，500 以上と細胞あたり非常に高頻度で自然に見られることが初期の化学的な実験から明らかとなった。このような高頻度で見られる異常に対応するためには，細胞には修復機能があるはずだ，というのが初期の修復研究のきっかけである。

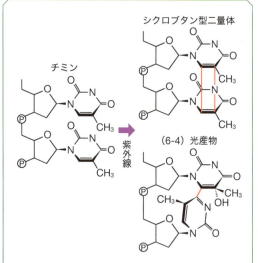

図7.18　紫外線によるDNA損傷
ピリミジン塩基が 2 つ連続した部位（ここではチミン-チミン）で，塩基どうしが紫外線により共有結合（赤線）して，シクロブタン型ピリミジン二量体や（6-4）光産物ができる。

変化する。ある種のピリミジン・ダイマーによる損傷は DNA 二本鎖を歪めるものもあり（図 7.18），DNA 複製や転写活動など DNA 上で起こる細胞活動を阻害する。この機構としては，TCR（Transcription Coupled Repair）とよばれる転写装置である RNA ポリメラーゼ II が紫外線損傷のセンサーの役割を担い，転写鎖上の DNA 損傷を検出し，特異的に修復する機構と，ゲノム全体を監視する GGR（Global Genome Repair）の 2 種類の機構が知られている。検出された紫外線損傷部位は損傷 DNA 部位の 5′ 側，3′ 側を切り出すそれぞれ特異的なエンドヌクレアーゼでもって切り出されたのちに（10-30 塩基，生物種によって異なる），DNA ポリメラーゼによって埋められる。これらのしくみはヒトの遺伝疾患の研究を端緒に，精巧な生化学再構成系による検証から明らかになった（図 7.19）。

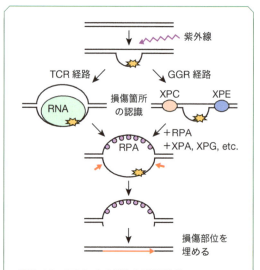

図7.19　ヌクレオチド除去修復機構
ヌクレオチド除去修復では，DNA 損傷の検出は，転写装置により行われる TCR 経路か全ゲノムを監視する GGR 経路により行われる。

C. DNA 切断修復機構

DNA 切断も起こる。DNA の一本鎖切断は非常に高頻度で見られる。一本鎖 DNA 切断は速やか

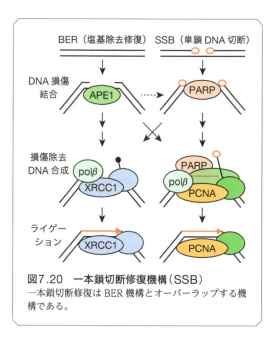

図7.20　一本鎖切断修復機構（SSB）
一本鎖切断修復は BER 機構とオーバーラップする機構である。

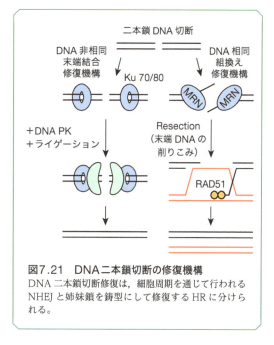

図7.21　DNA二本鎖切断の修復機構
DNA 二本鎖切断修復は，細胞周期を通じて行われる NHEJ と姉妹鎖を鋳型にして修復する HR に分けられる。

に検出され，**一本鎖切断修復機構**（Single Strand Break Repair）という機構で修復される（図7.20）。また，一本鎖切断がお互いに近くの場所で起こった場合や，一本鎖 DNA の切断箇所を DNA 複製装置が通り抜けてしまった場合には DNA が二本鎖とも切断される状況が生じると考えられ，修復されなければ染色体の脱落など重篤な障害を生じさせる。真核生物では主に 2 つの機構が二本鎖切断修復を担っている。1 つは **DNA 非相同末端結合修復機構**とよばれ，切断末端を直接結合させることで修復する機構である（図7.21 左）。切断末端の塩基を失うこともあるが，相同鎖を必要としないため，細胞周期のいずれの時期においても機能しうる修復機構である。もう一方の修復機構は，**DNA 相同組換え修復機構**である（図7.21 右）。損傷箇所と相同な配列をコピーし損傷箇所の修復の鋳型とするため，DNA 複製が終了し，姉妹染色体が存在する状況（S 期あるいは G2 期）でしか機能しない。また，DNA 鎖の削り込み（Resection）が必要であり，クロマチン構造を緩める作業とカップリングすると考えられる。相同組換え機構で重要な役割を果たすのは RAD51 とよばれるタンパク質であり，大腸菌 RecA タンパク質と同じく一本鎖 DNA 上でフィ

ラメント構造をつくり，相同 DNA 鎖を検索し，そのマッチングを仲介する。

ゲノムDNA複製・修復研究とさまざまな生命活動との関わり

　DNA 損傷修復機構の解明は大腸菌で始まり，その分子機構の主な役者は真核生物においても共通して見られることがわかってきた。実際，ミスマッチ修復，塩基除去修復，ヌクレオチド除去修復，相同組換え修復機構といった修復機構は原核生物から受け継がれたものであり，詳細な分子機構は普遍的な活性を見出すことで示されてきた。その一方で真核生物においてしか見られない現象や生命現象との関わりも見出されてきた。細胞周期との関わり，特にチェックポイント機構とよばれる制御機構との機能関連が明らかとなってきた（10 章参照）。疾患との関わり，個体組織との関連性も真核生物，とりわけ多細胞生物で明らかとなった重要な点であった。

表7.2　DNA損傷ストレス，複製異常とかかわるさまざまな疾患[5]

	疾患名	症状	欠損する DNA 修復機構
DNA 修復機構の欠損による遺伝疾患	色素性乾皮症（XP）	日光過敏，皮膚がん，神経障害	ヌクレオチド除去修復機構，損傷トレランス機構
	コケイン症候群	日光過敏，小頭，発達遅延	ヌクレオチド除去修復（転写共役修復）
	ブルーム症候群	小柄な体型，日光過敏，免疫不全，高率ながん腫発症	BLM 遺伝子変異（DNA ヘリカーゼ，DNA 複製時の修復）
	ウェルナー症候群	老化徴候，高率ながん腫発症	WRN 遺伝子変異（DNA ヘリカーゼ，DNA 複製時の修復）
	DNA リガーゼIV欠損症	小頭症，低身長，特異顔貌，免疫不全症	DNA リガーゼIV，XLF 遺伝子（ともに非相同末端結合修復）
	RS-SCID 症	免疫不全	Artemis 遺伝子（非相同末端結合修復）
	乳がん	乳がん，子宮がんなど	BRCA1，2 遺伝子（相同組換え機構）
	SCAN1 脊髄小脳変性症	運動失調	TDP1 遺伝子（I 型トポイソメラーゼと DNA の結合の解除：SSB 修復）
	ファンコニ症候群	合併奇形，骨髄機能不全，がん	ファンコニ遺伝子群，DNA 複製時の修復機構
	遺伝性非ポリポーシス性大腸がん（HNPCC）	大腸，子宮内膜がんなど	ミスマッチ修復
	毛細血管拡張性運動失調症（ATM，ATLD）	進行性運動失調症，免疫不全症，高頻度の腫瘍発生	ATM，MRE11 遺伝子（DNA チェックポイント機構，DNA 二本鎖切断修復）
	ナイミーヘン症候群	小頭症，成長遅滞，免疫不全，放射線感受性，がん	NBS1 遺伝子（DNA 二本鎖切断修復）
	セッケル症候群	均衡型低身長，小頭，精神遅滞	ATR 遺伝子など（DNA 複製チェックポイント機構等）
DNA 損傷を起因とする疾患	アルツハイマー病	進行性脳疾患，認知機能低下	過剰な酸化ストレスなど
	ハンチントン病	舞踏病，痴呆	ハンチントン遺伝子座における CAG 配列の増幅
	筋強直性ジストロフィー	筋力低下など	CTG 配列の増幅（I 型）CCTG 配列の増幅（II 型）
	筋萎縮性側索硬化症	進行性の運動神経における神経変性疾患	スーパーオキシドディスムターゼ（SOD）の欠損など

DNA 損傷応答と疾患，さまざまな細胞応答

　ミスマッチ修復の異常が高頻度発がんの原因となることが家族性の大腸がんの家系解析から明らかとなった。相同組換え修復機構の欠損も，乳がんをはじめとするがんの発症との深い関わりをもつことも明らかとなっている。DNA 損傷ストレスは老化を促進することから，DNA 修復システムの欠損が早老症などの疾患を引き起こすこともある。その一方で，二本鎖 DNA 切断の末端修復が誤った形で行われれば転座のように染色体異常を引き起こす。このように DNA 修復機構が細胞内で適切に使われることが人の健康維持に大きく貢献していることがわかってきた（表7.2）。

　例えば，色素性乾皮症は主にヌクレオチド除去修復の異常から引き起こされるが，その解析からヌクレオチド除去修復とは異なる修復機構も明らかとなった。「損傷乗り越えポリメラーゼ」とよばれるDNA ポリメラーゼは，普通の DNA ポリメラーゼでは複製できないような損傷塩基でさえも鋳型DNA として DNA 合成を続けることができる。しかしながら損傷を乗り越える際に高頻度で誤った塩基を挿入し変異を引き起こしてしまう，変異原により突然変異を引き起こされるしくみと考えられている。この損傷乗り越えポリメラーゼの発見は DNA複製時に損傷 DNA を直さず，そのまま乗り越えることで回避する機構である，DNA 損傷トレランス機構（DNA damage tolerance mechanism）として現在では理解されている（図7.22）。こういった疾患のしくみを理解するために初期の基礎研究の

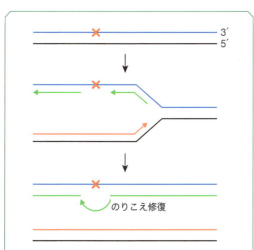

図7.22　DNA損傷トレランス機構
DNA損傷トレランス機構ではTLSがDNA損傷を
乗り越えて修復を行わずにDNA複製が行われる時
がある。その乗り越え修復では誤った塩基を挿入す
ることもあり、突然変異率が上昇する。このしくみ
にはPCNAとよばれるDNAポリメラーゼをDNA
上につなぎとめておく因子のユビキチン化が関わる
ことも明らかとなっている。

知見が発展してきた。

　DNA修復機構が働くのは外界からDNA損傷ス
トレスを受けた場合だけではない。生理機能の一環
として用いる場合もある。例えば、出芽酵母におけ
るリボソーム遺伝子領域の反復配列の数の増減は相
同組換え機構により担われているが、DNA複製装
置の進行停止をあえて引き起こすことで相同組換え
を開始させるしくみが働いている。また、我々の身
体の細胞においてもDNA修復機構を組織の分化
等に用いることもある。免疫系組織におけるゲノム
DNAの組換えは、B細胞やT細胞の成熟過程に
おけるイムノグロブリン（Ig）、T細胞における受
容体遺伝子におけるV（D）J組換え、さらにはイ
ムノグロブリン遺伝子の重鎖におけるクラススイッ
チは、DNA二本鎖切断とそれに伴う非相同末端
DNA結合により行われる。したがって非相同末端
DNA結合に関わる遺伝子群の異常は免疫不全の症
状を伴う（表7.2）。また、B細胞においては脱ア
ミノ化酵素（AID）により変異率が上がることで
Ig遺伝子のレパートリーが増やされることが知ら

れている。例えばDNA上のシトシン残基の脱ア
ミノ化をAID酵素があえて促進しその修復を塩基
除去修復が行う。つくられたAP部位を発端に
DNA切断をつくり出すことでグロブリン遺伝子の
再編成が行われる。同じくB細胞の体細胞変異
（somatic hypermutation）の過程においても脱
アミノ化を発端に塩基除去修復やミスマッチ修復が
働くことで変異を導入することも明らかとなった。

　DNA二本鎖切断は減数分裂においてもみられ
る。多細胞生物において半数体の配偶子（精子ある
いは卵細胞）をつくり上げる過程、また、酵母の
ような単細胞生物においては栄養増殖から脱したのち
に、減数分裂とよばれる特殊な細胞分裂を行う。減
数分裂は遺伝的な多様性を生じさせる過程であり、
分裂前に相同組換え機構を用い、父方、母方由来の
ゲノムDNAからなる相同染色体間でゲノムDNA
の入れ換えを行う。減数分裂時における相同組換え
機構にもまた、大腸菌RecA様のタンパク質
Dmc1が主に機能する。こういった相同組換えは
細胞がDNA二本鎖切断を自らつくり出す（II型
のトポイソメラーゼに類似したタンパク質
（Spo11）によって担われている）。一連の減数分
裂特有のDNA損傷修復機構により担われており、
減数分裂においてもDNA損傷応答を生理的な機
能の一環として利用している。

　このようにDNA複製・修復機構は遺伝情報の
継承・維持といった細胞基本システムの研究として
発展してきた。遺伝疾患による因子の同定がこう
いった知見の土台づくりに大きな威力を発揮してき
た。その一方で、今後の発展という意味ではパラダ
イムシフトの時期を迎えているのも事実であり、こ
れまでにない形での研究発展が期待されている。

文献
1) P. Mclnerney, A. Johnson, F. Katz, M. O' Donnell, *Molecular Cell*, 24, 4, 527-538 (2007)
2) A. Costa, I. V. Hood, J. M. Berger, *Annual Review of Biochemistry*, 82, 25-54 (2013)
3) 平谷伊智朗, 細胞工学, 27, 10, 1013-1019 (2008)
4) S. D. McCulloch, T. A. Kunkel, *Cell Res.*, 18, 1, 148-161 (2008)
5) S. P. Jackson, J. Bartek, *Nature*, 461, 7267, 1071-1078 (2009)

8章

遺伝情報の流れ
セントラルドグマとタンパク質合成, 転写制御

藤田尚志／増田誠司

8.1節

遺伝情報の伝達 —セントラルドグマ—

遺伝情報の担い手は, DNA である。一方, 細胞の機能を維持するために必要となる低分子化合物の合成はタンパク質が担っている。タンパク質はDNA を元にしてつくられるが, DNA から直接つくられるわけではなく, いったん RNA を介してつくられる。

まず, 必要となるタンパク質をつくるために必要なゲノム上の特定の領域が RNA として写し取られる。写し取られる領域を**遺伝子**（gene）といい, この過程を**転写**という（転写制御領域まで遺伝子に含める場合もある）。次いで, 特定の領域をコピーした RNA を鋳型にしてタンパク質が合成される。この過程を**翻訳**という。このように遺伝情報は, 生物において DNA から RNA へ, RNA からタンパク質へと一方向に向かう。細菌のような単細胞から我々ヒトを含めた高等生物までこの原則は守られている。この原則は根本的な原理であり, **セントラルドグマ**とよばれている（**図8.1**）。7 章で学んだ, 遺伝情報の担い手である DNA を誤りなく複製する過程も含めてこのようによばれることもある。

DNA からタンパク質をつくる場合に比べて, 一度 RNA を経由することで増幅の効果を得ることができる。例えばタンパク質が 100 個必要なときに, RNA を 10 個つくって, それぞれの RNA が 10 個ずつのタンパク質をつくればよいことになる。

この章では, 細胞内で遺伝情報を RNA に転写するしくみと RNA からタンパク質に翻訳するしく

み, DNA からタンパク質をつくるまでの遺伝情報の発現を制御するしくみについて解説する。最後に, タンパク質がうまく機能するためには適切な構造をとることが必要となる。適切な構造をとるためによく見られる構造について, 簡潔に説明する。

8.2節

DNAからRNAへの転写

8.2.1 RNAの構造

DNA と RNA はよく似た構造をもつ分子であり,

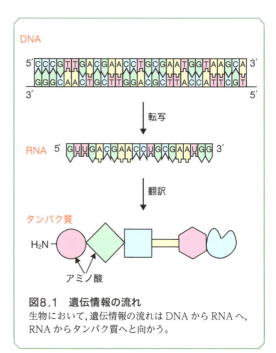

図8.1 遺伝情報の流れ
生物において, 遺伝情報の流れは DNA から RNA へ, RNA からタンパク質へと向かう。

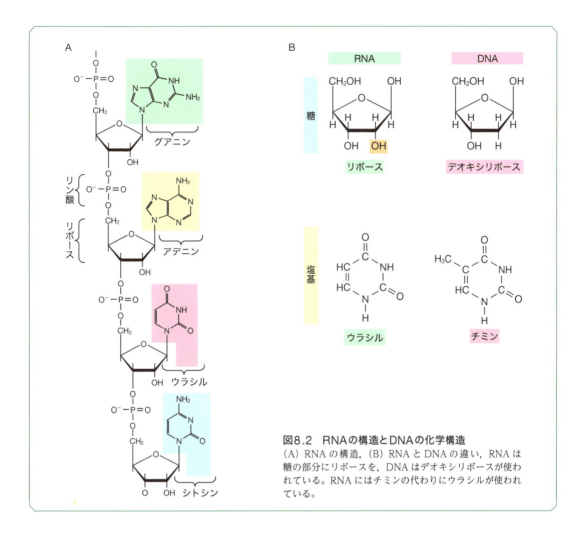

図8.2　RNAの構造とDNAの化学構造
（A）RNA の構造，（B）RNA と DNA の違い，RNA は糖の部分にリボースを，DNA はデオキシリボースが使われている。RNA にはチミンの代わりにウラシルが使われている。

4種類のヌクレオチドがホスホジエステル結合を介して重合した長いひも状の構造をしている（図8.2）。ただし RNA は DNA と比べていくつかの構造の違いがある。まず，RNA は糖の部分が**リボース**であり，DNA の**デオキシリボース**とは異なっている。また，4種類の塩基のうち，アデニン（A），シトシン（C），グアニン（G）の3つは RNA と DNA で同じであるが，DNA のチミン（T）の代わりに RNA はウラシル（U）を用いている。ウラシルはチミンと同じくアデニンと水素結合をつくって対合する。

8.2.2　タンパク質をつくる情報をもつRNAとそれ以外のRNA

タンパク質をつくる情報は RNA に書き込まれていることを説明した。このようなタンパク質を規定する RNA を**メッセンジャー RNA**（messenger RNA; **mRNA**）という。一方で，タンパク質を規定しない RNA もつくられる（**表8.1**）。タンパク質をコードする mRNA が**コーディング RNA**（coding RNA）とよばれるのに対して，タンパク質をコードしない RNA は**ノンコーディング RNA**（non-coding RNA）とよばれる。ノンコーディング RNA にはいくつかの種類が存在している。ノンコーディング RNA には，タンパク質をつくるリボ

表8.1　主なRNAの種類と機能

種類	機能
コーディング RNA	
mRNA	タンパク質の情報をコードしている
ノンコーディング RNA	
rRNA	リボソームを構成する RNA
tRNA	RNA からタンパク質翻訳のアダプター小分子 RNA
snRNA	スプライシングにかかわる小分子 RNA
miRNA	mRNA と結合して翻訳を阻害する小分子 RNA
lncRNA	long non-coding RNA，さまざまな生命機能に関わる

ソームの中心となっている**リボソーム RNA**（ribosomal RNA; rRNA），タンパク質を構成するアミノ酸をリボソームに運び込んでタンパク質に取り込ませる**トランスファー RNA**（transfer RNA; tRNA）など，タンパク質をつくる際に用いられる RNA や，後述のような mRNA 前駆体からタンパク質をつくるために必要な部分（エクソンあるいはエキソンともいう）を残して不要な部分（イントロン）を除去するスプライシング過程に必要となる**核内低分子RNA**（small nuclear RNA; snRNA），さらにはmRNA の安定性や翻訳の阻害を介して遺伝子発現の調節を行う**マイクロ RNA**（micro RNA; miRNA）や高次生命機能に必要な lncRNA などがある。これらのノンコーディング RNA は，それ自体が機能をもつため機能 RNA ともよばれている。

　このようにタンパク質をつくる情報をもつmRNAであるが，タンパク質をつくるためには rRNA やtRNA も必要であり，mRNA 前駆体を mRNA にするためには snRNA を必要としている。このように，いくつもの種類の RNA がタンパク質をつくるために関わっている。

8.2.3　原核細胞と真核細胞の遺伝子発現

　細胞の構造が原核細胞と真核細胞によって異なることを 2 章で学んだ。これらの細胞では，DNAから RNA，RNA からタンパク質へと遺伝情報が流れていくことは共通しているが，実際にはさまざまな違いがある（図 8.3）。

　原核細胞では転写と翻訳が 1 本の mRNA 上で進んでいく。つまり mRNA の転写が完了する前に翻

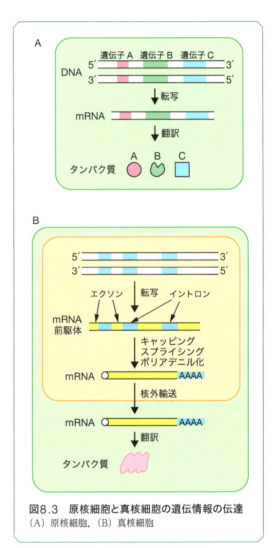

図8.3　原核細胞と真核細胞の遺伝情報の伝達
（A）原核細胞，（B）真核細胞

訳が始まる。このように，原核細胞では転写と翻訳が同時に進行する。さらに，1 つの mRNA 上に一群の遺伝子を一度に転写する場合もある。

　これに対して，真核細胞では遺伝情報は核の中に

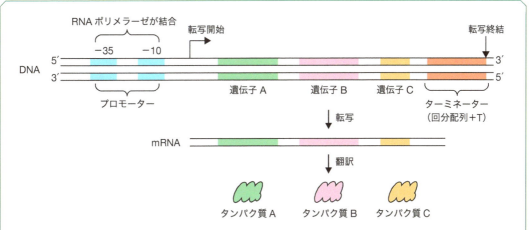

図8.4　原核細胞における転写
原核細胞では,プロモーター領域にRNAポリメラーゼが結合して転写を開始する。RNAポリメラーゼはターミネーター領域を認識して転写を終了する。なお,原核生物のmRNAはポリシストロニックであり,1つのmRNA上に複数のタンパク質をコードしている。

閉じ込められている。転写は核の中で行われるのに対し,翻訳は細胞質で行われる。したがって原核細胞とは異なり,真核細胞では転写と翻訳は1本のmRNA上で同時には進行しない。さらに真核細胞の遺伝子には,タンパク質に翻訳するために必要なエクソンと,不要なイントロンが1本のRNA上に交互に存在している。このため真核細胞で転写されたばかりのRNAは,**mRNA前駆体**とよばれる。mRNA前駆体は,5′末端にキャッピング,不要なイントロンの除去を行うスプライシング,3′末端にポリアデニンの付加の3種類のプロセシングを受けて細胞質へと輸送される。細胞質へと輸送された後,mRNAの情報を翻訳してタンパク質がつくられる。原核細胞では,複数の遺伝子の情報が1つのmRNA上に写し取られたが,真核細胞では1つのmRNA上には1つの遺伝子が対応している。

8.2.4　原核細胞での転写

細胞は必要な時にタンパク質の発現を行う。原核細胞では転写と翻訳が同時進行で起こるので,転写の開始は特に重要となる。

DNAからRNAを転写する酵素は**RNAポリメラーゼ**とよばれる。RNAポリメラーゼは,必要な遺伝子の転写の最初から最後までを滞りなく進めて

いく必要がある。これら遺伝子の最初（**プロモーター**）と最後（**ターミネーター**）は特別な配列で記載されている（**図8.4**）。プロモーターは,転写の始まるところを+1とすると,約10塩基と35塩基上流の2ヶ所にそれぞれ6塩基ほど保存された配列である。またターミネーターは,GとCに富んだ**回文配列（パリンドローム）**とそれに続く連続したT塩基で構成されている。

RNAポリメラーゼは,DNAに弱く結合しDNA上を滑っていく。その途中でプロモーターに到達すると,RNAポリメラーゼのサブユニットのシグマ因子がプロモーター配列を認識して強く結合する。この後,RNAポリメラーゼはDNAの2重らせんを巻き戻して両方の鎖の塩基を露出させる。mRNAの配列と相補的な配列をもつ片方の鎖を鋳型として,RNAの合成を5′から3′方向へと開始する。RNAポリメラーゼは,ターミネーターに来るまでRNAを合成し,ターミネーターのTに富んだ領域でRNA合成を停止してmRNAを解離する。

8.2.5　原核細胞での遺伝子発現制御

原核細胞では,DNAからmRNAを転写しながら,転写途中のmRNAを用いて翻訳が同時進行す

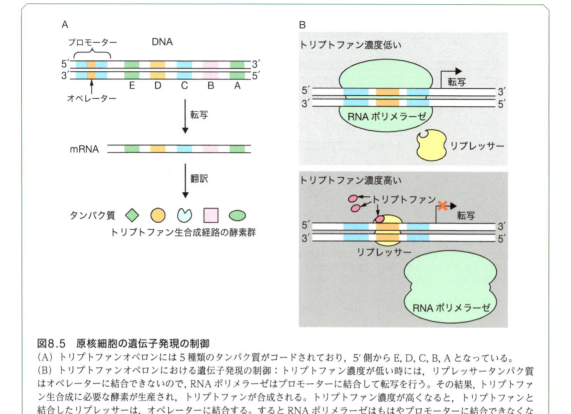

図8.5　原核細胞の遺伝子発現の制御
（A）トリプトファンオペロンには5種類のタンパク質がコードされており，5′側からE, D, C, B, Aとなっている。
（B）トリプトファンオペロンにおける遺伝子発現の制御：トリプトファン濃度が低い時には，リプレッサータンパク質はオペレーターに結合できないので，RNAポリメラーゼはプロモーターに結合して転写を行う。その結果，トリプトファン生合成に必要な酵素が生産され，トリプトファンが合成される。トリプトファン濃度が高くなると，トリプトファンと結合したリプレッサーは，オペレーターに結合する。するとRNAポリメラーゼはもはやプロモーターに結合できなくなり，転写も起こらなくなる。

る。したがって原核細胞での遺伝子発現の調節は，転写を開始する過程が重要である。ここで原核細胞のmRNAの特徴について述べておく。原核細胞では，機能の関連した遺伝子が染色体上に隣接して存在し遺伝子クラスターを形成していることが多い。このうち単一のプロモーターで転写される単位を**オペロン**といい，1つのmRNA上に複数のタンパク質をコードするmRNAもある（**図8.5**）。このようなmRNAを**ポリシストロニック**という。ポリシストロニックなmRNAの代表的なものが，大腸菌のトリプトファンオペロンやラクトースオペロンである。ここでは大腸菌のトリプトファンオペロンを例にとって，原核細胞での発現制御の様子を概説する。

　トリプトファンはタンパク質を構成するアミノ酸の1つで，生合成には5種類のタンパク質を必要としている。これらのタンパク質をコードする遺伝子はゲノム上でまとまって存在していて，1本の

mRNAとして転写される。細胞内のトリプトファンの濃度が高いとき，細胞は新たにトリプトファンをつくる必要はない。逆にトリプトファンの濃度が低いときにはトリプトファンをつくる必要があるので，トリプトファンオペロンのmRNA転写を行う。この調節には，トリプトファンオペロンのプロモーターを形成する上流35塩基と上流10塩基の間にあるオペレーターとよばれる短い塩基配列，そこに結合するリプレッサータンパク質，合成されるトリプトファンの3者が鍵を握っている。

　トリプトファンの濃度が低いとリプレッサータンパク質はオペレーターに結合しない。このときトリプトファンオペロンの転写が行われ，トリプトファン生合成の酵素群がつくられてトリプトファンの生合成が行われる。トリプトファンの濃度が高くなると，トリプトファンはリプレッサータンパク質と結合する。するとリプレッサータンパク質の構造

が絶妙に変化してオペレーターに結合できるように
なる。オペレーターは，プロモーターの保存された
2つの塩基配列の間にあるため，オペレーターにリ
プレッサータンパク質が結合するとRNAポリメ
ラーゼがプロモーターをうまく認識することができ
なくなり，転写は起こらなくなる。このように，生
合成経路の最終生産物の濃度がその経路の転写をす
るかを決めている。これにより，細胞は必要なもの
を素早くつくることができる。

8.2.6 真核細胞での転写

　原核細胞での転写に比べて真核細胞での転写は
複雑である。特に真核細胞では，原核細胞での転写
と2つの点で大きく異なっている。

　1つ目に，真核細胞はRNAポリメラーゼを3種
類もっている点である。RNAポリメラーゼⅠは主
としてrRNAを，RNAポリメラーゼⅡはmRNA，
miRNA，snRNAなどを，RNAポリメラーゼⅢは
tRNAとその他のノンコーディングRNAの多くを
転写する。

　2つ目に，原核細胞での転写はRNAポリメラー
ゼのみで進められたのに対して，真核細胞のRNA
ポリメラーゼはそれ自身では転写を開始できない点
である。真核細胞の転写では，プロモーター上に一
群の基本転写因子とよばれる複数の因子が会合し，
これらの基本転写因子がRNAポリメラーゼⅡを
よび寄せることで転写開始複合体を形成する。この
後，RNAポリメラーゼⅡは転写を開始する。した
がって真核細胞の基本転写因子は原核細胞でのシグ
マ因子と似た役割を担っている。

　プロモーターは転写開始点のすぐ上流に存在し，
いくつかの領域（エレメント）で構成されている，
基本転写因子（TFIIA, B, D, E, F, H, I, S）はこ
れらのエレメントに結合する（図8.6）。この領域
の中心は，TATAボックスである。TATAボック
スは転写開始点より25塩基ほど上流で5′-TATA-
AA-3′の共通配列をもち，TATA結合タンパク質
（TBP）を含むTFIIDが結合する。TFIIDを介し
てRNAポリメラーゼⅡが結合する。これにより
決まった場所からRNAの転写が開始される。

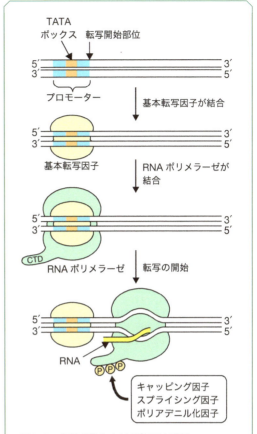

図8.6　真核細胞における転写の開始
基本転写因子がプロモーター領域に結合する。その
後，RNAポリメラーゼⅡがプロモーター領域に結
合した基本転写因子上に結合すると，転写を開始で
きるようになる。RNAポリメラーゼⅡの尾部にあ
るCTD領域は，転写が始まるとリン酸化され，こ
の領域にはmRNAプロセシング（キャッピング，ス
プライシング，ポリアデニル化に関わるタンパク質
がリクルートされてくる。プロセシング因子は，転
写されたmRNAの適切な場所で，CTDから
mRNA上に移動する。このしくみによって，mRNA
プロセシングが効率的に行われる。

　このほかにTFIIB結合配列などのいくつかのエ
レメントが存在する。これらのエレメントはすべて
の遺伝子に存在しているのではなく，多くの場合は
2つかそれ以上のエレメントが存在している。これ
らのエレメントの数や間隔によって基本転写因子の
会合の速度が調整され，プロモーターの強弱（転写
活性の強さ）を決定している。遺伝子の中には
TATAボックスをもたない遺伝子も多数存在して
いるが，その場合には他のエレメントが代用して基

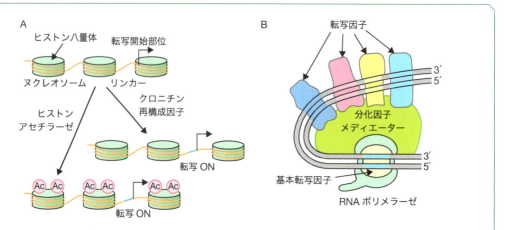

図8.7 ヒストンによる転写制御と転写因子群による転写活性化機構
（A）DNAはヒストンによってヌクレオソームを形成している。プロモーターをはじめとするさまざまな転写活性化因子にとって，該当するDNA領域はヌクレオソームを形成しないときの方が結合しやすい。このためのしくみとして，ヒストンアセチラーゼによりヌクレオソームをゆるめて該当するDNA領域を露出させる方法と，クロマチン再構成因子によってヌクレオソームの形成される場所をずらす方法が知られている。
（B）真核細胞では，プロモーター部位に基本転写因子が結合しただけではRNAポリメラーゼIIをプロモーター部位に安定して保持できるわけではない。さまざまなDNA領域に結合する転写因子（活性化する場合は転写活性化因子，抑制する場合は転写抑制因子という）と介在因子によってプロモーター領域にRNAポリメラーゼIIが安定に結合して転写を開始できる環境をつくる。

本転写因子をプロモーターにより寄せる。

プロモーター上に基本転写因子が会合すると，RNAポリメラーゼIIをよび寄せる。この状態を**転写開始複合体**とよび，RNAポリメラーゼIIは転写を開始する。RNAポリメラーゼIIには特徴的なC末端領域CTDがある。CTDは，コンセンサス配列としてYSPTSPSの7アミノ酸のくり返し構造をもつ領域で，mRNAのプロセシングを行うさまざまな因子と相互作用している。RNAポリメラーゼIIがプロモーターに結合する際にはリン酸化されていない。くり返し配列の2番目のセリンあるいは5番目のセリンがリン酸化されると，それぞれのリン酸化セリンを認識して一群の因子がCTDにリクルートされてくる。キャッピング，スプライシング，ポリアデニル化に関わる因子の一部はCTDと相互作用して，mRNA上の必要なプロセシング部位に結合する。これによりmRNAプロセシングを効率的に行う。

8.2.7 真核細胞での遺伝子発現制御

7章で，DNAはヒストンの周りに巻き付いてヌクレオソームというコンパクトな構造をとっていることを見てきた。コンパクトになると，転写に必要な基本転写因子やRNAポリメラーゼIIが遺伝子のプロモーターにアクセスしにくくなる。アクセスをサポートする方法として，ヒストンタンパク質をアセチル化する方法や，クロマチン再構成複合体によってクロマチンを脱凝縮することが知られている（図8.7）。

ヒストンアセチラーゼによってヒストンタンパク質をアセチル化すると，アセチル化されたヒストンをもつヌクレオソームは，基本転写因子の1つのTFIID複合体のサブユニットや転写調節因子に対する親和性が高くなり，転写に必要な他の因子をよび寄せやすくなる。また，クロマチン再構成因子が働くとヌクレオソームを一時的にゆるめたり位置をずらすことによって，プロモーター領域をヌクレオソームからリンカー領域に露出させる。リンカー

部分にプロモーター領域があると基本転写因子をよび寄せやすくなる。転写活性化因子は，クロマチン構造を変化させるタンパク質をプロモーター近傍によび寄せることで転写が起こりやすくなる環境を整えている。

遺伝子発現の制御段階として，この他にもスプライシング等のプロセシング，核から細胞質への輸送，細胞質でのmRNAの分解，タンパク質の分解などの段階があり，真核細胞での遺伝子発現は複雑に調節されている。

8.2.8　mRNA前駆体から mRNAへのプロセシング

A. キャッピング

真核細胞での転写されたmRNA前駆体は，3種類の転写後のプロセシングを受ける。これらのプロセシングを行う酵素の一部はRNAポリメラーゼⅡのCTD領域と相互作用しており，転写と共役してキャッピングが行われる。

まず，転写が始まってすぐに5′末端にキャッピングというメチル化されたグアノシンが特殊な結合様式で5′末端に付加される。この反応は，RNAポリメラーゼⅡが転写を開始して25塩基程度進んだ段階で行われる。キャッピングされたmRNAの5′末端にはキャップ結合タンパク質が結合してヌクレアーゼによる分解から保護する。

B. スプライシング

真核細胞の遺伝子にはタンパク質をつくるために必要な領域エクソンと不要なイントロン（介在配列）が交互に現れる。したがって転写された状態のmRNAは，mRNA前駆体とよばれる。mRNA前駆体は，エクソンから始まって，イントロンとエクソンが順に並び，最後はエクソンで終了する。生物が複雑になるに伴って，イントロンを含む遺伝子の割合は高くなる。例えば，出芽酵母ではイントロンをもつ遺伝子は約5%であるのに対して，ヒトではほとんどの遺伝子がイントロンをもっている。高等真核生物ではイントロンをもたない遺伝子を総称し

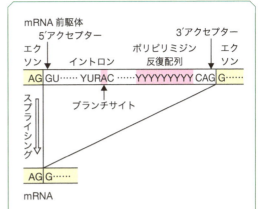

図8.8　スプライシングを制御する4つの配列
イントロンの除去の際には，イントロン領域の規定が行われる。重要な領域は4ヶ所あり，5′アクセプターと3′アクセプターはエクソンとイントロン境界を示す。ブランチサイトはスプライシングの際の投げ縄構造の根元となる部分である。また，ポリピリミジン反復配列はブランチサイトと3′アクセプターの間に位置して3′アクセプターサイトの認識を高める。

てイントロンレス遺伝子ということもある。また，エクソンの長さが平均して約100塩基対程度であるのに対して，イントロンはより長く，10kb以上にもわたるイントロンもしばしば見られる。スプライシングは，転写中のmRNAにおいても，転写が終了してポリアデニル化が起こったあとのどちらでも起こる。

スプライシングはイントロンを除去するプロセスであり，スプライシングの結果，塩基の余分あるいは不足を生じるとタンパク質翻訳のときに読み枠が変わり，機能不全のタンパク質を発現させる危険が生じる。このため，スプライシングはイントロンの除去を塩基の過不足がないように厳密に行う。イントロン全体としては配列に類似性はないが，エクソンとイントロンの境界とその近傍には4つの保存された配列がみつかっている（図8.8）。それらは，5′スプライスサイト（ドナーサイト），3′スプライスサイト（アクセプターサイト），ブランチサイトとポリピリミジン反復配列である。

ブランチサイトはアデニン残基とその前後の保存された領域であり，3′スプライスサイトの数十塩基上流にある。またスプライシング反応の第1

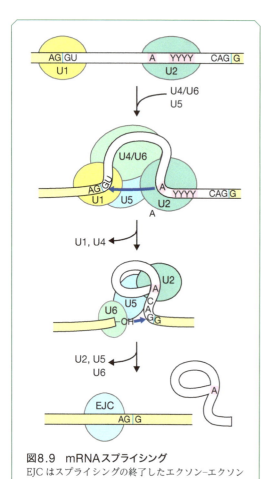

図8.9　mRNAスプライシング
EJC はスプライシングの終了したエクソン–エクソン境界の 20 塩基程度上流に形成される。EJC は，2 つのエクソン間のスプライシング完了のシグナルとして働く。

U4/U5/U6 snRNP が加わって機能的なスプライソソームを形成する。スプライソソームによってイントロンは投げ縄構造をとる。この後 ATP の加水分解のエネルギーを用いて 2 段階の反応でイントロンが切り出され，エクソンどうしが連結される。結合したエクソンどうしの境界から 20-24 塩基上流にエクソン境界複合体（EJC）が形成される。EJC は，スプライシングの完了を示すと同時に細胞質での mRNA の品質管理にも使用される印となる。

放出された投げ縄状イントロンはデブランチング酵素により投げ縄構造が外され，他の酵素でさらにヌクレオチド単位に分解されたあと，再び RNA の合成に再利用される。

C. 選択的スプライシング

ヒトの遺伝子の総数は諸説あるものの，2 万から 2 万 5000 である。これに対して，つくられるタンパク質の数は 10 万にもおよぶとされている。この差異は，1 つの遺伝子から複数の種類の mRNA が生じることに起因している。DNA から RNA の過程の中で，mRNA スプライシングの結果として 1 種類の mRNA ができるのではなく，複数の種類の mRNA ができることによって生じるためである（図 8.10）。

イントロンを規定していた配列に共通性と多様性があることを思い出してほしい。プロモーターについてもいえることであるが，イントロンを規定する配列に多様性があると，スプライシングを指定する強さにも強弱が生じる。強いシグナルを出すイントロンは常に除去されるが，弱いあるいは比較的弱いシグナルを出すイントロンは，除去される場合とされない場合がある。できあがった mRNA は，同じ遺伝子から mRNA 前駆体として転写されたにもかかわらず一部に異なる配列をもつことになる。これらの mRNA がタンパク質に翻訳されると，やはり一部に異なるアミノ酸配列をもつタンパク質ができる。

このように遺伝子と mRNA 前駆体や mRNA とタンパク質の間には 1 対 1 の対応が成立するが，mRNA 前駆体とスプライシングの結果できる mRNA は，多くの場合，1 対複数の対応となる。

段階で切断された 5′ スプライスサイトが結合する部位である。ポリピリミジン反復配列は，シトシンとウラシルが 10 塩基程度連なった領域で，ブランチサイトの下流と 3′ スプライスサイトの間にある。これらの配列は，よく保存されているものの多様性も併せもっている。この多様性の意義については，次の 8.3 節で解説する。

mRNA 前駆体上の 5′ スプライスサイトに U1 snRNP が結合し，3′ スプライスサイトに U2 sn-RNP が結合する（図 8.9）。このときに snRNP に含まれる U1 snRNA および U2 snRNA は mRNA 前駆体と相補的な塩基対形成を通して正確なスプライシングサイトを決定している。次に，

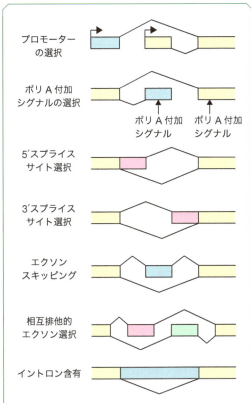

図8.10　選択的mRNAスプライシングによる遺伝子発現制御

mRNAのスプライシングパターンを制御している領域はいくつか見つかっている。代表的な領域は，5′スプライスサイトや3′スプライスサイトとポリピリミジン領域の多様性である。また，エクソンにもスプライシングパターンを調節する領域がある。これらの領域にはそれぞれ結合するタンパク質があり，結合したタンパク質全体のバランスで選択的mRNAスプライシングが制御されている。結合タンパク質の発現量は細胞や組織によって異なり，これら制御タンパク質の発現量の違いが，選択的mRNAスプライシングを起こす原動力となっている。

図中ラベル：
- プロモーターの選択
- ポリA付加シグナルの選択
  - ポリA付加シグナル／ポリA付加シグナル
- 5′スプライスサイト選択
- 3′スプライスサイト選択
- エクソンスキッピング
- 相互排他的エクソン選択
- イントロン含有

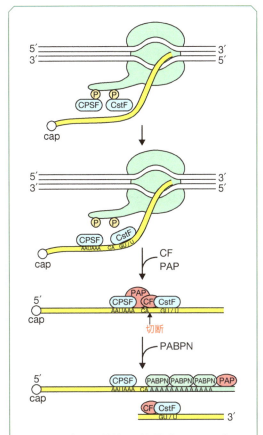

図8.11　転写の終結と3′末端ポリアデニル化

RNAポリメラーゼIIがポリA付加シグナルを転写すると，CTD上のCPSFやCstFはmRNA上に移動する。これらを認識してCFやPAPが結合してくる。CFはmRNAと特定部位でCA配列で切断し，PAPはアデニンを200塩基程度付加する。ポリアデニンにはPABPNが結合してmRNAの3′末端をヌクレアーゼによる分解から守る。

図中ラベル：cap, CPSF, CstF, CF, PAP, PABPN, 切断, AAUAAA, CA, GU/U

生物が複雑になると**選択的スプライシング**の多様さは増加する傾向にあることから，選択的スプライシングは生物の複雑さを許容する原動力にもなっている。また遺伝子の変異によって選択的スプライシングのパターンが変わることがあり，遺伝病の20％程度は遺伝的な塩基変異による選択的スプライシングパターンの変化が原因となっている。

D. 3′末端のポリアデニル化

mRNAの転写は，ゲノムDNA上のポリA付加配列（AAUAAA）を認識すると転写の終結へと向かう（図8.11）。転写中のRNAポリメラーゼIIのCTDには，タンパク質複合体CPSF（切断・ポリアデニル化特異性因子）とCstF（切断促進因子）が結合している。ポリA付加配列が転写されるとCPSFはポリA付加配列と相互作用する。また，CstFはポリA付加配列の下流に位置するUに富んだ領域と相互作用する。CPSFとCstFがmRNA上に結合すると，CF（切断因子），PAP（ポリAポリメラーゼ），PABPN（ポリA結合タンパク質）をよび寄せる。切断因子はポリA付加配列（AAUAAA）とUに富んだ領域の間でmRNAを

切断する。生じた mRNA 分子の 3′ 末端にはポリ A ポリメラーゼが 200 塩基程度の長さのアデニンを付加する（ポリ A あるいはポリ A テイルという）。ポリ A は，RNA ポリメラーゼ II によって転写された mRNA がもつ特徴であり，元の遺伝子上に配列はない。ポリ A には，ポリ A 結合タンパク質が結合してヌクレアーゼからの分解を防いでいる。したがって mRNA の 5′ 末端はキャップ結合タンパク質（CBP），3′ 末端はポリ A 結合タンパク質（PABP）がヌクレアーゼからの分解を防いでいる。

8.2.8　RNAとRNP

　真核細胞では，遺伝情報の担い手 DNA はヒストンタンパク質 8 量体によってヌクレオソームを形成していた。ほかにも転写因子など多くのタンパク質に囲まれている。RNA についても多くの場合は，タンパク質と相互作用している。タンパク質が結合する意味はいくつかあり，後に出てくるリボソームの場合のように RNA の構造の維持に働いたり，mRNA の場合のようにヌクレアーゼから守って安定性を維持するのに働く。特に mRNA は遺伝情報の一過性の担い手であるので，必要な時に必要な分の mRNA をつくり，必要がなくなれば mRNA をヌクレオチドに分解しておいて，また必要になったときに利用する。逆に必要な時には分解を受けないように守る必要がある。このため，RNA 分子は単独で働くことよりもタンパク質とともに働くことの方がずっと多い。このような RNA とタンパク質の複合体を**リボヌクレオプロテイン**（ribonucleo-protein; RNP）という。本文中で記載している mRNA はタンパク質による保護を受けている。

8.3節

mRNAの核から細胞質への輸送

　5′ キャッピング，スプライシング，ポリ A の付加のすべてのプロセシングが完了して成熟した mRNA は，核内から細胞質に輸送される（**図 8.12**）。

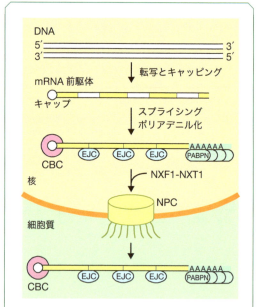

図8.12　mRNAの核から細胞質への輸送
核内での mRNA プロセシングを完了すると，mRNA 輸送受容体 NXF1-NXT1 が mRNA 上のキャップ部位に結合する。NXF1-NXT1 は，核膜孔内部と相互作用しながら，mRNA を細胞質へと輸送する。NXF1-NXT1 の結合しない mRNA は核内に滞留する。

　一方で，転写されたばかりでプロセシングが完了していない mRNA 前駆体や除去されたイントロンは核内に滞留する。特に，スプライシングが完了せずイントロンを含んでいる mRNA 前駆体が細胞質に輸送されてタンパク質に翻訳されてしまうと，機能不全のタンパク質が生産され，細胞にとっては不都合となる。

　細胞は核内のプロセシングが完了した mRNA だけを細胞質に輸送する。核から細胞質へは，核膜孔（nuclear pore complex; NPC）を通って輸送される。低分子は核膜孔を移動できるが，RNA やタンパク質のような分子量が 50kDa* を超えるような分子はそのままでは通過できず，核膜孔の通過には特定のタンパク質の介助が必要となっている。この特定のタンパク質は，通過する分子の種類によって決まっている。mRNA の場合には，NXF1-NXT1（酵母では Mex67-Mtr2）ヘテロダイマータンパク質が，核から細胞質への輸送を介助する。

NXF1-NXT1 は，プロセシングの完了した mRNA に相互作用して輸送を介助する。

このしくみによって，真核細胞では核内のプロセシングの完了していない mRNA を核内に留めておける。そのため核膜孔は，望ましくない分子の移動を制限して必要な分子のやりとりだけを行う門番の役割をもっている。

*Da（ダルトン）：定義は，炭素（質量数 12）の質量の 1/12。

8.4節

RNAからタンパク質への翻訳

8.4.1 遺伝暗号の解読

DNA から RNA の転写については，お互いに 4 種類の塩基で構成されており，鋳型鎖に対して相補鎖を形成して 1 対 1 で対応しながら進んでいく。また DNA と RNA はよく似た分子であり化学的な性質も似ているので，情報の一部をコピーするようなものと理解できる。これに対して RNA からタンパク質への翻訳は，4 種類のヌクレオチドを 20 種類のアミノ酸に変換する作業である。また RNA を構成するヌクレオチドとタンパク質を構成するアミノ酸は，相補鎖を形成せず化学的性質も異なっている。このため，RNA からタンパク質をつくる過程は翻訳とよばれ，ある言語を別の言語に翻訳する作業のようなものと理解できる。RNA の配列をアミノ酸の配列に変換する規則を遺伝暗号という（表8.2）。

遺伝暗号は mRNA の連続した 3 つのヌクレオチドが 1 つのアミノ酸に対応する。ここで 3 ヌクレオチド（これをコドンという）の組み合わせは 4^3 で 64 通りあるので，20 種類のアミノ酸の種類より多い。64 通りのなかで AUG はメチオニンというアミノ酸を指定するとともにタンパク質翻訳の開始を示すコドンとしても使われる。また UGA，UAA，UAG の 3 種類は翻訳を停止する遺伝暗号として使われる。アラニンを指定する遺伝暗号は GCA，GCU，GCG，GCC の 4 種類であり，多くのアミノ酸は複数のコドンをもっている。

8.4.2 遺伝暗号のアミノ酸への変換アダプター—tRNA

mRNA のもつ遺伝暗号をアミノ酸情報に変換してタンパク質をつくるときに，直接 RNA の 3 ヌクレオチドを 1 アミノ酸に変換するのではない。遺伝暗号をアミノ酸に変換するアダプター分子が存在する。アダプター分子の機能は tRNA が行っている。tRNA は，mRNA のコドンに対合する配列アンチコドンと分子の 3′ 末端の CCA 配列にアミノ酸を結合するという 2 つの役割をもっている（図8.13）。アンチコドンによって mRNA 上のコドンと対合して反対側のアミノ酸をリボソームと共同してペプチド結合を形成してタンパク質を合成する。

tRNA は，対応する 20 種類のアミノ酸ごとに少なくとも 1 種類以上存在している。その長さはだいたい 80 塩基で，内部に 4 ヶ所の 2 重らせん領域を形成してコンパクトに折り畳まれたクローバー構造をとっている。mRNA のコドンの 1 番目と 2 番目はアンチコドンと正確に塩基対形成をすることが

表8.2 遺伝暗号表

		第二塩基			
	U	C	A	G	
U	UUU UUC }Phe UUA UUG }Leu	UCU UCC UCA UCG }Ser	UAU UAC }Tyr UAA 終止 UAG 終止	UGU UGC }Cys UGA 終止 UGG Trp	U C A G
C	CUU CUC CUA CUG }Leu	CCU CCC CCA CCG }Pro	CAU CAC }His CAA CAG }Gln	CGU CGC CGA CGG }Arg	U C A G
A	AUU AUC }Ile AUA AUG Met	ACU ACC ACA ACG }Thr	AAU AAC }Asn AAA AAG }Lys	AGU AGC }Ser AGA AGG }Arg	U C A G
G	GUU GUC GUA GUG }Val	GCU GCC GCA GCG }Ala	GAU GAC }Asp GAA GAG }Glu	GGU GGC GGA GGG }Gly	U C A G

第一塩基（5′末端）　　　第三塩基（3′末端）

赤は酸性アミノ酸，青は塩基性アミノ酸，黄色は非荷電極性アミノ酸，緑は非極性アミノ酸を示している。似た性質をもつアミノ酸の遺伝暗号はある程度固まっている様子がわかる。

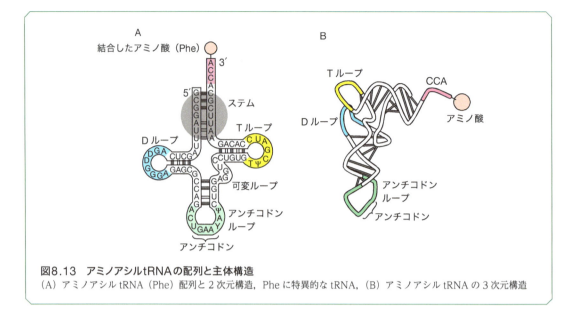

図8.13　アミノアシルtRNAの配列と主体構造
（A）アミノアシル tRNA（Phe）配列と 2 次元構造，Phe に特異的な tRNA，（B）アミノアシル tRNA の 3 次元構造

必要である。しかし，コドンの 3 番目とアンチコドンの 5′ 側の塩基は正確でなくてよい tRNA もある。これをコドンの揺らぎという。アミノ酸を指定する遺伝暗号が 1 番目と 2 番目に比べて 3 番目の自由度が大きいのはこのためである。

　tRNA の 3′ 末端にアミノ酸を結合させるために**アミノアシル tRNA 合成酵素**が必要である。アミノアシル tRNA 合成酵素はそれぞれのアミノ酸に対応して 1 種類ずつある。それぞれのアミノアシル tRNA 合成酵素は，それに対応する tRNA に正しいアミノ酸を結合させることで遺伝情報の正確な伝達を行っている。なお，アミノ酸を tRNA に結合するのは 2 段階で ATP 分解のエネルギーを利用して行っている。アミノ酸が結合した tRNA を**アミノアシル tRNA** という。

8.4.3　mRNAのもつ遺伝情報をタンパク質へと変換するリボソーム

　タンパク質をつくるためには，まず，mRNA 上でアミノ酸をコードするコドンに tRNA のアンチコドンを対応させること，次に，それぞれのコドンに対応したアミノアシル tRNA を順番に並べて結合したアミノ酸をペプチド結合で重合していく変換装置が必要である。この変換装置はリボソームが担っている。

　真核細胞のリボソームは 40S と 60S の 2 つのサブユニットからできている。原核細胞のリボソームは少し小さく，30S と 50S の 2 つのサブユニットでできている。ここでは真核細胞のリボソームを紹介する。

　40S サブユニット（小サブユニット）は 18S rRNA が 1 種類と約 30 種類のタンパク質で分子量約 150 万 Da，60S サブユニット（大サブユニット）は 28S，5.8S，5S の 3 種類の rRNA と約 50 種類のタンパク質からなる分子量約 300 万 Da の巨大な RNP（RNA タンパク質複合体）である。mRNA スプライシングにおいて小さな RNA 分子 snRNP が機能の中心を担っていたが，リボソームにおいても，ペプチド結合の反応を触媒する活性中心や mRNA とアミノアシル tRNA の保持は RNA 部分が行っている。リボソームタンパク質は RNA の機能の補助やリボソーム構造の安定性に寄与している。また tRNA を受け入れるポケットはリボソームに 3 ヶ所（A 部位，P 部位，E 部位）あり，両方のサブユニットにまたがっている。

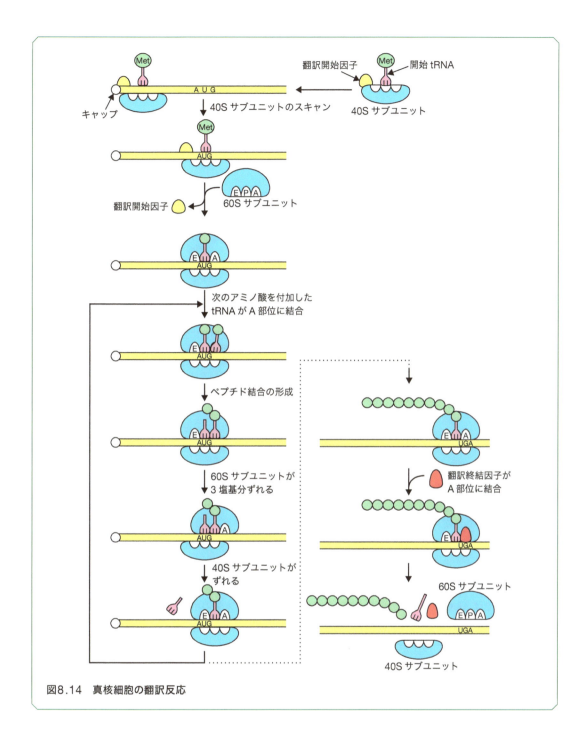

図8.14 真核細胞の翻訳反応

8.4.4 真核細胞での翻訳

　タンパク質への翻訳は，mRNA上を5′側から3′側方向へとコドンにしたがって進行する（図8.14）。ここで大事なことは，どこから翻訳を開始するかを決めることである。

　真核細胞において，開始コドンはメチオニンをコードするAUGコドンと同じである。小サブユニットは翻訳開始因子とP部位に結合した開始tRNAとともにmRNAを5′側からAUGコドンをスキャンしていく。AUGまでくると翻訳開始因子が解離して，かわりに大サブユニットが会合して

リボソームが形成される。なお，開始tRNAは小サブユニットと安定に結合できるが，他のtRNAは両方のサブユニットがないと安定に結合できない。

次に，A部位に次のコドンに対応するアミノアシルtRNAが結合してくると，このアミノアシルtRNAのアミノ酸が隣のP部位のアミノ酸とペプチド結合を形成する。そのあと大サブユニットが3′方向に3塩基分スライドするとアミノ酸を外されたtRNAがE部位に移動してリボソームから解放される。小サブユニットも3′方向に3塩基分スライドすると，A部位に新しいコドンに対応するアミノアシルtRNAを受け入れる。この反応は終止コドンに出合うまで継続される。リボソームのA部位にmRNAの終止コドンがやってくると，アミノアシルtRNAと似た構造をもつ終結因子とよばれるタンパク質が結合してくる。その結果，合成中のポリペプチド鎖にアミノ酸の代わりに水分子が付加されてポリペプチド鎖は遊離する。最後に，リボソームは大と小サブユニットに解離してタンパク質合成を終了する。

8.4.5 原核細胞での翻訳

真核細胞のmRNAがコードするタンパク質は1種類であるのに対して，原核細胞では複数のタンパク質情報を含むこともある。このため，原核細胞での開始コドンを探す方法は真核細胞とは異なっている。原核細胞ではAUGコドンの数塩基上流に**シャイン・ダルガノ（SD）配列**とよばれるプリン塩基に富んだ配列を小サブユニットが認識して開始コドンまでmRNA上を移動する。原核細胞の開始には，メチオニンではなくホルミルメチオニンを使用している。このようにして原核細胞のポリシストロニックなmRNAからは複数のタンパク質がつくられる。

8.4.6 翻訳を促進するしくみ

原核細胞では真核細胞と違って核をもたないので転写と翻訳は同時進行で行われる。DNAからmRNAをRNAポリメラーゼが転写しつつ，でき

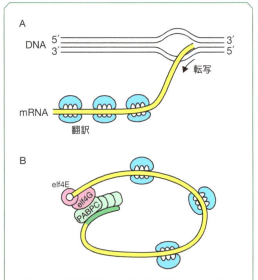

図8.15 原核細胞における転写とカップルした翻訳，真核細胞における翻訳の促進
（A）原核細胞では転写と翻訳が同時に起こっている。さらに分解も同時に進行する。
（B）真核細胞ではmRNAの両端がそれぞれに結合しているタンパク質を介して環状構造をとる。この構造は翻訳を終えたリボソームを再度翻訳に使用するのに都合がよい。また両末端をタンパク質で覆うことでヌクレアーゼからの分解も同時に抑制している。

たばかりのmRNAを鋳型としてリボソームが翻訳を進めていく（**図8.15**）。

これに対して真核細胞では転写は核内で，翻訳は細胞質で行われるので原核細胞のような方法は使えない。そのかわりにmRNAの5′末端のキャップ部位と3′末端のポリA部位にそれぞれ結合しているタンパク質どうしがお互いに相互作用して環状構造をとる。これによってmRNA上の開始コドンと終止コドンの物理的な距離を縮めて翻訳反応を終えたリボソームが再度翻訳反応に使用できるようになり，1つのmRNAからより多くのタンパク質をつくるのに役立つ。

8.4.7 mRNAからタンパク質への最初の翻訳と品質の管理

核でプロセシングを完了して細胞質に到着したmRNAは，まず，リボソームによって「パイオニ

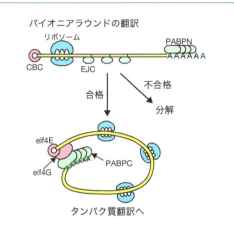

図8.16　最初の翻訳と品質管理
細胞質へと輸送された mRNA が最初の翻訳を受ける
とき，同時に mRNA の品質管理も行われる。品質管
理に不合格となった場合，速やかに分解される。こ
れまで分解のメカニズムとして，nonsense mediated
mRNA decay, non-stop decay, no go decay が知
られている。

アラウンドの翻訳」とよばれる翻訳を受ける（図
8.16）。この過程は，mRNA に本格的な翻訳の準
備を行う過程となっている。核から細胞質へと輸送
された mRNA には，CBC，EJC，PABP などの
タンパク質が結合している。これらのタンパク質は
核の中では細胞質への輸送やヌクレアーゼによる分
解から mRNA を守っていたものの，細胞質での翻
訳には必要ではない。このため，パイオニアラウン
ドの翻訳過程の間に，CBC は翻訳開始因子
eIF4E，eIF4G に置き換わり，EJC は除去され，
PABP は細胞質用の PABP に置き換わる。

　このように最初の翻訳段階で mRNA 上に結合し
たタンパク質は，mRNA 上に結合しているタンパ
ク質を一新して効率よくタンパク質の合成が行える
よう一群の別のタンパク質に置き換わる。同時に，
頻度は低いものの，転写の際のエラーによって本来
の終止コドンよりも上流のエクソンに終止コドンが
入ってしまった場合や，終止コドンがなくなってし
まったような不備のある mRNA は分解される。こ
のような不備のある mRNA からタンパク質に翻訳
してしまうと，アミノ酸配列の変化や異常な長さを
もつタンパク質ができあがり，これらは不活性で

あったり本来のタンパク質の活性を阻害したり予想
外のタンパク質と結合したりするために細胞にとっ
て困ったことになるためである。

mRNAの安定性の調節

　mRNA は一過性の情報伝達分子であるので，
DNA と比べて寿命がはるかに短く，長いもので数
時間，短いものは数分しかないものも多い。
mRNA がどのくらい安定に存在するかは，mRNA
ごとに異なっているものの細胞の基本的な機能維持
に関わる遺伝子の mRNA の半減期はだいたい長
く，刺激に応答してつくられる免疫応答遺伝子など
の mRNA の半減期は短い。

　一般に，正常な mRNA の分解の引き金となるの
はポリ A 鎖が短くなることである。ポリ A 鎖は
PABP が結合して mRNA の分解を防いでいるが，
末端の PABP が解離したときに 3′ 末端から分解を
受ける。核では約 200 塩基分のポリ A 鎖が付加さ
れており，多くの PABP が結合している。細胞質
へと輸送されて時間がたつとポリ A 鎖は徐々に短
くなっていき，PABP が結合できないほど短くな
ると，mRNA は急速に分解される。

　このほかに，寿命の短い mRNA は分解を促進す
る RNA 配列をもっている。この配列はタンパク質
をコードしない 3′ 非翻訳領域にあることが多く，
特に半減期の短い mRNA の 3′ 非翻訳領域にある
AU に富む領域には，mRNA を分解へと誘導する
タンパク質が結合して積極的にその mRNA を分解
する。これによりタンパク質を必要なときに必要な
だけつくっている。

miRNAによる翻訳の抑制

　miRNA は 21 塩基程度の短い RNA で，miRNA の配列にほぼ相補的な mRNA と相互作用して mRNA からのタンパク質への翻訳や mRNA の安定性を制御している。miRNA は，mRNA と同じく前駆体から何度かのプロセシングを経てつくられ，RISC（RNA induced silencing complex）とよばれる複合体に取り込まれる（図8.17）。RISC はほぼ相補的な配列をもつ特定の mRNA と結合する。このとき，両者の相補性が高い場合には RISC 自身のもつヌクレアーゼ活性によって mRNA を切断する。切断された mRNA は急速に分解される。一方，RISC に取り込まれた miRNA 自身はそのままであり，次の mRNA を分解する。このため標的となった mRNA は顕著に減少する。相補鎖を形成する領域の相同性があまり高くない場合に mRNA は切断を受けず翻訳が阻害される。

　miRNA は線虫で初めて発見された後，さまざまな植物や動物で確認されており，タンパク質の翻訳調節を介した遺伝子発現の調節を行う大事な役者である。これまでに見てきた DNA や RNA の相補鎖形成は，複製や転写などに代表されるように非常に正確であった。しかし miRNA の場合は，認識は正確ではないことが重要らしい。この曖昧さを許容することで 1 つの miRNA は複数*の mRNA を標的にできる。miRNA の結合する配列は 3′ 非翻訳領域や 5′ 非翻訳領域が多く見つかっている。miRNA の種類はヒトで 500 程度と見積もられているが，実際に制御しているmRNAの数ははるかに多い。

　　*miRNA の種類によっては，1 種類の miRNA だけで 100 種類以上の mRNA の制御を行うようである。

　この技術を使用することで，任意の mRNA を抑制する技術が発展した。これまで遺伝子の機能を直接知るためには，染色体上の遺伝子をノックアウト（欠失）する必要があった。遺伝子の欠失は，酵母では容易な技術として確立されていたが，高等動物

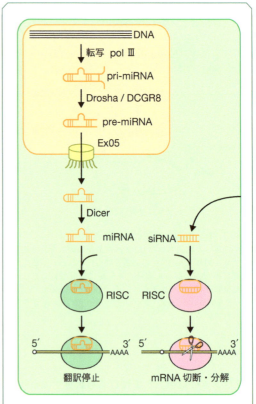

図8.17　miRNAの生合成，翻訳の抑制，siRNA経路によるmRNA分解
miRNA は，多くの場合標的となる mRNA との相同性が 100％ではなく，mRNA の翻訳を抑制する効果をもつ。このため，1 種類の miRNA 分子は複数の mRNA 分子を標的としている。この効果によって miRNA 分子はさまざまなタンパク質の発現を制御することができ，広く生命現象に影響を与えている。これに対して RNAi 技術として利用されている siRNA は，標的とする mRNA との相同性は 100％である。このため理想的には標的の mRNA 発現，ひいては標的タンパク質の発現のみを抑制できる。この効果によって標的タンパク質の機能を調べることができる。

では手間と時間のかかる作業であった。siRNA を用いた RNAi 技術開発によって，任意の細胞で目的遺伝子の機能を抑制することができるようになった（column）。これにより遺伝子の機能解析が飛躍的に進展した。ただし RNAi 技術は，遺伝子機能の完全な消失とはならず，あくまでも一過的な機能の抑制であるので，いつでも万能ではない。近年，CRISPR/Cas9 という新たな技術が開発されている（21.7.1 参照）。この新しい技術を使うことによ

り，いろいろな細胞で遺伝子を簡単に欠失させることができるようになった。

タンパク質の折りたたみとシャペロン

DNA や RNA はそれぞれ 4 種類の塩基で構成されている。特に DNA は 2 重らせんを形成しているので，DNA がとりうる構造に限りがあるかわりに安定しているため，遺伝情報の担い手としては都合がよい。また，RNA は一本鎖の部分と二本鎖の部分をもっており，DNA と比べてより多くの構造をとることができる。これらに対して，タンパク質は 20 種類のアミノ酸で構成されており，DNA や RNA と比べてはるかに複雑かつ特有の形を形成することができる。そのためタンパク質は，酵素やシグナル伝達を担う主役としてさまざまな機能を発揮する。

タンパク質が機能するためには新しく合成されたポリペプチド鎖が正しく折りたたまれることが必要である。ポリペプチド鎖の折りたたみはタンパク質の合成中からはじまり，合成終了後も折りたたみは進行して成熟したタンパク質が形成される。タンパク質が折りたたまれるとき，それ自身のポリペプチド配列に応じて最も安定な構造をとるように折りたたみが進行する。したがって同じ配列をもつタンパク質は同じ立体構造をとっている。折りたたみを補助なしに完了するタンパク質もあるが，自身だけではうまく折りたたみが進行しないタンパク質もある。この場合，シャペロンとよばれるタンパク質が折りたたみを助けている。真核細胞のシャペロンには主に HSP70 と HSP60 の 2 種類がよく知られており，いずれもタンパク質の疎水性領域と相互作用し，ATP の加水分解活性を用いてタンパク質を正しい折りたたみが行えるようサポートする。

タンパク質の立体構造については，3 章を参照していただきたい。また，不要になったタンパク質はリソソーム（2，5 章参照）中で分解されるほか，ユビキチンという特殊なタンパク質が目印として付加されるとプロテアソーム系という酵素複合体により分解される。

COLUMN 遺伝子工学で使われるベクター

　人工的に細胞や個体の形質を改変するために，特定の遺伝子を発現（mRNA →タンパク質合成）させるための DNA を外部から導入することがある。このような操作（遺伝子工学）のために用いる DNA をベクターとよぶ。

　ベクターには種々のものがあるが，バクテリア中に存在する自己複製可能な環状二重鎖 DNA であるプラスミドや，ウイルスゲノム DNA がよく使われる。元々のプラスミドやウイルスゲノムを改変し，RNA を転写するためのプロモーター，外来の遺伝子を組み込むクローニングサイト（特定の塩基配列を認識して切断する制限酵素の認識・切断部位），抗生物質発現ユニット（ベクターを増やすためにいったん導入する大腸菌中で保持・選択するためのもの）などの要素が含まれていることが多い。ベクター DNA は化学処理や電気パルス，ウイルス粒子への取り込みなどの方法を使って大腸菌や細胞に導入することができる。以下にベクターの基本構造例を示す。

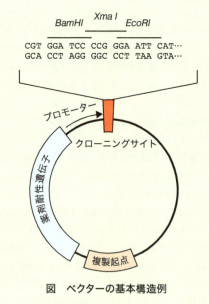

図　ベクターの基本構造例

酒巻和弘

9章 反応する細胞
シグナル伝達

多細胞生物が生命活動維持のためや環境の変化に対応するために，体内の個々の細胞がどのように反応しているのかを理解するには，細胞の中で起きている現象を分子レベルで知る必要がある。本章では「反応する細胞」と題して，外界からの刺激（シグナル）や生体内で生み出された刺激（シグナル）に対して，細胞の中で動き出すさまざまな反応を分子レベルでとり上げる。

9.1節

刺激に反応する細胞

9.1.1 シグナル分子

細胞に刺激を与える因子，すなわち"シグナル分子"として，親水性のタンパク質・ペプチド・アミノ酸,そしてプロテオグリカン,あるいは脂溶性（疎水性）のステロイド成分などの生理活性物質が挙げられる。また光・音・電位変化や接触といった物理的なものまでシグナル因子となることがわかっている。それらのうち，生体内の特定の組織や細胞で産生されたシグナル分子は，分泌顆粒に貯留された後でエキソサイトーシス（exocytosis，開口分泌）によって放出されるか，あるいは細胞膜を直接通過することで細胞外に放出される。その後，拡散あるいは体内を循環することにより標的細胞に行き着く。

シグナル分子の働き方は3通りに分けられる。オートクライン（autocrine，自己分泌）は，シグナル分子が産生細胞自身に作用することであり，パラクライン（paracrine，近傍分泌）は，産生細胞

周辺の近隣細胞に作用することである。また，血管などの循環系組織を通じて遠く離れた細胞に作用する仕方がある。この作用に関わるシグナル分子は，ホルモン（hormone）とよばれ，表9.1に示すように多種多様なホルモンが存在している。また細胞自身が刺激因子となり，標的細胞に直接接触することでシグナルを与える場合もある。

9.1.2 シグナルを最初に受け取る受容体

シグナル分子が標的細胞に到達して作用するには，標的細胞側においてシグナル分子を感知し捕捉する分子が必要である。標的細胞には，シグナル分子と結合するタンパク質として受容体(レセプター，receptor）が存在する。この受容体を介して，シグナルが細胞内部へと伝わる。多くの受容体は，細胞表面膜上に局在しているが，中にはシグナル分子が細胞膜を通り抜けるために，細胞質や核に存在している受容体がある。シグナル分子と受容体は，通常1種類対1種類の関係であるが，1種類の受容体に数種類のシグナル分子が結合する場合や，1種類のシグナル分子に対し反応しうる受容体が複数存在する場合もある。しかし，シグナル分子と受容体の関係は，相互作用の特異性と親和性が高いために，シグナル分子が大量に不特定多数の受容体に結合することはない。受容体が細胞に無ければ，その細胞はシグナル分子に対して反応しない。

受容体を活性化するシグナル分子と同様な生理活性をもつ物質のことをアゴニスト（agonist）とよび，このアゴニストを使えば疑似反応を起こすことができる。逆に，受容体に結合するが活性化できない物質は，アンタゴニスト（antagonist）とよばれ，本来のシグナル分子の作用を抑制する働きが

表9.1 さまざまなホルモン

ホルモン名	分泌部位
脳	
副腎皮質刺激ホルモン（adrenocorticotropic hormone; ACTH）	下垂体，前葉
成長ホルモン（growth hormone; GH）	下垂体，前葉
黄体形成ホルモン（luteinizing hormone; LH）	下垂体，前葉
卵胞刺激ホルモン（follicle-stimulating hormone; FSH）	下垂体，前葉
甲状腺刺激ホルモン（thyroid stimulating hormone; TSH）	下垂体，前葉
プロラクチン（prolactin; PRL）	下垂体，前葉
メラニン刺激ホルモン（melanocyte-stimulating hormone; MSH）	下垂体，中葉
オキシトシン（oxytocin）	下垂体，後葉
バソプレシン（抗利尿ホルモン）（vasopressin）	下垂体，後葉
副腎皮質刺激ホルモン放出ホルモン（corticotropin-releasing hormone; CRH）	視床下部
成長ホルモン放出ホルモン（growth hormone-releasing hormone; GHRH）	視床下部
ソマトスタチン（成長ホルモン分泌抑制ホルモン）（somatostatin; SST（SRIF））	視床下部
プロラクチン放出因子（prolactin-releasing factor; PRF）	視床下部
プロラクチン放出抑制因子（prolactin-inhibiting factor; PIF）	視床下部
性腺刺激ホルモン放出ホルモン（gonadotropin releasing hormone; GnRH）	視床下部
甲状腺刺激ホルモン放出ホルモン（thyrotropin-releasing hormone; TRH）	視床下部
メラトニン（melatonin）	脳松果腺
甲状腺	
甲状腺ホルモン（thyroid hormone; T3 & T4）	甲状腺
パラトルモン（parathormone）	副甲状腺
膵臓	
インスリン（insulin）	膵臓，ランゲルハンス島
グルカゴン（glucagon）	膵臓，ランゲルハンス島
副腎	
グルココルチコイド（glucocorticoid）	副腎，皮質
ミネラルコルチコイド（mineralocorticoid）	副腎，皮質
アドレナリン，別名エピネフリン（adrenaline）	副腎，髄質
ノルアドレナリン，別名ノルエピネフリン（noradrenaline）	副腎，髄質
ドーパミン（dopamine）	副腎，髄質
生殖組織	
テストステロン（testosterone）	精巣
エストラジオール（estradiol）	卵巣
プロゲステロン（progesterone）	卵巣
心臓	
心房性ナトリウム利尿ペプチド（atrial natriuretic peptide，ANP）	心臓，心房
腎臓	
エリスロポエチン（erythropoietin，EPO）	腎臓，糸球体
脂肪組織	
レプチン（leptin）	脂肪組織

ある。アゴニストは作動薬，アンタゴニストは拮抗薬として治療に用いられる。例えば，ホルモン療法として使われる GnRH アンタゴニストは，男性の脳下垂体にある GnRH（性腺刺激ホルモン放出ホルモン）受容体に結合することで正常なホルモンの放出を阻害し，それに伴って精巣からのテストステロンの分泌も低下させる。その結果，男性ホルモンに依存した前立腺がんの増殖を抑制する効果をもた

らす。

　シグナル分子が受容体に結合することがきっかけとなり，細胞内ではシグナルの特性に応じた反応が始まる。細胞が最後の応答反応を示すまでの一連の過程を**シグナル伝達**（signal transduction）という。シグナル伝達においては，**エフェクター**（effector）分子や**アダプター**（adaptor）分子のような，シグナルを次に伝える役割を担う分子が複数関与している。個々の細胞に対して，細胞外から1種類のシグナル分子が刺激しているのではなく，おそらく無数のシグナル分子が同時に，あるいはランダムに刺激していると考えられる。そしてシグナル分子の刺激を受け取る受容体は，1つの細胞上に多種多数存在する。それゆえに，受容体を介するシグナル伝達の複雑さは，大都会の夜景を空から眺めた際に，四方に張り巡らされた道路を無数の車が明かりを照らしながら走っている光景に似ているかもしれない。幾本もの幹線では常に太く明るい光が流れ続け，途中で細い道へと散らばったり，あるいは別の幹線に光が侵入したりする情景がシグナルの伝わり方を連想させる。

9.1.3　さまざまな受容体

　一般に，受容体の特異的部位と結合するシグナル分子は，**リガンド**（ligand）とよばれる。このリガンドが結合することにより，受容体は構造変化を起こし，シグナル伝達経路（signal transduction pathway，または signaling pathway）上に位置する次の分子へとシグナルを伝える。細胞膜上にある代表的な受容体の種類として，**リガンド依存性イオンチャネル型受容体**（ligand-gated ion channel receptor）・**酵素内蔵型受容体**・**G タンパク質共役受容体**（G protein-coupled receptor: GPCR）の3つのグループが知られている。それらに加えて，細胞膜には**酵素共役型受容体**も発現し，細胞内には**核内受容体**が存在している。

A. リガンド依存性イオンチャネル型受容体

　イオンチャネル型受容体は，ナトリウムイオン・カリウムイオン・カルシウムイオンなどの陽イオン，

あるいは塩素イオンなどの陰イオンが出入りする通過孔を細胞膜に作る分子として機能している。陽イオンを通すチャネル型受容体のリガンドとしては，アセチルコリン・セロトニン・グルタミン酸・ATP などが知られており，陰イオンを通すチャネル型受容体のリガンドは，GABA（gamma amino butyric acid，ガンマアミノ酪酸）とグリシンがある。**アセチルコリン受容体**（acetylcholine receptor）は，リガンド依存性イオンチャネルの代表的な分子であり，チャネル型受容体の基本となる構造をしている（図9.1）。アセチルコリン受容体には2つのタイプが存在し，別名ニコチン性受容体とムスカリン性受容体とよばれている。両者のよび方は，アルカロイド[*1] のニコチンとムスカリンがアセチルコリンのアゴニストとしてそれぞれの受容体に作用することに由来する。ニコチン性アセチルコリン受容体がイオンチャネルであり，開口す

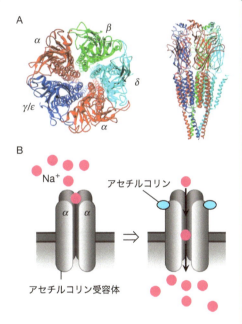

図9.1　アセチルコリン受容体の構造と機能
（A）左図は上から見た受容体の立体構造。右図は横から見た構造を示す。アセチルコリン受容体は，5つのサブユニット，α（2），β（1），δ（1）と，γ（1）またはε（1）で構成されている。
（B）アセチルコリン受容体にアセチルコリンが結合すると，受容体は開口状態となり，ナトリウムイオンが受容体を介して細胞内へと流入する。

るとナトリウムイオンが細胞外から細胞内に入り込む（図9.1）。細胞内のナトリウムイオン濃度が上昇することにより，交感神経と副交感神経では興奮作用，骨格筋・心筋そして平滑筋では収縮が起こる。

*1　アルカロイドとは，窒素原子を含む天然由来化合物をいう。

B. 酵素内蔵型受容体

酵素内蔵型受容体として，キナーゼ活性部位を分子内にもつ**受容体型プロテインキナーゼ**（receptor protein kinase）のグループが代表的である。キナーゼは，ATP からリン酸基を標的分子に転移する（リン酸化する）酵素である。受容体型プロテインキナーゼは，1 回膜貫通型の受容体で，リガンドが受容体の細胞外領域（細胞外ドメイン*2）に結合すると構造変化を起こし，細胞質側にあるキナーゼドメインが酵素として活性化する。このことが引き

金となり，自己リン酸化した部位にシグナル伝達分子が結合することで，あるいは受容体と相互作用するシグナル伝達分子をリン酸化して活性型に変換することでシグナルが伝幡される。受容体型プロテインキナーゼは，基質選択性の違いからチロシンキナーゼ型とセリン／スレオニンキナーゼ型に大別される。

*2　αヘリックス構造あるいはβシート構造からなる 3 次元構造をモチーフ（motif）とよび，モチーフが組み合わさってできたより複雑な構造をドメイン（domain）という。

受容体型チロシンキナーゼ（receptor tyrosine kinase）は 20 種類のサブグループに分けることができる（図9.2）。リガンドが結合した受容体型チロシンキナーゼは，活性化したキナーゼドメインが ATP からリン酸基を奪い，ドメイン内のチロシン残基を自己リン酸化する。そのチロシン残基を，Grb2（growth factor receptor-bound protein

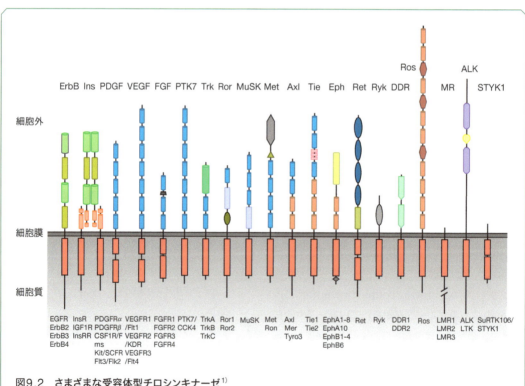

図9.2　さまざまな受容体型チロシンキナーゼ[1]
ヒトの受容体型チロシンキナーゼは，20 種類のサブファミリーに分類される。受容体の細胞外領域にはサブファミリーごとに特異的なドメイン構造が認められ，細胞内領域には共通したチロシンキナーゼドメイン（赤いボックス）が存在する。

2) のようなアダプタータンパク質が認識・結合することで細胞内にシグナルが伝わる。

受容体型セリン／スレオニンキナーゼ（receptor serine/threonine kinase）は，セリン残基やスレオニン残基をリン酸化する酵素活性ドメインを有する。リガンドの TGF-β（transforming growth factor-beta，トランスフォーミング増殖因子ベータ）が結合する受容体は，TGFBR-1/2（TGFβ receptor-1 & -2）とよばれるヘテロ二量体であり，キナーゼドメインを共にもっている。TGF-β を含むリガンドの分子群は，TGF-β ファミリー，アクチビン（activin）ファミリー，BMP（bone morphogenetic protein，骨形成タンパク質）ファミリーの 3 つに大別できる。それらリガンドに対して特異的な受容体型セリン／スレオニンキナーゼのファミリーもそれぞれ存在する。いずれの受容体ファミリーも，TGFBR-1/2 と同じく 1 型（Type I）と 2 型（Type II）の受容体で構成されている。シグナルの活性化様式は，まず 2 型受容体にリガンドが結合することから始まり，その後近傍の 1 型受容体をリン酸化する。それにより 1 型受容体も活性化してリガンドと 2 型受容体との複合体を形成するとともに，細胞内分子の Smad*3 をリン酸化することでシグナルを下流に伝達する。各ファミリーを代表する TGF-β，アクチビン，BMP の生理作用として，TGF-β は細胞増殖を制御し，アクチビンは胚発生や FSH 分泌の促進に関与し，そして BMP は骨形成を促すことが知られている。受容体ファミリーを介する生理活性は，相互作用する Smad との組み合わせによっても変わることから，より多様化している。

*3 Smad は，線虫の sma タンパク質とショウジョウバエの mad タンパク質を合成した語。これまでに哺乳類では R-Smad として Smad1，Smad2，Smad3，Smad5，Smad8/9 の 5 種類，Co-Smad として Smad4，そして I-Smad として Smad6 と Smad7 が同定されている。

その他に，キナーゼドメインとは異なる酵素活性ドメインを有する酵素内蔵型受容体がある。その 1 つが受容体型グアニル酸シクラーゼ（guanylyl cyclase-coupled receptor）である。この受容体は，心臓でつくられた心房性ナトリウム利尿ペプチド（atrial natriuretic peptide）というペプチドホルモンが細胞外部位に結合すると，細胞内領域の酵素活性部位が活性化して GTP をサイクリック GMP（cyclic GMP）に変換する。受容体を発現している血管では，心房性ナトリウム利尿ペプチドに反応して拡張効果が認められる。

C. G タンパク質共役受容体

G タンパク質共役受容体（GPCR）は，これまでに 800 種類以上同定されており，神経伝達物質，ホルモン，匂い分子，そして光の光子などがリガンドあるいはシグナル因子としてこれら受容体に作用する。つまり細胞は，GPCR を介して多様な刺激に対し反応することができる。GPCR は，7 回膜貫通型の構造を有するのが特徴的であり，アミノ酸配列や機能の違いから 6 つのクラス（A ～ F）に分類される。リガンドが細胞外部位に結合すると，細胞内領域に結合していた G タンパク質（G protein）*4 が活性化する。この G タンパク質は，ヘテロ三量体 G タンパク質（heterotrimeric G protein）とよばれ，3 種類のサブユニット（Gα，Gβ，Gγ）からなっている。ヘテロ三量体 G タンパク質に受容体からのシグナルが伝わると，Gα サブユニットが解離して下流にシグナルを伝える。

*4 G タンパク質は，グアニンヌクレオチド結合タンパク質（guanine nucleotide-binding protein）の略称である。

D. 酵素共役型受容体

エリスロポエチン（erythropoietin）や顆粒球コロニー刺激因子（granulocyte-colony stimulating factor）のような親水性のタンパク質は，サイトカイン（cytokine）とよばれるファミリー分子群に含まれる。エリスロポエチンと顆粒球コロニー刺激因子にはそれぞれ特異的な受容体が存在し，細胞表面の膜上に発現している。両受容体は，受容体型プロテインキナーゼとは異なり，細胞内領域に酵素活性部位がない。しかし，血球細胞上の受容体にエリスロポエチンあるいは顆粒球コロニー刺激因子が結合すると，増殖シグナルのスイッチが入って赤血球細胞や白血球細胞を増やすことができ

る。この一連の過程では，受容体を介して非受容体型のキナーゼタンパク質の活性化が起こり，それに続いて細胞増殖に必要なシグナル伝達系が活発化する。

デスレセプター（death receptor）と総称されたファミリーに属するサイトカイン受容体は，他の受容体には見られない特殊な構造のデスドメイン（death domain）が細胞内領域に存在する。リガンドが受容体に結合すると，デスレセプターが三量体を形成するためにアダプター分子がデスドメインと結合可能となる。それが発端となり"細胞死のシグナル"を下流の分子へと伝達する。

E. 核内受容体

細胞質に局在する受容体として，脂溶性ステロイドホルモン結合型の受容体が知られている。ステロイドホルモンは2つのグループに分けられる。1つは，グルココルチコイドなどの副腎皮質ホルモンと総称されるグループである。もう1つは，テストステロンのようなアンドロゲン（男性ホルモン）やエストラジオールのようなエストロゲン（女性ホルモン）などの性ホルモンのグループである。いずれもコレステロールからつくられる。これらのホルモンがリガンドとして標的細胞の細胞膜を通過し細胞内の受容体に結合すると，受容体の立体構造が変化し，受容体–リガンドの複合体が細胞質から核へと移行する。このような受容体は"Ⅰ型核内受容体"とよばれる。核内で複合体は，染色体上のDNAに結合して遺伝子発現の制御に関わり，転写因子として働く（8章参照）。

甲状腺から分泌される甲状腺ホルモン（thyroid hormone）は，循環系を介して全身の細胞に作用し，細胞の代謝を亢進する働きがある。この甲状腺ホルモンの受容体は予め核に局在しており，甲状腺ホルモンが結合すると，その複合体はDNAに結合して特定の遺伝子の転写を誘導する。それゆえ"Ⅱ型核内受容体"とよばれる。レチノイン酸（retinoic acid）の受容体もこのグループに属する。

F. その他の受容体

上記のグループ以外にも，生体にとって大事なシグナル伝達経路が複数知られている。そのうちの1つ，Notch受容体を介するシグナル伝達経路では，リガンドがNotchに結合すると，受容体の細胞質側部分がプロテアーゼによって切断される。切断されたペプチド断片は，その後核に移行し，核タンパク質のRBP-J/CBF1と結合することで標的遺伝子の転写を活性化する。細胞膜上にある受容体の一部が核内受容体のような働きをもつのは独特である。この経路は，神経・造血・体節などのさまざまな細胞の運命決定に重要な役割を果たしている。

9.2節

細胞内シグナル伝達分子

9.2.1　必ず通る道（カスケード）

細胞外からのシグナル分子の刺激によって，あるいは細胞内の環境変化によって，一方通行の道を矢印に従って通過するかのように，シグナル伝達分子を介してシグナルが次々に伝わっていく。この連鎖する反応経路は**カスケード**（cascade）とよばれ，シグナルの種類によって特定のカスケードが活用される。受容体を介して入ったシグナルは，複数のカスケードを刺激することもあり，また異なる受容体が同一のカスケードを利用することもある。カスケードを通過することにより，"ドミノ倒し"のように最初は微弱なシグナルが増大したり，あるいは局所的な刺激であったのが細胞全体に広がっていく。

9.2.2　2タイプのGタンパク質

シグナル伝達に関わるGタンパク質は，**低分子量Gタンパク質**（small G protein）とヘテロ三量体Gタンパク質の2グループに分けることができる。低分子量Gタンパク質は，分子量が小さく

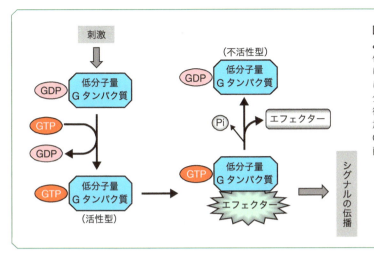

図9.3 低分子量Gタンパク質によるシグナル伝達
低分子量Gタンパク質は，刺激を受けるとGDP結合型からGTP結合型に変わり，標的となるエフェクター分子に結合して活性化を促す。その後低分子量Gタンパク質は，自らの加水分解作用によって不活性型のGDP結合型に戻る。Piは無機リン酸を示す。

単量体として働く。一方，ヘテロ三量体Gタンパク質はGα，Gβ，Gγの三量体で構成されており，GPCRを介するシグナル伝達に深く関わっている。

A. 低分子量Gタンパク質

低分子量Gタンパク質は，加水分解の働きをもつGTPアーゼドメイン（GTPase domain）と標的タンパク質と結合するドメインからなり，GTPあるいはGDPと特異的に結合する。低分子量Gタンパク質は，GTPが結合した状態が活性型であり，標的タンパク質に結合して活性化する（図9.3）。結合後は，自身がもつ加水分解活性によりGTPをGDPに分解するために不活性型に変わる。

受容体型チロシンキナーゼのEGFR（epidermal growth factor receptor，上皮成長因子受容体）を介するシグナル伝達経路では，**Ras**[*5]とよばれる低分子量Gタンパク質が働いている。Rasは，分子量が約21kDa（kilo dalton，キロダルトン）で，GTP結合型がキナーゼタンパク質のRaf[*6]と**PI3K**（phosphoinositide 3-kinase），そしてRal-GEF[*7]と相互作用する。RasがRafに結合すると，Rafは活性型に変わり，標的となるキナーゼのMEK（MAPK/ERK kinase）をリン酸化する。その結果，キナーゼカスケードが活発化し，最終的に細胞増殖へと導く。またRasがPI3Kに結合すると，PI3Kが細胞膜に局在するリン脂質のホス

ファチジルイノシトール二リン酸（phosphatidylinositol 4,5-bisphosphate; PIP2）をリン酸化することで，ホスファチジルイノシトール三リン酸（phosphatidylinositol 3,4,5-bisphosphate; PIP3）の産生を促す。PIP3は，次に**プロテインキナーゼB**（protein kinase B; PKB，別名Akt[*8]ともいう）やRho-GEF[*7]を活性化する。

[*5]　Rasの名前は，Rat sarcoma（ラット肉腫）に由来する。哺乳類ではH-ras，N-ras，K-rasの3種類がある。
[*6]　Rafの名前は，元々レトロウイルスで見つかったoncogeneのv-raf（virus-induced rapidly accelerated fibrosarcoma）に対し，正常な細胞にある相同な遺伝子をc-Raf（cellular-Raf）として名付けたことに由来する。Raf-1ともよばれている。哺乳類ではc-Raf/Raf-1の他に，A-RafとB-Rafが存在する。
[*7]　Ral-GEFとRho-GEFは，それぞれ低分子量Gタンパク質RalとRhoのGDPからGTPへの交換を特異的に促進するタンパク質である。
[*8]　Aktは，腫瘍が自発的に発症するマウスの系統から単離されたAKT8ウイルスによって生成される癌遺伝子産物（v-akt）に対する正常細胞側の相同タンパク質をいう。

オンコジーン（oncogene）（17章参照）となったRasの遺伝子を調べると，GTP結合部位の12番目グリシンや61番目グルタミンに相当する遺伝子上の塩基配列に，ミスセンス変異[*9]が起きている。変異型Rasタンパク質は，GTPと結合できるものの加水分解ができないために，GTP結合型として活性化状態が続くことになり，結果として細胞の増殖能が高まる。

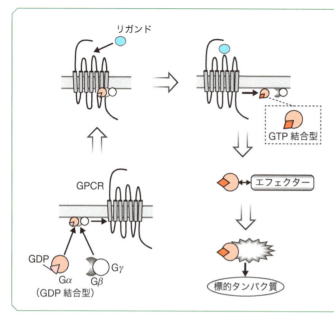

**図9.4 ヘテロ三量体Gタンパク質による
シグナル伝達経路**
GDP 結合型の Gα サブユニットは，細胞膜
下へと移動し，Gβ と Gγ とともに三量体を
形成する。その後ヘテロ三量体 G タンパク質
は，細胞膜上の G タンパク質共役受容体
（GPCR）の細胞内領域と相互作用する。
GPCR にリガンドが結合すると，受容体の構
造変化が起こり，Gα サブユニットが GDP
型から GTP 型に変わる。活性型となった Gα
サブユニットは複合体から遊離し，エフェク
ターと結合することで下流の分子にシグナル
を伝播する。

*9　ミセンス変異は，塩基配列の点突然変異によって異
なったアミノ酸残基に置き換わる変異をいう。Ras では，
ミ セ ン ス 変 異 に よ っ て Gly¹² → Ser¹² あ る い は
Gln⁶¹ → Arg⁶¹ のアミノ酸置換が起きている。

Ras のような低分子量 G タンパク質は，これま
でに 100 種類以上見つかっており，"Ras スーパー
ファミリー" と総称されている。Ras スーパーファ
ミリーは，機能の違いから Ras ファミリー，Rho
ファミリー，Rab ファミリー，Arf ファミリー，
Ran ファミリーの 5 つのサブファミリーに分ける
ことができる。Ras ファミリーは主に細胞増殖に
関わり，Rho ファミリーは細胞骨格に，Rab と
Arf の両ファミリーは小胞輸送に，そして Ran ファ
ミリーは核と細胞質間の輸送に関与している。

B. ヘテロ三量体 G タンパク質

ヘテロ三量体 G タンパク質は，構成する 3 つの
サブユニットのうち，Gα サブユニットが低分子量
G タンパク質と同じ性質をもつ。一方，互いに強
固に結合している Gβ と Gγ の両サブユニットは，
GDP 結合型の Gα サブユニットと結合して安定的
な構造を形成することに貢献している。

ヘテロ三量体 G タンパク質は，低分子量 G タン
パク質と同様にカルボキシル基末端に脂質が付加さ

れる*10 と，細胞膜下へと移動し，その場で Gα・Gβ・
Gγ の三量体を形成する（図9.4）。三量体化により，
細胞膜に局在している GPCR との結合が促進する。
GPCR にリガンドが結合すると，受容体の構造変
化が起こるために，GPCR に結合していた G タン
パク質のうち Gα サブユニットが GDP 型から
GTP 型に変わる。その後，活性型となった Gα サ
ブユニットは，複合体から遊離し，エフェクター分
子に結合することで受容体からのシグナルを下流へ
と伝える（図 9.4）。

*10　Gα と Gγ サブユニットが脂質修飾を受ける。

Gα サブユニットには多数の種類があり，活性型
（Gαs）ばかりでなく，抑制型（Gαi）も存在する。
Gα サブユニットは，自身がもつ加水分解活性によ
り GTP を GDP に交換すると不活性型となり，標
的タンパク質から離れる。その結果，標的分子の活
性化状態は終息する。一方，解離した GDP 型の
Gα サブユニットは，再び Gβ と Gγ と三量体を形
成し，GPCR と相互作用する。

9.2.3　非受容体型プロテインキ
ナーゼ

細胞内には，非受容体型プロテインキナーゼが多

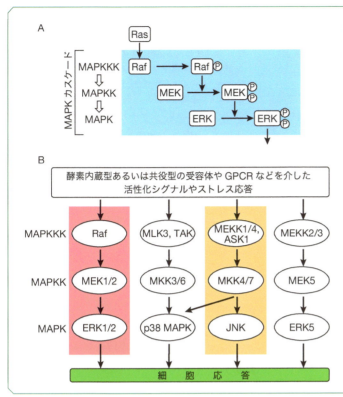

図9.5　MAPKカスケード
（A）Rasによって活性化されたRafは，MEKをリン酸化して活性化する。そして活性化したMEKは，ERKをリン酸化して活性化する。MAPKカスケードでは，上位のキナーゼによる下位のキナーゼのリン酸化反応によってシグナルが伝達される。（B）MAPKカスケードは，ERK1/2，p38MAPK，JNK，ERK5がそれぞれ最下位で活性化するカスケードとして4種類知られている。

A

MAPKカスケード
MAPKKK
⇩
MAPKK
⇩
MAPK

Ras
Raf → Raf Ⓟ
MEK → MEK ⓅⓅ
ERK → ERK ⓅⓅ

B

酵素内蔵型あるいは共役型の受容体やGPCRなどを介した活性化シグナルやストレス応答

MAPKKK	Raf	MLK3, TAK	MEKK1/4, ASK1	MEKK2/3
MAPKK	MEK1/2	MKK3/6	MKK4/7	MEK5
MAPK	ERK1/2	p38 MAPK	JNK	ERK5

細　胞　応　答

数存在する。非受容体型のプロテインキナーゼにも，セリン／スレオニンキナーゼ型とチロシンキナーゼ型の2つのタイプがある。受容体型のプロテインキナーゼは，リガンドとの結合が引き金となってキナーゼ活性部位が活性化するのに対し，非受容体型のプロテインキナーゼの活性化機序は多様である。

　現在知られているキナーゼの多くは，セリン／スレオニンキナーゼ型であり，Rafを含めた多数のセリン／スレオニンキナーゼがシグナル伝達に関わっている。一方，チロシンキナーゼ型としては，SrcやJAKのグループが同定されている。非受容体型のチロシンキナーゼは，セリン／スレオニンキナーゼに比べて数は少ないが，シグナル伝達において重要な役割を果たしているのが多い。また，微生物や植物にはヒスチジンキナーゼも存在する。

C. MAPKとそのカスケード

　Rafの活性化ではじまるMAPK（mitogen-acti-vated protein kinase，分裂促進因子活性化プロテインキナーゼ）カスケードでは，複数のプロテインキナーゼのリン酸化と活性化を通じてシグナルが順に下流へと伝わっていく。このカスケードに関わるプロテインキナーゼは，Rafの他にセリン／スレオニンキナーゼのMEKとMAPK/ERK（extracel-lular signal-regulated kinase，細胞外シグナル調節キナーゼ）である（図9.5A）。MAPKカスケードでは，上位のキナーゼが下位のキナーゼをリン酸化することにより，下位のキナーゼが活性化する。ちょうど，リレー競争で前の走者からバトンを引き継ぎながら最終のゴールへ届けることに似ているかもしれない。MEKは，機能上MAPK kinase（MAPKK，またはMAP2K）とよばれ，下位のMAPK/ERKをリン酸化する。そのMEKをリン酸化するのはRafであり，MAPKK kinase（MAPKKK，またはMAP3K）とよばれている。仮に低分子量GタンパクのRasをカスケード上に組み入れるならば，MAP4Kに相当する。

また図9.5Bに示すように，現在では4種類の
MAPKカスケードが知られている。広義的に
MAPKは，ERK1/2の他にp38MAPK，JNK，
ERK5が該当する。またMAPKKやMAPKKKに
相当するキナーゼも別個に存在する。これらキナー
ゼの活性化は，それぞれに特有のカスケードを通じ
て行われ，各カスケードが混線することはない。シ
グナルに応じて使い分けられている。動物細胞に限
らず，植物細胞にもMAPKカスケードに類似した
カスケードが存在する。

D. SrcとJAK

細胞内には，32種類の非受容体型チロシンキナー
ゼが存在している。その中でc-Src（cellular sar-
coma）は，非受容体型チロシンキナーゼとして最
初に見つかったタンパク質であり，FynやYesを
含めた9つのチロシンキナーゼで構成するSrcファ
ミリーの代表的な分子である。このタンパク質はほ
とんどの細胞で発現しており，細胞の生存や増殖，
血管新生，そして細胞移動に関わっている。

JAK（Janus kinase）は，STAT（signal
transducers and activators of transcription，
シグナル伝達兼転写活性化因子）をリン酸化し活性
型へと導く。これまでにJAKは4種類，STATは
7種類見つかっており，互いの組み合わせにより
39種類のサイトカイン受容体からのシグナルを受
け継いで核へと伝える。

E. PI3KとPKB/Akt

PI3Kがリン酸化する標的分子は，タンパク質で
はなくリン脂質である。活性化したPI3Kによって
PIP_2がリン酸化されてPIP_3がつくられる。その後
のシグナル伝達は，PIP_3がPKB/Aktを直接活性
化する場合と，PIP_3によって活性化されたPD-
PK1（3-phosphoinositide dependent protein
kinase-1，3-ホスホイノシチド依存性プロテイン
キナーゼ-1）[*11]がPKB/Aktを活性化する1ステッ
プ多い経路を経る場合の2通りある。PDPK1活性
化経路では，PKB/Akt以外にもプロテインキナー
ゼC（protein kinase C; PKC）やS6Kなどのセ

リン／スレオニンキナーゼもPDPK1によって活
性化される。

*11　よく使われる省略文字のPDK1は，正式にはピルビ
ン酸脱水素酵素キナーゼ1（pyruvate dehydrogenase
kinase 1）のことを示すが，PDPK1のことをPDK1と表
記されている場合がある。

PI3K-PKB/Aktシグナル伝達経路は，さまざま
な上流のシグナルが集約される経路であり，また下
流では多種多様なシグナル伝達分子を活性化してお
り，生体にとって欠かせない大事な経路の1つと
なっている。この経路の活性化によって，最終的に
細胞の増殖や分化・代謝・細胞遊走・生存，そして
細胞骨格の形成などが観察される。

9.2.4 二次メッセンジャー

二次メッセンジャー（second messenger）は，
リガンドなどの一次メッセンジャーの作用によって
細胞内で新たに産生される因子を意味し，タンパク
質は範ちゅうに含めない。サイクリックAMP
（cyclic AMP），サイクリックGMP，リン脂質，
カルシウムイオン，一酸化窒素などが該当する。

F. サイクリックAMP

サイクリックAMPの存在は，グリコーゲンから
グルコース1-リン酸への糖分解反応に必須なグリ
コーゲンホスホリラーゼ（glycogen phospho-
rylase）に対し，その活性を促すことができる非タ
ンパク質性成分を突き止めることにより明らかと
なった。サイクリックAMPは，Gタンパク質を
介して活性化したアデニル酸シクラーゼ（adenyl-
ate cyclase）によって，ATPから環状の一リン
酸型としてつくられる。

サイクリックAMPは，イオンチャネルに結合し
てチャネルの開口を促す作用がある。また，サイク
リックAMP依存性プロテインキナーゼ（cyclic
AMP-dependent protein kinase; PKA）[*12]に結
合して，この酵素の活性化を導く。PKAは，四量
体（調節サブユニット2個と触媒サブユニット2個）
からなり，調節サブユニットが触媒サブユニットの
活性を抑えた状態で存在する。サイクリックAMP
は，調節サブユニットに結合することで調節サブユ

ニットを触媒サブユニットから引き離す。その結果，解離した触媒サブユニットは活性型となり，さまざまなタンパク質をリン酸化できるようになる。逆に，調節サブユニットからサイクリック AMP が離れると，調節サブユニットが再び触媒サブユニットに結合するため，PKA は不活性型に戻る。図9.6 に示すように，アドレナリンによる血糖値上昇は，サイクリック AMP の生成や PKA の活性化が関わっており，両反応を含め少なくとも 8 つの過程を経て起きている。

*12　PKA に PKG と PKC を加えたグループは，"AGC kinase" とよばれている。PKB もこのグループに属する。

G. リン脂質

リン脂質は，構造中にリン酸エステル部位をもつ脂質であり，脂質二重層を形成して細胞膜の主要な構成成分となるほか，二次メッセンジャーとしてシグナル伝達にも関わっている。G タンパク質によって活性化されたホスホリパーゼ C（phospholipase C beta; PLC）*13 は，細胞膜にあるホスファチジルイノシトール二リン酸（PIP$_2$）をイノシトール三リン酸（inositol trisphosphate; IP$_3$）とジアシルグリセロール（diacylglycerol; DAG）の 2 つに分解する（図9.7）。IP$_3$ と DAG は，二次メッセンジャーとしてそれぞれ異なった役割を担う。IP$_3$ は，滑面小胞体に移行してカルシウムチャネルの開口を促し，カルシウムイオンを細胞質に放出させる。一方 DAG は，細胞膜に結合している PKC を活性化する（図9.7）。

*13　PLC には，6 種類のアイソタイプ（$\beta \cdot \gamma \cdot \delta \cdot \varepsilon \cdot \zeta \cdot \eta$）が存在する。

H. カルシウムイオン

カルシウムイオンは，細胞内ではほとんどが小胞体に蓄えられており，細胞質には 0.1 μM 程の少量しか存在しない。小胞体膜あるいは細胞膜にある能動輸送タンパク質を介して，常に細胞質のカルシウムイオンは小胞体や細胞外に汲み出されている。それによって濃度差が生じている。

ある刺激によってカルシウムチャネルが開口す

アドレナリン（1）
↓
①アドレナリン受容体への結合
↓
②G タンパク質の活性化
↓
③アデニル酸シクラーゼの活性化
↓
④サイクリック AMP の生成（20）
↓
⑤PKA の活性化
↓
⑥ホスホリラーゼキナーゼの活性化（100）
↓
⑦グリコーゲンホスホリラーゼの活性化（1000）
↓
⑧グルコースの生成（10,000）
↓
血糖値上昇

図9.6　アドレナリンによる血糖値上昇を導くシグナル伝達経路
アドレナリン 1 分子が受容体に結合することで始まるシグナルは，8 段階の過程を経ることにより，グルコースが 1 万分子生成される増幅の形となる。その結果，過剰なグルコースが血液中に放出されて血糖値上昇へと導く。括弧内の数字は，活性化あるいは生成された分子数を示す。

ると，一度に大量のカルシウムイオンが細胞質に入り込んで来るため，短時間で急激に濃度が上昇する。流入したカルシウムイオンは，PKC*14 を活性化するが，その他にもカルモジュリン（calmodulin）というカルシウム結合タンパク質を介して，筋肉収縮，炎症，代謝や細胞死などさまざまな細胞応答を誘発する。カルモジュリンは，分子量が約 17 kDa のタンパク質で，1 分子当たり 4 つのカルシウムが結合する。細胞質のカルシウムイオン濃度が低い状態では，カルシウムイオンが 4 つすべてカルモジュリンに結合しないために，カルモジュリンは機能分子として働かない。カルシウムイオンが全結合すればカルモジュリンは，さまざまなカルモジュリン結合タンパク質と結合することで生理機能を発揮できる。結合タンパク質の 1 つは，カルシウムイオン／カルモジュリン依存性キナーゼ（Ca^{2+}/calmodulin-dependent protein kinase; CAMK）である。

*14　PKC の活性化にはカルシウムイオンも必要なことか

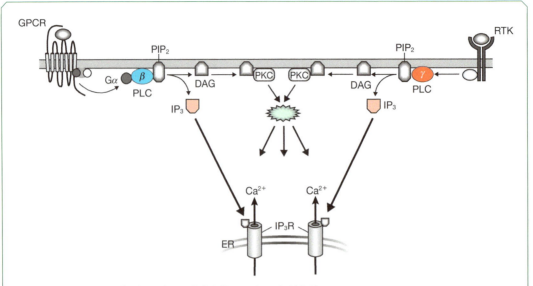

図9.7　ホスホリパーゼC（PLC）の活性化を伴うシグナル伝達経路
Gタンパク質共役受容体（GPCR），あるいは受容体型チロシンキナーゼ（RTK）によって活性化されたPLCは，細胞膜にあるホスファチジルイノシトール二リン酸（PIP_2）をイノシトール三リン酸（IP_3）とジアシルグリセロール（DAG）に分解する。IP_3は，小胞体（ER）の膜上にある受容体（IP_3R）に結合することによって，カルシウムイオンを細胞質に放出させる。一方，DAGは細胞膜に結合しているPKCを活性化する。

ら，"C"と名付けられた。

これまでにCaMKグループとして，複数のタンパク質をリン酸化する多機能型のCaMKI，CaMKII，CaMKIVと，特定のタンパク質のみをリン酸化するミオシン軽鎖キナーゼ（myosin-light chain kinase; MLCK）とCaMKIII/eEF-2が見つかっている。前者のCaMKは，脳で発現が高く，また持続して活性を維持できることから記憶分子して働くことが示唆されている。後者のMLCKは，ミオシン軽鎖に特化してリン酸化を行い，その結果平滑筋の収縮を促す。

I. 一酸化窒素とサイクリックGMP

気体の一酸化窒素は，シグナル伝達分子として血圧変動や細胞死に関与している。一酸化窒素は，一酸化窒素合成酵素（nitric oxide synthase）によってアミノ酸のアルギニンからシトルリンを生成する際に発生する。一酸化窒素は，細胞の細胞膜を通り抜けて，細胞質にある可溶性型グアニル酸シクラーゼ（soluble guanylyl cyclase）を活性化するこ

とにより，サイクリックGMPの産生を促す。その結果，サイクリックGMPによって**プロテインキナーゼG**（protein kinase G: PKG）が順に活性化される。例えば，血管の平滑筋においてPKGが活性化すると，カルシウムイオンの細胞質への流入を抑えるために，筋収縮から筋弛緩へと変化する。一酸化窒素は，結果的に血管の拡張化とそれに伴った血圧低下を導く。

緊急の狭心症治療薬としてニトログリセリンが用いられるのは，ニトログリセリンが体内で加水分解と還元によって素早く一酸化窒素に変化して，血管拡張を強く誘発し血流の増加を促すことで，心臓の負担軽減につながるからである。

9.2.5 タンパク質間相互作用に必要なアダプタータンパク質・ドッキングタンパク質，そして足場タンパク質

シグナル伝達に関与するタンパク質として，受容体や酵素ばかりでなく，受容体とシグナル伝達分子

の間，あるいは異種のシグナル伝達分子間の橋渡しの役目を担うタンパク質群がある。それらはアダプターとよばれるタンパク質群であり，他のタンパク質と相互作用するための結合ドメインや結合モチーフの構造のみからなっている。アダプタータンパク質は，Grb2を含めて100種類近くが特定されている。

Grb2は，1つのSH2ドメイン（Src homology 2 domain）と2つのSH3ドメイン（Src homology 3 domain）からなる（図9.8）。SH2ドメインは，リン酸化されたチロシン残基を認識し結合するために必要であり，EGFRなどの受容体型チロシンキナーゼのリン酸化部位に結合する。またアミノ基末端側のSH3ドメインは，Sos（son of sevenless）と結合する。このようにGrb2は，受容体からのシグナルを仲介してSosに伝える役割を担っている（図9.8）。しかし，Grb2の結合は受容体チロシンキナーゼやSosのみに限定されず，他にも70種類近くのタンパク質と結合することがわかっている。

アダプタータンパク質に比べ，一度に複数のタンパク質と結合できるタンパク質は**ドッキングタンパク質**（docking protein）とよばれており，IRS-1（insulin receptor substrate 1）やGab2，FRS2αなどが該当する。IRS-1は，インシュリン受容体とPI3KやGrb2をつなぎ止める役割を果たしている。

さらに**足場タンパク質**（scaffold protein）は，複数のタンパク質が複合体を形成するための足場として使われるタンパク質であり，シグナル伝達に関わる分子をひとまとめにする働きがある。また，結合したキナーゼタンパク質などの活性を触媒することで，シグナルの調節にも重要な役割を果たしている。その代表的な足場タンパク質として，KSR（kinase suppressor of Ras）が挙げられる。このタンパク質は，Raf・MEK1/2・ERK1/2の3種類のキナーゼをまとめて取り込むため，MAPKカスケードのシグナル伝達を効率よく進めることができる。またシナプスには，PSD-95，Shank，AKAP，Homerなど多種類の足場タンパク質が存

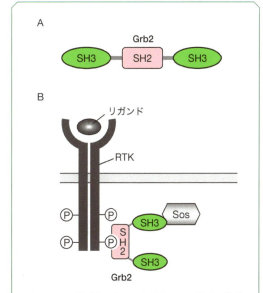

図9.8　アダプタータンパク質Grb2の構造と機能
（A）Grb2のタンパク質構造。Grb2は，中央部にSH2ドメインがあり，アミノ基末端側とカルボキシル基末端側にそれぞれSH3ドメインが位置する。
（B）リガンドの結合に伴って，受容体型チロシンキナーゼ（RTK）でリン酸化されたチロシン残基にGrb2のSH2ドメインが結合する。一方，SH3ドメインはSosと結合する。

在し重要な役割を果たしている。

9.3節

シグナル伝達の調節機構

9.3.1　アデニル酸シクラーゼとホスホジエステラーゼによる相反的な調節

細胞応答の有無は，シグナル伝達分子を活性化する酵素と不活化する酵素の両者の活性のバランスによって決まることが多い。例えば，サイクリックAMPを生成するアデニル酸シクラーゼの量が増えるか，あるいは活性化状態が持続すれば，サイクリックAMPは増加しPKAも活性化し続けることになり，シグナルは絶えることがない。一方，サイクリッ

ク AMP 分解酵素である**ホスホジエステラーゼ**（phosphodiesterase）[*15] の活性が強くなれば，サイクリック AMP が減るためにシグナル伝達は遮断されることになる。

[*15] バイアグラは，クエン酸シルデナフィルの商標名である。シルデナフィルは，当初狭心症の治療薬として開発されたが，勃起不全などの適応薬として使われるようになった。クエン酸シルデナフィルは，5 型ホスホジエステラーゼの活性を阻害するために，サイクリック GMP の分解を抑える。結果として，海綿体の血管の弛緩を促すことになり，血流量が増える。

9.3.2 GEFとGAP，そしてGDIとGDFによる調節

低分子量 G タンパク質は，スイッチのオンとオフと同じように，活性化状態の GTP 結合型と不活性化状態の GDP 結合型が入れ替わることによって，シグナル伝達のオンとオフの役割を果たしている。低分子量 G タンパク質を活性型に誘導するのが**グアニンヌクレオチド交換因子**（guanine nucleotide exchange factor; GEF）であり，この GEF が G タンパク質に作用して GDP から GTP への交換を促す（図9.9）。Ras に特異的な GEF は Sos であり，また Ral-GEF や Rho-GEF もそれぞれ Ral や Rho に特異的な GEF である。一方，**GTP アーゼ活性化タンパク質**（GTPase activating protein; GAP）は，GEF と反対の生理作用を示し，GTP 型の G タンパク質に結合すると，G タンパク質の加水分解反応を促し，不活性状態の GDP 型へと導く（図9.9）。

さらに Rho や Rab などの低分子量 G タンパク質の場合，GDP 結合型は，GDP 解離阻害因子（GDP dissociation inhibitor; GDI）が結合すると，GDP を解離できず GTP 結合型への置換が抑制される。他方，GDI 置換因子（GDI displacement factor; GDF）は，GDI と G タンパク質の結合を解離させる働きがある。その結果，GDP 結合型から GTP 結合型への変換が容易になる（図9.9）。

9.3.3 キナーゼとホスファターゼによる調節

キナーゼによる標的分子のリン酸化は可逆的反応であり，リン酸化反応で結合したリン酸が加水分解を受けると元の非リン酸化状態に戻る。この脱リン酸化反応を担う酵素が**ホスファターゼ**（phosphatase）であり，リン酸化されたチロシン，あるいはセリンやスレオニンを標的にしてリン酸基を除く。キナーゼによるリン酸化反応でシグナル伝達が進むならば，ホスファターゼによるシグナル伝達分子の脱リン酸化は，シグナル伝達を抑制することになる。例えば MAPK カスケードでは，MAPK ホスファターゼ（MAPK phosphatase）によるシグナルの抑制化が示されている。

PTEN（phosphatase and tensin homolog deleted from chromosome 10）は，全身の細胞で発現しているホスファターゼである。この酵素は，リン酸化された Shc1 や FAK などのタンパク質を脱リン酸化する働きをもつが，それよりもイノシトールリン脂質の PIP3 を脱リン酸化する重要な役割を担っている。つまり，PI3K による "$PIP_2 \rightarrow PIP_3$" の反応を，PTEN が "$PIP_2 \leftarrow PIP_3$" へと逆方向に戻す。PTEN 遺伝子に変異が生じて，その変異タンパク質が酵素として働かなくなると，PIP3 が脱リン酸化されず蓄積することになり，細胞の活性化状態が続く。PTEN の機能喪失が細胞増殖を促し，延いては細胞のがん化へとつながる。

また，キナーゼとホスファターゼがミオシン軽鎖の修飾に関与することで，アクトミオシンの収縮と弛緩を制御している。低分子量 G タンパク質 Rho の標的分子は，セリン／スレオニンキナーゼ**ROCK**（Rho-associated protein kinase）である。GTP 型 Rho によって活性化された ROCK は，ミオシン軽鎖の特異的なアミノ酸をリン酸化する。これにより，アクチンとミオシンの滑り込みが引き起こされて収縮が起きる。一方ミオシン軽鎖ホスファターゼは，リン酸化されたアミノ酸の脱リン酸化反応を進めることから，結果として収縮を止める。ミオシン軽鎖ホスファターゼは，恒常的に活性化が維持されるのではなく，ROCK によってリン酸化されると酵素活性能を失ってしまう。その結果，脱リン酸化反応も終息する。また平滑筋の収縮と弛緩においても，キナーゼとホスファターゼが関わってい

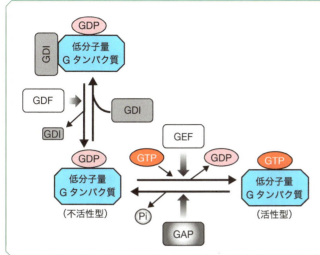

図9.9　低分子量Gタンパク質の活性調節機構

低分子量Gタンパク質のGTP型への変換には，GEF（グアニンヌクレオチド交換因子）が関与し，GTPをGDPに変える加水分解反応にはGAP（GTPアーゼ活性化タンパク質）が関わっている。またGDI（GDP解離阻害因子）は，GDP結合型に結合することでGTP結合型への置換を抑制し，GDF（GDI置換因子）は，GDIとGタンパク質の結合を解離させる方向に働く。Piは無機リン酸を示す。

る。カルシウムイオンの細胞質流入によって，MLCKが活性化し筋収縮が起きる。筋弛緩にはミオシン軽鎖ホスファターゼが関わっている。

9.3.4　アロステリック調節

PKAの調節サブユニットは，サイクリックAMPの結合部位が4ヶ所あり，またカルモジュリンもカルシウムイオンと結合する部位が4ヶ所存在する。4つの部位に対するサイクリックAMPやカルシウムイオンの結合親和性は一様ではなく，最初の部位に結合する場合と2番目位以降に結合する場合で親和性は異なる。最初の部位に結合すると構造変化を起こすために，他3つの部位への親和性が高まり結合しやすい状態となる。このことは，リガンドの濃度変化が小さくてもシグナル伝達分子の活性に大きな変化をもたらすことになる。このような調節の仕方を**アロステリック調節**（allosteric regulation）という。

細胞内シグナル伝達の制御機構

9.4.1　ユビキチン化による制御

タンパク質は，リン酸化だけでなく，ヒストンで見られるアセチル基の付加によるアセチル化や，糖タンパク質で起きるグリコシル基の付加によるグリコシル化など，30種類をこえる多様な**翻訳後修飾**（posttranslational modification）を受ける。

このうち**ユビキチン化**（ubiquitination，またはubiquitylation）は，ユビキチン活性化酵素（ubiquitin-activating enzyme，E1）・ユビキチン結合酵素（ubiquitin-conjugating enzyme，E2）・ユビキチン転移酵素（ubiquitin ligase，E3）の3種類の酵素の働きによって，76アミノ酸からなる**ユビキチン**（ubiquitin）を標的タンパク質に付加する修飾反応である。ユビキチン修飾によって，標的タンパク質はユビキチンが数珠状につながったポリユビキチン鎖状態になる。その結果，タンパク質は26Sプロテアソーム（proteasome）[16]へと運ばれ分解される。

[16]　プロテアソームは，タンパク質分解を担う巨大な酵素複合体であり，細胞質にも核にも存在する。26Sプロテア

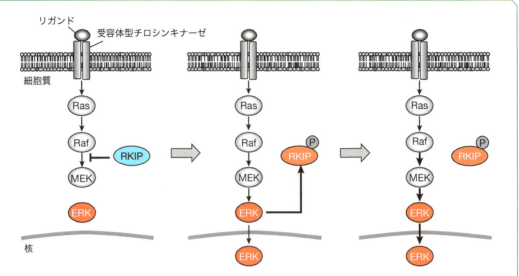

図9.10　MAPKカスケードで見られるポジティブフィードバック機構
RKIP（Raf kinase inhibitor protein）によるRafを介するシグナルの阻害効果は，MAPKカスケードを通して活性化されたERKがRKIPをリン酸化することで抑制される。その結果，Rafの活性が回復する。下流に位置するERKから上流のRafにシグナルが伝わることによって，さらに増強するポジティブフィードバックが見られる。

ソームは，コアの20Sプロテアソームに19S複合体が2つ結合したタイプである。

ユビキチン修飾は，不要なタンパク質の除去の他にも，DNA修復やシグナル伝達にも関わっていることが明らかとなりつつある。この反応の違いは，ユビキチン化の様式の違いを反映している。ポリユビキチン化は，ユビキチンに存在するリジン残基（K）に別のユビキチンのグリシン残基が結合することで反応が進むが，複数あるリジンの中からどのリジンが選択されるかによって特性が異なってくる。現在3つの様式が知られている。1つは，48番目のリジン（K^{48}）を介するポリユビキチン化であり，この場合は修飾された標的タンパク質は分解反応に進む。もう1つは，63番目のリジン（K^{63}）を介する場合である。また，リジン残基の代わりに開始メチオニン（M^1）を介してもポリユビキチン化が起きる。一方，標的タンパク質側でもユビキチン化されるリジンが異なる場合があり，修飾の違いが標的タンパク質の性質を変えてしまう。近年，ユビキチン化されたタンパク質からユビキチンを除く**脱ユビキチン化酵素**（deubiquitylating enzyme）

も見つかっている。さらには修飾分子のユビキチン自身がリン酸化修飾されることも判明しており，ユビキチン化の制御はより複雑化している。

9.4.2　ポジティブフィードバックとネガティブフィードバックによる制御

RKIP（Raf kinase inhibitor protein）は，Rafの活性を抑制する分子として知られている。MAPKカスケードを介して活性化されたERKがRKIPをリン酸化すると，RKIPのRafに対する抑制効果が解除され，結果としてRafの活性が高まる（**図9.10**）。このように，シグナル伝達経路を一回りしてさらにシグナルが増強することを**ポジティブフィードバック**（positive feedback）とよぶ。

また，**ネガティブフィードバック**（negative feedback）の例として，転写因子NF-κB（nuclear factor of kappa light polypeptide gene enhancer in B-cells）の活性化経路が挙げられる（**図9.11**）。サイトカインのTNFα（tumor necrosis factor alpha）あるいはIL-1β（interleukin-1

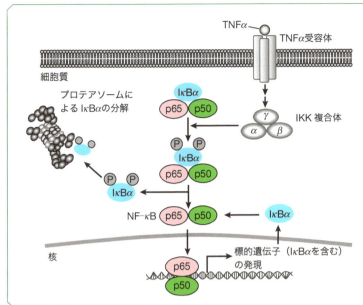

図9.11　NF-κBの活性化経路で見られるネガティブフィードバック機構

TNFαが細胞膜上の受容体に結合することによって，シグナル伝達の下流ではIKK複合体が活性化する。この複合体がIκBαをリン酸化するために，p65（別名RelA）とp50の2分子からなるNF-κBは，IκBαから離れて核に移行し，標的遺伝子の発現を誘導する。発現誘導される遺伝子の中にIκBα遺伝子が含まれているため，新たに産生されたIκBαタンパク質がNF-κBに結合することにより，NF-κBの活性は抑制される。シグナルが一巡することによってNF-κBが不活性状態に戻る負のフィードバック機構が存在する。

beta）によって細胞膜上の受容体が活性化すると，細胞内へとシグナルが伝わり，IKKα（IκB kinase alpha），IKKβ（IKK beta），IKKγ（IKK gamma，別名NEMO）の3つのサブユニットからなる複合体が活性化する。この複合体は，NF-κBに結合して活性を抑制していたIκBα（NF-κB inhibitor alpha）をリン酸化する。リン酸化されたIκBαは，NF-κBから離れてタンパク質分解へと進む。一方NF-κBは，抑制状態が解かれて核へと移行し，染色体のDNAに結合して遺伝子発現を誘導する。発現誘導される遺伝子の中にIκBα遺伝子が含まれているため，新たに産生されたIκBαがNF-κBに再結合することにより，NF-κBの活性は亢進せず抑制される。このようにNF-κBの活性化経路では，負のフィードバック機構が存在する。

9.4.3　クロストーク制御

　PLCは，6種類のアイソタイプ[*13]が存在するが，そのうちPLC-βとPLC-γが細胞外からの刺激によって活性化される。図9.7に示したように，PLC-βは，Gタンパク質共役受容体を介するシグナル伝達経路において活性化され，PLCγは，受容体型チロシンキナーゼの下流において活性化され

る。どちらもPIP$_2$をIP$_3$とDAGに分解することができるため，IP$_3$によるカルシウムイオンの放出とDAGによるPKCの活性化という同じ生理活性をもたらす。このように，別々の異なる刺激（シグナル）によって活性化される2つのシグナル伝達経路が，途中で同一の経路として重なり合う効果をクロストーク（crosstalk）という。またPKCもRafを直接リン酸化し活性化するため，Rasと同様にMAPKカスケードを動かすことができる。つまり，クロストークがみられる。

バリエーションに富むタンパク質修飾

　プロテインキナーゼは，標的タンパク質のアミノ酸残基にリン酸基を共有結合させることで，構造変化をもたらす。MAPKカスケードにあるキナーゼは，リン酸化されて活性型となる。しかしタンパク質によっては，リン酸化を受けることで機能が抑制されて不活性型となるものがある。また，リン酸化によって活性化するタンパク質においても，リン酸化

を受けるアミノ酸が異なると抑制される場合がある。

前者の例として、ミオシン軽鎖ホスファターゼを構成する調節サブユニットの MYPT1 (myosin phosphatase target subunit 1) が挙げられる。MYPT1 が ROCK によってリン酸化されると、ミオシン軽鎖ホスファターゼは不活性型へと性質が変わる。後者の例としては、c-Src が挙げられる。c-Src は、416 番目のチロシン残基がリン酸化されると活性型となるが、C 末端 Src キナーゼ（C-terminal Src kinase）によってカルボキシル基末端近くの 527 番目のチロシン残基がリン酸化されると、不活性型となる。このようにリン酸化を一例にとっても、修飾を受けるタンパク質の特性は一様とは限らない。

9.6節

シグナル伝達の最終段階は遺伝子発現の開始

増殖因子による受容体の活性化は、MAPK カスケードを経て、リン酸化した ERK キナーゼを核へと導く。そして、ERK が CREB (cyclic AMP response element binding protein, サイクリック AMP 応答配列結合タンパク質) などの転写因子をリン酸化することで、細胞増殖に関与する遺伝子の転写を促進する。このようにシグナル伝達経路では、遺伝子発現の誘導が最終段階となることが多い。

JAK ファミリーの場合は、STAT ファミリーのタンパク質をリン酸化して核移行を促し、転写因子として細胞増殖・分化および生存に関わる遺伝子を発現誘導する。TGF-β を含むスーパーファミリー分子による刺激では、Smad が核移行して他の転写因子に結合することで、あるいはコアクチベーター（coactivator）の p300 や CBP (CREB-binding protein, CREB 結合タンパク質) に結合して転写因子の活性を促すことで遺伝子発現を誘導する。また、サイクリック AMP によって活性化された PKA の一部は、核に移行し、核内で複数の転写因子をリン酸化する。その中に CREB も含まれ

ている。リン酸化された CREB は、CBP と結合することで多くの遺伝子を発現誘導する。

まとめ

生体の中で個々の細胞は、1 種類の刺激だけではなく、さまざまな刺激を同時に、あるいは異なったタイミングで受けると考えられる。刺激の強さもそれぞれで異なり、刺激の持続時間も違っているだろう。このような細胞外からの多様な刺激に対して細胞は、それぞれの刺激に相応しいシグナル伝達系を稼働させる。一連の酵素群を活性化したり、アダプター分子を介して複合体を形成したり、あるいはサイクリック AMP やリン脂質などの二次メッセンジャーを生成することにより、細胞は最終的に増殖や分化、生存あるいは死、代謝や運動の活発化などの形に表して応答する。細胞増殖であれば、初期シグナルが異なっても、細胞を増やすために必要な共通のシグナル伝達系に集束していく。もし増殖中の細胞に運動の指令が追加されると、細胞は動くために必要なシグナル伝達経路も活性化せねばならない。増殖と運動の両方に欠かせないシグナル伝達分子があれば、"ネットワーク"を通じて活性化の割合を割り振って制御する必要が出てくる。さまざまなシグナルが細胞内に入ってくるごとに、細胞は一律な対応でなく、常に微調整をはかりながら反応していると考えられる。今後は、シグナル伝達のネットワーク回路を明確にし、シグナルに応じた個々のシグナル伝達分子の活性化量を理解することが大事となってくる。

文献
1) M. A. Lemmon, J. Schlessinger, *Cell*, 141, 7, 18 (2010)

参考・推薦図書
・『カラー図解 アメリカ版大学生物学の教科書 第 3 巻分子生物学』D. サダヴァ他著、石崎泰樹、丸山敬監訳、講談社 (2010)
・『プロッパー細胞生物学』G. プロッパー著、中山和弘監訳、化学同人 (2013)
・『ルーイン細胞生物学』B. ルーイン他著、永田和宏他訳、東京化学同人 (2008)
・『Essential 細胞生物学 原書第 4 版』中村桂子、松原謙一監訳、南江堂 (2016)
・『理系総合のための生命科学 第 3 版〜分子・細胞・個体から知る"生命"のしくみ』東京大学生命科学教科書編集委員会編、羊土社 (2013)

10章

細胞の増えるしくみ
細胞周期とがん

榎本将人／井垣達吏

はじめに

細胞の増殖とその停止は，単細胞生物から多細胞生物に至るまですべての生物がもつ基本的な機構である。細胞増殖の様式は生物種や細胞種によって多少の違いはあるものの，その基本原理は共通している。細胞増殖とは，遺伝情報である染色体を正確に複製し，それらを2つの娘細胞へと分配することで，親細胞と同一の遺伝的背景をもつ細胞を増やすことである。このような1つの細胞から2つの娘細胞を生み出す過程で起こる一連の事象を細胞周期とよぶ。すなわち細胞周期は，ゲノムDNAの複製と分配，そしてそれに続く細胞質分裂からなる。

細胞周期研究は，1880年代にドイツの細胞生物学者フレミング（W. Flemming）による細胞分裂時の染色体挙動の観察から始まったといえる。その後，サットン（W. Sutton）によって遺伝の様式が染色体の挙動によって説明できるという学説が提唱され，さらにモーガン（T. Morgan）らによるショウジョウバエを用いた遺伝学的研究によって，遺伝子が染色体上に線状に並んで存在することが証明された。こうして，1900年代には遺伝情報をコードした染色体が娘細胞へと分配されるという事実が明らかとなった。しかし，細胞がどのようにして分裂するのか，その分子メカニズムは長らく不明であった。1980年代以降，分子生物学・細胞生物学・遺伝学といった多くの研究手法が発展し，それに伴って細胞増殖の基本的なしくみも分子レベルでわかってきた。さらに2000年代に入って，細胞周期の制御やその破綻が個体発生や生体の恒常性維持，さらにはがんなどさまざまな生命現象に関わることがわかり，その制御機構の全容解明は生命科学における重要課題の1つとなっている。

本章では，細胞周期の基本概念と細胞周期の進行機構について論じるとともに，細胞周期を停止させる現象とその分子機構についても説明する。さらに，細胞周期の制御因子の異常によって引き起こされるがん化のメカニズムについても概説する。

10.1節

細胞周期

10.1.1 細胞周期の基本概念

真核生物における細胞周期は，染色体が2つの娘細胞へと分配される分裂期（M期）とそれ以外の間期に分けられ，間期には染色体が複製される複製期（S期）と2つのギャップ期であるG1期（M期の完了からS期までの間）とG2期（S期からM期までの間）に区別される。基本的に細胞周期は「G1期-S期-G2期-M期」という順序だったサイクルをくり返し，染色体の複製，複製された姉妹染色体の娘細胞への分配，そして細胞分裂という過程によって細胞が増殖する（図10.1）。

では，細胞は半永久的にこのサイクルをくり返し分裂し続けるのだろうか。実際には，神経細胞や心筋細胞に代表されるような終末分化した細胞や，成体の組織を形成している多くの細胞では，細胞周期が停止している。これらの細胞は，静止期（G0期）とよばれる細胞周期の状態で存在している。細胞周期を進行中の細胞は，G1期において増殖因子や栄養状態の有無などに応答し，G0期に入って増殖を停止（休止あるいは分化）するか，それとも再度S期に入って増殖をくり返すかを判断する。この時，

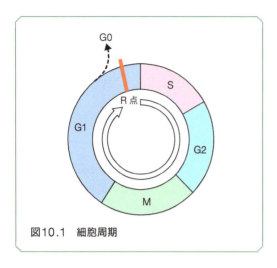

図10.1　細胞周期

G1 期の臨界点（R 点；restriction point）とよばれるポイントを過ぎた細胞は再度 S 期-G2 期-M 期を経て分裂する。すなわち，G1 期は細胞の増殖，分化，休止といった運命を決定する時期であるといえる。次に，細胞周期がどのように進行していくのか，それを制御する分子実体について概説する。

10.1.2　細胞周期の進行

　細胞周期の進行に関わる因子は，1971 年に増井禎夫らによってアフリカツメガエルの卵母細胞から卵成熟を引き起こす卵成熟促進因子（MPF; maturation promoting factor）として最初に発見された。MPF が発見された数年後に，ハートウェル（L. Hartwell）らは出芽酵母の温度感受性変異株から細胞周期に異常をきたす一連の cdc（cell division cycle）変異株を単離した。その中でも cdc28 と名づけられた遺伝子は，細胞周期をスタートする因子として細胞周期制御の重要な遺伝子と位置づけられた。1980 年代に入り，遺伝子クローニング技術の進展によって cdc28 遺伝子がプロテインキナーゼ（タンパク質リン酸化酵素）をコードしていることがわかった。その後，ナース（P. Nurse）らが分裂酵母の突然変異株 cdc2 を単離し，cdc2 遺伝子が cdc28 遺伝子の機能を相補する（つまり同一の機能をもつ）ことを発見した。ナースらによる cdc2 の発見と同時期に，ハント（T. Hunt）らによってウニ卵の卵割（すなわち細胞周

期の進行）に伴って量が変化するタンパク質が発見され，サイクリン（Cyclin）と命名された。さらに数年の時を経て，1988 年に MPF を構成する分子量 34kDa および 45kDa のタンパク質が Cdc2/Cdc28 およびサイクリンであることが証明されたことで，ついに MPF の分子実体が明らかとなった。酵母やウニといったモデル生物で発見された Cdc2/Cdc28 とサイクリンは哺乳類においても保存されていることがわかり，現在では生物種を超えて普遍的な細胞周期の中心分子であることがわかっている。これを境に，細胞周期研究は「細胞周期を制御する因子は何か？」という黎明期から，「細胞周期の進行や停止を制御するしくみは何か？」という発展期へとシフトしていった。

　まず，Cdc2/Cdc28 やサイクリンはどのように細胞周期を制御しているのだろうか。前述したように Cdc2/Cdc28 はプロテインキナーゼであり，その活性はサイクリンとの相互作用によって制御されている。すなわち，Cdc2/Cdc28 はサイクリンと結合して複合体を形成することで活性化型となる。このようなサイクリンとの結合に依存して活性化する一群のプロテインキナーゼはサイクリン依存性キナーゼ（Cdk）と名づけられ，Cdc2/Cdc28 は一般的には Cdk1 とよばれている。哺乳類では複数の異なる Cdk が存在するが，いずれもその活性の制御様式は共通している。細胞周期の進行にともなって Cdk 活性は変化するが，おもしろいことに Cdk タンパク質の細胞内濃度は細胞周期を通じてほとんど変化しない。一方で，サイクリンの細胞内濃度は細胞周期の進行にともなってダイナミックに変化する。つまり，サイクリンの周期的な濃度変化によって Cdk の活性が制御されている（図10.2）。哺乳類ではサイクリンも複数存在し，それぞれの Cdk に対して結合するサイクリンのタイプも決まっている。例えば，G1/S 移行期では Cdk2/ サイクリン E が活性化し，G2/M 移行期では Cdk1/ サイクリン B が活性化する。このように，細胞周期の各期でそれぞれ特定の Cdk とサイクリンの複合体が細胞周期の進行を促すアクセルの役目を担っている。一方で，Cdk の活性はサイクリンとの結

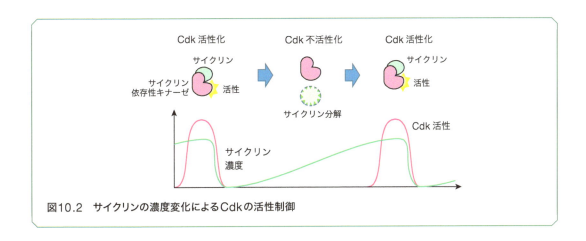

図10.2　サイクリンの濃度変化によるCdkの活性制御

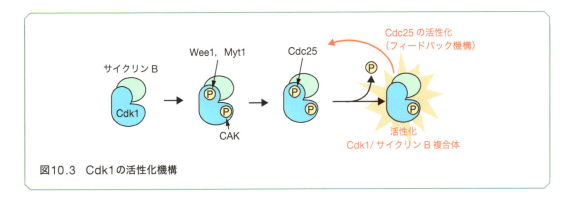

図10.3　Cdk1の活性化機構

合のみならず，Cdk 自身のリン酸化／脱リン酸化によっても制御されていることがわかっている。これについては，哺乳類の Cdk1 を例にとって，その活性制御の分子機構を説明する。

　哺乳類において Cdk1 は G2/M 移行期から M 期の開始に重要な Cdk として知られている。G2 期の後半にサイクリン B の細胞内濃度が上昇し，Cdk1 とサイクリン B の複合体が形成される。一方で，G2 期後半には Cdk1 はサイクリン活性化酵素（Cdk-activating kinase; CAK）や Wee1，Myt1 によるリン酸化を受けている。CAK によるリン酸化は Cdk1 の活性化に必須であるのに対し，Wee1 や Myt1 によるリン酸化は Cdk1 活性に抑制的に働く。したがって，Cdk1/ サイクリン B 複合体が完全な活性化型となるには，Wee1 と Myt1 によるリン酸化の解消が必要である。これを担うのがプロテインホスファターゼ（タンパク質脱リン酸

化酵素）である **Cdc25** である。G2/M 移行期にかけて，Cdc25 の活性化が起こり，活性化した Cdc25 は Cdk1 の阻害的リン酸基を解離することで Cdk1/ サイクリン B 複合体の活性化を促す。さらに，活性化した Cdk1 が Cdc25 をリン酸化することでその脱リン酸化活性を上昇させ，自身の阻害的リン酸基の解離を促すポジティブフィードバックを引き起こす（**図10.3**）。

　このように，G2 期後半において Cdk1 がリン酸化−脱リン酸化反応による制御によって爆発的に活性化し，M 期へと移行する。M 期初期では Cdk1 活性によって核膜崩壊や染色体凝縮といった細胞分裂に必要な現象が進行していくが，M 期の後半になると Cdk1 活性は突如として低下する。これは，サイクリン B の細胞内濃度の急激な低下によって引き起こされる。M 期後半にかけて Cdk1 は**後期促進複合体**（APC; anaphase promoting complex）とよばれるタンパク質複合体のサブユニットをリン酸化し，それによって APC はその活性化に必要なタンパク質 Cdc20 と効率よく結合できるようになる。ユビキチンリガーゼである APC は Cdc20 と結合することでサイクリン B のユビキチン化を引き起こし，ユビキチン化されたサイクリン B はプロテアソーム系によって分解されていく。このように，Cdk1 の活性が M 期の終盤にかけて低下していくことで，細胞周期は M 期から G1 期へと移っていく。

前述したように，哺乳類には細胞周期の各期に特定の Cdk とサイクリンが存在するが，これらについても Cdk1 と類似の制御を受けている。例えば，G1 期の R 点付近では，Cdk4/ サイクリン D 複合体が **Rb タンパク質**（Retinoblastoma protein）のリン酸化を介して転写因子 E2F の活性化を引き起こし，G1/S 移行期に必要なサイクリン E などの遺伝子発現を誘導する。G1/S 移行期から S 期では，Cdk2/ サイクリン E または Cdk2/ サイクリン A が DNA 複製に重要な DNA ポリメラーゼや DNA

複製の開始点に結合する複製前複合体とよばれるタンパク質群の活性を制御する。いずれの過程においても，サイクリンは APC や SCF（Skp1-Cullin-F-box タンパク質）複合体といったユビキチンリガーゼを介した分解制御を受けている。このように，細胞周期は Cdk やサイクリンのリン酸化 / 脱リン酸化やユビキチン化依存的分解といった遺伝子発現を介さない迅速な化学反応によって制御されている。

10.1.3　細胞分裂

S 期で複製された姉妹染色分体が 2 つの娘細胞へと分配される過程である細胞分裂は，細胞周期の中でも最も形態的な変化に富んだプロセスである。細胞分裂はその形態変化によって前期，前中期，中期，後期，終期および細胞質分裂という 6 つの段階に分類される（図 10.4）。以下に，各段階で起こる形態変化や細胞内の事象を概説する。

A. 前期（Prophase）

細胞分裂前期では，**コンデンシン**（Condensin）

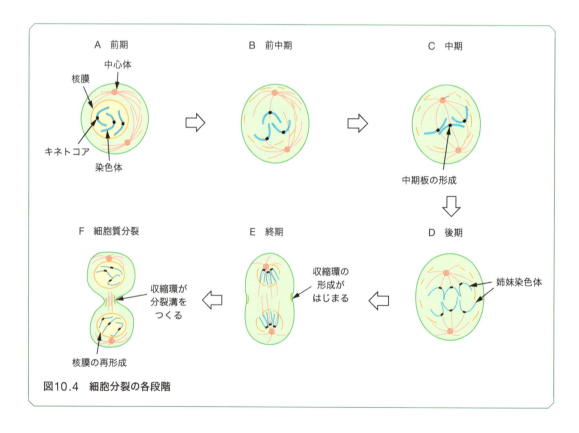

図10.4　細胞分裂の各段階

とよばれるタンパク質複合体がクロマチンの凝縮を引き起こす。この時，Cdk1 はコンデンシンのサブユニットをリン酸化することで，コンデンシンによる染色体の凝縮を促進する。さらに，Cdk1 は核膜の構成分子であるラミン（Lamin；中間径フィラメントの一種でありラミンどうしが互いに重合することで核膜を形成している）のリン酸化を引き起こす。細胞分裂前期では，S 期で複製された中心体が互いに離れるように移動しはじめる。

B. 前中期（Prometaphase）

細胞分裂前中期では，Cdk1 によってリン酸化されたラミンが脱重合し，それにより核膜の崩壊が起こる。また，細胞分裂前期から前中期にかけて姉妹染色体を連結させていた**コヒーシン**（Cohesin）とよばれるタンパク質がポロ様キナーゼ1（Plk1；polo-like kinase）によってリン酸化されることで染色体腕部から解離するが，この時にセントロメア領域（染色体の長部と短部が交差する部分）のコヒーシンはシュゴシン（Sgo; Shugosin）とよばれるタンパク質によって保護されており，姉妹染色体は染色体分配の時までセントロメア領域で連結している。これらの事象と並行して，細胞分裂前中期では中心体から伸長した紡錘体微小管が姉妹染色体のセントロメア領域のキネトコア／動原体（kineto-chore）へと結合する。

C. 中期（Metaphase）

細胞分裂中期では，対極に位置した紡錘体から伸長した微小管がすべての染色体のキネトコアに結合し，両紡錘体の赤道面にすべての染色体が整列する中期板（Metaphase plate）が形成される。この時，微小管がすべての姉妹染色体のキネトコアに結合したか，また正しく結合しているかを監視する紡錘体チェックポイント機構が働く（詳細は後述）。

D. 後期（Anaphase）

細胞分裂後期では，後期促進複合体 APC が活性化してセキュリン（Securin）とよばれるタンパク質の分解を引き起こす。その結果，セキュリンと結合していたセパラーゼ（Separase）が解離し，姉妹染色体どうしをつなぎとめていたセントロメア領域のコヒーシンをセパラーゼが切断できるようになる。セパラーゼによるコヒーシンの切断によって，姉妹染色体は微小管の張力により互いの紡錘体の方向へと分離していく。

E. 終期（Telophase）

細胞分裂終期では，染色体は両紡錘体の近傍に移動して，Cdk1 活性の減弱に伴って染色体が脱凝縮する。また，この時にラミンが再重合することによって核膜が再形成されはじめる。

F. 細胞質分裂（Cytokinesis）

細胞質分裂では，細胞の両極においてそれぞれ新たな核が形成され，それらの間に分裂溝（Cleavage furrow）とよばれるくびれのような構造が生じる。分裂溝はアクチンとミオシンで構成された収縮環（Contractile ring）によって力学的に絞り込まれることによってつくられ，最終的に収縮環が細胞質を物理的に切断することで細胞質分裂が完了する。

以上は動物細胞における細胞分裂のプロセスを示したものだが，細胞分裂の様式は生物種によって若干の違いがある。例えば，植物細胞では紡錘体の赤道面に細胞板が形成され，これが細胞壁となることで細胞質分裂が生じる。この時，細胞板はゴルジ体から生じる小胞から形成される。また，酵母では M 期において核膜崩壊が起こらず，細胞の核内で染色体分配が起こる。一方で，いずれの生物種においても最も大事なのは姉妹染色体を正確に複製してそれらを 2 つの娘細胞へと均等に分配して自身と同一の細胞を 2 つつくることであり，このコンセプトはもちろん共通している。もし，この過程に破綻が生じると誤った遺伝情報をもつ細胞が誕生してしまい，多細胞生物にとってはがんなどの疾患の要因ともなる。次に述べるように，細胞はこのようなアクシデントに対して DNA ／染色体の状態を監視し，必要とあらば細胞周期を停止させるシステムを備えている。

細胞周期の監視システム

10.2.1 染色体複製の ライセンス化

細胞周期において染色体は一度だけ複製される。これは当たり前のようだが，もし1サイクルの細胞周期で染色体が何度も複製されると染色体のコピー数に異常が生じ，親細胞と異なる遺伝情報をもった娘細胞が誕生してしまう。このような異常事態を避けるために，細胞は細胞周期を通じて染色体が一度しか複製されないように制御する「染色体複製のライセンス化」という機構をもっている。すなわち，細胞は複製前と複製後のDNAを区別することができる。このことは，ラオ（P. Rao）とジョンソン（R. Johnson）による細胞融合実験によって初めて示唆された。彼らはG1期とS期の細胞を融合させた時には両細胞由来の核でDNA複製が起こるが，G2期とS期の細胞を融合させた時にはS期の細胞由来の核でしかDNA複製が起こらないことを見い出した。この事実は，G2期の細胞の染色体はM期を通過しない限り再び複製されることはないことを示唆していた。その後，ブロー（J. Blow）とラスキー（R. Laskey）による染色体複製のライセンス化因子の発見によって，細胞がもつ染色体複製のライセンス化の分子機構がわかってきた。

そのプロセスは，まずDNA複製が開始される複製起点（DNA上の特定の塩基配列）に複製起点認識複合体（ORC; origin recognition complex）とよばれるタンパク質複合体が集まることからはじまる。さらにこのORCを目印として，DNA複製に必要な他のタンパク質が集結してくる。その代表がCdc6とCdt1というタンパク質であり，これらの因子がG1期後半にORCに結合するとMCM2-7複合体（DNA二重らせんを巻き戻すヘリカーゼ活性をもつタンパク質群）が染色体上に結合する。集結したこれらのタンパク質（ORC, Cdc6, Cdt1およびMCM2-7）はライセンス化因子とよばれ，複製前複合体（Pre-RC; pre-replicative complex）を形成し，これによって複製起点が決定される。S期に入るとCdkがリン酸化を介してCdc6を核外に移行させるとともに，Cdt1のリン酸化依存的な分解を引き起こす。さらにS期では，Cdt1はジェミニン（Geminin）とよばれるタンパク質と結合することによってもその活性が抑制される。M期の後半になるとCdk活性の減弱とともに後期促進複合体APCがジェミニンの分解を誘導する。それによって，Cdc6やCdt1が再びORCに結合できるようになり，次の染色体複製のための複製起点が形成される（図10.5）。

このように，細胞はライセンス化因子を巧みに制御することで，細胞周期を通して一度だけ染色体が複製するしくみをもっている。

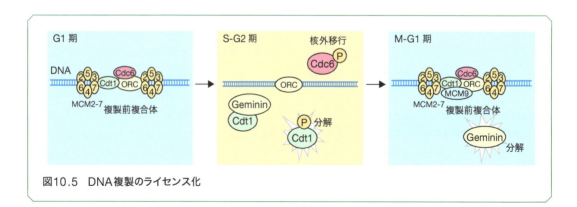

図10.5　DNA複製のライセンス化

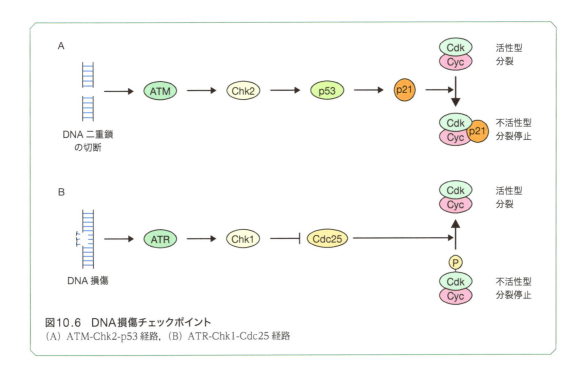

図10.6　DNA損傷チェックポイント
（A）ATM-Chk2-p53経路，（B）ATR-Chk1-Cdc25経路

10.2.2　DNA損傷チェックポイント

　Cdc28（出芽酵母Cdk1）を発見したハートウェルは，細胞周期の進行がCdk/サイクリン複合体の活性によって制御されているという細胞周期の礎を築いた一方で，細胞周期の進行を停止させるチェックポイントという概念も提唱した。例えば，染色体/DNAは活性酸素種，紫外線，放射線や化学物質といった内的・外的要因により常に損傷の危険に曝されているが，DNA損傷を受けた細胞はただちに細胞周期の進行を停止して傷ついたDNAを修復する。このように，DNA損傷に応答して細胞周期の停止を促すのが**DNA損傷チェックポイント**とよばれる機構である。

　DNA損傷チェックポイントにはATM（Ataxia-telangiectasia mutated）-Chk2（Checkpoint kinase 2）-p53経路と，ATR（ATM-and Rad3-related）-Chk1（Checkpoint kinase 1）-Cdc25経路という2つのシグナル伝達経路がある。**ATM-Chk2-p53経路**は主にDNA二重鎖切断によって活性化される経路で，DNA損傷に応答し

て活性化したATMがChk2をリン酸化して活性化する。活性化したChk2はp53をリン酸化することでその安定性を促進する（通常，p53はMDM2とよばれるユビキチンリガーゼによりユビキチン化され分解誘導されている）。その結果，転写因子であるp53がCdk阻害タンパク質であるp21やp27の遺伝子発現を促してCdk活性を阻害し，細胞周期が停止する（**図10.6A**）。

　一方で，**ATR-Chk1-Cdc25経路**は一本鎖DNAの切断を生じるようなDNA損傷に応答し，S期のDNA複製チェックポイントやG2/M期チェックポイントとして機能する。DNAの一本鎖に損傷が生じると，ATRがリン酸化を介してChk1を活性化する。活性化したChk1はCdc25のリン酸化を引き起こすことでCdc25の分解や細胞内局在の変化を誘発し，それによってCdc25を介したCdkの阻害的リン酸基の解離が抑制されるために，Cdkの活性化が阻害される（**図10.6B**）。

　このように，DNA損傷の種類によって応答するチェックポイント機構は異なるものの，最終的にはいずれもCdk活性を阻害することで細胞周期を停止させる。細胞はチェックポイント機構の働きに

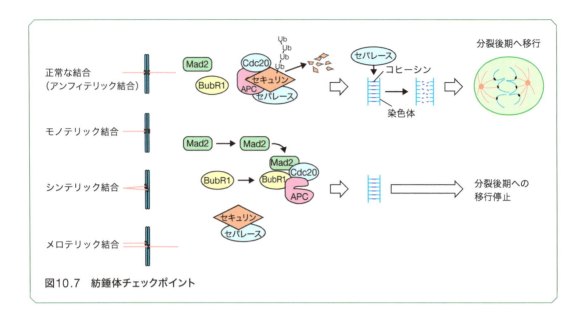

図10.7　紡錘体チェックポイント

よって細胞周期が停止している間にDNAの損傷を修復するが，修復困難なレベルのDNA損傷が引き起こされた場合には細胞は細胞死や細胞老化を起こし，染色体の不安定性が次世代へ継承されるのを阻止する。

10.2.3　紡錘体（スピンドル）チェックポイント

これまでに述べたチェックポイント機構はDNA損傷を感知して細胞周期を停止させるしくみであり，主にG1期，S期またはG2期において機能する。一方で，M期に特有のチェックポイント機構も存在する。細胞分裂の中期では，複製された姉妹染色分体が紡錘体赤道面に整列し，紡錘体から伸長したスピンドル（紡錘糸）が染色体のキネトコアに結合して姉妹染色体を分配する。この時，染色体の動原体とスピンドルとの結合を認識し，結合していない場合はそのエラーを修正する機構を**紡錘体（スピンドル）チェックポイント**（または分裂期チェックポイント）とよぶ。

通常，両紡錘体から伸長したスピンドルは姉妹染色体のそれぞれのキネトコアに適切に結合（アンフィテリック（amphitelic）結合）することによって等しい張力が生じ，姉妹染色体は均等に分配され

る。しかしながら，細胞分裂中には染色体の整列やスピンドルによるキネトコアへの結合にエラーが生じることがある。例えば，片方の染色体のキネトコアにのみスピンドルが結合するモノテリック（monotelic）結合，両方の紡錘体から伸長したスピンドルが同一染色体のキネトコアに結合するメロテリック（merotelic）結合，さらには同一紡錘体から伸長したスピンドルが姉妹染色体の両方のキネトコアに結合するシンテリック（syntelic）結合といったさまざまなスピンドル−染色体間の結合異常が生じる場合があり，これらによって染色体とスピンドルの間に異なった張力が生じる（**図10.7**）。このように，キネトコアへの紡錘体微小管の不完全結合や張力異常が起こると，キネトコア上でBub1，Bub3，BubR1といったタンパク質群がMad2とよばれるタンパク質に結合する。これによって活性化したMad2は，APCの活性化に必要なCdc20に結合することでAPC活性を抑制する（図10.7）。その結果，セキュリンのタンパク質分解が抑制されてセパレースによるコヒーシンの分解が起こらないため，染色体が分配されず分裂中期から後期への移行が停止する。この細胞周期停止の間に，すべての染色体のキネトコアとスピンドルとを正しく結合させる。姉妹染色体を正確に分配できる環境

が整うと紡錘体チェックポイントが解除され，分裂中期から後期への移行が再開される。

10.2.4　細胞老化

前述したように，細胞内でDNA損傷が生じるとチェックポイント機構によって細胞周期が停止し，損傷が修復される。一方で，修復不可能な重篤なDNA損傷を受けた細胞は，細胞死や細胞老化を引き起こす。**細胞老化**は1960年代にヘイフリック（L. Hayflick）によって発見された現象で，ヒトの初代培養細胞には**分裂回数の制限**（ヘイフリック限界）があることから見い出された（14章も参照）。この場合の細胞老化は，染色体の末端に存在するテロメアとよばれる領域が細胞分裂に伴って短縮化していくことが原因となる。すなわち，テロメアがある一定の長さにまで短縮されると，細胞はそれ以上分裂できずに細胞周期が停止する（細胞老化）。このことは，テロメアの長さが細胞の分裂回数を制限していることを意味する。細胞周期が停止するという観点からは，老化細胞はDNA損傷チェックポイントによって細胞周期が停止した細胞やG0期の細胞と同様に見えるが，老化細胞とこれらの細胞周期停止細胞とは大きく異なる点がある。それは，老化細胞の細胞周期の停止は不可逆的であるという点である。例えば，DNA損傷チェックポイントやG0期への侵入により細胞周期が停止した細胞は，DNA損傷の修復完了や成長因子のような増殖シグナルの刺激によって再び分裂サイクルに入る一方で，細胞老化を起こした細胞は増殖シグナル等の刺激には反応せず，再び細胞周期が進行することはない（**図10.8A**）。細胞老化を誘導するようなDNA損傷はATM経路を介してp53によるp21の発現を誘導するのみならず，p16^{INK4}とよばれる細胞老化特異的なCdk阻害タンパク質の発現を誘導する。p16^{INK4}はCdk4/サイクリンDやCdk6/サイクリンDといったG1-Cdkの活性を抑制することで，p21と協調して細胞周期を強く停止させるのに貢献する（**図10.8B**）。

では，DNA損傷が引き起こされた際に細胞はどのようにして細胞死か細胞老化のいずれかの細胞運

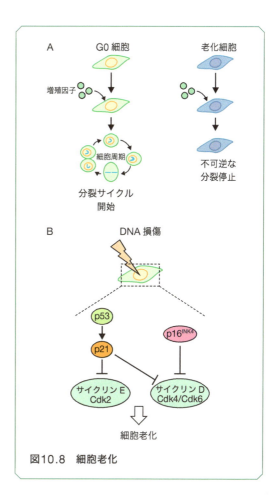

図10.8　細胞老化

命を決定するのだろうか。その詳細な分子機構はわかっていないものの，DNA損傷の種類やそれに応答するシグナルによってp53のリン酸化やアセチル化といったタンパク質修飾が異なることが知られている。このp53の化学修飾の違いがp53と結合するタンパク質やp53が制御する遺伝子発現を変化させ，細胞死か細胞老化かの運命を決定しているのではないかと考えられている。

このように，細胞老化は不可逆的な細胞周期の停止によって遺伝情報に異常が生じた細胞が分裂・増殖するのを防ぐがん抑制機構として働くと考えられてきた。その一方で，近年，細胞老化ががん化を促す機能をもつこともわかってきた。細胞老化は，分裂限界によるテロメア短縮のみならず，種々のがん遺伝子の活性化によっても引き起こされる（onco-gene-induced senescence）。例えば，がん遺伝

子 *Ras* の活性化により細胞老化を起こした細胞は増殖を停止しつつも分泌性の増殖因子や炎症性サイトカインを高発現し，これらの分泌因子が近接細胞に影響を及ぼす **SASP**（Senescence-associated secretory phenotype）とよばれる現象が知られている（図10.9）。このことは，がん遺伝子の活性化により生じた老化細胞が SASP を介して周辺細胞のがん化を促進するというシナリオの存在を示唆している。

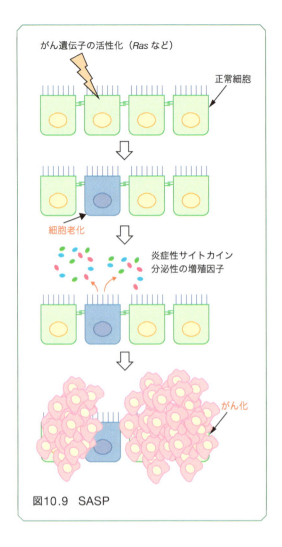

図10.9　SASP

10.3節

細胞周期の破綻とがん

　さまざまな内的・外的要因により DNA 損傷など染色体不安定性を引き起こしうるような事態が生じると，チェックポイント機構や細胞老化の誘導機構が働いて細胞周期の進行が停止し，異常が解消される。もし，細胞周期を停止させるマシナリーに破綻が生じると，そのような細胞は染色体不安定性を抱えたまま細胞周期のサイクルを回し続けて過剰に増殖し，最終的には腫瘍を形成して生物個体の生死を脅かす存在となる。例えば，ヒトパピローマウイルス（HPV; Human papilloma virus）は子宮頸がんを誘発するが，その要因はウイルス由来のタンパク質 E6 と E7 がそれぞれ p53 や RB の活性を抑制することで細胞増殖が亢進するためである。このような細胞のがん化はがんウイルスの感染のみならず，紫外線，放射線，活性酸素種，その他さまざまな発がん性物質によって引き起こされうるが，その基本的な原因はがん遺伝子やがん抑制遺伝子に突然変異が生じることによって起こる細胞周期制御の破綻である（17章参照）。しかしながら，遺伝子の活性変化（突然変異）は組織を構成する全細胞に生じるのではなく，組織中のごく一部（1個〜数個）の細胞で起こる。すなわち，正常細胞集団の中に遺伝情報が少しだけ異なる変異細胞が生じるという「遺伝的モザイク」の状態でがんは発生する。

　1993 年，シュー（T. Xu）とルービン（G. Rubin）はショウジョウバエの体細胞組換え技術を改良し，組織中に異なる遺伝的背景をもつ細胞集団を自在に誘導できる**遺伝的モザイク法**を確立した。この手法を利用して，遺伝的モザイクの様式で誘導された突然変異により腫瘍形成が引き起こされる一連のショウジョウバエ突然変異体が 1995 年に単離され，その責任遺伝子はシューらによって *large tumor suppressor*（*lats*）と名づけられた（ほぼ同時期に同一遺伝子を発見したブライアント（P. Bryant）らは *warts* と名づけた）。*lats/warts* は新規のセリン／スレオニンキナーゼをコードしていることがわかったが，その分子機能はその後数年間謎であった。この lats/warts の発見を皮切りに，ショウジョウバエ遺伝的モザイク法を用いた**がん抑**

制遺伝子（突然変異により腫瘍形成を引き起こす遺伝子）のスクリーニングが盛んに行われ，2002年にsalvador（アダプタータンパク質をコード），2003年にhippo（セリン／スレオニンキナーゼをコード）と名づけられたがん抑制遺伝子が新たに単離された。さらに，2005年には新たながん遺伝子yorkie（転写共役因子をコード）が発見された。興味深いことに，HippoとSalvadorは複合体を形成しLats/Wartsをリン酸化して活性化すること，またLats/WartsはYorkieをリン酸化することでその転写活性を抑制することが明らかとなった。つまり，これらのがん抑制遺伝子／がん遺伝子は1つのシグナル伝達経路を構成していることがわかり，Hippo経路と命名された（図10.10）。

Hippo経路はHippo，Salvador，Lats/Wartsというリン酸化カスケードがYorkieの活性を抑制するというがん抑制経路であり，この経路が破綻するとYorkieの抑制が解除され，Yorkieの転写ターゲットであるサイクリンEや抗アポトーシス因子が発現誘発されて細胞増殖が劇的に亢進する。Hippo経路の構成因子は哺乳類においてもよく保存されており（図10.10），またYkiホモログであるYap/Taz活性の上昇が多くのがんにおいて認められていることから，Hippo経路はヒトのがん制御に重要なシグナル伝達経路として注目されている。

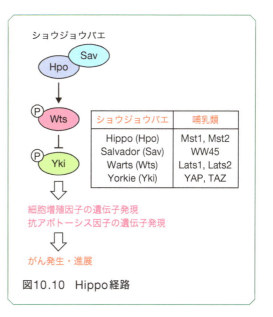

図10.10　Hippo経路

細胞間コミュニケーションによる細胞増殖制御とがん

ここまでは細胞が増殖するしくみについて単一の細胞に焦点を当てて述べてきた。しかし，多細胞生物の生体内で起こる細胞増殖を理解するには，単一細胞としての挙動だけでなく，細胞集団の中での細胞挙動を考える必要がある。実際に，多細胞生物の生体内では細胞どうしが互いに相互作用しあうことで個々の細胞の増殖や死が制御されている。最後に，近年ショウジョウバエで発見された細胞競合と代償性増殖という2つの生命現象を通じて，細胞集団レベルの増殖制御システムとそれを介したがんの発生や進展メカニズムについて述べる。

10.4.1　細胞競合

細胞競合（cell competition）とは，いわば細胞間の生存競争であり，生態系で見られる生物個体間の「適者生存」が多細胞生物を構成する細胞間のレベルにも存在するという概念である。1970年代にモラタ（G. Morata）とリポル（P. Ripoll）によって発生中のショウジョウバエ翅組織においてその現象が発見された。

リボソームタンパク質遺伝子をヘテロに欠損したショウジョウバエ（Minute変異体とよばれる）は正常に発生するが，組織中でMinute変異細胞と正常細胞とが混在した場合には，発生の過程でMinute変異細胞のみが細胞死を起こして組織から消失する。モラタらはこの観察事実を，Minute変異細胞は適応度に勝る正常細胞との競合（細胞競合）の敗者となって組織から排除されたと解釈した。Minute変異細胞は正常細胞に比べて増殖速度が遅いことから，細胞増殖の速度が細胞の適応度を規定する因子ではないかと考えられた。

しかし，その後の研究によって細胞競合の勝敗は

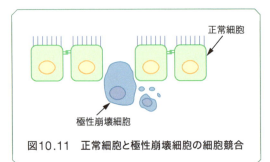

図10.11　正常細胞と極性崩壊細胞の細胞競合

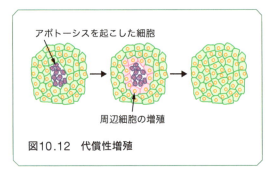

図10.12　代償性増殖

必ずしも細胞増殖速度に依存するものではないことがわかった。例えば，上皮組織を構成する上皮細胞は頂端−基底極性（apico-basal 極性）をもっているが，この細胞極性を失った細胞は，増殖速度は速くないものの際限なく増殖するという能力を獲得する。しかし，ショウジョウバエ組織中で極性崩壊細胞と正常細胞とが共存した場合には，正常細胞との細胞競合に敗れた極性崩壊細胞が細胞死を起こして組織から排除される（図10.11）。

　一方，がん遺伝子 *Myc* を活性化した細胞集団やがん抑制経路 Hippo 経路が破綻した細胞集団は，隣接する正常細胞を細胞競合により排除しながら組織内を拡大していくことが知られている。このように，細胞競合はその細胞自身ではなく隣接細胞との相対的な関係性によって細胞運命（細胞増殖あるいは細胞死）が決まるという興味深い現象であり，がんの発生に対して状況依存的に抑制的にも促進的にも働きうるという点からも注目を集めている。

10.4.2　代償性増殖

　代償性増殖（compensatory cell proliferation）は，発生中のショウジョウバエ翅組織において，大量の細胞死により失われた細胞の数が同一組織内で生き残った細胞の代償的な増殖によって補われる現象として，1970 年代にブライアントらによって見出された。発見された当時は，この現象が細胞死によって失われたスペースを周りの細胞が埋めるとい

う受動的なものなのか，あるいは死にゆく細胞が積極的に周辺細胞の増殖を促すという能動的なものなのかはわからなかった。しかし 2000 年代に入って，代償性増殖は死にゆく細胞が積極的に増殖因子やサイトカインなどの分泌因子を放出して周辺細胞の増殖を促す現象であることが明らかとなった（図10.12）。代償性増殖は組織発生や再生，生体の恒常維持，さらにはがん治療後のがんの再発など，さまざまな生命現象に関わる可能性が示唆されている。

参考文献
M. Collado, M. Blasco, M. Serrano, *Cell*, 130 (2), 223-233 (2007)
JP. Coppé et al., *Annu. Rev. Pathol.*, 5, 99-118 (2010)
細胞工学「SASP 古くて新しい細胞老化随伴分泌現象」2015年12月号，Vol.34 No.12, 学研メディカル秀潤社
T. Xu, G. M. Rubin, Development, 117, 1223-1237 (1993)
D. Pan, *Dev. Cell*, 19, 491-505 (2010)
G. Halder, R. L. Johnson, Development, 138, 9-22 (2011)
G. Morata, P. Ripoll, *Dev. Biol.*, 42, 211-221 (1975)
実験医学「癌・発生を制御する 細胞競合」2011年6月号，Vol. 29 No. 9, 羊土社
R. Gogna, K. Shee, E. Moreno, *Annu. Rev. Genet.*, 49, 697-718 (2015)
C. Clavería, M. Torres, *Annu. Rev. Cell. Dev. Biol.*, 32, 411-439 (2016)
実験医学「死細胞による生体恒常性の維持機構」2012年3月号，Vol. 30 No. 4, 羊土社
Y. Fuchs, H. Steller, *Nat. Rev. Mol. Cell Biol.*, 16, 329-344 (2015)

推薦図書・文献
・『細胞の分子生物学　第6版』B. アルバーツ他著，中村桂子・松原謙一監訳，ニュートンプレス（2017）
・『ワインバーグ がんの生物学　原書第2版』R. A. ワインバーグ著，武藤 誠，青木正博訳，南江堂（2017）
・『Essential 細胞生物学　原書第4版』中村桂子，松原謙一監訳，南江堂（2016）

11章 身体の司令塔
脳と神経

今井　猛／見学美根子

動物は環境刺激に応じて自発的に運動する能力を獲得した。環境刺激を受容する細胞（または器官）の感覚情報を，運動に変換する細胞（または器官）に伝えるのが神経系である。

11.1節
神経系の構成要素と動作原理

11.1.1　脳と神経系の構造

腔腸動物（イソギンチャクなど）はランダムな網目状の神経をもち，体躯全体に同調した運動を起こす。進化の過程で感覚器や口の周りにニューロン（神経細胞）が集まって神経節を形成し，これらが体の前端に配置されて脳が発達し，複雑で精緻な行動パターンが可能となった。

一方，脊椎動物では脳は脊髄と連続しており，両者を合わせて中枢神経系とよぶ。体の各部位と中枢神経を結ぶ働きをする感覚神経，自律神経（交感・副交感神経）などは末梢神経系とよばれ，発生上の起源も異なる。

哺乳類の脳は大脳（終脳），間脳，中脳，橋，小脳，延髄からなるが，ヒトでは特に前端の大脳が著しく発達している。大脳は精神活動の最高中枢で，集約した感覚情報の分析と統合，運動制御を行うほか記憶・学習を司る。脊椎動物以上になると脳は単なる神経節ではなく，ニューロンが層状に積み上がった皮質やいくつかの機能単位が組み合わさった神経核を形成し，効率のよい回路を構築する。大脳皮質は視覚野，聴覚野，体性感覚野，運動野，連合野など，機能毎に区画化した領野を形成している。

11.1.2　ニューロンとグリア細胞

神経系はニューロンとグリア細胞からなっている。ニューロンは情報を受信する樹状突起および送信する軸索という2種類の突起を形成する（図11.1A）。ニューロンは細胞膜内外のイオン濃度勾配を利用して電位を発生する興奮性の細胞であり，情報は電気的な興奮として神経突起を高速に伝播する。ニューロンの軸索末端と次のニューロンの樹状突起の間でシナプスを介して接続して回路を形成し，原則として一方向性に情報を伝える。ニューロンの数は動物種によって異なるが，線虫で約300個，ショウジョウバエで約10万個，ヒトでは約1000億個といわれている。一方，グリア細胞にはアストロサイト，オリゴデンドロサイト，ミクログリアの3種類があり，ヒトの脳ではニューロンの数をはるかにしのぐ。グリア細胞はさまざまな形でニューロンの機能を助けるほか，近年ではシナプス伝達やシナプス形成に積極的に関与する可能性についても指摘されている。

11.1.3　静止膜電位

体液は Na^+ と Cl^- を多く含む塩類溶液であるが，細胞は疎水性の脂質二重膜で外界と隔てられ，体液とは異なるイオン環境をつくり出す。ニューロンの細胞膜には Na^+-K^+ 交換ポンプが発現し，ATP エネルギーを用いて積極的に Na^+ を排出する代わりに K^+ を取り込む能動輸送を行っている。静止状態の細胞は，ポンプ以外からはほとんど Na^+ を透過しないが，K^+ は細胞膜上の K^+ チャネルを通して自由に透過するため，能動輸送で生じた強い濃度勾配を解消するべく K^+ は細胞外に流出する。同時に細胞内外の総陽イオン濃度の差を解消しようと K^+ を

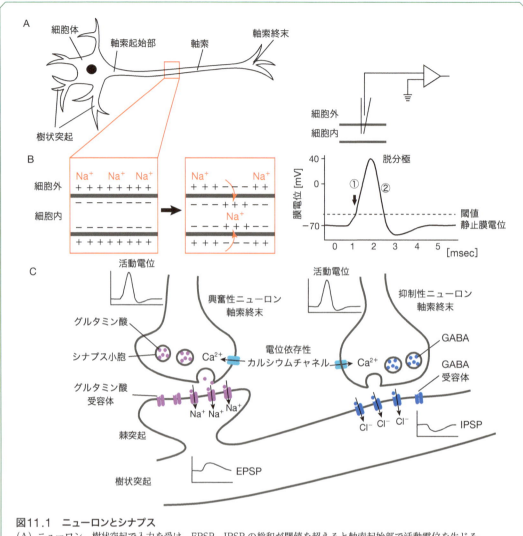

図11.1　ニューロンとシナプス
（A）ニューロン。樹状突起で入力を受け，EPSP，IPSP の総和が閾値を超えると軸索起始部で活動電位を生じる。
活動電位は軸索を伝播して軸索終末に伝えられる。軸索終末のシナプスから次のニューロンへと出力する。
（B）ニューロンは Na^+-K^+ 交換ポンプの働きにより，細胞内は K^+ イオン濃度が高く，細胞外は Na^+ イオン濃度が高い。
全体として細胞内は負に帯電している（左）。刺激が閾値を超えると Na^+ イオンチャネルが開口して Na^+ イオンが細胞
内に流入し，膜電位は正に向かう（中央，右グラフ①）。遅れて K^+ チャネルが開口して K^+ イオンが細胞外に流出し，
これを解消する方向に向かう（右グラフ②）。このように，活動電位はドミノ倒し的に軸索を高速で伝播することができる。
（C）化学シナプス。グルタミン酸のような興奮性神経伝達物質が放出されると樹状突起側では Na^+ イオンが流入するこ
とで EPSP を生じる。一方，GABA のような抑制性神経伝達物質が放出されると細胞外の Cl^- が流入し，IPSP を生じる。

流入させる力も働き，両者が釣り合った状態で平衡化する。このとき数十 mV の電位差で細胞内がマイナスに帯電している（静止膜電位）（図 11.1B）。

11.1.4　活動電位

ニューロンが感覚刺激やシナプス伝達の入力を受けると，静止状態で不活性化している Na^+ チャ

ネルが開口し，強い濃度勾配により Na^+ が一気に細胞内に流入して細胞膜の帯電は解消される方向に向かう（脱分極）。Na^+ チャネルは速やかに不活性化して流入が止まるが，遅れて活性化する K^+ チャネルから K^+ が流出することで静止膜電位が回復する（図 11.1B）。一連の過程で見られる鋭い電位の立ち上がりは活動電位（あるいは単に神経活動，発

火）とよばれ，ニューロンの細胞体近くにある軸索起始部において活動電位が発生すると，軸索を速やかに伝播して軸索末端まで到達する。活動電位は物質の輸送より格段に速く伝播するため，動物の素早い反応や行動を可能にする。

11.1.5　シナプス伝達

1個のニューロンで発生した活動電位はそのまま次のニューロンに伝播するわけではない。軸索末端はシナプス終末という構造を形成し，次のニューロンの樹状突起膜（シナプス後膜）と近接している。シナプス終末には神経伝達物質を内包するシナプス小胞が蓄積している（図11.1C）。シナプス終末に活動電位が到達すると，電位依存的に開口するCa^{2+}チャネルを介してCa^{2+}が流入し，それが引き金となりシナプス小胞がシナプス終末の細胞膜（シナプス前膜）に融合して神経伝達物質が放出される。放出された神経伝達物質は，近接する樹状突起のシナプス後膜に局在する受容体に結合する。神経伝達物質の受容体にはイオンチャネル型とGタンパク質共役型（代謝型）とがあるが，前者は早い反応，後者はより遅く多様な反応を引き起こす。このように，電気信号を化学物質を介して伝達するシナプスを化学シナプスという。化学シナプスにおいては常にシナプス前膜（原則として軸索）から後膜（原則として樹状突起）へと伝達が起こり，神経の情報の流れは一方向性となる。

化学シナプスにはグルタミン酸やアセチルコリンなどを伝達物質とする興奮性シナプスと，γ-アミノ酪酸（GABA; γ-aminobutyric acid）やグリシンなどを伝達物質とする抑制性シナプスが存在する。また，前者を放出するニューロンを興奮性ニューロン，後者を放出するニューロンを抑制性ニューロンという。脳にはおよそ4対1の割合で興奮性と抑制性のニューロンが存在する。興奮性伝達物質に対するイオンチャネル型受容体はNa^+透過性をもち，膜電位の上昇を引き起こすが，抑制性伝達物質に対するイオンチャネル型受容体はCl^-を透過し，膜電位を低下させて興奮の発生を抑える。前者は興奮性後シナプス電位（excitatory postsynaptic potential; EPSP），前者は抑制性後シナプス電位（inhibitory postsynaptic potential; IPSP）を引き起こし，これらの総和（シナプス電位）が後シナプス細胞の軸索起始部において閾値を超えると活動電位を生じ，軸索を伝播する。シナプス電位が閾値を超えない限りは後シナプス細胞で活動電位が生じることはないが，閾値を超えると決まった大きさの活動電位が生じる（全か無かの法則）。シナプス電位の大きさは活動電位の頻度に反映される。このようにして，ニューロンは複数のシナプス入力を統合し，出力することができる。

化学シナプスのほか，コネキシンという分子の会合でギャップ結合を形成し，2細胞間でイオンを流通させ電位変化を伝達する電気シナプスが存在する。電気シナプスの伝達は両方向性で，化学シナプスに比して速度も速い。

感覚受容のしくみ

11.2.1　感覚受容体

ヒトがとらえられる感覚には視覚，聴覚，嗅覚，味覚，体性感覚などがある。いずれの感覚も，感覚器において感覚受容体によって受容され，脳へと伝達される。

A. 視覚

視覚情報は網膜上にある杆体（桿体とも書く）および錐体の2種類の視細胞において，視物質とよばれる光受容体によって検出される（図11.2A）。杆体視物質はロドプシンとよばれる。杆体は感度が高く，特に暗所視に働く。一方，錐体視物質には，青色，緑色，赤色を検出する3種類の視物質があり，それぞれ青錐体，緑錐体，赤錐体において特異的に発現している。これら3種類の錐体はヒトにおける明所視および3色色覚の基盤となっている。視物質はいずれもGタンパク質共役型受容体であり，

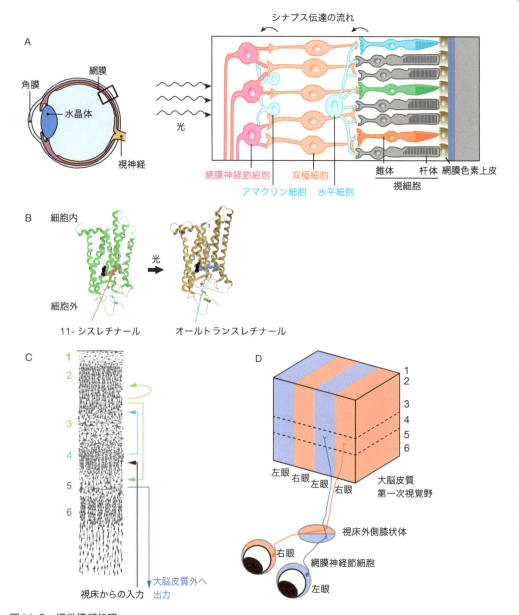

図11.2　視覚情報処理

（A）網膜の構造。視細胞によって検出された光の情報は双極細胞を経て，網膜神経節細胞へと伝達される。シナプス伝達の多様性や，水平細胞・アマクリン細胞を介した抑制性修飾の結果，網膜神経節細胞には多様な光応答様式がつくられる。

（B）ロドプシンの構造と光応答。構造変化によって活性化したロドプシンは，3量体Gタンパク質であるトランスデューシンを活性化させる。

（C）大脳皮質の6層構造（ニッスル染色）。層間の主要なシナプス伝達の流れを矢印で示す。

（D）眼優位性カラム。高等哺乳類においては，右目由来の入力と左目由来の入力が規則正しく縞状に配置している。

発色団として **11-シスレチナール** を有する。

B. 嗅覚

同じくGタンパク質共役型受容体によって検出

される感覚情報に嗅覚がある。匂い分子は嗅上皮の嗅粘膜に溶け込んだ後，嗅神経細胞の嗅繊毛に存在する嗅覚受容体によって検出される。匂い分子の構造は極めて多様であるが，それに対応して受容体も多様であり，嗅覚受容体はマウスで 1000 種類余り，ヒトでも 390 種類程度存在することが知られている。網膜における色覚と同様，1 種類の嗅神経細胞には 1 種類の嗅覚受容体のみが発現しており，1000 種類の嗅神経細胞への入力の組み合わせであらゆる匂い情報が表現されることになる。嗅神経細胞は直接脳の嗅球とよばれる領域へと軸索を接続するが，発現する受容体の種類に応じて異なる番地（糸球体とよばれる）に接続することが知られている。

C. 味覚

味覚には 5 味があるといわれているが，このうち，甘み，うまみ，苦みは G タンパク質共役型の味覚受容体によって検出される。一方で，塩味，酸味についてはイオンチャンネル型の味覚受容体によって検出されると考えられている。5 味に対応して 5 種類の味細胞が存在し，それぞれ異なる味神経線維へと連絡している。

D. 体性感覚（温度感覚）

他に，イオンチャネル型受容体によって検出される感覚情報に，体性感覚の 1 つ，温度感覚がある。これまでに感覚神経に発現する 6 種類の温度受容体が知られているが，それぞれが異なる閾値をもち，異なる範囲の温度受容に関わっている。代表的な温度センサー Trpv1 は，42℃以上の温度に反応して開口し，陽イオンを透過する。一方，Trpm8 は 25℃以下の温度に反応して開口する。いくつかの温度受容体は温度以外の刺激によっても開口することが知られており，例えば Trpv1 は唐辛子などに含まれるカプサイシンによっても開口するし，Trpm8 はミントなどに含まれるメントールによっても開口する。異なる温度情報は異なる種類の感覚神経によって脊髄および中枢へと伝達される。

11.2.2 感覚情報処理のしくみ（網膜）

感覚器において受容された情報が神経回路でどのように処理されるのかについて，ここでは視覚を例に説明する。

視物質が光子を吸収すると，11- シスレチナールが異性化してオールトランスレチナールとなり，視物質の構造変化を生じる（図 11.2B）。これに伴い，三量体 G タンパク質であるトランスデューシンが活性化される。トランスデューシンはホスホジエステラーゼを活性化させることで細胞内セカンドメッセンジャーの cGMP を加水分解する。視細胞においては cGMP 依存性イオンチャネルが発現していて恒常的に膜電位が高くなっているが，cGMP の分解によって膜電位が過分極する。したがって，光刺激によって視細胞からのグルタミン酸放出は減少する。

視細胞は網膜内で双極細胞へと出力している。錐体から入力を受ける双極細胞には ON 型と OFF 型の 2 種類があり，グルタミン酸受容体の種類の違いから，それぞれ光強度の上昇，減少に対して反応する。網膜には水平細胞やアマクリン細胞といった抑制性ニューロンも存在する。水平細胞は複数の視細胞と接続しているが，ある視細胞から入力を受けると，接続する他の視細胞に対してはシナプス伝達を抑制するように働き，これを側方抑制とよぶ。側方抑制は画像にコントラストをつけるのに有用であり，同様の機構は他の感覚系でも知られている。これら双極細胞からの直接入力に加えてアマクリン細胞からの抑制性入力を受ける網膜神経節細胞には，ON 型，OFF 型以外にも多様な種類があり，例えば光刺激に対して持続性に応答するもの，一過的に応答するもの，さらには特定の向きの動きに反応するものなどがある。このように，網膜は単に外界を映し出す鏡ではなく，高度な画像情報処理を行う精密回路である。

11.2.3 感覚情報処理のしくみ（大脳皮質）

網膜神経節細胞は，その軸索を視床の外側膝状体

や中脳の上丘などへと接続する。上丘は眼球運動制御などの無意識的な視覚情報処理に関わると考えられている。一方，外側膝状体のニューロンはさらに大脳皮質第一次視覚野へと投射する。大域的には網膜上の相対的位置関係が保持されたまま第一次視覚野まで情報が伝達されており，こうした情報表現様式をトポグラフィックマップとよぶ。トポグラフィックマップは体性感覚野などでも知られている。

大脳皮質は6層構造をとる（図11.2C）。視覚野に限らず，視床からの感覚入力はまず大脳皮質第4層のニューロンに入力し，これが2，3層のニューロンに伝達されて情報処理されたのち，5，6層ニューロンへと伝達，最終的に脳内の他の領域や脳の外へと出力される。

大脳皮質はまた，機能が似ているニューロン群が垂直方向に集まって構成されるカラム構造をもつことが知られている。例えば，サルの大脳皮質第一次視覚野においては，左右の目に由来する入力はストライプ状に交互に分布してカラム構造を形成しており，眼優位性カラムとよばれる（図11.2D）。大脳皮質においては，網膜よりもさらに複雑な視覚刺激に応答することが知られており，例えば特定の傾きの線分に応答するニューロンがあることがわかっている。こうした特徴抽出は網膜以降の神経回路でなされると考えられているが，その回路メカニズムは今なお十分に理解されていない。

11.3節

脳の発生と神経回路の形成

11.3.1　遺伝情報による神経回路編成

脊椎動物の神経系は，嚢胚期の背側に生じる神経外胚葉を端緒とする。神経外胚葉は背側正中で陥没して左右端（神経堤）が合わさり筒状に閉じて神経管を形成する。神経管が閉じる背側の頂部から漏れた神経堤細胞はバラバラの間充織細胞になり，体の各所へ遊走して一部が末梢神経に分化する。神経管は中枢神経系に分化し，前方から大脳，中脳，橋，小脳，脊髄の原基として領域化される。

脳と脊髄のニューロンを生む神経幹細胞は，神経管中心の内腔（脳室）に面した神経上皮を構成し，自己複製をくり返して神経管の容積を急速に拡大させたのち，あらゆるニューロン種とニューロンを支持するグリア細胞を産生する。誕生したニューロンは分裂層から細胞移動し，皮質や神経核を形成する。さらに軸索と樹状突起を伸展し，特定の相手と特異的なシナプス結合をする。ヒトの場合で最長1メートルにもおよぶ軸索が，遠隔地にあるシナプス結合相手に向けて正しく伸長するために，発生中の脳にはさまざまな分泌型・膜結合型の軸索ガイダンス分子が分布して道標として機能し，軸索伸長方向を誘導することがわかっている（図11.3A）。目的地付近に軸索終末が到達すると，さまざまな細胞接着分子の発現パターンが照合され，合致する相手と特異的シナプスが形成される。

11.3.2　活動依存的な神経回路の再編成

上記のような分子機構で神経回路の基本設計がつくられるが，ゲノム上には数百億のニューロンで構成される脊椎動物脳のシナプス特異性をすべて決定するほどの分子レパートリーは存在しない。実際に発生過程の脳で決定される神経回路は曖昧で，シナプスが過形成される傾向がある。これらの過形成されたシナプス間では神経活動に基づいて競合が起こり，強化されるシナプスを残して余剰なシナプスが剪定・除去される（図11.3B）。

胎児期には外部からの刺激に依存しない自発的な神経活動がシナプスの競合を誘発する。発達が進むと，感覚刺激によって起こる神経活動がより有効に機能するシナプスの選択を促進する。しかしながら，生後発達の過程でも感覚入力に依存したシナプスの選別が活発に行われる時期は限られており，これを臨界期という。臨界期は視覚，聴覚，言語学習などの回路でそれぞれ決まった一定期間にのみ見られる。この時期を過ぎると大規模なシナプス選別は

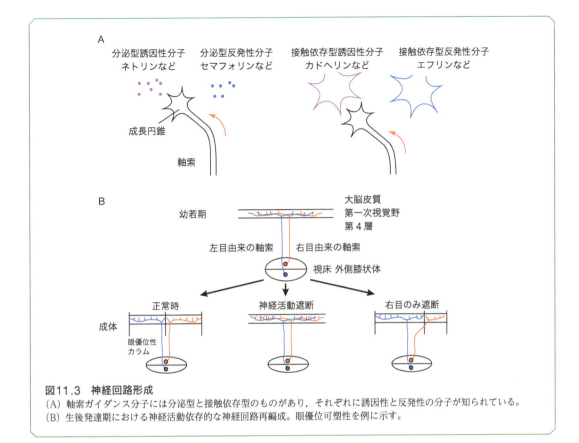

図11.3　神経回路形成
（A）軸索ガイダンス分子には分泌型と接触依存型のものがあり，それぞれに誘因性と反発性の分子が知られている。
（B）生後発達期における神経活動依存的な神経回路再編成。眼優位可塑性を例に示す。

起こらなくなり，臨界期に決定された回路が一生保持される。例えばガチョウなどの鳥類で孵化後に近くにいる親の姿を記憶する現象（**刷り込み**）や，視覚刺激により大脳皮質視覚野でどちらの眼から入力を受けるかが決定される現象（**眼優位性可塑性**）は，臨界期に起こる不可逆的な神経回路再編成による。

11.3.3　神経系の再生

ヒトなどの高等哺乳類の脳では，臨界期に最適化された神経回路を生涯通じて維持し，個体の経験と履歴を記憶しながら多様な行動パターンを獲得する。このため，哺乳類の成体脳に存在する神経幹細胞は概して不活性状態にあり，成熟した脳でニューロンが新しく置き換わることはほとんどない。アルツハイマー病，パーキンソン病などの神経変性疾患や脳梗塞などの外傷で壊死した神経回路の回復が困難なのはこのためである。

最近の研究で，海馬や大脳の一部では成体でも神経幹細胞の活性が保たれ，神経再生が行われることが明らかになった。**成体神経再生**が記憶や学習，脳の損傷の修復などにどのように関わるかについて，現在さかんに研究されている。

11.4節

シナプス可塑性と記憶

ニューロンはシナプスを介して互いに接続しているが，このシナプス伝達効率の可塑的変化（**シナプス可塑性**）が記憶の素過程であると考えられている。代表例として，陳述記憶（内容をことばで表せる記憶）に必須な領域として知られる**海馬**における，**長期増強**（long-term potentiation; **LTP**）や**長期抑圧**（long-term depression; **LTD**）という現象がよく研究されている（**図11.4A**）。

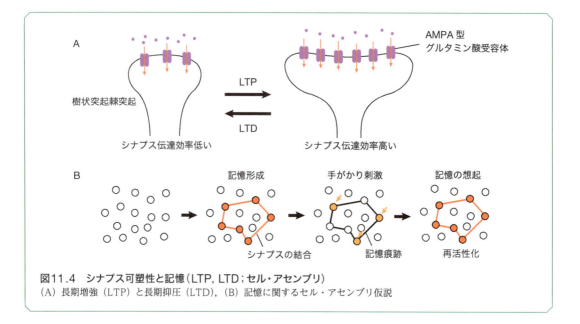

図11.4　シナプス可塑性と記憶（LTP, LTD；セル・アセンブリ）
（A）長期増強（LTP）と長期抑圧（LTD），（B）記憶に関するセル・アセンブリ仮説

海馬ではシナプスが高頻度（10 Hz 以上）の刺激を受けるとグルタミン酸作動性シナプスの伝達効率が持続的に亢進し（LTP），逆に低頻度（10 Hz以下）の刺激を受けると低下する（LTD）。NMDA 型グルタミン酸受容体の作用によって，それぞれ，後シナプス側でカルモジュリンキナーゼ II あるいはカルシニューリンが活性化され，シナプスに局在する AMPA 型グルタミン酸受容体の量が増加，減少することで LTP，LTD が生じる。これにはしばしばシナプス構造の変化（特に後シナプス側の棘突起のサイズ変化）も伴う。最近では，シナプス前細胞と後細胞の活動の時間差に応じてシナプスが増強・抑圧される**スパイクタイミング依存性可塑性**という現象も知られている。

記憶の実体については，ドナルド・ヘッブ（D. Hebb）が 1949 年に提唱した**セル・アセンブリ仮説**が，最近になって実験的にも実証されつつある（**図11.4B**）。これによると，記憶は，刺激が入ったときに活性化したニューロン集団の間でシナプス結合が強化されることで保持される。なんらかのきっかけでこれらの一部が活性化されると，強いシナプス結合で強化されたネットワーク全体が再活性化し，記憶が想起されることになる。こうした可塑性は脳のさまざまな領域で起こっており，異なるタイプの

記憶の形成に関わっていると考えられている。

神経回路を研究するためのアプローチ

このように，感覚情報処理や記憶，運動制御は，多くのニューロンがシナプス結合したネットワークによってなされているため，ネットワークとしての動作原理を理解することが今後の神経科学の大きな課題である。従来，ニューロン集団の活動を一度にとらえることは容易ではなかったが，近年，生きたモデル動物において多くのニューロン集団の活動を計測する技術が飛躍的に向上している。例えば，GCaMP とよばれるカルシウムセンサータンパク質を用いると，活動電位の頻度に応じて変化する細胞内カルシウム濃度変化を光学的に計測することができる。生体深部の可視化に適した **2 光子励起顕微鏡**や，脳に埋め込むことのできる内視鏡型顕微鏡を用いると，脳内の数百～数千個ものニューロンの活動を同時に計測することができる。

多くのニューロンによってつくられるネットワークの構造を理解することも大きな課題である。

近年，ニューロンによる結合の総体を**コネクトーム**とよび，これを解読しようという試みが進んでいる。3次元的な神経回路構造の連続断面像を大規模かつ数 nm の高解像度で取得できる電子顕微鏡が新しく開発されており，こうした試みが加速しつつある。

さらに脳の動作原理を直接探る方法として，近年，**光遺伝学**とよばれる方法も登場している（column）。この方法を用いると，光を使ってニューロンの活動，ひいては動物個体の行動をも，人為的に操作することができる。このように，最後のフロン

ティアともよばれる脳を理解するうえでは，新しい技術の開発も鍵となってくるかもしれない。いずれにしても，神経科学者たちは，我々の心や意識といったものさえも，いずれ物理・化学法則にもとづいて記述できる日が来ると信じて研究を行っているのである。

推薦図書・文献
・『スタンフォード神経生物学』L. ルオ著，柚﨑通介，岡部繁男監訳，メディカルサイエンス・インターナショナル（2017）
・『カンデル神経生物学』E. カンデルら編，金澤一郎，宮下保司監訳，メディカルサイエンス・インターナショナル（2014）

COLUMN　光遺伝学の登場

近年，神経科学分野では光を使って神経活動を操作することのできる手法，光遺伝学が普及し始めている。チャネルロドプシン2（Channelrhodopsin-2; ChR2）は緑藻クラミドモナス由来の古細菌型ロドプシンであり，青色光を吸収すると陽イオンを透過する性質がある。ダイセロス（K. Deisseroth）らは2005年にこのChR2をニューロンに発現させ，青色光を照射することで神経活動を操作できることを示した（図A）。これ以降，光遺伝学は神経科学の多くの研究に用いられるようになった。

ChR2の他にも，ハロロドプシンとよばれる光依存性のCl⁻ポンプなどを用いると神経活動を抑制さ

せることもできる（図B）。ChR2やハロロドプシンの遺伝子をウイルスベクターなどで動物個体に導入し，光ファイバーを用いて光刺激を行うと，動物の行動をも制御することが可能である（図C，図はラット）。

このように，光遺伝学は神経回路の動作原理を探る上で非常に強力なツールになるだろう。ちなみに，光遺伝学は神経科学分野で発展したが，近年は膜電位に限らず，細胞内のさまざまなシグナル伝達や転写を光で制御できるようになってきており，生命科学全体に大きなインパクトを与える手法となりつつある。

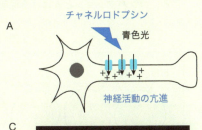

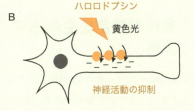

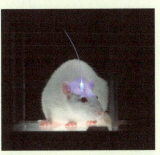

（写真提供：Dr. Karl Deisseroth）

図　光遺伝学を用いた神経活動操作

12章 形づくりの不思議
動物・植物の発生
千坂　修（12.1節）／山岡尚平（12.2節）

千坂　修（12.1節）／山岡尚平（12.2節）

12.1節

動物の発生

　動物の多くは1つの受精卵が分裂し，複雑な構造と機能をもった成体へと育つ。その過程で，前後（頭尾）・左右・背腹の"体軸"の形成，それと同時に位置情報が生み出され，適切な位置に脳（ないしは神経節）・心臓・肺・腸などの器官形成が起きる。

　この複雑な構造がどのようにして自然に形づくられるのだろうか。主な機構を本節で紹介する。第一に，多様な細胞を生み出す機構。第二に，その多様な細胞をどこにどれくらい配置するかという機構。第三に，分化のための遺伝子制御機構。第四に，細胞集団の連携・相互認識の機構。第五に，自発的形態形成の機構である。これらは独立したものではなく，同時進行で複雑な細胞機能分化・形態形成が起きる。

12.1.1　多様な細胞を生み出す機構

　多細胞生物は機能が分化した細胞が集まってできているが，もともとは1つの受精卵である。異なった細胞がどのようにして生まれて来るのだろうか。それは大きく分けて"非対称分裂"と"相対位置による分化（周囲の環境差）"である。異なった細胞ができれば，その空間配置により，体軸の形成へとつながる。しかし，これは生き物によって色々違ったやり方で行われる。例えばショウジョウバエ（節足動物）の未受精卵には産卵時から前後・左右・背腹の軸があり，特殊な遺伝子群（母性効果遺伝子群：後述）のmRNAが前端ないしは後端部に局在して

いる。このため，受精卵が分裂すると異なる形質をもつ細胞群が生じる。ショウジョウバエの発生に関しては遺伝子発現の項で説明する。カエル（両生類）の卵も，中学・高校で習ったように動物極と植物極に分かれていて非対称である。精子の侵入点も植物極に近い動物極の限られた領域であり，それにより前後・左右・背腹の体軸が決まる。線虫（線形動物）では，受精卵中にP顆粒という情報因子が偏って分布している。受精卵が分裂する時に，このP顆粒が不均等に娘細胞に配分されることにより，"非対称分裂"が起き体軸の形成へと続く。また，ニワトリの受精卵は卵管を通って産卵されるが，この過程で重力の働きにより，卵黄上に浮かぶ胚細胞集団の特定部位に前後軸が形成され，引き続き左右・背腹軸が形成される。

　マウスでは，8細胞期胚まではいずれの細胞も等価である（**図12.1**）。8細胞期の後半になると，**タイト・ジャンクション**（tight junction）の形成による，コンパクションとよばれる現象が起きて一つ

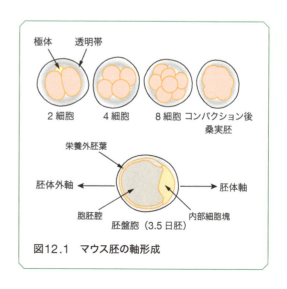

図12.1　マウス胚の軸形成

一つの細胞が見分けにくくなる。タイト・ジャンクションは水分子をも通さないので，これは胚の外部と内部を分泌性因子から隔離する意味をもつ。16細胞期になると，胚の内部に位置する細胞と外周に位置する細胞が現れる。これが異なった細胞に分かれる始まりで，内側の細胞は多くが64細胞期（胚盤胞期）には内部細胞塊になり，外側の細胞は多くが栄養外胚葉という胚の最外層の細胞になる（"相対位置による分化"の例）。この過程には細胞競合（10章参照）でも使われるHippo経路のシグナル伝達が重要な働きをしている。内部細胞塊はマウスの体そのものになる細胞群で，栄養外胚葉は胎盤の一部に分化する細胞である。内部細胞塊は偏って存在するので，この時点で胚体－胚体外の軸が定まる。実はもともと受精卵の段階で，透明帯（卵の外側を覆う多糖類のゲル）内に極体（減数分裂で放出される余分なゲノムを含む小胞）があり，卵の形を真球よりゆがめている。2細胞期にはこのゆがみがはっきりと回転楕円体に近くなる。この胚の回転楕円体長軸方向に胚体－胚体外の軸が決まることが多い（図12.1）。

では，マウス胚の前後・左右の軸はいつ決定されるのであろうか。これは子宮に胚盤胞が着床してから定まる。Ｖ字管状の子宮に対して直角に（川辺の堤に座る人のように）胎仔の前後・左右・背腹軸は定まる。この機構はまだはっきりしていないが，管状の子宮に沿って子宮上皮の細胞は，卵管側－膣側の"極性"（ある向きに沿って細胞内外に物質・構造の偏りがあること）をもっているためだと思われる。子宮自体が前後・左右・背腹の軸をもっているのである。

以上のように非対称分裂は特定の物質の細胞内偏在や，細胞周囲の環境の違いにより起きる。特に後者のためには細胞分裂軸が重要な働きをしている（4章column参照）。

非対称分裂や周囲の環境の違いがあれば，それに続いて遺伝子発現の変化が起きる（後述）。周囲の環境の中でも，ある種の細胞外分泌因子（モルフォゲン）は，濃度の濃淡でそれを受け取る細胞に異なった分化方向を決定できる（誘導現象，図12.2A）。

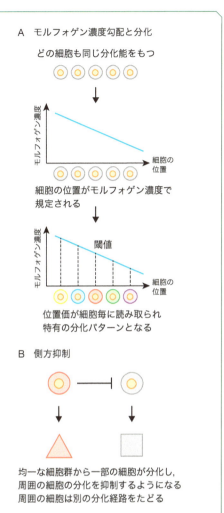

A　モルフォゲン濃度勾配と分化

どの細胞も同じ分化能をもつ

細胞の位置がモルフォゲン濃度で規定される

位置価が細胞毎に読み取られ特有の分化パターンとなる

B　側方抑制

均一な細胞群から一部の細胞が分化し，周囲の細胞の分化を抑制するようになる周囲の細胞は別の分化経路をたどる

図12.2　非対称分裂以外の細胞分化機構の代表例

細胞分裂の際，自分自身と同じ細胞を再生するとともに，娘細胞として異なる形質をもつ細胞も生み出すものを幹細胞とよぶ。幹細胞には血液幹細胞，神経幹細胞などがあり，それぞれ白血球や赤血球，神経やグリア細胞を生み出す。その他，iPS細胞（誘導多能性幹細胞）は，上皮などの終末分化細胞から未分化な幹細胞を人工的に作製したもので，再生医療への応用が期待されている。ES細胞（胚性幹細胞，後述）も再生医療で使われる。また，細胞が分化を始めると周囲の細胞には同じ方向の分化をしないように働きかけるしくみが使われる場合もある（後述の側方抑制，図12.2B）。

12.1.2　多様な細胞をどこに　　どれくらい配置するか

　軸形成に連動して，細胞集団は分化と移動を始める。脊椎動物の初期胚は，上皮や神経になる**外胚葉**，筋肉や骨格，心臓，腎臓などになる**中胚葉**，消化管や気管，膀胱，肝臓などになる**内胚葉**に分かれていく（中学・高校で習った原腸陥入）。特に初期胚では外胚葉から中胚葉が分かれ，細胞間接着が弱まり，移動性が高まる。この胚葉形成から順に器官形成へと進んでいく。細胞の移動に関わる機構としては，誘因と排斥という2つの機構がある。誘因に関しては長距離に働く拡散性のものと，近距離で主にガイドする細胞との接触によるものがある。これらは神経細胞の移動や軸索伸長にも使われている。排斥に関しても，細胞−細胞間，細胞−分泌性因子などの機構がある。細胞の移動・配置・分化には位置情報が重要で，分泌性のモルフォゲン（前出）の濃度の組み合わせにより，領域の特性が定まる。つまり，アナログ的濃度情報がデジタル的に変換され，体の区画化が進む。

12.1.3　分化のための　　遺伝子制御機構

　色々な細胞が生み出され，細胞の移動・器官形成へと続くときには，各々の細胞は特有な遺伝子発現を行う。この遺伝子制御機構はショウジョウバエで特に詳しく研究されているので，その例を紹介する。

　図12.3 にショウジョウバエ初期胚での階層的遺伝子発現を示す。まず，受精卵には前後・左右・腹背の軸があり，"母性効果遺伝子"に分類される遺伝子 *bicoid* の mRNA が前端に，*nanos*（図には示さず）の mRNA が後端に局在している。母性効果とは，未受精卵中に含まれる母親からの mRNA が受精卵の表現型に影響することをいう。母性効果遺伝子の mRNA は受精後タンパクに翻訳され，bicoid や nanos タンパクは胚の前端・後端から勾配をもって分布する。ショウジョウバエの初期胚は不完全な細胞分裂をくり返し，受精後3時間弱まで細胞膜は完全には閉鎖しない。したがって，この

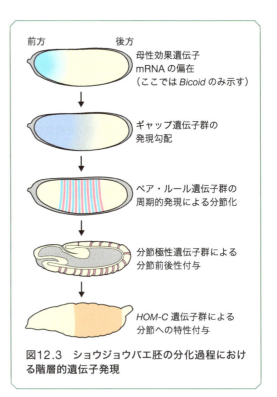

図12.3　ショウジョウバエ胚の分化過程における階層的遺伝子発現

前方　　　　後方

母性効果遺伝子 mRNA の偏在（ここでは *Bicoid* のみ示す）

ギャップ遺伝子群の発現勾配

ペア・ルール遺伝子群の周期的発現による分節化

分節極性遺伝子群による分節前後性付与

HOM-C 遺伝子群による分節への特性付与

　母性効果遺伝子産物の勾配は直接細胞に働き，次の階層のギャップ遺伝子群の発現を促進する。ギャップ遺伝子群は胚をいくつかの領域に分化させる。その後，これまた次の階層のペア・ルール遺伝子群が胚を2体節ずつに分割していく。体節というのは節足動物の体を特徴づける一過的反復構造（中胚葉由来）で，前後軸に沿って配置されており，体節ごとにまとまって特徴的な分化（例えばどれくらいの大きさの脚を生やすかなど）をする。その後，分節極性遺伝子群に続いて**ホメオティック遺伝子群**の発現が進み，発現する遺伝子の組み合わせで体節の形成と各体節に特徴的な形態形成が進行する。ホメオティック遺伝子に変異が起きると，特定の体節が別の体節の特徴を示すようになる。例えば，翅が4枚のハエになったり，触角が脚に変化する。

　これらの形態形成に重要な遺伝子群の多くは転写制御因子であり，ハエでもマウスでも進化的に保存された遺伝子群である。実際，マウスでも身体の中に反復した構造（脊椎骨や末梢神経など）は見られるし，手足を含め諸器官は前後軸に沿って決まっ

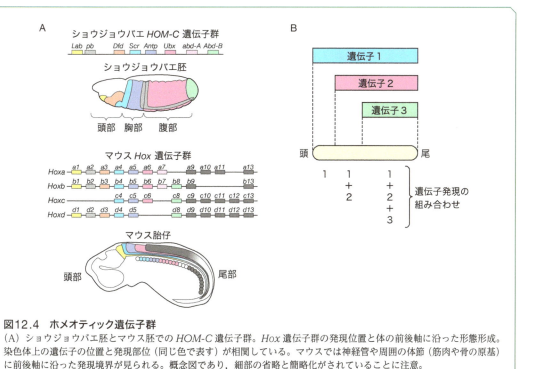

図12.4　ホメオティック遺伝子群
（A）ショウジョウバエ胚とマウス胚での *HOM-C* 遺伝子群。*Hox* 遺伝子群の発現位置と体の前後軸に沿った形態形成。染色体上の遺伝子の位置と発現部位（同じ色で表す）が相関している。マウスでは神経管や周囲の体節（筋肉や骨の原基）に前後軸に沿った発現境界が見られる。概念図であり，細部の省略と簡略化がされていることに注意。
（B）*Hox* コードによる前後軸に沿った領域の分化機構。発現する遺伝子の組み合わせで領域の特徴が規定される。ここで遺伝子2が欠失すると，遺伝子1だけの発現領域が後方まで拡張した形になり，体の前側の形質が後ろ側まで現れてくる（ホメオティック変異：羽の数が増えたりする）ことに注意。

た位置に形成されるが，これらはホメオティック遺伝子群（*Hox*, *HOM-C* 遺伝子群）の制御下にある（図12.4A）。発現する *Hox* 遺伝子の組み合わせで領域の性質が決まる様子を *Hox* コードとよぶ（図12.4B）。

12.1.4　細胞集団の連携・相互認識の機構

　一定の細胞分化をしても，細胞集団として連携できなければ秩序だった器官形成・生理機能の成熟には至らない。細胞間の連携機構には先に紹介した分泌因子によるシグナル伝達もあるが，細胞間の接着装置，細胞間でのリガンド・受容体を介したシグナル伝達もある。4.3節（細胞接着）で述べたように，同種の細胞接着因子カドヘリンどうしの接着（"ホモフィリック"な接着）が，器官形成・維持に重要である。例えば神経管が形成される際には，上皮で発現していた E−カドヘリンが消失し，上皮からくびれてきた神経管では N−カドヘリンが発現する。この過程で発現が消失するべき E−カドヘリンの発現が持続するように，外来性 E−カドヘリン遺伝子をニワトリ胚神経管前駆体に導入すると，細胞の移動が乱され，神経管形成が正常に起きない。細胞間でのリガンド・受容体を介したシグナル伝達の代表例は，神経細胞の分化に関係する機構である。ノッチとデルタという2つのリガンド−受容体の相互シグナルのゆらぎにより，もともとは同一の形質をもつ2つの上皮細胞から一方が神経細胞に分化し，他方の分化を抑制する機構がある（図12.2Bの側方抑制）。これは，双方向のシグナルが片方に偏ると，抑制と促進のシグナル伝達が増幅されることにより，隣接する細胞が異なる形質をもつように分化する機構である。また，広範囲な遺伝子制御には数理的解析が適用できる場合があり，19章でそのような例を紹介する。

12.1.5　自発的形態形成の機構

　研究途上の分野であるが，胚性幹細胞（内部細胞塊由来の多能性をもつ未分化な細胞：ES細胞）を特殊な培養条件で培養すると，目の網膜の層構造や眼杯のような複雑な器官形成がシャーレ中で起きることがわかっている。これは，細胞の形を決める細胞骨格が複雑な制御により頂端部で収縮する，細胞の重なり具合も同時に影響を受ける，などの機構で3次元的形態形成が起きる。同様に，ES細胞の培養により，小型の"脳"のようなものが形づくられることもわかっている。今後は，移植に使えるような人工器官がES細胞やiPS細胞の培養により作製できるようになるかもしれない。

おわりに

　この章では高等動物の発生を主に紹介した。原始的な動物では体軸がもっと単純な生物がいる。この体軸の複雑化は興味深い進化現象なので，身近な生き物を眺めながら体軸数を数えてみてはどうだろうか。また，世界各地に伝えられている妖怪は，発生異常から考えついたと思われるものもある。興味のある方は発生生物学の教科書を眺めてみてほしい。また動物の発生も，親の栄養状態によりエピジェネティックな影響を受けるなど，日進月歩の研究進展がある。新聞などの科学ニュースに注目していてほしい。

参考・推薦図書
『図解　感覚器の進化』岩堀修明著，講談社ブルーバックス（2011）
『図解　内臓の進化』岩堀修明著，講談社ブルーバックス（2014）
『波紋と螺旋とフィボナッチ』近藤滋著，秀潤社（2013）
『ウォルパート発生生物学』L. ウォルパート他編,武田洋幸他監訳,メディカル・サイエンス・インターナショナル（2012）
『ギルバート発生生物学』S. ギルバート編,阿形清和他監訳,メディカル・サイエンス・インターナショナル（2015）

植物の発生

はじめに

　植物は，基本的な体制が胚発生のときに決まる動物とは異なり，永続的に体組織を発生・成長させ，そのパターンを周囲の環境に応じて柔軟に変化させる。この発生様式は，植物の生存戦略と密接に関係している。ほぼすべての陸上植物は，光合成を行って独立栄養の生活を営むため，移動する必要がなく，固着して生活できる。このため，移動に必要な体組織を進化させることはなかった。一方で植物は，変化し続ける周囲の環境に応答し，光エネルギーと栄養を効率良く獲得し続ける必要がある。そこで，幹細胞を維持し続け，分化・発生のパターンを環境の変化に対応して可塑的に変えられるように進化してきた[1]。ここでは，モデル植物シロイヌナズナなどの被子植物（angiosperm）を主な例として，植物の発生と分子メカニズムについて概説する。

12.2.1　分裂組織の構造と維持

　植物は，植物体の頂端部に分裂組織（meristem）とよばれる幹細胞を維持し分化・発生の基となる組織をもち，自身のからだをつくり続ける無限成長（indeterminate growth）を行うとともに，葉・側根などの側方器官を発生させる。また，通道組織を生み出す維管束形成層（vascular cambium）も分裂組織の1つである。

　茎の先端にはシュート頂分裂組織（shoot apical meristem; SAM）があり，茎や葉など地上部の栄養組織を発生させる。シュート頂の表皮は垂層分裂により生じ，1～数層以上の細胞層からなる。一方，より内部の組織はさまざまな方向への細胞分裂を行う。また，シュート頂は3つの発生領域，すなわち未分化な細胞で構成される中央部，活発な細胞分裂を行い葉などの側方器官を生み出す周辺部，中央帯の直下にあり茎の内部組織を生じる髄状

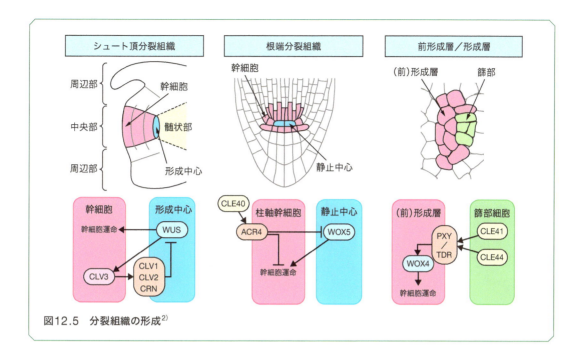

図12.5　分裂組織の形成[2]

部と区分することもできる。中央部には，分化多能性をもった幹細胞と，形成中心（organizing center）とよばれる分裂活性の極めて低い細胞の集団があり，形成中心は幹細胞を維持する機能をもつ（図12.5）。

　根の先端部にも**根端分裂組織**（root apical meristem）が存在する。根端がシュート頂と大きく異なる点は，それが根冠（root cap）とよばれる組織により保護されている点である。また根冠は重力感知などの役割も果たす。根端で生じた細胞は，やがて急速な細胞伸長を示し，根の伸長領域を生み出す。その後，各細胞は機能分化し，根毛などを発生させる分化領域をつくり出す（図12.6）。根の表皮および根毛，内皮，中心柱，根冠などを構成する各細胞は，根端分裂組織の中核をなす複数の幹細胞に由来する。幹細胞の集団の中心には，シュート頂の場合と同様，分裂活性の低い**静止中心**（quiescent center）とよばれる少数の細胞集団があり，始原細胞への分裂・分化を制御することで，根端分裂組織を維持している（図12.5）。

　維管束は，水と無機塩類の通道組織である木部（xylem）と，光合成産物の輸送やさまざまなシグナル伝達物質を運ぶ篩部（phloem）からなる。木

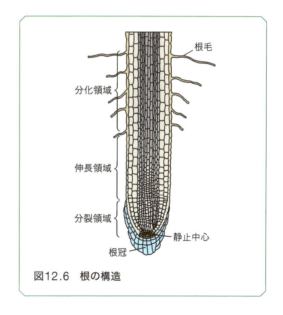

図12.6　根の構造

部と篩部を生み出す維管束形成層は，前形成層（procambium）および形成層（cambium）とよばれる幹細胞の集団である。前形成層の外側に篩部，内側に木部が分化して一次維管束組織を形成する。両者は次第に拡大し，その間は非常に狭くなるが，ここに形成層がつくられ，細胞壁がより肥厚した二次維管束組織をつくるようになる。

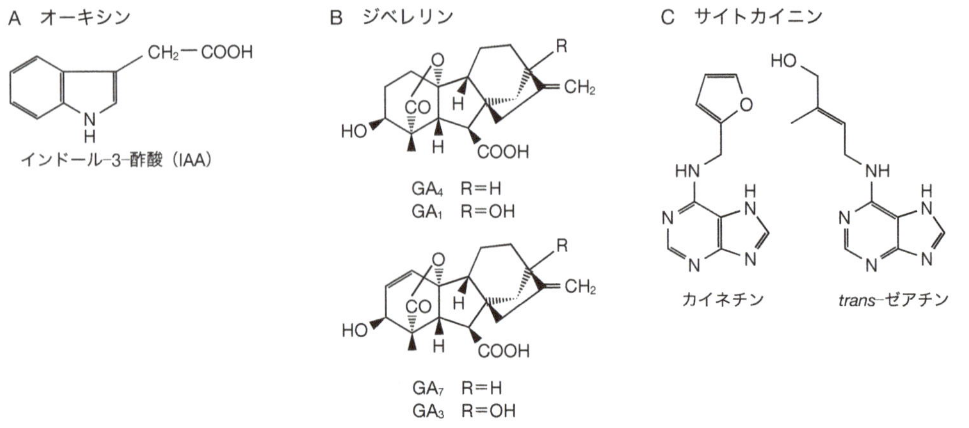

| A オーキシン | B ジベレリン | C サイトカイニン |

図12.7　植物ホルモンの化学構造

これらの分裂組織での幹細胞集団の維持には，いずれも WOX ファミリーとよばれるホメオドメイン転写因子，受容体型キナーゼ，CLE ファミリーとよばれるペプチドが関わる[2]。シュート頂と根端では，これらの分子によるシグナルのフィードバックループによって幹細胞集団の大きさが維持されている（図12.5）。シュート頂分裂組織では，CLV3 ペプチドが分裂中の幹細胞から分泌され，CLV1 を含む受容体複合体に結合し，幹細胞の集団を維持する転写因子 WUS の発現を抑制する。この CLV1/3－WUS シグナルのバランスにより幹細胞領域が規定される。根端分裂組織も相同なメカニズムで維持されており，それぞれ CLE40 ペプチドと ACR4 受容体が抑制シグナルを，WOX5 が幹細胞集団の維持に関わる。一方，維管束形成層では，細胞分裂を促進し木部分化を抑制する活性のある CLE41/44 ペプチドが篩部で発現し，前形成層で発現する PXY/TDR 受容体により受容されると，同じく前形成層で発現する下流の転写因子 WOX4 を活性化し，幹細胞集団を増加させる方向に働くとともに，PXY/TDR 自身の発現を抑制する。これにより前形成層という幹細胞集団と維管束の分化パターンを維持している[2]。

12.2.2　植物ホルモンによる発生の制御

多細胞生物である植物にとって，その分化・発生には細胞・組織・器官の間でのコミュニケーションが必要不可欠であり，主に植物ホルモン（plant hormone）と前述のようなペプチドにより行われる。ここでは植物の発生に特に主要な役割を果たすオーキシン，ジベレリン，サイトカイニン（図12.7）について概説する。なお，他の主要な植物ホルモンとして，ジャスモン酸，アブシジン酸，エチレン，ブラシノステロイド，ストリゴラクトンが知られている[1]。

オーキシン（auxin）は胚発生，器官形成，通道組織形成，光応答，重力応答など，植物の分化・発生のあらゆる局面に関わっている。その作用は，オーキシンの局所的な生合成，細胞間での極性輸送，細胞内受容による遺伝子発現制御により生み出される。主要な内在性オーキシンであるインドール−3−酢酸（indole-3-acetate; IAA）はトリプトファンから TAA と YUC とよばれる 2 つの酵素ファミリーにより合成される。オーキシン極性輸送には，細胞外への排出に関わる PIN ファミリー輸送体，細胞内への取り込みに関わる AUX1/LAX プロトン共輸送体，ATP 結合カセット（ABC）輸送体が

関わる[1]。特に PIN は細胞内の膜輸送系による制御を介して細胞膜上に極性をもって分布し，オーキシン極性輸送の原動力となっている[3]。オーキシンは細胞内において，F-box タンパク質である TIR1/AFB により受容され，転写抑制因子である Aux/IAA タンパク質をユビキチン（ubiquitin）–プロテアソーム（proteasome）系による分解に導く。これにより転写因子 ARF が活性化し，オーキシン応答性遺伝子の発現を制御することで，さまざまな応答が生じる[4]。

ジベレリン（gibberellin; GA）も，節間伸長，種子発芽促進，花芽形成促進，花粉の発生，果実の発生・成長促進など植物の発生にさまざまな役割を果たす重要な植物ホルモンである。ジベレリンはテルペノイド合成経路から生み出され[5]，遺伝子発現を制御する。すなわち，GID1 受容体と結合すると，それが DELLA タンパク質などの転写抑制因子と結合する。この複合体がユビキチン–プロテアソーム系に認識・分解され，下流遺伝子が活性化する[6]。

サイトカイニン（cytokinin）はオーキシンと協調して細胞分裂制御に関わる因子として発見された。頂端および維管束の分裂組織形成，配偶体形成，老化の抑制に関わっており，植物の発生にとってオーキシンと並ぶ重要な植物ホルモンである。さらに環境応答や微生物相互作用などにも重要な役割を果たす。サイトカイニンの生合成の初発反応は，イソペンテニル基転移酵素 IPT によるアデニンのプレニル化である。その産物はシトクロム P450 モノオキシゲナーゼの一種により側鎖末端の *trans* 位が水酸化され，ヌクレオチド型の *trans*–ゼアチンとなる。これを LOG とよばれる酵素が塩基型に変換し，活性型サイトカイニンの1つである *trans*–ゼアチンをつくり出す[7]。サイトカイニンのシグナルは，バクテリアにも見られる2成分制御系によるリン酸化リレーである。膜貫通型ヒスチジンキナーゼが細胞外ドメインでサイトカイニンを受容すると，細胞質側のキナーゼドメインが活性化し，レスポンスレギュレーターとよばれる転写因子をリン酸化することで，遺伝子発現を介した応答を引き起こす[8]。

12.2.3　被子植物の胚発生

被子植物では，種子形成のなかで胚発生が起こるが，このとき体軸の決定，組織の分化運命決定，分裂組織の形成が行われる[9]。シロイヌナズナでは，受精卵（接合子）はまず細胞伸長し，次に非対称分裂により頂端細胞と基部細胞に分かれる（**図12.8**）。このとき，WOX ファミリーの転写因子が細胞の極性決定，分化運命決定，体軸の決定に，また細胞内膜輸送の制御因子である GNOM と，MAP キナーゼ経路が細胞伸長と非対称分裂に必要である。オーキシンの極性輸送と転写活性化による応答も体軸の決定にとって重要である[4,9]。次に，頂端細胞は縦方向に2回，横方向に1回の細胞分裂を行い，8細胞の球状胚となる。この時点で，頂端側の4細胞は子葉とシュート頂分裂組織を，基部側の4細胞は胚軸，根，一部の根端分裂組織を形成する運命にある。また基部細胞の分裂により，

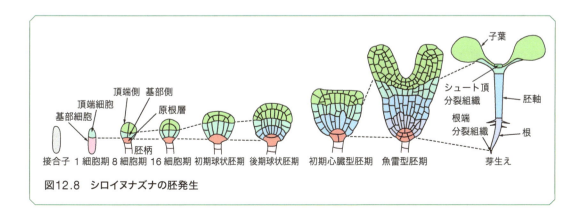

図12.8　シロイヌナズナの胚発生

球状胚側に原根層がつくられ，これはのちに根冠と根端分裂組織の一部となる。原根層の分化は，オーキシンの分布が変化し予定領域に蓄積することにより引き起こされる。次に，8細胞胚は細胞の表面と並行に分裂する並層分裂を行って16細胞となり，外側に前表皮とよばれる，のちに表皮となる細胞層をつくる。このときにシュート頂分裂組織の維持に必要な転写因子WUSの発現が始まる[9]。この後，球状胚は細胞分裂と分化をくり返し，やがて胚の大部分を形成し，同時に発達した種子の中で発芽に備えて休眠する。

12.2.4 光形態形成

　植物の発生のもう1つの大きな特徴は，環境に対する可塑性である。特に，植物は光環境に応じて分化・発生のパターンを大きく変える。光の感知には，各種の光受容体が関わっている。フィトクロム（phytochrome）は主に赤色光・遠赤色光を吸収する受容体タンパク質である。フィトクロモビリンとよばれるテトラピロール（4つのピロール環をもつ化合物のこと）を発色団としてもち，赤色光を吸収するPr型と，生理的な活性をもち遠赤色光を吸収するPfr型の間で可逆的に構造変換する[1]。フィトクロムの主要な下流因子である転写因子PIFは，暗所で発現する遺伝子の転写を活性化し，胚軸の伸長や黄化など暗所形態形成（skotomorphogenesis）を促進する。赤色光を受けると，Pfr型フィトクロムはPIFをリン酸化してプロテアソーム分解に導き，胚軸伸長抑制やクロロフィル合成などさまざまな光形態形成（photomorphogenesis）を促進する[10]。

　青色光受容体はいくつかの種類があり，それぞれ異なる生理機能をもつ。フォトトロピン（phototropin）はLOVドメインとよばれる部分にフラビンモノヌクレオチド（FMN）を結合したタンパク質で，青色光依存的なキナーゼ活性をもっており，光屈性，葉緑体運動，気孔開口など遺伝子発現を介さない反応を主に制御する[11]。FKF1/ZTL/LKP2ファミリーはLOVドメインをもつユビキチン転移酵素であり，植物特異的なGIタンパク質と複合体を形成し，青色光依存的に概日時計や花芽形成の制御に関わる[11]。クリプトクロム（cryptochrome）はフラビンアデニンジヌクレオチド（FAD）を活性制御のための主要な発色団としてもち，フィトクロムと同様，遺伝子発現制御を通じて光形態形成を制御する[1]。クリプトクロムは，ユビキチン転移酵素の一種COP1による光形態形成の抑制経路に拮抗して働く。暗所において，COP1はSPA1とよばれる相互作用因子と複合体を形成し，転写因子HY5などの光形態形成の促進因子をプロテアソーム分解に導き活性を抑制している。明所になると，クリプトクロムが活性化して競合的にSPA1と結合しCOP1活性が抑制され，その結果，HY5などが安定化して光形態形成を促進する[12]。

12.2.5 生殖成長（花芽形成）

　被子植物は，適切な環境に入ると，栄養成長から生殖成長へと移行し（成長相転換）有性生殖を行う。シロイヌナズナでは，成長相転換を制御する最も重要な因子は，転写因子COと，「フロリゲン（花成ホルモン）」とよばれるペプチドFTである。葉などの栄養組織は適切な環境を感知すると，篩部特異的に発現するCOを活性化させ，FTをつくる。FTは通道組織を介してシュート頂分裂組織に運ばれ，そこで転写因子複合体と結合し，シュート頂を栄養相から生殖相へ転換させ，花芽形成を開始する[13,14]（図12.9）。

　成長相転換の重要な環境シグナルは光と温度である。植物は光周性（photoperiodism）とよばれる日長を感知するメカニズムをもつ。光周性は，転写因子による遺伝子発現のフィードバックループである概日時計（circadian clock）と光受容体に依存しており，そのメカニズムは符合モデル（coincidence model）で説明できる。すなわち，概日時計が出力する周期的シグナルと光によるシグナルが一致した時に促進・抑制が起こるというものである。概日時計の制御を受ける花芽形成の促進因子にFKF1とGIがある。FKF1は青色光を受けるとGIと複合体を形成し，COの転写抑制因子CDFを分解し，COを活性化させる[13,14]。

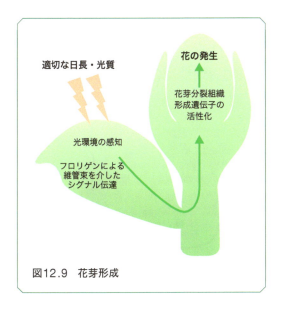

図12.9　花芽形成

成長相転換は低温によっても促進される。吸水した種子が低温におかれることで，花芽形成が促進されることを春化（vernalization）という。春化に関わる主要な花芽形成因子に転写因子FLCがある。FLCは*FT*やシュート頂で発現する花芽形成を促進する遺伝子の発現を抑制する。低温になると，*FLC*遺伝子領域にポリコーム複合体が結合しクロマチン修飾によるサイレンシングを引き起こして*FLC*の転写を抑制するため，花芽形成が促進される[13]。このサイレンシングには，*FLC*遺伝子の逆鎖から発現するタンパク質をコードしていない長鎖RNA（long non-coding RNA; lncRNA）も関わっている[15]。

12.2.6　花の発生と生殖組織の形成

生殖成長に入ると，シュート頂分裂組織は花序分裂組織（influorescence meristem）へと転換し，花を形成する。まず花序分裂組織の側方でSOC1，FD，LFY，AP1などの転写因子が活性化することで，花芽分裂組織（floral meristem）が形成される。次にそこで花器官決定に関わる転写因子が働き，4つの異なるタイプの花器官，すなわち雌ずい（心皮），雄ずい，花弁，がく片がつくられる。花器官決定の転写因子はクラスA, B, C, Eという4つに分類で

き，それぞれの組み合わせで各花器官の分化運命が決定される[16]。

雌ずいと雄ずいの中では，それぞれ胚のうと花粉という配偶体（gametophyte）が形成され，有性生殖のための生殖細胞が分化する。陸上植物は，胞子体（sporophyte）とよばれる2倍体（2n）と，半数体（n）である配偶体の間を「世代交代（alternation of generations）」するという生活環（life cycle）をくり返すことで子孫を残す（図12.10）。被子植物では，植物体が胞子体であり，配偶体である胚のうと花粉は胞子体に依存している。一方，ゼニゴケなどのコケ植物では植物体が配偶体であり，その一部に造卵器と造精器とよばれる卵と精子をつくる組織を形成して有性生殖を行う。また胞子体は受精後の短い期間に形成される微小組織である。コケ植物は進化的にみると陸上植物の祖先の特徴をよく残している[18]。被子植物では，造卵器と造精器は失われており，胚のうと花粉は数細胞まで縮退した配偶体である。

ここではシロイヌナズナにおける胚のうと花粉の発生について述べる。胚のうは，雌ずいの中に形成される胚珠の中につくられる。まず，雌ずい内部の表層から胚珠原基がつくられ，そこからのちに生殖系列を生み出す大胞子母細胞が分化する。大胞子母細胞は減数分裂（meiosis）により4つの半数体（n）細胞である大胞子に分裂する。このうち3つはプログラム細胞死し，1つの細胞のみが多核化し，8核となる。これらは細胞化し，1つの卵細胞とそれを囲む2つの助細胞，2核をもつ中央細胞，3つの反足細胞となる[19]。

雄ずいでは，まず4つの小胞子嚢から葯がつくられる。各葯室の中では，まず胞原細胞が分化し，小胞子母細胞（もしくは花粉母細胞）と，4つの体細胞性組織である表皮，内皮，中間層，一層の分泌細胞からなり花粉への栄養供給を担うタペート組織をつくる。小胞子母細胞は減数分裂により4つの半数体（n）細胞である小胞子となる。それぞれの小胞子は非対称分裂し，栄養細胞（もしくは花粉管細胞）と生殖細胞である雄原細胞に分化する。雄原細胞はただちに栄養細胞の細胞質の中に取り込ま

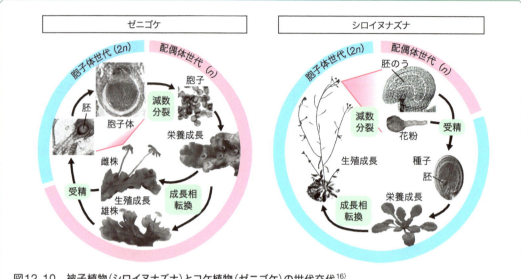

図12.10　被子植物（シロイヌナズナ）とコケ植物（ゼニゴケ）の世代交代[16]
ゼニゴケとシロイヌナズナの生活環。n は半数体世代を，$2n$ は2倍体世代を示す。

れ，細胞の中に細胞があるという状態になる。最後に，雄原細胞は有糸分裂により等分裂して2つの<u>精細胞</u>になり，成熟花粉を形成する[19]。

被子植物の大多数は両性花をつけるが，自家受粉できないという<u>自家不和合性</u>（self-incompatibility）を示すものがあり，これにより他殖を促進し遺伝的多様性を増大させると考えられている。例えばアブラナ科植物では，花粉表層に局在する SP11/SCR ペプチドと，雌ずいの柱頭の表皮細胞（乳頭細胞）に局在する SRK 受容体型キナーゼの相互作用により自己−非自己認識を行う[20]。

花粉は雌ずいの乳頭細胞に接着（受粉）すると，吸水して花粉管を発芽する。花粉管は雌ずい内部（花柱）を通って胚珠へ到達する。花粉管は，助細胞から分泌される LURE ペプチドが，花粉管で発現する受容体によって感知されることによって胚のうへ誘引される[21]。花粉管は助細胞に到達すると，花粉管は破裂し，放出された2つの精細胞は，それぞれ卵細胞および中央細胞と融合するという<u>重複受精</u>（double fertilization）が起こる。前者は受精卵として胚発生を開始し，後者は胚乳へと分化・発達して，養分供給など胚発生をサポートする[22]。

文献
1) L. テイツ, E. ザイガー, I. M. モーラー, A. マーフィー編, 西谷和彦, 島崎研一郎監訳, テイツ／ザイガー植物生理学・発生学　原著第6版, 講談社（2017）
2) S. Miyashima, J. Sebastian, J.-Y. Lee, Y. Helariutta, *EMBO J.*, 32, 178-193（2013）
3) S. Naramoto, *Curr. Opin. Plant Biol.*, 40, 8-14（2017）
4) D. Weijers, D. Wagner, *Annu. Rev. Plant Biol.*, 67, 539-574（2016）
5) T.-P. Sun, *Curr. Biol.*, 21, R338-345（2011）
6) M. Ueguchi-Tanaka, M. Nakajima, M. Ashikari, M. Matsuoka, *Annu. Rev. Plant Biol.*, 58, 183-198（2007）
7) 榊原均, 経塚淳子, 蛋白質 核酸 酵素, 52, 1322-1329（2007）
8) 山篠貴史, 水野猛, 化学と生物, 47, 312-322（2009）
9) S. Lau, D. Slane, O. Herud, J. Kong, G. Jürgens, *Ann. Rev. Plant Biol.*, 63, 483-506（2012）
10) P. Leivar, P. H. Quail, *Trends Plant Sci.*, 16, 1360-1385（2011）
11) N. Suetsugu, M. Wada, *Plant Cell Physiol.*, 54, 8-23（2013）
12) O. S. Lau, X. W. Deng, *Trends Plant Sci.*, 17, 584-593（2012）
13) F. Andres, G. Coupland, *Nat. Rev. Genet.*, 13, 627-639（2012）
14) 遠藤求, 久保田茜, 河内孝之, 荒木崇, 植物の生長調節, 44, 49-58（2014）
15) R. Ietswaart, Z. Wu, C. Dean, *Trends Genet.*, 28, 445-453（2012）
16) B. A. Krizek, J. C. Fletcher, *Nat. Rev. Genet.*, 6, 688-698（2005）
17) 河内孝之, 山岡尚平, 化学と生物, 54, 8, 591-597（2016）
18) J. L. Bowman, T. Kohchi, K. T. Yamato, J. Jenkins, S. Shu, K. Ishizaki, S. Yamaoka, R. Nishihama, Y. Nakamura, F. Berger, et al. *Cell*, 171, 287-304（2017）
19) F. Berger, D. Twell, *Annu. Rev. Plant Biol.*, 62, 461-484（2011）
20) M. Iwano, S. Takayama, *Curr. Opin. Plant Biol.*, 15, 78-83（2012）
21) T. Higashiyama, H. Takeuchi, *Annu. Rev. Plant Biol.*, 66, 393-413（2015）
22) 東山哲也, 領域融合レビュー, 1, e007（2012）

13章

体を守るしくみ
動物と植物の生体防御機構

高原和彦（13.1節）／山岡尚平（13.2節）／西浜竜一（13.3節）

免疫

はじめに

　私たちの周りには無数のウイルスや微生物（細菌，カビなどの真菌，寄生虫など）が存在している。我々は長い時間をかけて，これらとある時は戦い，ある時は共生しつつ進化してきた。この過程で，多様で変化する病原体に対峙するために，我々の免疫システムはほぼ無限の特異性をもつ武器（抗体など）を用意するという一見すると無謀とも思えるしくみをつくり出した。この特異性の高い反応は獲得免疫とよばれ，そのしくみの解明は18世紀のジェンナー（E. Jenner）の種痘に始まった現代免疫学の大きな成果である。

　一方で，免疫は感染を意識しない日常においても重要な役割を果たしている。例えば，パンには容易にカビが生えてしまうが，我々が空気中のカビ胞子を吸い込んでもそれらはほぼ無害である。これは特異性は低いけれども多種の病原体をその場で取り除く自然免疫の働きによるもので，これが大多数のウイルスや微生物を“無害”にしている。本章では，我々の身体を守る免疫についてその発展の歴史も含め，獲得免疫と自然免疫という2つの観点から学んでいこう。

13.1.1　免疫学の歴史

　すでに紀元前5世紀のギリシャの歴史家トゥキディデスによる「戦史（ペロポネソス戦争の歴史）」の中に，同じ病気に二度は罹りにくい現象が記録さ

れている。しかし，14世紀にヨーロッパの人口の1/3を死に追いやったペストの流行を経ても“免疫”という考え方は定着せず，それには18世紀末のジェンナーおよび19世紀末のパスツール（L. Pasteur）らの登場を待たなければならなかった。

　現代では，病気の予防またはその症状を軽減するためにワクチンを接種するのが一般的である。このワクチンの祖であるジェンナーは，ウシ天然痘（牛痘）に罹った乳搾りの女性がその後ヒトの天然痘には罹りにくいことをヒントに，牛痘の膿を健常人に接種しヒト天然痘に対する免疫を付ける方法（種痘）を見つけた。そのおおよそ100年後にコッホ（R. Koch）によって細菌の単離・培養法の基礎が確立されるとともに，炭疽菌，結核菌およびコレラ菌等が発見され，感染症と病原体の関連が明らかになった。同時期に北里柴三郎や志賀潔がそれぞれ破傷風菌および赤痢菌を発見している。また，パスツールは免疫を「二度なし現象」として再発見し，炭疽病や狂犬病に対するワクチンを開発した。以上の過程を経て，我々はワクチンという強力な盾を得た。

　ワクチンは強力な盾ではあったが，なぜ効くのかははっきりしなかった。それを理解するための1つの糸口は，19世紀末における北里およびベーリング（E. Behring）による血清療法の成功であった。これは，破傷風菌（北里）およびジフテリア毒素（ベーリング）を動物に打ち，その後の血清をヒトの治療に用いるという方法であった。これらの血清の中には，毒素を無毒化（この作用を中和という。図13.4参照）する“抗毒素”が存在し，後にこれが抗体であることが示された。さらにエールリッヒ（P. Ehrlich）が抗体が認識するもの（上記の場合は毒素）を抗原と命名し，抗原抗体反応の考え方が定着した。この抗体を介した反応は体液の中で起こるの

で，現在では液性免疫とよばれている。一方で，抗毒素発見の数年前に，メチニコフ（I. I. Mechnikov）はアメーバ状で異物を取り込む（これを貪食という）細胞を見いだし，貪食細胞（マクロファージ）と名付けた。この発見はその後，直接細胞が働く細胞性免疫と自然免疫の研究へと発展していく。

13.1.2 自然免疫の働き―病原体に対して恒常的に働く免疫機構―

日常では大多数の微生物が自然免疫で排除され，そこで手に負えない場合に，私たちが普段"免疫"と意識している獲得免疫が働く（図13.1）。その意味で，自然免疫は黒子的な存在である。この自然免疫は病原体が体内に入るのを防ぐいくつかの障壁と常に準備された免疫機構が働くステップ，およびその後に免疫細胞が病原体を感じて誘導されるステップに分けられる。まずは，病原体に対する障壁について学ぼう。

ヒトにおいて，外界と触れる皮膚はおおよそ 2 m²，肺および腸管など粘膜[*1] は 400 m² ほどの面積があり，多くの病原体はここから侵入してくる。これを防ぐために，皮膚・粘膜には大きく分けて物理的，生物学的および化学的障壁が存在している（図13.1）。物理的障壁の代表的な例は，皮膚表皮および粘膜上皮細胞である。他には涙や鼻水，食物，粘液および体液の流れも病原体に対する物理的障壁となる。生物学的障壁としては皮膚・粘膜に存在する多数の常在菌が挙げられる。これら常在菌は，病原菌の身体への付着とその後の増殖を妨げる障壁となる。例えば，腸管には約 1000 種，100 兆もの常在菌が存在している。抗生物質の投与によりこれらの多くが死滅すると，空いたスペースに毒素産生細菌[*2] が増殖し腸炎を誘発することがある。また，化学的障壁としては，グラム陽性菌[*3] を溶解する唾液中のリゾチュームが挙げられる。この他にも胃

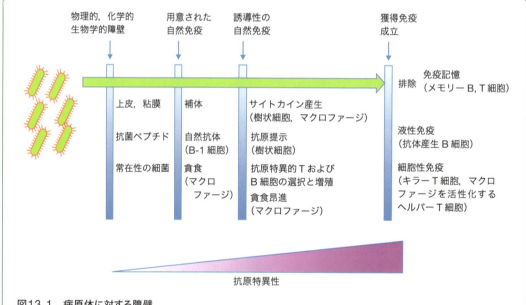

図13.1　病原体に対する障壁
免疫システムには，大きく分けて外界と接する部分で働く自然免疫（物理的・化学的・生物学的障壁），体内で働く自然免疫（ここでは 2 つに分類）および獲得免疫がある。段階を追って抗原・病原体に対する特異性が増す。自然免疫はあらかじめ用意された細胞や因子を使って迅速に働く。これで手に負えない場合は，獲得免疫が働くが，成立までに時間がかかる。また，獲得免疫の開始には感染を示す信号（Danger signal, 本文 13.1.3 参照）が不可欠である（図には記載していない）。腹腔等に存在する B-1 細胞はある種の細菌や寄生虫に対する抗体（自然抗体）を常に産生している。細胞性免疫には感染細胞を直接殺すキラー T 細胞，およびマクロファージを刺激・活性化してその内部の病原体を殺させるヘルパー T 細胞が関わっている。

酸（pH 2 程度）や，皮膚を弱酸性に保つ脂肪酸，さらに皮膚や腸管では自然の抗生物質ともよべる抗菌ペプチドがつくられている。抗菌ペプチドの中には，細菌の脂質二重膜に穴をあけて直接殺すものもある。

これらの障壁を破り体内に入ってきた病原体に対しては，次の段階の応答が起きる。ここで求められるのは，スピード（即時性）と多種の病原体を相手にできる手広い対応力である。このために，身体の中にはいくつかの機構が用意されている。例えば，組織内に常在するマクロファージは，後述するさまざまなセンサー（レセプター）（図13.2）を介

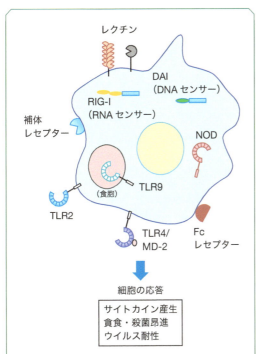

図13.2　病原体レセプターと細胞の応答
マクロファージや樹状細胞はさまざまなレセプターで病原体を感じ細胞内へシグナルを伝える。その結果，炎症性サイトカインの産生などが起きる。レクチンは病原体の糖鎖，TLR2 および 4 は微生物外部の細胞壁成分，TLR9 は食胞で分解され放出されるDNA，および NOD は細胞質に感染する微生物の細胞壁成分を認識する。RIG-I および DAI は細胞質に存在するウイルス由来の RNA および DNA を認識する。補体レセプターおよび Fc レセプターはそれぞれ補体および抗体が結合（オプソニン化とよぶ）した病原体・抗原を認識する。レクチン，補体レセプターおよび Fc レセプターは病原体の取り込みにも働く。

して多様な病原体を発見・貪食してこれを分解・殺傷する。また，**補体**（complement）とよばれる体液中のタンパク質群も重要な働きをもつ。補体のいくつかはセンサーとして働き，病原体を広くかつ緩く認識する性質をもつ。一部の補体はタンパク分解酵素の性質をもち，他の補体を次々に分解し連続した反応（カスケード）を起こす。こうしたカスケードの中で，1）微生物外膜に穴をあける因子，2）病原体に目印をつけ（オプソニン化とよぶ）貪食されやすくする因子，3）援軍として貪食性に富む好中球などを誘引する因子，の 3 つが同時に産生され，感染部位で働く。これらの応答が起きている場所は，外見的に患部が赤く腫れ炎症が起きていることがわかる。

*1　粘膜：腸，呼吸器，涙腺，唾液腺，泌尿生殖器等，および乳腺も含まれる。
*2　毒素産生細菌：クロストリジウム・ディフィシル等の常在菌。通常は他の腸内常在菌に増殖を抑えられている。
*3　グラム陽性細菌：グラムが開発したグラム染色法では細菌のペプチドグリカン層が染色される。細菌の中には，細胞壁のペプチドグリカン層が薄いものと厚いものがあり，前者は陰性（大腸菌など），後者は陽性（黄色ブドウ球菌など）となる。リゾチームはペプチドグリカン層を溶解する。

13.1.3　自然免疫の働き―誘導性の自然免疫と獲得免疫への橋渡し―

用意された自然免疫に続いて，誘導性の自然免疫が働く。マクロファージや後述する樹状細胞（13.1.6 参照）は，**パターン**[*1]**認識レセプター**とよばれる病原体のさまざまな構成成分を感じるセンサーをもっている（図 13.2）。

パターン認識レセプターは細胞の内外に配置されている。細胞膜上には微生物の糖鎖[*2]を認識するレクチンや，細菌の外部（細胞壁成分）を認識する**トル様レセプター**（TLR）がある。TLR の中には微生物が分解される食胞にあり，微生物特有のDNA[*3]を認識するものもある。また，細胞内部（細胞質）にも菌に対応するレセプターが存在する。また，ウイルスは自分自身では増殖できず，自己の遺伝情報（核酸）を宿主細胞の細胞質に送り込み，細胞のタンパク質合成系を使って増殖する。そこで，

　血液や免疫系の細胞は，骨髄中の自己複製能をもつ血液幹細胞より生まれ，多くは骨髄で分化する。T細胞の前駆細胞も骨髄で生まれるが，その分化は胸腺で起きる。

　それぞれの機能としては，ナチュラルキラー（NK）細胞は主要組織適合性抗原（MHC抗原，ヒトの場合はHLA）（column5）の発現が低下したがん細胞

や感染細胞などを殺す。また血中の単球は組織に入りマクロファージに分化する。好酸球および好塩基球は寄生虫に対する感染防御に働くが，不明な点が多い。赤芽球は骨髄で核を失い赤血球となる。巨核球は骨髄で一番大きな細胞で，細胞の一部を血小板として放出する（それ以外の細胞については本文参照）。

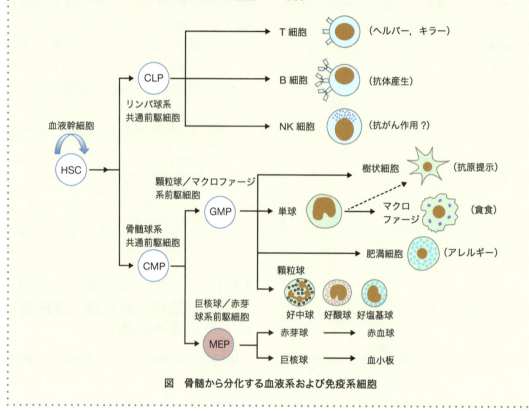

図　骨髄から分化する血液系および免疫系細胞

細胞質にはこれらに対応するいくつかの核酸センサーも存在している。以上のように免疫細胞のパターン認識レセプターは，さまざまな経路で進入する病原体に対応するために適所に配置されている。

　これらのレセプターは核にシグナルを伝え，免疫系細胞からの炎症を起こすサイトカイン*4やウイルスの増殖を抑えるサイトカイン（インターフェロン*5）の産生を誘導する。炎症性サイトカインは，発熱，病原体排除に働く肝臓由来のタンパク質*6の産生，免疫系細胞の患部への誘引およびマクロ

ファージなどによる貪食の昂進を起こす。

　しかし，自然免疫では歯が立たない病原体の場合は，さらに強力な武器を携えた獲得免疫が必要になる。この獲得免疫の開始には，身体が病原体の進入を感じることが必須である。例えば，マウスに不純物を含まない精製した抗原タンパク質を投与しても，免疫応答は起こりにくい。一方で，このタンパク質に結核菌の一部を少量混ぜると抗体産生などの明確な応答が起きる。これは自然免疫がパターン認識レセプターを通じて結核菌の進入を感じ，獲得免

疫を起動したからである。このような感染を示す獲得免疫へのシグナルを Danger signal（死んだ細胞から発せられる内因性のものもある）とよび，この信号の受け手が組織に広く存在する樹状細胞である。樹状細胞はパターン認識レセプターを介してDanger signal を感じ，サイトカインを産生するとともに，後で学ぶ抗原提示能力（13.1.6 参照）を発揮して B および T 細胞に指令を与え，獲得免疫を開始させる。このように，自然免疫は病原体の手早い排除だけでなく，その後の獲得免疫の開始にも必要である。また，獲得免疫が働くまでには 1 週間程度の時間がかかり，自然免疫にはその間をもちこたえるという意味合いもある。

*1 パターン：ここでいうパターンとは，病原体特有の特徴を示す観念的ないよび方であり，具体的にはそれらの細胞壁成分や核酸等である。

*2 微生物の糖鎖：多くの微生物は表面に糖鎖を高密度でもっている。レクチンはこれを認識し，貪食・殺菌するとともに細胞内にシグナルを伝える。

*3 微生物DNA：我々の DNA 中のシトシン（C）とグアニン（G）からなる CpG 配列の C は，多くがメチル化修飾されている。一方，細菌の場合，ほとんどメチル化を受けていない。トル様レセプター 9 は細菌の非メチル化CpG 配列を認識する。

*4 サイトカイン：細胞から産生され，主に細胞間情報伝達を担うタンパク質。このうち，白血球が産生するものをインターロイキン，リンパ球が産生するものをリンフォカイン，また機能面から細胞を誘引するものをケモカインとよぶ。

*5 インターフェロン：細胞がウイルスの核酸等を認識し分泌するタンパク質。周囲の細胞も含めウイルスの感染および増殖抑止能をもたせる働きがある。

*6 肝臓由来のタンパク質：さまざまな病原体と結合する C 反応性タンパク質ならびにマンノース結合レクチン，他に炎症を増幅する血清アミロイド A タンパク質などがある。

13.1.4 獲得免疫の働き

次に，獲得免疫が使う武器とその働き（エフェクター）について学ぼう（獲得免疫の成立過程は 13.1.6 獲得免疫の成立機序で学ぶ）。以下に，獲得免疫を液性免疫と細胞性免疫に分けて概説する。

液性免疫は細胞外の病原体や毒素を排除するための機構で，B 細胞が産生する抗体（図 13.3 および column2）が働く。抗体は短いタンパク質（軽鎖）1 本と長いタンパク質（重鎖）1 本が結合し，さらにこれが 2 つ集まり Y の字型の形状をしている。

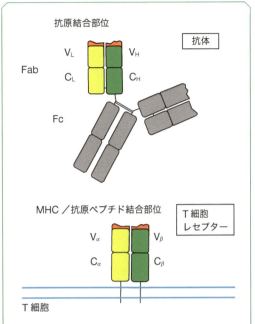

図13.3 抗体とT細胞レセプターの構造
抗体は軽鎖（V_L–C_L）と重鎖（V_H–C_H–Fc）が結合し，さらにその 2 つが結合している。Y の字型の 2 つある先端で抗原に結合する。この部分を抗原結合部位または可変部，それ以外は定常部とよぶ。B 細胞は抗体の Fc 部分に膜結合配列を付加したものを抗原レセプターとして表面にもっている（図には記載していない）。T 細胞レセプターは α 鎖（V_α–C_α）と β 鎖（V_β–C_β）からなり，構造的には抗体の一部（Fab）に似ているが，常に細胞膜に結合している。また，直接抗原に結合することはない（13.1.6 参照）。

また，抗体は，自然免疫系のパターン認識レセプターに比べて格段に抗原への結合特異性が高い。Y の字の 2 本の手を使って病原体に結合すると足の部分が補体を結合・活性化したり貪食の目印（これもオプソニン化とよぶ）になる（図 13.4（A））。さらに，毒素が細胞に結合するのを阻害し毒性を中和できる。同様にウイルスが細胞に結合することも阻害する。例えば，子宮頸がんワクチン*は体内にヒトパピローマウイルスに対する抗体を誘導し，これがウイルスの細胞への結合・感染を抑える。

細胞性免疫は細胞内の病原体やウイルスに感染した細胞を丸ごと殺すための機構で，主にマクロファージと T 細胞が働く（図 13.4（B））。例えば結核菌はマクロファージに感染し内部で生き続けるが，このマクロファージがヘルパー T 細胞（13.1.6

抗体はＹの字型の２本ある手の部分で抗原と結合する。一方で，足の部分（Fc）はズボン（図中抗体の色つき部分）を履き替えるように交換することができる。抗体にはズボンの種類によって IgM，IgD，IgG，IgA および IgE のクラスがある。また，抗体が発揮する機能はズボンによって異なる。履き替えるズボンの遺伝子はゲノムの中に存在し（図中の "C"），どれか１つを使う。

はじめ骨髄で分化した B 細胞は，表面に IgM を膜に結合した抗原レセプターとしてもっている（IgD もあるが機能は明確でない）。この膜結合型 IgM に抗原が結合しかつヘルパー T 細胞の助けがあると，B 細胞は IgM を抗体として分泌するようになる。その後，免疫応答が進むと遺伝子組換えにより図中の IgM の足の部分が IgG，IgE または IgA のいずれかへと変化する。また，例えば B 細胞が産生する抗体のクラスが IgM から IgA に変わった

ときは，遺伝子上の Cμ から Cε の部分は切り出されてゲノム上から無くなる。どのクラスになるかは，ヘルパー T 細胞の性質と B 細胞周囲の環境によって決定される。

抗体のクラスの中で，IgM は補体の活性化能が強く，IgG は補体活性化能，オプソニン化能，中和能および胎盤透過性（13.1.7 参照）が高い。IgA もオプソニン化能があり，腸管や乳腺で多量に発現しそこから上皮を突き抜け外部に分泌される。IgE は，足の部分を介して粘膜の肥満細胞に結合し花粉症などのアレルギー（13.1.7 参照）を起こす。このように，抗体は抗原と結合するだけでなく，足の部分を換えることでさまざまな機能を獲得する。また，IgM と外部に分泌される IgA は数個の分子が集まって多量体を形成し，抗原への結合力を上げている。

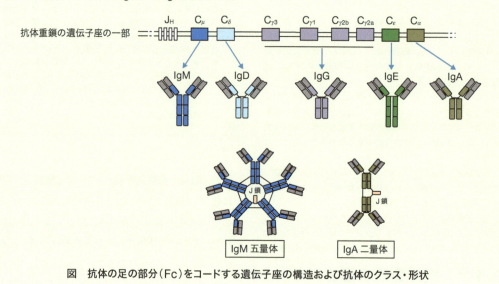

図　抗体の足の部分（Fc）をコードする遺伝子座の構造および抗体のクラス・形状

参照）からの刺激を受けると，内部の殺菌活性を上げて菌を殺すことができる。一方，ウイルス感染の場合は，細胞からウイルスだけを除くことは困難である。そこで，キラー T 細胞（13.1.6 参照）は感染した細胞ごと細胞死を誘導する（これを細胞傷害性とよぶ）。もしがん細胞が特有な抗原（がん抗原）をもっている場合は，キラー T 細胞のターゲット

になり得る。ヘルパー T 細胞およびキラー T 細胞は，それぞれのヘルパー機能を助ける分子 CD4 タンパク質および CD8 タンパク質を発現している。そこで，両者は CD4 T 細胞および CD8 T 細胞とよばれることもある。

*子宮頸がんワクチン：現状のワクチンではすでにヒトパピローマウイルスに感染した細胞を細胞性免疫で除くこと

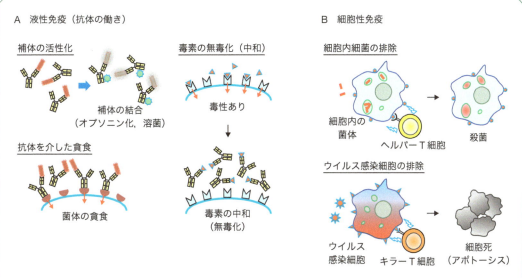

図13.4　獲得免疫の働き
（A）液性免疫で働く抗体は，病原体に結合し補体を活性化して菌を破壊するかオプソニン化する。補体でオプソニン化された菌体は補体レセプター，また抗体が結合した（これもオプソニン化とよぶ）菌体はFcレセプターを介して貪食・排除される。また，抗体は毒素やウイルス（図には記載していない）が細胞に結合するのを阻害できる。
（B）細胞性免疫にはマクロファージ内に感染した細菌をヘルパーT細胞の助けを借りて排除する働き，キラーT細胞がウイルス感染細胞にアポトーシス／自己死を誘導する働きがある。

はできない。これが，初交前に本ワクチンを接種することが望まれる理由である。

13.1.5　獲得免疫で働く抗原レセプターの多様性獲得機構

　獲得免疫で抗原となる病原体やタンパク質はほぼ無限に存在し，また免疫系は新規な化学物質に対してさえも抗体をつくることができる。しかし，すべての抗原に対する個々の抗体の設計図（遺伝子）が我々の30億塩基対のゲノムに収められているとは思えない。同様の疑問は，19世紀の頃から免疫学者を悩ます難題であった。当初，エールリッヒは細胞が抗原と結合する“側鎖”をもっており，これに抗原が結合すると“側鎖”（抗体）が分泌されるようになると考えた。しかしこの場合，細胞が抗原に対するすべての側鎖を用意しておく必要があり，当時の考え方でも無理がある。続いて，抗体が抗原に合わせて形を変えるとした鋳型説や，抗原が細胞内で結合できる抗体を誘導するとした指令説が提唱

されたが，DNA情報からタンパク質が合成されるとしたセントラルドグマの提唱により受け入れにくくなった。20世紀半ばに，バーネット（F. Burnet）は側鎖説を基にして，1種類の抗体をつくるB細胞が事前に多数用意されており，特定の抗原と結合できるB細胞がクローン増殖し抗体が産生されるとする**クローン選択説**（図13.5）を提唱した。しかし，側鎖説にある基本的な問題は説明できなかった。

　それから約20年後の1976年，利根川進はマウス胎児細胞と抗体を産生するがん化細胞の抗体遺伝子を比較して，そこに遺伝子の組換えが起きていることを示し，これが長年の免疫学者の疑問を解くことになった。以下で，その後明らかになった抗体／B細胞レセプター*の多様性獲得機構について学ぼう。

　未熟なB細胞では，抗体の可変部をコードするゲノム領域に，よく似た配列をもったカセット（エクソン）群があり，軽鎖の場合はVとJのエクソン群が存在する（図13.6）。分化の過程で，B細胞

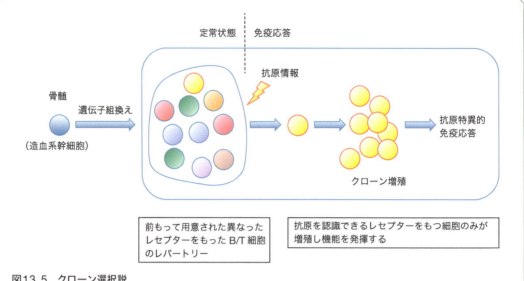

図13.5　クローン選択説
骨髄細胞に由来するＢ細胞およびＴ細胞は，遺伝子組換えにより多種・多数の抗原レセプターを発現する細胞のレパートリーを形成する（１つの細胞は１つの抗原レセプターを発現する）。例えばＴ細胞の場合，このレパートリーの中から樹状細胞により提示される抗原情報を認識するＴ細胞のみが選ばれクローン増殖する。

は両エクソン群からそれぞれ１個を選びつなぎ合わせる（間にあった遺伝子はゲノムからはじき出される）。どのエクソンを組み合わせるかは，Ｂ細胞ごとにランダムに起こる。こうしてＶエクソンの数×Ｊエクソンの数の多様性が得られる。ある軽鎖（κ鎖）に存在するＶエクソン数は約40個，Ｊエクソン数は５個である。ペアーをつくる重鎖はエクソンＶ群とＪ群の間にＤ群をもっており，軽鎖と同様に組換えを起こす。しかしこれでもまだ充分な数は得られない。実際には，エクソンを結合する際に，接合部位にいくつかの塩基をランダムに付け加え，エクソン数の制限を超えた多様性を生み出している。Ｔ細胞レセプター（TCR）（図13.3 参照）でも同様の機構が働いている。ただし，遺伝子組換えの結果，翻訳フレームのずれ等による不完全なタンパク質，または自己に反応するレセプターが出現する可能性がある。そのために，生体では細胞レパートリーの品質管理が行われる（column3）。

＊抗体／Ｂ細胞レセプター：休止期のＢ細胞は，Ｙの字型をとる抗体の足の部分に膜結合配列を付加し細胞膜上に抗原に対するレセプターとしてもっている（column2 参照）。これをＢ細胞レセプター（BCR）とよぶ。分泌される抗体は膜結合配列を欠いている。

13.1.6　獲得免疫の成立機序

実際の免疫応答では，組換えによってつくられたＢおよびＴ細胞のレパートリーの中から，体内に入ってきた病原体・抗原に対して特異的な細胞が選ばれて仕事をする。ここでは，これらの細胞のレパートリーから抗原特異的クローンが選ばれる過程を中心に獲得免疫の成立機序を学ぼう（前後の過程も含め図13.7 に獲得免疫成立の全体像をまとめた）。

血液中を巡るＢおよびＴ細胞は時折リンパ節など二次リンパ器官（column4）に入り，また血液中へ出て行くことをくり返している。これらの器官には免疫の指揮官ともよばれる樹状細胞も存在している。この樹状細胞には，自然免疫から獲得免疫にDanger signal を伝える役割と，もう１つ重要な能力がある。それは抗原を噛み砕いてＴ細胞に見える形に加工して伝えることで，これを抗原提示とよぶ。

身体のいたる所に存在する樹状細胞は，病原体が感染した場所＊で抗原を少量食べ，同時にリンパ管を通り，近くのリンパ節に移動する。またこの過程で抗原を細胞内で分解する。分解といっても抗原タ

COLUMN 3 胸腺におけるT細胞の選択・教育

抗原レセプターの遺伝子組換えの結果，不完全および "反社会的" な自己反応性をもつレセプターも生まれる可能性がある。そのため，組換え後の品質管理・細胞の選択が必要になる。

ここではT細胞の選択についてさらに詳しく学んでみよう。骨髄で生まれた前駆T細胞は，心臓の上部にある胸腺に入り遺伝子組換えを起こし膨大な数のT細胞が生まれ，その中から "使える" T細胞が選ばれる。ところで，ランダムな遺伝子組換えで生じたレセプターの中で "使える" レセプターとはどんな条件に合うものであろうか。本文（13.1.6）にあるように，T細胞レセプターはMHCと抗原ペプチドの複合体を認識する。よって，T細胞レセプターの1つの条件は自己のMHCを認識できることである。一方で，MHCを強く認識しすぎるものは自己反応性をもつ可能性が大きい。よって "使える" T細胞レセプター（TCR）とは，自己のMHCと抗原ペプチド複合体に，適度な強さで結合するものといえる。

図にあるように，ランダムな組換え過程の直後ではさまざまな強さでMHC-抗原ペプチド複合体に結合するT細胞レセプターが一様に生じると仮定できる（図の左側）。胸腺ではまず，自己のMHCに結合できるT細胞を選択する（図の中央）。この過程は，胸腺の外側（皮質）で起きる。ここでは，皮質上皮細胞が自己のMHCと抗原ペプチド複合体を提示しており，これに結合するTCRをもつT細胞が生き残る。これを正の選択／ポジティブセレクションとよぶ。次に，T細胞は胸腺の中心（髄質）に向かって移動する。ここでは，髄質上皮細胞，マクロファージおよび樹状細胞が自己のMHCと抗原ペプチド複合体を提示しており，今度はこれに強く結合するT細胞が死滅する（図の右側）。これを負

の選択／ネガティブセレクションとよぶ。負の選択の一部は皮質でも起きる。結果的に，適度な強さでMHCに結合し，また過度に自己に反応しないT細胞が選ばれ末梢に出ていく。この両過程で，生まれたT細胞の95％以上が死滅する。このような胸腺によるT細胞の教育は，骨髄におけるB細胞の選択と並ぶ中枢免疫寛容の機構である。ところで，このように教育されたT細胞は異なる型（例えば他人）のMHCとペプチドの複合体は認識できず働かない。これをMHC拘束性とよぶ。これはT細胞の分化が正の選択を経ていることに由来する。

上記のT細胞教育には1つの問題がある。それは，胸腺の抗原提示細胞が身体のすべてのタンパク質を発現する必要があることである。もし，そうでなければ，末梢にしか発現しない抗原（例えばインスリン）に応答する自己反応性T細胞が負の選択を逃れてしまう。この穴を埋めるために，2つの機構が備わっている。1つは胸腺で発現する転写因子Aire（autoimmune regulator）である。Aireは，末梢のさまざまなタンパク質が胸腺で発現することを可能にしている。もう1つは，制御性T細胞（Treg）である。制御性T細胞は末梢で抗原を認識すると，本来とは逆に周囲のT細胞の活性を抑える働きがある。AireやTregを欠くと自己免疫疾患が起きる。免疫系はこれらの機構を使って中枢免疫寛容を補完している。

B細胞については，そのB細胞レセプターの遺伝子組換えは骨髄で起き，自己に反応するものはさらに数回組換えを起こし，それでもだめな場合は除かれる。B細胞の選択・教育はT細胞に比較して緩く思える。おそらく，B細胞が完全に機能するには厳密な選択・教育を受けたT細胞の助けが必要であるためと考えられる。

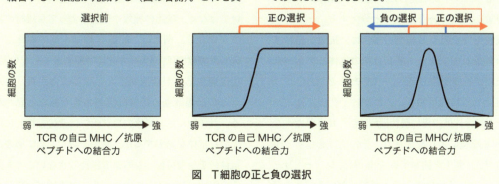

図　T細胞の正と負の選択

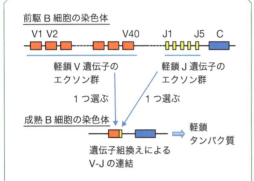

図13.6　抗体遺伝子の組換えと多様性の創出
分化前の軽鎖遺伝子領域には，似た構造をもったエクソン群が存在する（図では赤色と黄色）。B 細胞は分化過程でランダムに 1 つの V 遺伝子（赤色）と J 遺伝子（黄色）のエクソンを選び結合する。この際，結合部位にもランダムに塩基の挿入が起こる（図には記載していない）。できあがった遺伝子が転写されて軽鎖タンパク質ができあがる。同様のことが重鎖でも起こる。実際には軽鎖には 2 つの遺伝子があり，どちらか一方が使われる。ペアーをつくる重鎖は V および J エクソン群の間に，さらに D エクソン群をもつ。また，軽鎖，重鎖ともに母親と父親からの遺伝子があり，どちらか一方が使われる。最終的に，軽鎖と重鎖の組み合わせでさらに多様性が増す。

ンパク質をアミノ酸 10 個程度にぶつ切りにする程度で，生じた断片を抗原ペプチドとよぶ。ここで樹状細胞は，抗原ペプチドを**主要組織適合性抗原（MHC 抗原）（column5）**というタンパク質の台に乗せて細胞表面に出し，これを T 細胞が T 細胞レセプターを介して"まるごと（複合体として）"見る。MHC には **MHC クラス I** と**クラス II** とよばれる 2 種がある。この内で，MHC クラス II と抗原ペプチドの複合体にその T 細胞レセプターがぴったり合う T 細胞だけが刺激を得て増え（クローン増殖），ヘルパー T 細胞へと分化する。

　液性免疫を担う B 細胞の場合は，抗原を結合する B 細胞レセプター（膜結合型の抗体）をもった B 細胞が抗原を取り込み，ペプチドを MHC クラス II とともに提示する。この MHC クラス II とペプチド複合体は，先に樹状細胞に活性化されたヘルパー T 細胞により認識され，その助けを借りて B 細胞が抗体産生を開始する。結果的に，レパートリーの中から樹状細胞が提示した抗原に対する抗体を産

生する B 細胞がクローン選択されることになる。

　細胞傷害性キラー T 細胞も樹状細胞により活性化される。ヘルパー T 細胞と異なるのは，キラー T 細胞が認識する MHC がクラス I である点である。樹状細胞は取り込んだ抗原（この場合はウイルスに感染し死んだ細胞のかけらなど）を MHC クラス I とクラス II の双方に提示することができる。キラー T 細胞はこの MHC クラス I により活性化される。同時に，ヘルパー T 細胞も MHC クラス II により活性化される。その結果，キラー T 細胞は MHC クラス I とヘルパー T 細胞がつくるサイトカインに同時に刺激され完全に活性化する。キラー T 細胞が働く現場（末梢）では，ほぼすべての細胞が MHC クラス I を発現しており，ウイルスに感染すると細胞はそのペプチドを MHC クラス I とともに提示する。活性化されたキラー T 細胞はこれを目印として感染細胞ごとアポトーシス（15 章参照）させ排除する。

　また，ヘルパー T 細胞によるマクロファージ細胞内細菌の排除と細胞傷害性を合わせて細胞性免疫とよぶ（図 13.4（B））。このように，ヘルパー T 細胞は液性免疫と細胞性免疫の双方に必要であるが，後天性免疫不全症（AIDS）を引き起こすヒト免疫不全ウイルス（HIV）はこのヘルパー T 細胞に感染し死滅させる。

　活性化された B および T 細胞の一部は**記憶（メモリー）細胞**として長期にわたって身体に残る。記憶細胞は，次に抗原が進入した場合に，速やかに活性化する。記憶 T 細胞の場合，再活性化に必要なシグナルも最初の時と比べると数十分の一で足りる。しかし，記憶細胞は必ずしも一生維持されるわけではなく，疾患の種類や環境によっても維持の程度が異なる。例えば，記憶 B 細胞を他の個体に移入した実験では，移入後すぐに抗原刺激をしないと，IgG 産生応答が数週間でなくなることから，なんらかの記憶細胞の維持機構が必要であると思われる。具体的には，風疹のワクチンはその接種時には充分な抗体を誘導するが，感染を防ぐために必要な抗体量を生殖可能年齢時まで維持できないこともある。集団／社会のなかでウイルスと接触する機会が

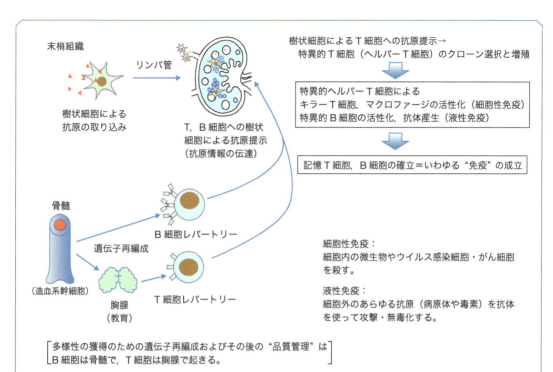

図13.7　獲得免疫成立の流れ
抗体をつくるB細胞，細胞傷害性をもつキラーT細胞およびそれらを助けるヘルパーT細胞の前駆細胞は骨髄で生まれる（図左下）。同じく骨髄由来の樹状細胞は広く組織に存在し，感染部位において病原体を取り込み（図左上），リンパ節に移動する。ここで樹状細胞はヘルパーT細胞に抗原提示し活性化する。続いてヘルパーT細胞はB細胞，キラーT細胞およびマクロファージを活性化する。

減ったことで，発病しない感染（不顕性感染）も減り，免疫が維持できなかった可能性がある。

*樹状細胞の成熟：樹状細胞は感染の場でパターン認識レセプターを使ってDanger signalを感じると，その性質が大きく変化する。例えば，効果的にT細胞を活性化するための分子（共刺激分子）を発現するようになる。このような変化を成熟とよぶ。

13.1.7　免疫とがん，アレルギー，妊娠

これまでは主に免疫のしくみに着目して学んできた。ここでは，生活のさまざまな場面に免疫がどのように関わっているかを，例を挙げて考えてみよう。

がん治療における免疫療法は，外科的療法や化学的療法に比べ副作用が低いことが期待され，多くの実施例もあるものの，確立した方法とはいい難い。これまで，免疫を活性化するサイトカインの投与や，免疫系の細胞を取り出しこれを外部で刺激・増殖し戻す方法がとられていた。また，がん細胞が発現するいくつかの“がん抗原”も発見され，これを樹状細胞に与えて生体に投与する方法もとられているが，現状では一般的とはいえない。

ここで1つ考慮に入れるべきことは，がんが発生した個体の中には，たくさんのがん抗原が存在するであろう点である。それにもかかわらず免疫系が働かないとすれば，なんらかの抑制がかかっているとも考えられる。実際，がんが免疫を抑制するタンパク質をつくる例や，免疫を抑える T_{reg} 細胞（column3参照）を誘導することも知られており，これらの働きを解除する研究も進んでいる。元々免疫系には，病原体を排除した後に不要な免疫応答を抑えるしくみがある。例えば，免疫の後期では樹状細胞がある分子を介してT細胞にブレーキをかける。がんもこのしくみを利用してT細胞の働きを抑え

免疫関連の器官と体液の流れ

免疫系細胞が分化する骨髄および胸腺を一次（中枢）リンパ器官（赤字），その他の免疫系細胞が集まる器官を二次（末梢）リンパ器官（青字）とよぶ。リンパ管は身体の隅々に木の根のように張り巡らされており，組織にしみ出した体液を集めリンパ節へと導く。リンパ管には心臓のようなポンプはなく，代わって逆流を防止する弁が付いている。組織に感染があると抗原やそれを取り込んだ樹状細胞がこの流れによってリンパ節に運ばれ，獲得免疫応答が起きる。脾臓は他の臓器と同様に血管系の途中に存在し（図には示していない）血液中の抗原を監視する役目がある。

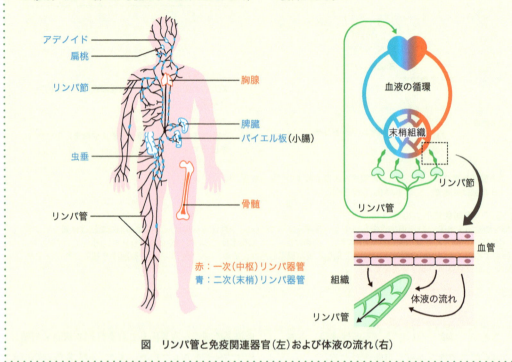

アデノイド
扁桃
リンパ節
胸腺
脾臓
パイエル板（小腸）
虫垂
骨髄
リンパ管

赤：一次（中枢）リンパ器官
青：二次（末梢）リンパ器官

血液の循環
末梢組織
リンパ管
リンパ節
血管
組織
体液の流れ
リンパ管

図　リンパ管と免疫関連器官（左）および体液の流れ（右）

ることがあり，すでに，このブレーキを外すための抗体が医薬品として使われている。日本で開発されたオプジーボはこの一種であり，同様のしくみで働くものを免疫チェックポイント阻害剤とよぶ（16章column参照）。オプジーボはさまざまながんに効果があるとされるが，なんらかの理由でその効果は個々の患者によって大きく異なる。この他にも，患者から取り出したキラーT細胞を遺伝子操作によって改変し，がん細胞を認識・殺傷する能力を格段に向上させる方法も試みられている（column6）。

アレルギー（過敏症）は，本来は身体を守る免疫が過剰に反応または自己を攻撃することで起きる。機構によりI型からIV型がある。この内でI型は，最も身近なアレルギーである花粉症を起こす機構である。スギ花粉を吸い込みこれが粘膜に付着すると，抗原が溶け出し身体に入ってくる。この段階ではアレルギーは起こらない。しかし，抗原がくり返し入ってくるとそれに対して徐々にIgE抗体（column2参照）の産生量が増えていく。一方で，粘膜には細胞内にヒスタミンなどの化学物質を溜めた細胞（肥満細胞）があり，この細胞は表面にIgEと結合する性質がある。そしてある一定の量のIgE[*1]が細胞上に結合し，そこに抗原が結合すると，ヒスタミン等が秒単位で放出される。ヒスタミンは血管の隙間を広げて体液のしみ出しを促進したり，神経に働きかけてかゆみを生じ，花粉症が発症する。今のと

主要組織適合遺伝子複合体

主要組織適合遺伝子複合体（major histocompatibility complex; MHC）は主要組織適合性抗原をコードする遺伝子群で，ヒトでは白血球型抗原（human leukocyte antigen; HLA）とよばれる。MHC にはクラス I とクラス II がある（図1左）。クラス I は α 鎖と β_2- ミクログロブリンとからなり，ほぼすべての有核細胞に認められる。クラス II は α 鎖と β 鎖からなり，B 細胞および樹状細胞ほかに発現している。また，クラス I とクラス II はそれぞれキラー T 細胞とヘルパー T 細胞の T 細胞レセプターによって認識される。

ヒトクラス I には A，B および C の3種，クラス II 遺伝子には DR，DQ および DP の3種の遺伝子座がある（図1右）。クラス I を例について考えてみると，1個の細胞が3種の遺伝子座のすべてを発現し（多重性），さらに，図2にあるようにそれぞれの遺伝子座の中でも数千にもなるわずかな違い（多型性）が存在する。例えば，MHC クラス I の A には 3000 以上の型がある。また，母方と父方由来の対立遺伝子の双方が発現する（共優性）。その結果，個体ごとに膨大な組み合わせが生じる。クラス II においても同様である。

では，このような多様性（多重性×多型性）の意味は何であろうか。実は，MHC は型によって提示するペプチドの得手・不得手がある。多重性は個体内で，多型性は種の中でペプチドの提示頻度を上げる（カバーできる抗原の幅を広げる）ことに働いていると考えられる。

MHC の型と特定の疾患の発症に相関があることも知られている。例えば，あるクラス II の型をもつ場合には1型糖尿病に罹る確率が通常より数倍程度高くなる（逆になりにくい型もある）。これは，その型のクラス II が自己のペプチドを提示しやすいためかもしれない。また，MHC の多様性は臓器移植にとっては大きな問題となる。移植を成功させるためには，適合ドナーを探すことが大切であるが，免疫抑制剤も欠かせない。しかし，現在の免疫抑制剤は非特異的なものであり，日和見感染等の副作用もある。将来的には，適合ドナーの問題は人工多能性幹細胞（iPS 細胞）を用いて克服できるかもしれない。ただ，健常人から採取できる骨髄移植の場合は，現時点においても一定のドナー登録の数があればこの問題を克服できることを知っておくべきである。骨髄バンクにおける 2015 年の登録数は約 45 万人で，移植必要患者の 95 ％程度が適合ドナーを見つけることができる。しかし，移植のタイミングなどもあり移植実施率は6割程度にとどまり，新規の登録が望まれる。

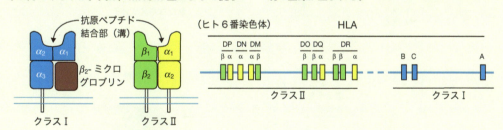

図1　MHC タンパク質の構造と遺伝子群（ヒト）

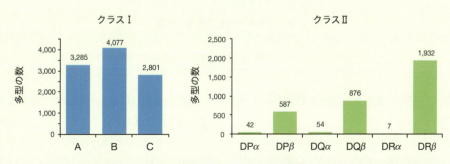

図2　各 HLA 遺伝子座における多型の数（HLA 命名委員会より。2015年12月現在）

キメラ抗原受容体発現細胞傷害性T細胞（CAR-T細胞）

免疫系の細胞，例えばがんに対するキラーT細胞を取り出して，これを外部で刺激・増殖し患者に戻す方法は原理的には有望に思える。しかし，実際はがんに対するキラーT細胞を患者から効率良く集めるのは容易ではない。また，がん細胞といえども元は正常細胞であり，それに発現するがん抗原は自己抗原またはその一部が変化したものであることが多い。よって，column3にあるように，キラーT細胞のもつT細胞レセプターからはターゲット（がん抗原—MHC複合体）に対して高親和性のものが除かれている可能性もある。

一方で，抗体はT細胞レセプターと比較してターゲット（抗原）に直接かつ高い親和性で結合することができる。そこで，例えばT細胞レセプターのがん抗原—MHC複合体認識部分を，がん抗原を認識する抗体の抗原認識部位と置き換えたキメラ分子（キメラとはギリシャ神話でライオンの頭，ヤギの胴およびヘビの尾をもつ怪物）をつくり，これをキラーT細胞に導入することで強力な抗がん作用を

期待できる。実際には抗体の抗原認識部位を模した一本鎖タンパク質，細胞膜貫通部位および細胞内シグナル伝達部位からなるキメラ分子をキラーT細胞に発現させ，キメラ抗原受容体発現細胞傷害性T細胞（chimeric antigen-receptor cytotoxic T cell, CAR-T細胞）がつくられている。このCAR-T細胞は遺伝子導入で作製できるので，がん抗原を強く認識する単一の細胞集団を比較的容易に得られる。また，T細胞レセプターの細胞内シグナルを伝達する部分にさまざまな細胞応答を引き起こす配列を付加することで，キラー活性，増殖能，さらにメモリー細胞への分化能の亢進などさまざまな改良を施すことも可能となる。さらに，CAR-T細胞はがん抗原を直接認識することから，MHC拘束性（column3）に縛られることはない。ただし，自己抗原をターゲットにする限り副作用は避けられず，強い作用が期待できる一方で，治療効果とのバランス，および副作用の低減処置をとることが必要である。

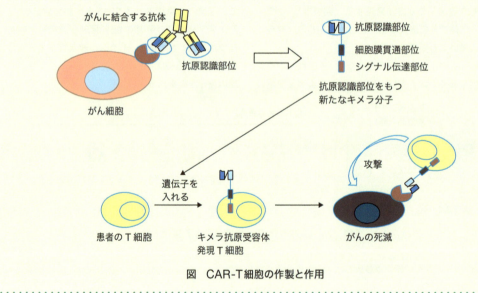

図　CAR-T細胞の作製と作用

ころ，なぜ特定の抗原がIgE産生を誘導するのかははっきりしない。

治療としては，抗ヒスタミン剤の使用などの症状を抑える対症療法だけでなく，抗原の粘膜からの投与[*2]により応答の低下を期待したり，免疫応答を

IgE産生からIgG産生へと偏向させるなど，さまざまな方法が試みられている。また，花粉症のようにアレルギー反応が部分的ではなく，全身で起きると生死に関わることもある。例えば，ハチ毒によるアナフィラキシーショックでは，毒が血液に乗って

アレルギーはその機構により，本文中で述べたI型を含め大きく4つの型に分類される。その内でII型は細胞上の抗原に結合するIgGが引き起こす。例えば，アセチルコリン受容体に対する抗体による重症筋無力症（抗体による機能阻害），甲状腺刺激ホルモン受容体に対する抗体によるバセドウ病（抗体による機能昂進）がある。また，ペニシリンの投与後にこれが赤血球に付着すると抗原として見なされ，産生された抗体により溶血性貧血が起こる例もある。

III型は他の動物で作製した抗ハブ毒血清などを投与した時に見られる。大量の免疫複合体が体内で形成され，血管等に付着し，腎炎などが生じる。自己抗原に対する全身性免疫複合体誘発疾患である全身性エリテマトーデス（SLE）も含まれる。

IV型は細胞性に起こり，ツベルクリン反応もその1つである。疾患としてはI型インスリン依存性糖尿病，多発性硬化症，炎症性腸疾患および関節リウマチなどがある。

これらのアレルギー（自己免疫疾患）がなぜ発症するのかははっきりしない。1つの可能性は，感染や物理的な損傷で，普段は隠されている自己抗原（例えば核内の物質）が大量に放出された場合である。また，病原体の抗原と自己抗原が似ており，病原体への応答が自己に向かう例もある。II型アレルギーであるギラン・バレー症候群では，食中毒を起こすカンピロバクターの抗原が神経のタンパク質に似ており，免疫が自己の神経を攻撃してしまう。MHCと自己免疫疾患の相関もある（column5参照）。いずれにしても，これらは自己と非自己の認識（区別）という免疫の基本原理が完全ではないことを示している。

全身にまわり，いたる所で免疫反応が起こる。そして，全身で血管細胞（内皮細胞）どうしの結合が緩むと，血管は穴の空いたホースのようになり心臓からの血液が臓器にめぐらず死にいたる。ハチ毒の場合は発症時間が10分〜15分程度と短い。呼吸困難や動悸を感じた場合は，すぐに血管を収縮させるアドレナリン（エピネフリン，商品名エピペン）を投与する。アドレナリン投与は食物アレルギーの場合にも有効である。I型以外のアレルギーも重篤な自己免疫疾患等の原因となる（column7）。

*1 IgE抗体量の増加と発症：ある時点から急に花粉症が発症するのはこのためである。

*2 抗原の粘膜投与：腸などの粘膜系は免疫応答が抑制的になっており，食物などに対して過剰に反応しないようになっている。これを積極的に利用して，抗原を粘膜経由で送り込み，アレルギーを抑える試みがなされている。

疾患ではないが，妊娠では母体が父親由来の抗原をもつ胎児を長期間維持する必要がある。そのため，母体の免疫応答から胎児を守るいくつかのしくみが働いている。例えば，母体と直接に接する胎盤（胎盤は胎児側の組織）の栄養芽細胞は，MHCクラスIを発現しておらず，母体のキラーT細胞からの攻撃を受けにくい（ただし，MHCクラスIが低下す

るとナチュラルキラー（NK）細胞の攻撃を受けるので，これを避けるために別のタイプのMHCであるHLA-Gを発現している）。また，胎盤ではT細胞応答抑制およびT$_{reg}$細胞（column3参照）の誘導に働く酵素（トリプトファン代謝酵素）が発現しており，また妊娠の安定期に上昇する母体のエストロゲンは細胞性免疫を抑えているようである。

一方で，妊娠中には出産後の赤ちゃんを感染から守る準備も進んでいる。赤ちゃんは免疫が不完全で，抗体をつくる力が大人に比べて低い。このために，胎児は胎盤を介して母親の抗体を取り込み体内に蓄積して生まれてくる。この時，母親の環境，すなわちあらかじめ赤ちゃんがこれから生まれてくる環境に存在する病原体に対する抗体をもつことになり，赤ちゃんは生後しばらくこの抗体により感染から守られる。しかし，生後6ヶ月頃にはこの抗体がなくなり，かつまだ赤ちゃんのIgGの産生能力は充分でない。この時期は感染症に罹りやすくなる可能性があるので注意が必要である。また，母乳（特に0〜数日目の初乳）には乳腺でつくられたIgA抗体が含まれている。このIgAは母親の腸などで働いているものと同じもの*で，これが赤ちゃんの

腸内に移行し感染防御に働く。

　この他にもワクチン，臓器移植（column5 参照），エイズ，新型インフルエンザ（column8）および性感染症など，免疫の関わる事例は生活の中に多数ある。前述の風疹をはじめ，妊娠時に感染すると不幸にも赤ちゃんに障害が出る事例もあるが，これらは妊娠前に抗体価を測定するなどの知識さえあれば防ぐことができる。最近では腸内細菌と免疫の関わりも報告されており，日々の食事も腸内細菌を介して免疫に影響しているらしい。また，抗体ががんや疾患治療に医薬品として使われており，その多額の費用が問題となっている。このような自分，家族および社会の問題を理解するためにも免疫の知識は欠かせない。

　免疫学はジェンナーの種痘という"役に立つ"学問として始まった。これからも，免疫学が疾患の治療や日々の生活に貢献できる学問として発展することを期待したい。

*母乳の抗体の由来：乳腺を含め腸，呼吸器，涙腺，唾液腺，泌尿生殖器等の粘膜系は相互につながりをもっている。例えば腸の B 細胞は食物経由で取り込まれる病原体に対する抗体を腸でつくるだけでなく，乳腺に移動しそこでも抗体をつくる。その結果，母親の腸の免疫力が，母乳を介して赤ちゃんに伝えられることになる。このように粘膜系では病原体に対する情報交換が行われ，これを共通粘膜免疫機構とよぶ。

参考・推薦図書
・『免疫学最新イラストレイテッド　改訂第 2 版』小安 重夫著，羊土社，（2009）
・『休み時間の免疫学　第 2 版』齋藤 紀先著，講談社（2012）
・『マンガでわかる免疫学』河本 宏著，オーム社（2014）
・『新しい免疫入門』審良 静男，黒崎 知博著，講談社ブルーバックス（2014）
・『はたらく細胞』清水 茜著，講談社（漫画：月刊少年シリウス連載中）
・『エッセンシャル免疫学　第 3 版』P. Parham 著，笹月 健彦監訳，メディカル・サイエンス・インターナショナル（2016）（教科書）
・『Janeway's Immunobiology 9TH』，K. Murphy, C. Weaver 著，Garland Science（2016）（英語，教科書）
・『みんなの体をまもる免疫学のはなし』坂野上 淳著，大阪大学出版会（2017）

13.2節

植物の病害抵抗性の分子機構

はじめに

　植物は，抗原抗体反応に基づく獲得免疫こそもたないものの，さまざまな病原体に対する自然免疫システムを備えており，その分子機構の一部は動物と類似することが知られている。植物の主な病原体は，菌類，バクテリア，ウイルスである。またファイトプラズマとよばれるマイコプラズマ様微生物，線虫，昆虫，寄生性植物も病原体としてよく知られている。

　これらの病原体は，まず植物体の表面に接触・付着し，体内へ侵入する。侵入の方法としては，傷口からの侵入，気孔などの開口部からの侵入，クチクラ・細胞壁からの直接的な侵入などの方法が挙げられる。侵入に成功すると，次に病原体は植物体から栄養をとって生活するようになり，感染が成立する。やがて病原体は植物体内で増殖・蔓延し，それに伴って肉眼で識別できる病徴が現れる[1) 2)]。

13.2.1　パターン誘導性免疫

　菌類やバクテリアなどの病原微生物の活動に対し，植物はさまざまな段階で抑制・阻止する自然免疫システムを備えている。植物は，まず接触・付着した病原微生物がもつ，進化的に保存された構成分子のパターン（PAMPもしくはMAMPとよばれる）をパターン認識レセプター（PRR）により認識する。代表的なPAMPとして，バクテリアの鞭毛タンパク質や，キチン・ペプチドグリカンなど菌類・バクテリアの細胞壁構成成分，バクテリア翻訳伸長因子（EF-Tu）の一部のアミノ酸配列などが知られている。

　PRRの多くは，ロイシン・リッチ・リピート（LRR）もしくはリジン・モチーフなどのドメインをもつ受容体タンパク質もしくは受容体型キナーゼである。このうちLRR受容体は，ヒトをはじめとする動物のPRRであるトル様レセプターと類縁のタンパク質である。この認識により，MAPキナーゼ・カスケードなどのシグナル伝達系を介して，防御応答に関わるWRKY，bZIP，AP2/ERFファミリーなどの転写因子群が活性化される。その結果，病原微生物の活動を抑制するさまざまな抵抗性反応が引き起こされる。その主なものは，カロースの生合成と細胞表面への蓄積やリグニン生合成と木化による細胞壁の強化などによる構造的抵抗反応，PRタンパク質と総称される低分子ペプチドや酵素などの抗菌性タンパク質の生合成と細胞外への分泌，ファイトアレキシンとよばれる抗菌性のテルペノイド・フラボノイド化合物の生合成と蓄積などである。こうした植物の免疫応答は，パターン誘導性免疫（pattern-triggered immunity; PTI）とよばれる[3)4)]。

13.2.2　エフェクターによる免疫応答の抑制

　この植物の防御応答に対し，病原微生物はPTIを抑制するメカニズムを進化させ対抗してきた。その主要因子はエフェクター（effector）とよばれ，宿主植物のPTI経路のさまざまな段階に作用し，防御応答を抑制・阻止することが知られている。菌類は吸器（haustrium）とよばれる器官を形成し，エフェクターを宿主細胞に注入する。線虫・昆虫では唾液の中にエフェクターが含まれ，寄生・摂食の際に植物の防御応答を抑制していることが知られている。バクテリアはIII型分泌装置とよばれる針状の構造を形成し，これを宿主細胞に貫入させてエフェクターを注入する（図13.8）。

　エフェクターの多くは既知のドメインをもたず，進化的により新しいタンパク質であると考えられている。例えばシュードモナス属バクテリアの *Pseudomonas syringae* のエフェクターの一種HopMは低分子量GTPaseの一種ARFのグアニンヌクレオチド交換因子（ARF-GEF）を標的としており，防御応答に関わる宿主細胞内の小胞輸送を抑制すると考えられる。同じくシュードモナスのAvrPtoとAvrPtoBはMAPKKKの上流のシグナル伝達因子を標的とし，PTIの初期反応を抑制する[3)4)]。またキサントモナス属バクテリア（*Xanthomonas*）はTALとよばれるエフェクターをもつ。これは転写因子の一種であり，宿主DNAの特異的配列に結合し，宿主細胞のうち自己の増殖に有利となる遺伝子の転写を活性化する。なおTALのDNA結合ドメインを利用して，任意のDNA配列に結合するタンパク質を作成することが可能であり，これが人工制限酵素TALENの開発につながった[5)]。

13.2.3　エフェクター誘導性免疫

　こうしたエフェクターによる病原微生物の攻撃に対し，植物はPTIに続く第二の免疫応答システムを備えており，エフェクター誘導性免疫（effector-triggered immunity; ETI）とよばれている。植物の病害抵抗性遺伝子（いわゆる「R遺伝子」）と古典的によばれてきたものの多くは，ETIに関わっており，核酸結合ドメインとLRRをもつ細胞内受容体（NB-LRR）をコードしている。NB-LRRはHSP90などの分子シャペロンと複合体を形成して安定化し，より効果的にエフェクターを感知する。このNB-LRR-分子シャペロン複合体は相同なものが動物にも存在することが知られており，病原因子

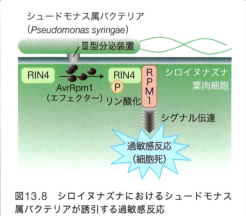

図13.8　シロイヌナズナにおけるシュードモナス属バクテリアが誘引する過敏感反応
Pseudomonas syringae は，シロイヌナズナ葉肉細胞にエフェクター AvrRpm1 を注入し，標的である RIN4 をリン酸化する。これを受容体 RPM1 が感知することで，過敏感反応が誘導される。

認識に動植物で共通のメカニズムが用いられている。

　エフェクターのうち，R 遺伝子産物である NB-LRR に認識されるものは，病原微生物のもつ「非病原性（avirulence; Avr）」タンパク質とよばれる。R-Avr の関係について最も研究の進んだ例として，シロイヌナズナの NB-LRR タンパク質である RPM1 および RPS2 と，シュードモナス属のエフェクターである AvrRpm1 およびプロテアーゼ活性をもつ AvrRpt2 との関係が挙げられる。AvrRpm1 と AvrRpt2 はいずれもシロイヌナズナの RIN4 とよばれる細胞膜局在タンパク質を標的とし，これをリン酸化あるいは分解に導く。RPM1 と RPS2 はこの RIN4 と相互作用することで「守護」しており，RIN4 がリン酸化もしくは分解されると，それを感知して下流へシグナルを伝達する。その結果，過敏感反応（hypersensitive response）とよばれる細胞死が引き起こされて，宿主細胞は病原微生物もろとも死滅し，病害が局所的に抑えられると考えられている（局所的誘導抵抗性）[3)4)6)]（図13.8）。なお，この細胞死はプログラム細胞死の一種であり，液胞の崩壊により引き起こされることが明らかにされている[7)]。

　こうした ETI による局所的な抵抗反応が生じる

と，その情報は全身に伝達され，植物は長期にわたって次の病原微生物の攻撃に備える。これは全身獲得抵抗性（systemic acquired resistance; SAR）とよばれ，サリチル酸がその主要なシグナル伝達因子と考えられている。

　局所的 ETI により生合成されたサリチル酸は，篩管により全身に運ばれ，各植物細胞内の酸化還元状態（レドックス）のバランスを変化させる。その結果，細胞質に蓄積している多量体タンパク質 NPR1 が単量体化し，それが核内へ移行して TGA とよばれる一群の bZIP 型転写因子などを介して下流遺伝子の転写を活性化し，PR 遺伝子の発現などの抵抗性反応を引き起こす。サリチル酸の細胞内受容体としては，NPR1 相同タンパク質が同定されており，これらがサリチル酸を受容して E3 リガーゼと結合し，NPR1 をユビキチン化してプロテアソーム分解に導く。このメカニズムは，健常な状態では不要な防御システムの活性化を抑えている。植物が病原微生物の攻撃を受けると，サリチル酸が高蓄積した感染部位においては NPR1 の完全な不活化に伴い局所的な過敏感反応が誘導され，またそれ以外の部位では，分解を免れた NPR1 の活性により抵抗性反応が誘導され，SAR の確立につながると考えられている[3)8)]。プロベナゾール（probenazole），ベンゾチアジアゾール（benzothiadiazole, BTH）などの化合物は，こうした SAR 経路に作用し，植物体に速やかに病害抵抗性を発現させるための準備効果（プライミング効果）があるため，農作物の耐病性を増強させる農薬として利用されている[9)]。

13.2.4　RNAサイレンシングによるウイルス防御

　植物はウイルスによる病害も受けるが，これに対抗する主要な防御メカニズムとして RNA サイレンシング（RNA silencing）もしくは RNA 干渉（RNA interference; RNAi）が知られている[2)10)]。植物ウイルスの約 7 割は RNA ウイルスであることが知られ，これらは感染した植物細胞内で複製中間体として二本鎖 RNA を過剰に形成する[1)]。RNA サ

イレンシングはこの二本鎖 RNA を分解することで
ウイルスの増殖を抑制するという防御システムとし
て植物が発達させたものと考えられている。

植物は二本鎖 RNA を認識すると，Dicer とよば
れる RNA 分解酵素により 21 ～ 26 塩基程度の短
鎖干渉 RNA（siRNA）を生成する。この siRNA
が RNA 誘導型サイレンシング複合体（RNA-
induced silencing complex; RISC）に取り込ま
れ，相補的な配列をもつ RNA が分解される[2)10)]。
なお，こうした植物の防御システムは，遺伝子発現
抑制（ノックダウン）など，植物分子遺伝学におけ
る遺伝子機能解析のツールとして応用されている。

文献
1) 奥田誠一他著，最新植物病理学，朝倉書店（2004）
2) 大木 理，植物病理学，東京化学同人（2007）
3) J. G. D. Jones, J. L. Dangl, *Nature*, 444, 323-329 (2006)
4) J. L. Dangl et al., *Science*, 341, 746-751 (2013)
5) E. L. Doyle et al., *Trends Cell Biol.*, 23, 390-398 (2013)
6) P. Schultz-Lefert, *Curr. Biol.*, 14, R22-R24 (2004)
7) I. Hara-Nishimura, N. Hatsugai, *Cell Death Differ.*, 18, 1298-1304 (2011)
8) S. Yan, X. Dong, *Curr. Opin. Plant Biol.*, 20, 64-68 (2014)
9) 岩知道顕，農薬の開発　分子レベルからみた植物の耐病性（島本功他編），p.150-154，秀潤社（2004）
10) D. Baulcombe, *Nature*, 431, 356-363 (2004)

13.3節
活性酸素種とカルシウムの "波"を介した植物の全身性 ストレス応答機構

13.3.1　植物の全身性ストレス 応答の基礎

植物は種々の器官や組織をもつ高度に複雑化し
た多細胞生物であり，細胞間あるいは組織間がお互
いに連絡を取り合うことで，局所的かつ個体レベル
での統御を行っている。細胞間においては，原形質
連絡（plasmodesma，図 4.13 参照）とよばれる
細胞壁を貫く微小孔により細胞質がつながっており
（その空間はシンプラストとよばれる），無機イオン，
糖，アミノ酸などの低分子化合物，また特定のサイ
ズ以下のタンパク質や RNA などが移動することが

可能となっている。また，細胞膜の外側は水分を保
持した細胞壁に覆われており，複数の細胞によって
連続的に共有されている。アポプラストとよばれる
その空間では，水や無機イオンだけではなく，植物
ホルモンや分泌性ペプチドなども移動する。さらに
離れた組織どうしは，木部と師部を含む維管束によ
りつながっている。

異なる器官や組織の細胞間で行われる長距離コ
ミュニケーションは，全身的（systemic）な信号
伝達とよばれ，さまざまな環境の変化に応答して活
性化される。13.2 節でみたような，病原微生物に
対する全身的応答は全身獲得抵抗性（systemic
acquired resistance）とよばれる。他にも，昆虫
や動物による食害や傷害に対する全身傷害応答
（systemic wound response）や，高温，低温，
強光，紫外線，高塩土壌などの非生物学的ストレス
に対する全身獲得馴化（systemic acquired
acclimation）などが知られている。

これらの全身的応答の目的は，局所的な環境スト
レスに応答して，まだストレスを受けていない離れ
た組織にストレスの脅威が迫っていることを知ら
せ，それに対する準備を開始させることである。こ
れにより，次にやってくるストレスを受けたときに
十分に対抗することができ，ダメージを最小限に抑
え，生存率を上昇させることが可能となる。動物の
ように移動によりストレスを回避することができな
い，植物ならではのストレス対応術である。

さまざまな種類の分子が全身性のシグナル因子
として機能する。サリチル酸，ジャスモン酸，それ
らの揮発性物質であるメチルサリチル酸，メチル
ジャスモン酸，オーキシン，エチレン，アブシジン
酸といった植物ホルモン，分泌性ペプチド，タンパ
ク質，RNA などである[1)]。

13.3.2　ROS波とカルシウム波

その他に最近の研究で特に注目を集めているの
が，活性酸素種（reactive oxygen species; ROS）
およびカルシウムの挙動と役割である。動植物問わ
ず，生物学的ストレスや非生物学的ストレスを受け
ると，respiratory burst oxidase homolog

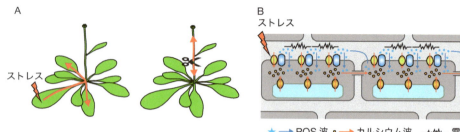

図13.9　植物の全身性ストレス応答
（A）全身性ストレス応答の例。葉の一部に傷害，高温，低温，強光，高塩などのストレスを与えると，ROS 波，カルシウム波，電気信号が別の葉に伝わり，次のストレスに対する応答への準備を促す（左）。茎を切断しても，ROS 波が両方向に伝播する。（B）ROS 波およびカルシウム波の伝播モデル。ストレスを感知した細胞は ROS バーストを引き起こす。生じた ROS が細胞膜および液胞膜に存在するカルシウムチャネルを活性化し，細胞内カルシウム濃度を上昇させる。カルシウムはカルシウム依存性プロテインキナーゼなどを介して RBOHD を活性化する。このサイクルが細胞内で伝わる。またアポプラスト（灰色）において ROS が，シンプラスト（ピンク）において原形質連絡を介してカルシウムが隣の細胞に移動することで，同様のサイクルが起動する。これをくり返すことで次々と細胞間を 2 つの波が伝播する。細胞内の伝播は電気信号を介して行われる可能性も浮上している。

（RBOH）という NADPH オキシダーゼ（動物では NOX とよばれる）に依存した急激な ROS の生成（**ROS バースト**または**オキシダティブバースト**）が引き起こされる[2)3)]（植物ではアポプラストで起こる）。それはさらに，遠く離れた細胞まで自律的に伝播する **ROS 波**を生み出す。ROS 波は，ある葉から別の葉へ，胚軸から子葉へ，茎から茎頂あるいは地下部へ，などあらゆる方向に観察される（**図13.9A**）。その速度は，モデル植物シロイヌナズナでは最大毎分 8.4 cm にまで達すると報告されている[4)]。さらに，強光や高温などの局所的なストレスに応答して起こる全身獲得馴化において，ROS 波が必須な役割を果たすことが示された[5)]。しかしながら，ROS 波それ自身はストレスの種類に特異的な応答を誘導することはできず，非ストレス細胞に素早くストレスへの準備を促すのが主な役割で，特異性は別のしくみで付与されると考えられている。

また，局所的なストレスに応答して細胞内のカルシウム濃度も変化し，それが全身に伝わることも示されている[6)]（図13.9A）。例えば根端に塩ストレスを与えると，**カルシウム波**は維管束ではなく皮層と内皮とよばれる組織を伝わって，毎分 2.4 cm の速度で地上部まで届く。

それでは，アポプラストとシンプラストで起こるこれら 2 つの波には，密接な関係があるのだろうか。まだ諸説ある段階ではあるが，現時点での知見を以下に述べる。

植物組織にはカタラーゼやペルオキシダーゼなどの ROS 消去酵素が豊富に存在するため，RBOH により主に生成される過酸化水素はそれほど長距離には拡散できないと考えられる。そのため，ある細胞から生じた ROS が引き金となって，隣の細胞の ROS 生成を刺激すると考えると都合がよい。実際，シロイヌナズナにおいて複数分子種存在する RBOH のうち，RBOHD を欠損する株では ROS 波の伝播が阻害された[4)]ことから，その説が支持されている。

一方，カルシウムは ROS 誘導的な ROS 生成を仲介すると考えられている。根や気孔においては，細胞膜のカルシウム透過性チャネルが ROS により活性化される[7)8)]。また，タバコ培養細胞においては，ROS による細胞内カルシウム濃度の上昇[9)]が陽イオン透過性チャネル TWO PORE CHANNEL1（TPC1）に依存して引き起こされる[10)]。TPC1 はカルシウムにより活性化され，液胞から細胞質へのカルシウム放出に関与することが提唱されてい

る[11]。シロイヌナズナ *tpc1* 変異体では，ストレスを与えてもカルシウム波が見られない[6]。また，NADPH オキシダーゼの阻害剤による処理や，*RBOHD* 遺伝子の欠損によってもカルシウム波が減少する[12]。つまり，全身的なカルシウム波の伝播には，新たな ROS 生成と，それに依存した TPC1 によるカルシウム放出が関与する。そのようにして増加した細胞質のカルシウムは，RBOH タンパク質のアミノ末端側に存在する EF-hand モチーフに直接結合するとともに，カルシウム依存性プロテインキナーゼ（CPKs）およびカルシニューリン B 様分子結合プロテインキナーゼ（CIPKs）によるリン酸化を引き起こすことで RBOH を活性化する[13][14]。

13.3.3　伝播のモデル

ROS 波およびカルシウム波が細胞内において伝わるしくみについて，現在，以下のモデルが考えられている（図 13.9B）。

RBOHD により新たに生成された ROS が細胞膜のカルシウムチャネルを活性化してカルシウムを流入させ，それが引き金となって TPC1 依存的なカルシウム放出を誘導し，局所的に高濃度となったカルシウムが再び RBOHD を活性化する，というサイクルが細胞の片側から反対側まで連続的に起こるというものである[12]。

さらに，もう 1 つ新しい因子が関与しているかもしれない。動物だけでなく，植物も電気信号を使って長距離シグナリングを行うことが知られている。例えば，ハエトリグサの葉が獲物を感知すると瞬時に葉を閉じる応答は電気信号を介している。全身傷害応答においても，表面電位の変化が葉から葉へと，GLUTAMATE RECEPTOR-LIKE（GLR）タンパク質に依存して伝わることが報告されている[15]。

GLR は細胞膜に局在し，カルシウム透過性チャネルとして機能する[16]ことから，ROS 依存的なカルシウム流入に関与する可能性が指摘されている。さらに，高温や強光ストレスによっても葉から葉へ電気信号が伝わり，それが RBOHD に部分的に依存することも報告されている[5]。つまり，ROS 依

存的なカルシウム流入により生じた細胞膜表面の電位変化が細胞の反対側まで伝わり，電位依存性 GLR を介して流入したカルシウムが ROS 生成を引き起こしているのかもしれない[1]。このモデルでは，細胞の両端での RBOHD の活性化だけを考慮すればよい。

細胞間の波の伝播については，アポプラストに放出された ROS がアクアポリンなどのチャネルを通ってすぐ隣の細胞の中に輸送され，そこでカルシウム流入を促すというしくみと，原形質連絡を介したカルシウムのシンプラスト内での移動が考えられる。いずれにしても ROS とカルシウムの相互作用が重要な働きをしている。

まだ未解明な部分が数多くあるものの，植物が全身性ストレス応答機構を保持しており，それが ROS とカルシウムの"波"を介していることは間違いない。今後，さらなる詳細なしくみを解明することで，種々のストレスに対して強い耐性を示す，あるいは適応力の高い植物を生み出せることが期待される。農業的な視点からもこの分野の発展が望まれる。

文献
1) S. Gilroy et al., *Trends Plant Sci.*, 19, 623-630 (2014)
2) N. Suzuki et al., *Curr. Opin. Plant Biol.*, 14, 691-699 (2011)
3) J. Aguirre, J. D. Lambeth, *Free Radic. Biol. Med.*, 49, 1342-1353 (2010)
4) G. Miller et al., *Sci. Signal.*, 2, ra45 (2009)
5) N. Suzuki et al., *Plant Cell*, 25, 3553-3569 (2013)
6) W. G. Choi et al., *Natl. Acad. Sci. U.S.A.*, 111, 6497-6502 (2014)
7) V. Demidchik et al., *Plant J.*, 49, 377-386 (2007)
8) Z. M. Pei et al., *Nature*, 406, 731-734 (2000)
9) T. Kawano et al., *Biochem. Biophys. Res. Commun.*, 308, 35-42 (2003)
10) Y. Kadota et al., *Biochem. Biophys. Res. Commun.*, 336, 1259-1267 (2005)
11) I. Pottosin et al., *FEBS Lett.*, 583, 921-926 (2009)
12) M. J. Evans et al., *Plant Physiol.*, 171, 1771-1784 (2016)
13) U. Dubiella et al., *Proc. Natl. Acad. Sci. U.S.A.*, 110, 8744-8749 (2013)
14) M. M. Drerup et al., *Mol. Plant*, 6, 559-569 (2013)
15) S. A. Mousavi et al., *Nature*, 500, 422-426 (2013)
16) E. D. Vincill et al., *Plant Physiol.*, 159, 40-46 (2012)

参考・推薦図書
・『テイツ／ザイガー　植物生理学・発生学　原著第 6 版』L. テイツ，E. ザイガー，I. M. モーラー，A. マーフィー編，西谷和彦，島崎研一郎監訳，講談社（2017）
・『ストレスの植物生化学・分子生物学：熱帯性イモ類とその周辺』瓜谷郁三編著，学会出版センター（2001）

14章

なぜ老いるのか
老化の生物学

石川冬木

14.1節

老化とは何か

　あらゆる生物は，加齢とともに機能が衰えて，やがて死を迎える。図14.1は，我が国において，ある年齢の者が1年間経過する間に死ぬ確率（10万人中何人が死亡したかの統計値）をプロットしたものである。この図から明らかなように，10歳以降は年間死亡率が一貫して増加する。このように，加齢とともに死亡率が増加することを生物学的な老化と定義し，現代日本では老化は10歳代から始まっているということができる。ただし，図14.1の縦軸は対数軸であるので，年齢に対して指数関数的に増加していることを示す。したがって，加齢とともに死亡率が増加することは若年者では気がつきにくいが，高齢者では顕著に自覚される。図14.1の矢印aは，出生してから5歳未満の者の死亡率である。この時期は，先天的な障害，免疫力が弱い新生児期の感染などのために，続く年齢層に比べて高い。これに対して，矢印bで示す5～9歳は，一生のあいだで最も死亡率が低い，いわば完成した体をもつ時期である。

14.2節

老化とゲノムの進化

　生涯で10歳前後が最も死亡率が低い（「死ににくい」）ことは注目される。あらゆる生物もつゲ

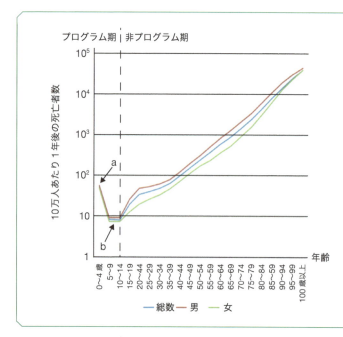

図14.1　2015年における我が国の
年齢階層別死亡率
横軸にある年齢の者が1年経過後，10万人中何名が死亡するかを縦軸に示している。（出典：厚生労働省・人口動態統計月報年計）

ノムは，そのゲノムを受け継いだ子孫をどれだけ多く残せるかによって自然淘汰が起こり進化する。現在，地球上に生存する生物は生命の起源以来このことに成功してきたので，多くの子孫を残すこと（「適応的（adaptive）」とよばれる）に長けたものばかりである。子孫を残すためには，子孫を残す能力，すなわち「生殖」ができるようになる性成熟まで死なずに生きることがまず必要である。したがって，ゲノムには，ヒトが性成熟を行う10歳代までは個体を生存させようとするしくみが二重三重に組みこまれており，そのために性成熟までの時期は最も死亡率が低いと理解できる。

10歳代までは，ほぼすべてのヒトが同じようなペースで発達・成熟する（小学1年生はどのような子どもか容易に想像がつく）ので，その時期に起こることはゲノムにプログラムされているといえるであろう。一方，子供をもうけてある程度まで育てた後の親の活動は，子孫の数の多寡に大きな影響を与えない。したがって，生殖年齢以降は徐々に自然選択が弱くなり，この時期に起こる生物学的現象はゲノムにプログラムされているとはいえない。実際，老化が開始する10歳代以降は，個々人の「元気さ」に大きな個体差が見られるようになる（同じ65歳でも若く見える者もいれば，年齢以上に老け込んでいるように見える者もいる）。したがって，この時期で起こることはプログラムというよりは，どのように暮らしてきたか生活歴の影響を受けやすい（図14.1，非プログラム期）。

14.3節

老化のミトコンドリア・フリーラジカル仮説

以上の議論から，人生後半で起こる老化は，前半で起こる発生・発達・成熟と対照的に，ゲノムにはコードされていない確率的な現象であると長い間考えられてきた。"Wear and tear theory of aging"（老化ぼろぼろ仮説）は，生まれた時に完成品であった生物が，さまざまな外的・内的ストレスに

よって損傷を受け続けてきた結果，少しずつ機能が衰え，遂には死にいたると考える，直感的に理解しやすい素朴な仮説である。「ぼろぼろ」はどのように起こるのであろうか？　「ミトコンドリア・フリーラジカル仮説」が最も有名である。

真核生物のミトコンドリアは，生物が食餌などにより得た炭素と環境中の酸素を使ってゆっくりと燃焼反応を起こさせ，ATPを効率よく産生する。まず，ミトコンドリア・マトリックス（図14.2A）で，グルコースや脂肪酸などの炭素源が分解されてアセチルCoAとなり，TCAサイクル（クエン酸回路，クレブス回路ともいう）で酸化される。このとき，炭素原子から引き抜かれた電子はNAD$^+$（酸化型ニコチンアミド・アデニンジヌクレオチド；nicotinamide adenine dinucleotide）と結合してNADH（還元型ニコチンアミド・アデニンジヌクレオチド）となる（図14.2B①）。しかし，NAD$^+$は電子との結合力は弱いので（酸化還元電位が低く），電子はミトコンドリア内膜にあってより結合力の高い（酸化還元電位が高い）複合体I〜IVと順次結合し（②），最終的には水素イオンとともに酸素分子に結合して水H$_2$Oとなる（③）。この電子がNADHから水分子にいたるまで結合する相手を換えながら順次受け渡される反応が電子伝達系であり，電子が受け渡されるたびにエネルギーが放出され，それはプロトンをマトリックスから内膜と外膜のあいだの膜間腔へ汲み出すことに使われる（④）。このようにしてできた内膜をはさんだプロトン勾配を使って，プロトンが内膜にあるATP合成酵素を通って内膜に戻るときにATPが合成される（⑤）。以上のようなミトコンドリアにおいて酸素を消費して効率よくATPを産生する過程を酸化的リン酸化とよび，酸素が必要であるため好気呼吸ともよばれる。

電子が電子伝達系で電子供与体から受容体へと次々と受け渡される過程は正確であるが，稀に，電子が正しい分子に受け渡されないことがある。その結果，スーパーオキシド（superoxide, O$_2$·$^-$），ヒドロキシルラジカル（hydroxyl radical, HO·），過酸化水素（H$_2$O$_2$）などの活性酸素種

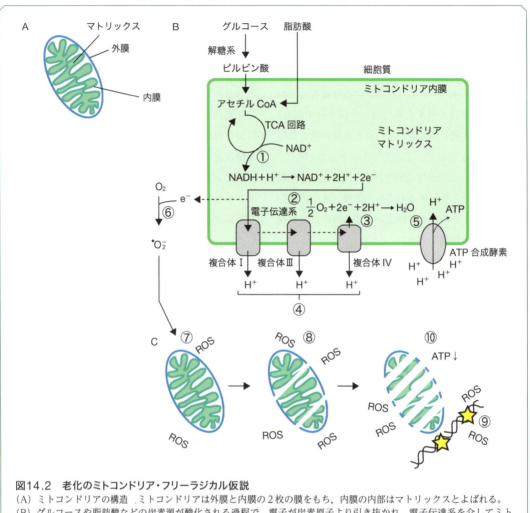

図14.2　老化のミトコンドリア・フリーラジカル仮説
（A）ミトコンドリアの構造．ミトコンドリアは外膜と内膜の2枚の膜をもち，内膜の内部はマトリックスとよばれる．
（B）グルコースや脂肪酸などの炭素源が酸化される過程で，電子が炭素原子より引き抜かれ，電子伝達系を介してミトコンドリア内膜にプロトン勾配をつくる．このプロトン勾配を用いてATP合成酵素がATPを産生する．電子伝達系が電子を適切なドナーに受け渡すことができない場合，不対電子をもち極めて反応性が高いスーパーオキシドが産生され，それが過酸化水素，ハイドロキシルラジカルとなって細胞の構成因子を破壊する．老化のミトコンドリア・フリーラジカル仮説では，細胞が好気呼吸をする限りこの過程が常に起こることで，徐々に細胞機能が低下し老化の原因となると考える．

（reactive oxygen species; ROS）が産生される。スーパーオキシドとヒドロキシルラジカルは不対電子をもつために特に反応性が高い（⑥）。これらの分子は産生されるとただちにその周囲にある核酸，脂質，タンパク質を酸化させ，それらの生体分子としての機能を損ねる（図14.2C ⑦）。したがって，ミトコンドリア内膜でできた活性酸素種はただちにミトコンドリアDNA（ミトコンドリア・マトリックスには核ゲノムと独立したDNAがあり，ミトコンドリアで用いるtRNA，rRNA，電子伝達系構

成タンパク質の一部などをコードしている）やミトコンドリア構成成分を損傷しミトコンドリア機能を低下させる。このようにして電子伝達系を含めたミトコンドリア機能が低下すると，さらに活性酸素種が生じやすくなり，ミトコンドリアはさらに機能低下する悪循環を起こす（⑧）。その結果，活性酸素種の一部はミトコンドリアのみならずDNA，脂質，タンパク質など細胞全体の構成要素の損傷と機能低下を起こす一方（⑨），ミトコンドリアが産生できるATPが減少するため（⑩），細胞や組織機能の

日本語で「なぜ，どうして？」と尋ねるとき，2種類の意味がある。一方は，「その現象がどのようなしくみで起こるのか？」であり，他方は，「その現象は生体にとってどのような意味をもつのか？」である。同じ「なぜ？」であるが，前者と後者に対する回答を，それぞれ，how 仮説，why 仮説として区別することが重要である。

　生物の究極的な目的は，それぞれの個体が子孫をできるだけ多く残すことであり，それは進化学で使われる適応値（子孫を残す能力）を増加させることにほかならない。why 仮説は，その現象がいかにその生物種の適応値を向上させることに役立つか，という回答である。このように現象を説明することをしばしば遠因あるいは究極因（ultimate cause）とよぶ。一方，how 仮説は，その現象を引き起こしている分子生物学的，生化学的，生理的機構に関する回答であり，近因（proximate cause）とよばれる。「渡り鳥はなぜ渡りをするのか？」という質問に対して，how 仮説として，「渡り鳥の脳神経が日照時間の短小を感知して，渡り行動を開始させるから」，why 仮説として，「渡りをすることで個体が餌を得て子孫を残せるから」という2種類の異なる回答が考えられる。

低下および個体の死，すなわち老化をもたらすと考えられている。この老化のフリーラジカル仮説は，1956 年に米国のハーマン（D. Harman）によって提唱された[1]。

　生体には，活性酸素種に作用してこれを無害な分子に変換する酵素や物質が存在し，**抗酸化物質（アンチオキシダント）** とよばれる。スーパーオキサイドを過酸化水素と酸素にする酵素である**スーパーオキシド・ディスムターゼ**（superoxide dismutase），過酸化水素を水にする酵素**ペルオキシダーゼ**（peroxidase），グルタミン酸・システイン・グリシンからなる 3 アミノ酸ペプチドである**グルタチオン**（glutathione）などが有名である。この他にも，アスコルビン酸（ビタミン C），トコフェノール（ビタミン E），カロテノイドなどは抗酸化作用をもち，しばしば経口サプリメントとして利用される。

　フリーラジカル仮説が正しいとすれば，活性酸素の産生をできるだけ抑制するか，産生されてもそれを中和するアンチオキシダントを使うことで老化を遅らせることが期待できる。しかし，これまでに，抗酸化酵素を多くのモデル生物で過剰発現しても寿命の延長効果が見られず，また抗酸化物質サプリメントの寿命延長効果は証明されていないことから，現在，老化の主要な原因が，ミトコンドリアが産生する活性酸素種であるとは考えられていない。

14.4節

老化の制御は可能か？

　前節で述べた wear and tear 仮説は，生下時の「完全な個体」が時間の経過とともに傷つき，ついには生命を維持できなくなり死を迎えると考える。**図 14.3A** では，縦軸「個体の完成度」が生下時（0歳）で 100% であったものが，加齢とともに徐々に低下し 0% となった時に死を迎えるという仮説を模式的に示したものである。曲線 (a) が平均的な「個体の完成度」の低下であって，x 歳で死亡するとすれば，「ぼろぼろにする原因（フリーラジカル仮説ではミトコンドリアから生まれる活性酸素種）」が多い場合には，「完成度」はより速く低下して（曲線 (b)）短い寿命 y となり，なんらかの方法で（例ば，抗酸化物質サプリメントの服用）「ぼろぼろにする原因」を少なくすれば，「完成度」は長く保た

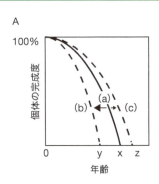

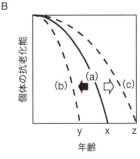

図14.3 寿命は制御可能か
(A)「ぼろぼろ」仮説
(B) 生物には寿命を延ばす経路と短くする経路が備わっていて，両者のバランスで寿命が決まることを示した模式図。この場合，どちらかの経路を不活化あるいは活性化することで寿命を人為的に変えることが可能であることを示唆する。

れ寿命が延びることが期待できる（曲線 (c)，寿命 z）。しかし，上述の通り，抗酸化酵素の過剰発現や抗酸化物質の習慣的服用は有意に寿命を延ばさなかったため，活性酸素種を介して寿命制御を行うことはできない。

近年の老化研究の興隆は，個体寿命を図 14.3A のような一度完成された状態の一方的・不可逆的な破壊ではなく，寿命にもヒトの血圧などと同じようにそれを伸長させたり短くする正負の制御機構があり，その平衡によって実際の寿命が決定されることが明らかになったことによる。

今，生物には寿命を延ばすしくみ（**図 14.3B の**白矢印）と短くするしくみ（図 14.3B の黒矢印）が備わっていて，その相反する力の平衡によって実際の寿命が決まると考えよう。寿命を正負に制御する経路それぞれに必要な遺伝子があると仮定し，寿命を伸長する遺伝子（以下，長寿遺伝子）が破壊されると，相対的に短小化する遺伝子（以下，短命遺伝子）の力がまさり，その個体は短寿命になるであろう。反対に短命遺伝子が機能を失うと，その個体は長寿になると考えられる。したがって，適当なモデル生物について短寿命もしくは長寿命を示す変異体を単離し，その責任遺伝子を同定すれば，それらはそれぞれ**長寿遺伝子**と**短命遺伝子**である可能性がある。

実際，正常人に比べて患者の老化速度が速く短命な遺伝性疾患が知られている。その中でも，単純に短命であるばかりでなく正常高齢者が示す老化症状を若年で示し，あたかも老化が加速して起こるようにみえる疾患群を早老症とよぶ。**ウェルナー症候群**（Werner syndrome）と**ハッチンソン・ギルフォード症候群**（Hutchinson-Gilford syndrome）が有名である。ウェルナー症候群は，白内障，動脈硬化，がん，糖尿病などを若年から示し，DNA ヘリカーゼの 1 つをコードする**ウェルナー遺伝子**の異常により発症する。稀な疾患であるが我が国で比較的患者が多い。ハッチンソン・ギルフォード症候群は核膜にあるラミンをコードする**ラミン A 遺伝子**の異常により発症する。極めて稀な疾患で，患者は 10 歳代で死亡することが多い。

一方，すべての遺伝子はなんらかの形で個体の維持に貢献しているので，任意の遺伝子の機能異常は多くの場合，多少なりとも寿命を短くするであろう。したがって，ある変異体や遺伝性疾患が短寿命を示したからといって，その異常遺伝子が寿命の伸長に関わっていると結論することはできない。実際，上述した早老症が正常人の老化をどの程度反映しているかは検討の余地がある。これと対照的に，寿命を短くする変異体ではなく，寿命を延ばす変異体は生体を維持する遺伝子の機能低下では説明がつかないので，その遺伝子が寿命を積極的に短くする短命遺伝子である可能性がある。近年の老化研究の興隆はこのような短命遺伝子の発見が大きなヒントとなった。以下に，その例を見ていこう。

インスリン様成長因子

14.5.1 最初の長寿変異体 *daf-2*

　線虫は長さ 1 mm 程度の線形動物で，大腸菌をエサとしてシャーレで簡単に飼育でき，遺伝学のモデル生物としてよく利用される。線虫は受精後，L1 〜 L4 幼虫の変態を経て成虫となり，多数の子孫を産んで約 3 週間の寿命を終える。しかし，個体数が過密であったり，エサが少ないなど環境が悪いときには，その発達過程の途中からダウアー（Dauer）幼虫とよばれる乾燥や絶食に強い耐性幼虫に変化し，環境の好転を待って成熟した線虫になって生殖を開始することができる（図14.4A）。このように，ダウアー形成は環境の変化に反応して起こるストレス反応の 1 つである。ダウアー幼虫への変態が異常を示す一群の変異体が得られ，*daf*（*Dauer formation*）変異体とよばれている。

　その中でも，*daf-2* 遺伝子変異株は，わずかな

環境変化でダウアー幼虫化しやすいが，適切な環境におけば正常の生活環を送ることができる（図14.4B）。1993 年，米国のケニオン（C. Kenyon）らは，*daf-2* 変異株が正常細胞に比べて約 2 倍の長寿命を示すことを報告した[2]（この発見の前後の息をのむ経緯については，章末の文献 3 をぜひ読まれたい）。その後，*daf-2* 遺伝子はインスリン様成長因子 IGF の受容体（IGF-R）をコードしていることが明らかとなった。インスリン・インスリン受容体経路は，細胞にグルコースを取り込ませ，タンパク質翻訳を促進して細胞の成長を促す。したがって，*daf-2*（IGF-R）は幼虫が成虫になるために必須であり（図 14.4A），その機能低下は幼虫の成長速度が遅くなって寿命が伸びるものと解釈される。線虫 *daf-2* 変異体は，個体機能を保ちながら長寿を示す最初に発見された変異体であり，その存在は，正常個体では寿命を短くするしくみが備わっていることを意味している。

14.5.2 ストレス反応，再生産と寿命

　一方，同じ *daf* 遺伝子群であっても，*daf-16* 遺伝子はダウアー幼虫形成に必要であって，*daf-16*

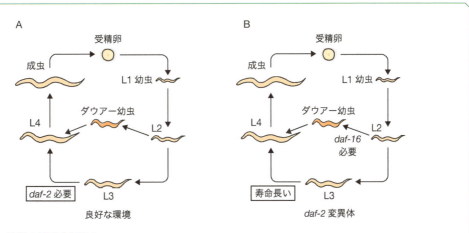

図14.4　最初の長寿命変異体
（A）線虫の生活環：環境が好適な場合，線虫は L1 〜 L4 の幼虫を経て成虫となり，次世代の子孫を残して約 3 週間の寿命を終える。このとき，*daf-2* 遺伝子が必要である。環境が悪いときには生殖よりも自身の生存を優先させてダウアー幼虫になる。ダウアー幼虫は飢餓・乾燥などのストレスに強く，環境の好転とともに成虫になって生殖を開始する。
（B）*daf-2* 変異体：*daf-2* は成長に必要なので，その機能低下は環境が比較的好適であっても線虫はダウアー幼虫になりやすい。しかし L1 〜 L4 の発生をするものについては寿命が *daf-2* 正常の場合に比べて 2 倍まで伸長する。

変異体は*daf-2*変異体とは逆にダウアー幼虫になることができない。*daf-16*遺伝子は，FOXOとよばれるストレス反応に必要な転写因子をコードする。これは，ダウアー幼虫が環境の悪化に反応して起こることと一致している。

興味深いことに，*daf-2*変異体の寿命延長が，同時に*daf-16*遺伝子に異常があると観察されないことがわかった。インスリンおよびインスリン様増殖因子は種を越えて保存されており，タンパク質翻訳の促進など生物の同化反応を進め，個体の発生・発達・再生産に必須である。そこで，*daf-2*のように個体の発生と子孫をつくることに直接関係する機能をここでは再生産モード（あるいは「いけいけモード」）とよぶことにしよう。一方，環境が悪いときにはいくら子どもをつくっても，それらが正常に発達する可能性は低い。むしろこのような状況下では，限られた食餌から得られる限られたリソースを，子孫を残すためにではなく，自分の生命維持に利用して将来来るべき環境の好転を待った方が最終的には子孫を残すことに貢献するであろう。そこでこのような機能を自己維持モード（あるいは「おしんモード」）とよぶことにしよう。ダウアー幼虫になって悪い環境を生き延びようとする*daf-16*遺伝子は自己維持モードに必要な重要な遺伝子である。

線虫はL2幼虫になると，外的環境の好悪によって，L3を経て成虫になるか，ダウアー幼虫になるかの選択をする（図14.4A，14.5A）。この選択は体のつくりの大きな変化を伴い，子孫を残す上で重要な選択であって，*daf-2*，*daf-16*をはじめ数多くの遺伝子が関係すると思われる（図14.5A）。一方，この例のように二者択一をする場合には，しばしばいったんどちらかの経路が選び始められると，そのことが他方の経路を抑制して両者が同時に起こらないようにすることが多い（例として，ハエの感覚毛発生における側方抑制があげられる。12.1.4参照）。今，再生産モードと自己維持モードに相互排他的な関係があるとすれば（図14.6A），再生産モードを進める*daf-2*遺伝子の欠損（機能廃絶）は，自己維持モードを促進させることで個体のダウアー化を進めるであろう（図14.5B）。ダウアー幼虫は

ストレスに耐えながら数ヶ月生存できるので，長寿状態の1つと考えることができる。

一方，ケニオンが長寿を発見した*daf-2*変異株は部分機能低下であって機能廃絶ではなかった。すなわち，この変異株では*daf-2*機能が低下しているために環境の好悪にかかわらずダウアー化しやすいが，*daf-2*機能が残存しているためにL1～L4の幼虫として発生する個体も生じる。しかし，この場合でも*daf-2*機能（再生産モード）が低下していたために，それと拮抗する*daf-16*機能（自己維持モード）が部分的に活性化され，幼虫は両者が同時に機能して成虫へ発生しつつも長寿長寿を獲得していると解釈できる。このことは再生産モードと自己維持モードは連続したスペクトラムの両極端であって，その中間状態がありうることを示唆している（図14.6C）。ヒトをはじめ多くの生物は，線虫のように形態的に区別できる2つのモードが明らかではないので，再生産モードと自己維持モードがあるのか，ある場合にはその中間モードがあって，そのバランスで寿命が決まるのかは明瞭ではない。しかし，線虫の2つのモードに必要な遺伝子は他の生物で広く保存されているので，この予想は正しいように思われる。

以上の議論から，再生産（子供をつくること）は親個体の寿命を縮める方向に作用し，ストレス反応によって自身の機能を維持することは寿命を延ばす方向に作用するであろうことが理解できる（図14.6C）。実際，ショウジョウバエでは，メスが交尾をしないようにすると寿命が延長することが以前より知られていた[4]。

14.6節

カロリー制限

食餌から摂取するカロリーを減らすと，寿命が延びることは20世紀前半から知られていた[5]。これまでに，酵母，線虫，ショウジョウバエ，マウスなどの多くのモデル生物において，カロリー制限（自

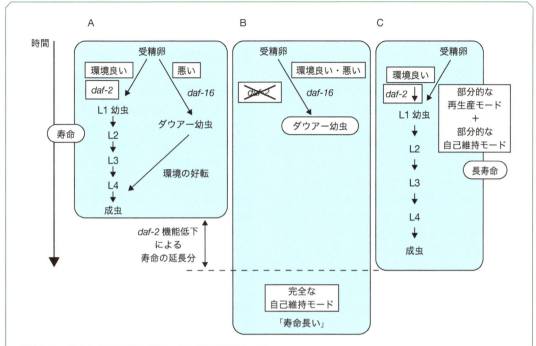

図14.5　線虫における再生産モードと自己維持モード
(A) 環境が良好なときには成虫まで順次発達分化し約3週間の寿命を示す。環境が悪いときにはストレス耐性のダウアー幼虫となるが，環境の好転とともに発達・分化を続け成虫となる。
(B) daf-2 欠失（機能廃絶）では，成長・分化できず環境の好悪にかかわらずダウアー幼虫となる。
(C) daf-2 の機能低下では，部分的な再生産モードと部分的な自己維持モードとなり，幼虫を経て成虫となった個体は寿命延長を示す。このことは，再生産モードと自己維持モードは連続したスペクトラムを示すことを示唆する。

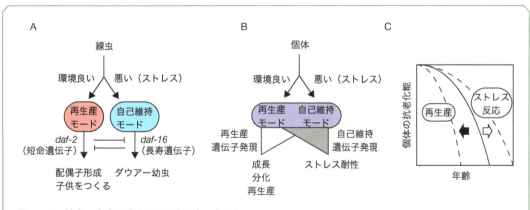

図14.6　線虫の寿命研究から明らかになったこと
(A) 正常個体では再生産モードと自己維持モードが相互排他的に起こる。
(B) ケニオンらによる daf-2 変異体の研究から，ある条件下では再生産モードと自己維持モードがそれぞれ部分的に同時に起こり，個体寿命の伸長をもたらすことがわかる。その場合，再生産モードと自己維持モードそれぞれに必要な遺伝子がともに発現する。2つのモードのバランスによって実際の寿命が決定される。
(C) B をヒトに応用することで個体寿命を延ばす可能性がある。

COLUMN　胎児のエコ・デボ：DOHaD

本章では，ダウアー幼虫でみたように環境が個体の発生に大きな影響を与え，その結果，寿命も変化しうることを述べた。環境（エコロジー，ecology）が発生（ディベロップメント，development）に影響を与えることの研究分野をしばしばエコ・デボ（eco-devo）とよぶ。

ヒトを含めた哺乳類は，一生の最初を母親の子宮内で過ごす。胎児は胎盤を介して母親の血液から栄養を得るので，母親の栄養状態は直接的に胎児に影響を与える。古くより，戦争・天災・貧困などのために栄養不足な妊婦から生まれた子供が，大人になっても種々の病気にかかりやすいことが疫学的に知られていた。生まれた子供がその後，たとえ良い栄養環境で育てられても同じことがみられるので，これは子宮内で経験した環境を胎児が記憶し，成長後もその影響が現れるものと解釈できる。

近年，この現象は DOHaD（Developmental origins of health and disease）とよばれ，大きな注目を集めている。妊婦の栄養状態が悪いために低体重で生まれると（IUGR; intra-uterine growth restriction），大人になって糖尿病，高血圧，動脈硬化，うつ状態などの加齢性疾患にかかりやすいとされている。我が国では，女性のやせ願望などの理由で妊婦が低栄養であることが多く，生下時 2500 g 未満の低出生体重児は 2015 年で単産（ふたごなどの複数妊娠ではない）全体の 9.5％であり，経済発展している OECD 加盟国の中では多い。このような DOHaD 効果がヒトの寿命に影響を与えるかは明らかではないが，今後，検討すべき問題点の 1 つである。

由に餌を食べられる場合に比べて約 20 ～ 40％少ないカロリーで生物を維持することが多い）が寿命の延長をもたらすことが示され，現在，最も確実に寿命延長をもたらす方法と考えられている。重要なことは，カロリー制限を行ったマウスは，寿命が延長するばかりでなく，動脈硬化，糖尿病につながる耐糖能異常，筋萎縮，認知能障害など加齢に伴い出現する疾病の程度が軽く，これらの加齢性疾患の予防にもつながると考えられていることである。さらに，アカゲザルを用いた研究でも同様の効果が認められ，霊長類にも有効と期待される。したがって，カロリー制限は健康寿命を延長する理想的な効果をもたらすが，ヒトにおいてそれを厳密に実施することは簡単ではない。そこで，以下に述べるように，カロリー制限が抗老化をもたらす分子機構を明らかにした上で，カロリー制限をせずに同じ効果を得る薬剤の開発が進められている。

14.7節

Sir2とサーチュイン

14.7.1　Sir2

多細胞生物は死が明らかなことが多いので個体寿命の測定は容易であるが，単細胞生物の寿命はどのように決定するのであろうか？　出芽酵母の細胞分裂は，その名前（出芽，budding）のとおり娘細胞が親細胞から出芽し，徐々に成長後，親細胞から分裂して独立した個体になる（図 14.7A）。これは細胞分裂によって異なる形・性質をもつ 2 つの細胞が生まれる不均等分裂の典型例である。これと対照的に，分裂酵母は完全に同じ形の娘細胞をつくる均等分裂を行う（図 14.7B）。

図 14.7C では，出芽酵母母細胞から独立した娘細胞が，今度は自分が母細胞として（＊で示す）細胞分裂をくり返して娘細胞を生み続ける様子を示している。顕微鏡下で微小針を使って，生まれてくる娘細胞を視野から除くことで，1 つの母細胞が娘細胞を何回生み続けるかを測定することができる。そ

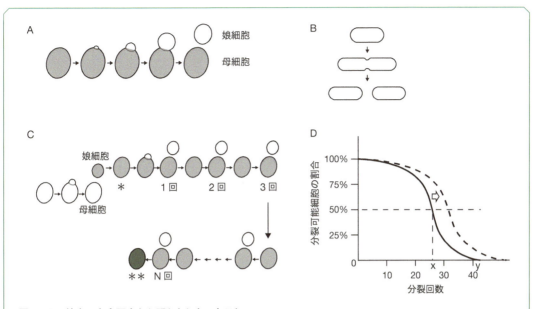

図14.7　線虫の寿命研究から明らかになったこと
(A) 出芽酵母の細胞分裂。(B) 分裂酵母の細胞分裂。(C) 娘細胞として生まれた母細胞（＊で示す）が最初の細胞分裂を行ったときからN回細胞分裂を行った後，それ以上の娘細胞をつくることができない（＊＊で示す）ことを示す。このように1つの母細胞が行うことのできる細胞分裂回数は有限で，それ以上細胞分裂を行うことができなくなった状態を分裂寿命とよぶ。
(D) 出芽酵母の寿命曲線。Cで示した測定を多くの母細胞について行い，横軸に示す分裂回数を行うことができた出芽酵母細胞の割合を示す。ある細胞株の寿命曲線が実線であった場合，それに由来するより長い寿命を示す変異株を得ることができる（矢印）。

の結果，母細胞は有限回（平均20〜30回，最大40回程度）しか娘細胞を発芽させることができず，その上限に達すると発芽を停止することが知られている（図14.7C，2個の＊で示す）。多数の母細胞について同様の測定を行い，ある回数の細胞分裂を行うことができた細胞の集団中の割合をグラフで示したのが寿命曲線（**図14.7D**）である。このようにして測定した寿命（分裂可能回数）について，その中央値（図14.7Dの実線については x）あるいは最大値（同 y）を**出芽酵母の寿命**とする。

米国のギャラント（L. Guarente）らは，さまざまな場所で得られた異なる出芽酵母株についてこの測定を行うと，その株に特徴的な寿命曲線を再現性よく示したことから，出芽酵母の寿命の少なくとも一部は遺伝的に決定されると考えた。そこで，彼らは，寿命を延ばす変異体の取得を試みた（図14.7D 矢印）。その結果，出芽酵母のヘテロクロマチン構造を制御する Sir 複合体の構成因子の1つを

コードする *SIR2* 遺伝子を過剰発現することで寿命を延ばすことができることを明らかにした[6]。

14.7.2　サーチュイン

Sir2 タンパク質の機能は長らく不明であったが，ギャラント研究室に所属していた今井眞一郎博士は，これが **NAD⁺依存的タンパク質脱アセチル化酵素**であることを発見した[7]。出芽酵母 Sir2 は真核生物で広く保存されており，**サーチュイン**（sirtuin; **SirT**）として知られている。ヒトは SirT1 〜 SirT7 の7種類のサーチュインをもつ。これらのサーチュインは，同様に NAD⁺依存的タンパク質脱アセチル化酵素と考えられている。

ニコチンアミド・アデニンジヌクレオチド（nicotinamide adenine dinucleotide）は，酸化型（NAD⁺）と還元型（NADH）があり（14.3節と図14.2B参照），還元型は電子を放出して（酸化されて）酸化型になる。両者の化学式上の違いは，ニ

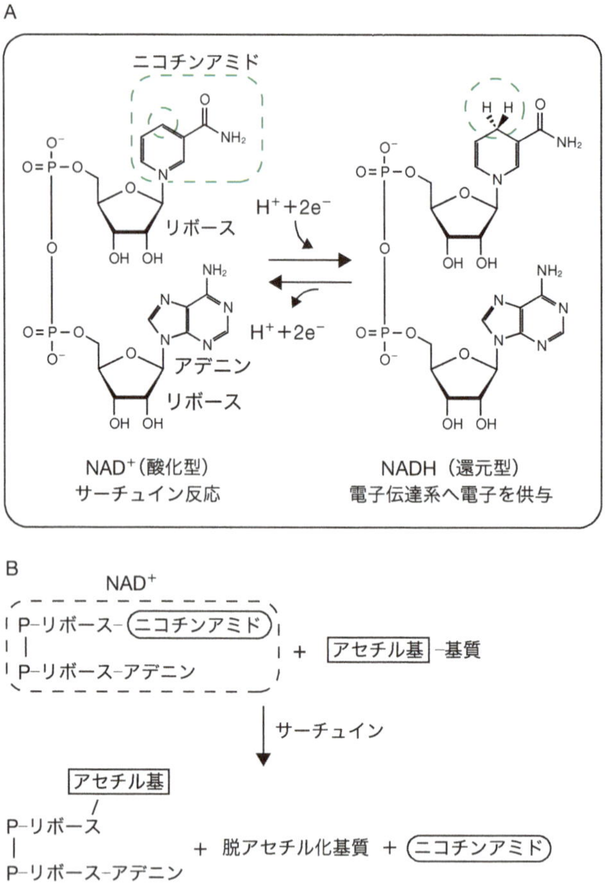

図14.8　ニコチンアミド・アデニンジヌクレオチド
（A）酸化型（左）と還元型（右）：ニコチンアミド・アデニンジヌクレオチドは，還元型 NADH から電子を奪うことで酸化型 NAD+ になる。還元型は電子伝達系において電子供与体となる（図 14.2）。酸化型はサーチュインをはじめとしていくつかの酵素反応の補酵素となる。
（B）サーチュイン反応：NAD+ は A に示すように，ニコチンアミド，リボース，アデニン，リボースおよびそれらをつなげる 2 つのリン酸基（図では P で示す）からなる。サーチュインは，NAD+ からニコチンアミドを解離させ，そこにアセチル化タンパク質から引き抜いたアセチル基を付加する。その結果，脱アセチル化されたタンパク質と自由なニコチンアミドが生成される。

コチンアミド部分（**図 14.8A**，破線四角）中の水素原子の数（図 14.8A，破線四角中の破線丸）で示される。サーチュインは，アセチル化タンパク質および NAD+ と反応し，NAD+ からニコチンアミドを外すとともに，アセチル化タンパク質からアセチル基を脱離し，ニコチンアミドを失ったリボースに結合させ，脱アセチル化反応を行う（図 14.8B）。

　カロリー制限による寿命延長は，酵母，線虫，ショウジョウバエにおいて sir2 遺伝子を欠損させると観察されなくなり，カロリー制限をしなくとも sir2 遺伝子の過剰発現のみで寿命延長が観察されることから，sir2 遺伝子はカロリー制限による寿命延長において中心的な役割を果たす（総説として，章末文献 8）。

　サーチュインは，その脱アセチル化活性によって種々の組織において代謝経路を制御するとともに，ストレス反応およびミトコンドリア新生を誘導し抗老化作用をもたらす。重要なことは，サーチュインの酵素活性が NAD+ に依存しており，細胞中 NAD+ レベルは栄養・ホルモンバランスやストレ

スなど個体の状態と密接に関連するため，カロリー制限や加齢など全身性の因子によって変化しうることである。

ヒトの自然老化では，サーチュイン機能が徐々に低下し，さまざまな加齢性疾患を生む原因の１つとなっていると考えられる。したがって，サーチュインを活性化させることでカロリー制限と同様に健康寿命の延長をもたらすものと期待されている。現在，サーチュインを活性化する方法として，サーチュイン活性化物質，および，サーチュインが活性を示すために必要なNAD$^+$を増加させる方法が検討されている[9]。前者としては**レスベラトロール**（resveratrol）などの小分子化合物，後者としてはNAD$^+$を生合成するために必要な前駆体の補充療法などが考えられている。

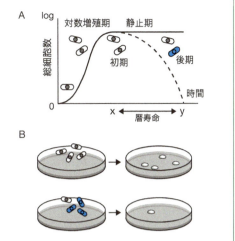

図14.9　分裂酵母の暦寿命
（A）少数の分裂酵母を培地交換をせずに培養すると，時間とともに指数関数的に増殖する対数増殖期を経て，培地中の栄養源の枯渇により細胞数の増加が止まる静止期に至る。静止期では顕微鏡観察では細胞がいるように見えるが（実線），生存率は徐々に低下する（破線）。
（B）コロニー形成能アッセイ：一定数の細胞を固形培地に播種し培養すると，生細胞（白色で示す）からはコロニーが形成されるが，死細胞（青色で示す）からは形成されない。得られたコロニー数を最初に播種した細胞で除することで当初の細胞集団の生存率を測定できる。

14.8節

暦寿命と分裂寿命

生物の寿命には**暦寿命**と**分裂寿命**の２種類がある。分裂寿命は次節で詳細に述べる。暦寿命は，その個体（細胞）が一定の時間生存すると，死を迎えることを指す。**分裂酵母**を栄養の豊富な培養液中で培養すると**対数増殖期**において活発に増殖し，いつか培地中の栄養が枯渇すると増殖を停止する（**図14.9A**）。この時期は**静止期**（stationary phase）とよばれ，顕微鏡で細胞を観察する限り，同じ数の細胞が持続して存在するように見える。しかし，実は静止期細胞は時間の経過とともに死につつある。なぜならば，例えば静止期初期と後期の培地から同じ数の細胞を取り出して栄養の豊富な寒天培地上に塗布し培養すると，初期の細胞は多くの細胞が増殖を再開して寒天培地に加えた細胞数に近い数のコロニーを形成するが，後期の細胞は一部からしかコロニーができない（図14.9B）。コロニーを形成しなかった細胞は，培地に播種した時点で死んでいるか著しく機能を失って増殖能をなくしたと考えられる。このようにして細胞の生死を判定する方法は**コ**

ロニー形成能アッセイ（colony formation assay）とよばれ，酵母のみならず細菌，哺乳類細胞などに広く利用される。分裂酵母静止期における培地中の細胞数（死んだ細胞も含む）は経過とともにほぼ一定であるのに対して（図14.9A 実線），コロニー形成能をもつ細胞の割合は徐々に低下する（図14.9A 波線）。静止期に入って増殖が止まった時点（図14.9A の x，この時点ではすべての細胞が生きていると考える）からすべての細胞のコロニー形成が失われる時点（同 y）までの時間を暦寿命とよぶ。この実験では，分裂酵母が栄養源の枯渇など劣悪な環境に抗してどれだけの時間生存し続けられるのかを反映している。出芽酵母の母細胞の寿命（分裂寿命，前節参照）が好適な環境下において何回細胞分裂を行ったかと老化の指標としているのに対して，暦寿命は死滅するまでの物理的な時間で測定するところに特徴がある。

分裂寿命と細胞老化

14.1 節で述べたように，老化の定義は個体が単位時間あたりに死亡する確率が増加することであった。ヒトは個体の定義が容易であって「死亡」がいつ起きたかの判断も容易である。しかし，酵母やヒト培養細胞のように単細胞で生存する生物の「死」はどのように決めるのであろうか？　図 14.7C，D で示したように，出芽酵母は母細胞となって娘細胞を細胞増殖で生み出す回数は有限であって，母細胞が細胞分裂できなくなる時をもって（たとえその母細胞が生きていようと）寿命が尽きたと考えた。このように，ある細胞が行うことができる細胞分裂回数を**分裂寿命**（replicative senescence）という。

米国のヘイフリック（L. Hayflick）博士は，1960 年に健常人皮膚から正常線維芽細胞を採取し，試験管内で培養を続けると，最初は活発に細胞分裂を行い，総細胞数が指数関数に従って増加するが（**図 14.10A**　対数増殖期），やがて全細胞が細胞増殖を停止し，総細胞数が増加しなくなることを発見した（時間 x）。したがって，ヒト正常細胞は分裂可能回数が有限であると結論し，これを分裂寿命とよんだ。重要なことは，同じ実験を高齢者について行うと，より早く（時間 y）分裂寿命に達することである。このことから，ヘイフリック博士は，高齢者では細胞採取時までに体の中ですでに多数の細胞分裂を行ってきたため，その数が少ない若年者に比べて早く分裂寿命を迎えると考えた（図 14.10B）。このように，試験管の中で行うことができる細胞分裂回数は，その個体が寿命を迎えるまでに生体内で行うはずであった細胞分裂回数を反映しているので，試験管内で正常細胞が増殖を停止した状態は**細胞老化**（cellular senescence）とよばれる。しばしば培養されるヒトやマウス由来の細胞株は，腫瘍由来であって正常細胞ではないので細胞老化を示さない。

細胞老化を示す細胞，すなわち老化細胞は決して

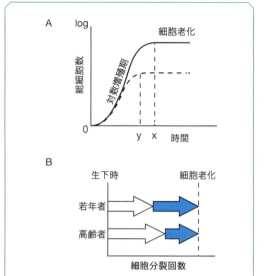

図14.10　ヒト正常細胞の細胞老化
（A）ヒト正常細胞を培養したときの増殖曲線。ヒトから採取して得られる線維芽細胞などヒト正常細胞を，培地交換をして新鮮な栄養を与え続けながら培養しても対数増殖期の後に，増殖を停止する細胞老化を迎える。若年者由来の細胞（実線）は，高齢者由来の細胞（破線）に比べてより長期間，数多くの細胞分裂を行うことができる。
（B）高齢者由来の細胞は若年者のそれに比べて，生体内でより長期間・数多くの細胞分裂（白矢印）をしてきたために，採取後培養期間中に行うことができる細胞分裂回数（青色矢印）は少ないと考えられる。すなわち，生体内と試験管内で行う細胞分裂回数の和は，細胞採取時の年齢に関わらず一定である。

死ぬわけではなく，活発に代謝を行い生存している。しかし，増殖因子など増殖刺激に反応せず増殖を止めている。また，細胞老化は非可逆的で決して増殖を再開することができない。さらに，老化細胞は本来自分が果たすべき役割を果たさなくなり（例えば，老化線維芽細胞はコラーゲンなどの間質成分の産生を行わない），通常は産生しない炎症性サイトカインを産生する（SASP; senescence-associated secretory phenotype とよばれる），など老化細胞に特徴的な性質を示すことが知られている。高齢者は慢性的な炎症状態にあることが知られているので，老化細胞は自身の機能低下だけでなく炎症性因子を放出して全身の老化症状に貢献する可能性がある。

細胞老化が個体老化の一因となっていることは，

マウスの加齢途中で実験的に老化細胞を除去する実験によって証明されている。老化細胞は細胞周期進行に重要な役割を果たす**サイクリン・Cdk キナーゼ阻害因子である p16** を特異的に発現している。p16 を活性化した細胞がアポトーシス誘導因子を発現するようにした遺伝子改変マウスは，p16 陽性老化細胞が出現するたびに細胞死を起こして体から除去される。このようなマウスは，対照マウスに比べて加齢による筋委縮や白内障の出現が遅れ，運動機能が維持されていた。このことは少なくともマウスにおいて，細胞老化が個体老化で見られる症状の発現に重要な寄与をしていることを示している[10]。

14.10節

細胞老化とテロメア

　正常細胞には，これまでに何回細胞分裂を行ってきたのかを数えるしくみがあって，カウントがある閾値に達したときに細胞老化が誘導されるように見えるが，そのカウンターが何であるのか長らく不明であった。

　真核生物の染色体は線状であって，それが含むDNA も両端をもつ線状 DNA である。染色体末端部分を**テロメア**（telomere）とよぶ。DNA 末端は，異なる末端どうしの融合や DNA 消化酵素による短小化，DNA 組換え反応を起こしやすいので，テロメアは染色体 DNA がこのような構造変化を起こさないように DNA 末端をキャップして保護している（**図 14.11A（1）**）。

　一方，細胞分裂に伴って起こる DNA 複製をつかさどる DNA 合成酵素は，DNA 内部を正確に複製できるものの，DNA 最末端（**テロメア DNA**）を完全には合成できない（**図 14.11B**，末端複製問題）。このため，生涯にわたって細胞分裂しながら機能を維持している皮膚・呼吸器・消化管の上皮細胞や血液細胞などは，加齢とともに総細胞分裂回数が亢進するにつれてテロメア DNA が徐々に短小

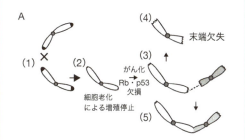

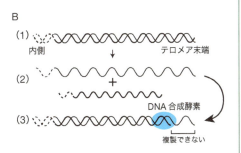

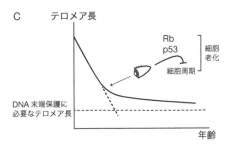

図14.11　テロメアと細胞老化
（A）テロメア：（1）テロメアは染色体末端どうしの融合など，異常染色体の出現を抑制する。（2）正常ヒト細胞では細胞分裂するたびにテロメアは短小化し，ある閾値に達すると細胞老化を誘導する。（3）細胞老化には，がん抑制機構である Rb 経路と p53 経路が必要である。これらの経路が失活すると，細胞老化はバイパスされてさらに細胞分裂を行い，テロメア機能が失われる結果，染色体末端の欠失（4）や染色体末端どうしの融合（5）が起こる。この状態はクライシスとよばれる。
（B）末端複製問題：（1）ゲノム DNA が複製するときには，（2）二本鎖 DNA がほどけて一本鎖 DNA となり，DNA 合成の鋳型となる。（3）DNA 合成酵素は鋳型 DNA の最末端を合成できない（末端複製問題）ため，テロメア DNA は細胞分裂のたびに短小化する。
（C）再生組織では生涯にわたって細胞分裂を行うために，加齢とともにテロメア DNA は短小化する。染色体を保護するためにテロメア長は最低限の長さが必要であり（A），そのレベルに近づくと細胞はそれ以上のテロメア短小化を防ぐために Rb および p53 経路依存的に細胞周期を停止させ，細胞老化を誘導する。

化する（図14.11C）。しかし，テロメア構造は
DNA末端を保護するために必要なので，ある長さ
以下に短小化するとテロメア保護機能が失われる。
細胞はこれを防ぐためにテロメア長が短くなると細
胞増殖にブレーキをかけ始め，テロメア長の短小化
速度が徐々に遅くなり，ついには細胞増殖を停止す
る。この状態が細胞老化である。前節で述べた
p16はこの過程で中心的な役割を果たす。したがっ
て，正常細胞は有限回の細胞分裂しかできず，生涯
にわたってこれを回数券のように使い続け，それを
使い切った時に細胞老化が起こると理解できる。

　細胞がテロメア短小化を認識して増殖を止める
ためには，がん抑制遺伝子である *Rb* や *p53* が必
要である（図14.11C）。多くのがん細胞では，Rb
経路とp53経路が失活しているので，テロメアが
過度に短小化しても増殖を止めることができない。
その結果，テロメア保護機能が失われ（図14.11A
(3)），DNA末端の削り込み（4），異なる染色体
末端どうしの融合（5）が起こる。これらの染色体
異常ががん細胞に特徴的にみられ，悪性化に貢献す
る。

がん抑制機構としての細胞老化

　度重なる細胞分裂によるテロメア短小化と細胞
老化が数年～数十年かけて起こると，**分裂寿命**に達
する。一方，細胞老化はテロメアの短小化だけでは
なく，さまざまな非致死的ストレスによって比較的
短期間に誘導されることが知られている（図14.12）。
　誰しも**ほくろ**をもつ。ほくろは，色素産生細胞で
あるメラノサイト由来の良性腫瘍で，*Ras* がん遺
伝子と同じ経路にある **B-Raf がん遺伝子**が活性化
して増殖を促し大きくなることが多い。しかし，ほ
くろはある程度大きくなると増殖をやめてその大き
さで維持される。これは，*B-Raf* がん遺伝子の活
性化によってメラノサイトが過剰に増殖した結果，
細胞老化を起こしたためである。このようながん遺

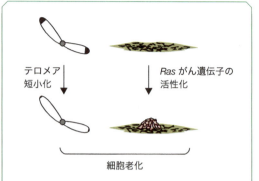

図14.12　がん抑制機構としての細胞老化
細胞老化はテロメアの短小化だけではなく，がん遺
伝子の活性化により正常細胞が過度の増殖をするこ
とでも生じる。この場合，細胞老化は良性腫瘍が悪
性化しないようにする，がん抑制機構の1つと考え
られる。

伝子の活性化によってもたらされる細胞老化は，良
性腫瘍が無制限に増殖して最終的に悪性化するがん
抑制機構であると考えられている。

テロメラーゼ

　前節では，正常細胞はテロメアの短小化のために
有限回の細胞分裂しかできないことを述べた。しか
し，**生殖細胞**は次世代の個体をつくり，さらにその
生殖細胞が孫世代の個体をつくることを考えると，
我々がもつ生殖細胞は世代を超えて祖先から子孫に
受け継がれており無限回数増殖できることがわか
る。また，がん細胞も無限に増殖できるようにみえ
る。これらの細胞ではどのようにテロメアを維持し
ているのであろうか？

　生殖細胞やがん細胞では，**テロメラーゼ**（telo-
merase）とよばれる特殊な酵素が活性化されてい
る。テロメラーゼは細胞分裂により短くなったテロ
メア長を伸ばすことができる（図14.13A）。この
ためこれらの細胞はテロメアが過度に短くなること
なく無限に増殖を続けることができる。一方，我々
の体を構成する生殖細胞以外の細胞，すなわち体細

胞（個体の維持に貢献し，個体の死とともに死ぬ細胞）はテロメラーゼ活性をもたず，そのために細胞増殖のたびに確実にテロメア長は短小化して細胞老化を引き起こす。

テロメラーゼは，触媒サブユニットと合成すべきテロメア DNA 配列をコードする鋳型 RNA からなる。テロメラーゼが反応するにあたっては，まず，鋳型 RNA の一部がテロメア DNA の末端とアニーリングし，残りの鋳型配列を使ってテロメア DNA 配列を合成する（図14.13B）。したがって，テロメラーゼは逆転写酵素の 1 つであるといえる。逆転写酵素は，テミン（H. Temin）とボルティモア（D. Baltimore）がレトロウイルスに発見して以来，長らくレトロウイルスだけに見られる特殊な酵素であると思われていたが，ほとんどの真核生物はテロメラーゼとして逆転写酵素をもち，むしろレトロウイルスのそれはテロメラーゼに由来していると考えられている。

テロメラーゼが細胞老化を回避できるのであれば，テロメラーゼを人為的に体細胞でも活性化することで細胞老化しない（もしかすると不老不死の）個体ができるのではないかと期待された。そこで，テロメラーゼを皮膚組織で過剰発現させたトランスジェニックマウスが作製された[11]。その結果は，確かに皮膚の若さ（創傷治癒が加齢に伴い低下しない）を示したが，同じ年齢の正常個体に比べて皮膚腫瘍の発生頻度が著しく亢進していた。このことから，過度のテロメラーゼ活性は腫瘍を起こしやすくすることがわかる。地球上にいるあらゆる生物は，環境に由来する放射線・紫外線・化学物質や自身の産生する活性酸素種によって，そのゲノム DNA は低い頻度ながら常に切断を受けている（図14.14）。テロメラーゼはすでにあるテロメアに作用してそれを伸長させるのがその生理的な機能であるが（図 14.14 (1)），その基質選択性が低いために（図 14.13B から明らかなように末端 5 塩基しか認識していない），そのように生じた DNA 切断部位に作用することがある（図 14.14 (2)）。その結果生じた欠失染色体の切断部にテロメアを新規に形成させ，この欠失染色体を安定化させてしまう。

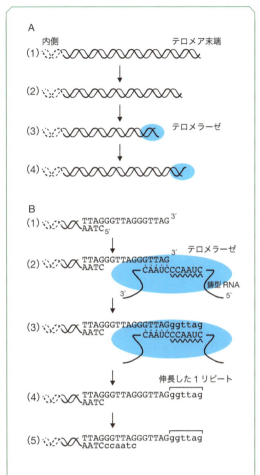

図14.13　テロメラーゼ
（A）テロメラーゼはテロメア DNA 末端に作用してこれを伸長させる。
（B）（1）哺乳類テロメア DNA は，DNA 末端に 5′ 端がある鎖が TTAGGG の 6 塩基のくり返し配列をもち，その相補鎖であって DNA 末端に 3′ 端がある鎖が CCCTAA のくり返し配列からなる。TTAGGG 鎖の最末端は CCCTAA 鎖に比べて一本鎖 DNA として突出している。（2）テロメラーゼは触媒サブユニットと鋳型 RNA からなる。図には鋳型 RNA のうち，TTAGGG 鎖と相補的な，3′-CAAUCCCAAUC-5′ を示している。まず，TTAGGG 鎖の最末端 5 塩基配列 GTTAG-3′ が，鋳型配列の一部 5 塩基配列 3′-CAAUC とアニーリングする（点で示す）。（3）次に，GTTAG-3′ がプライマーとなって，残りの鋳型配列 3′-CCAAUC（波線で示す）を使って触媒サブユニットによって GGTTAG 配列が合成される（小文字で示す。この配列は TTAGGG 配列の 1 リピート分がずれたものであることに注意）。このようにして，テロメラーゼは TTAGGG 鎖をそのリピートのくり返しを乱すことなく 1 リピートずつ合成する。（5）相補鎖の CCCTAA 鎖については DNA 合成酵素 α が合成する。

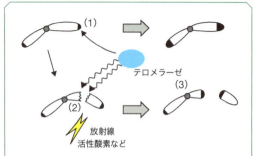

図14.14　テロメラーゼによる新規テロメア付加
生理的なテロメラーゼ作用はテロメアに作用するが
（1），放射線や活性酸素によって染色体に生じた
DNA二本鎖切断（2）に作用して，新規にテロメア
配列を付加しテロメア機能を与えることで，欠失染
色体をつくることがある（3）。

このようにテロメラーゼ過剰産生細胞では異常染色
体が高頻度で生まれるために腫瘍の発生頻度が高い
と理解されている。

　図14.2で示したように，ヒトは生殖年齢に達す
るまでに10年以上かかる。ヒトゲノムはこの10
数年間の間に個体が死亡しないように細心の注意が
（進化によって）払われている。ヒト体細胞は寿命
が短いマウスの体細胞に比べて，テロメラーゼ活性
が厳密に抑制されている。このことは，ヒトはマウ
スに比べて生殖年齢に達する年月が長いので，特に
厳密にテロメラーゼを体細胞で抑制して腫瘍の発生
頻度を少しでも減らそうとした結果と理解できる。

老化とは何か？

　本章では，あらゆる生物が最終的に死を迎える過
程である老化について，最近の研究の進展を中心に
解説した。最後にこれらの知見を総覧して考えられ
ることを指摘したい。

1）老化の原因は単一ではない

　現在のところ，サーチュイン経路と細胞老化
がヒトにおける自然老化をもたらす大きな経路
であると考えられるが，本章で触れなかったその
他の経路（例えば，タンパク質品質管理機構の破
綻やミトコンドリア機能異常）が関与する可能性
が高い。これらのすべての経路を一元的に説明す
る因子あるいは経路は知られていないため，老化

は複数の独立した経路で起こると考えられる。

2）老化と加齢性疾患の区別はできない

　モデル生物におけるカロリー制限，サーチュ
イン経路の活性化や老化細胞の除去は，寿命の伸
長のみならず，筋萎縮，動脈硬化，脂質代謝異常，
認知障害などの加齢性疾患の発生頻度を低下さ
せた。したがって，加齢性疾患と多くのヒトが経
験する老化とを切り離すことはできない。一方，
これらの加齢性疾患が顕著ではない**百寿者**（100
歳を超えて生存する人々）がどのように老化する
のかは，今後解明すべき課題である。

3）老化を遅延させる方法が開発されるかもしれない

　現在，サーチュイン経路の活性化をもたらす
薬剤の開発が試みられており，近い将来副作用の
ない老化予防薬・治療薬が利用可能になるかもし
れない。

4）人生の後半である老化は，前半に必要な適応的現象の裏返しである

　線虫におけるダウアー経路の選択は，環境の
好悪に応じて生殖時期を遅らせるしくみであっ
た。これと類似したカロリー制限やサーチュイン
経路もおそらく個体が限られた環境リソースの
中で生殖をいかに有効に行うかと関連している
であろう。また，細胞老化はがん抑制機構として
生殖年齢までがんに罹患せず生存するために重
要な役割を果たしている。人生の前半で適応的に
機能していた経路が，後半に入って老化の原因と
して機能していると解釈できる。

Further Readings

多くの偉大な発見は，手に汗を握る経緯をへて得
られた。本章で言及した偉大な発見もまたしかりで
ある。

・ケニオン博士による線虫長寿変異体の発見は，
C. Kenyon, The first long-lived mutants:
discovery of the insulin/IGF-1 pathway for
ageing, *Philos Trans R Soc Lond B Biol
Sci.*, 366 (1561), 9-16 (2011)

・サーチュインに関するギャランテ研究室における
発見の経緯は，

Ageless Quest: One Scientist's Search for Genes That Prolong Youth, Lenny Guarente著, Cold Spring Harbor Laboratory Press (2002)

・ノーベル賞を受賞した女性研究者であるブラックバーン博士のテロメラーゼ発見の経緯は,

E. H. Blackburn, Telomeres and telomerase: the means to the end (Nobel lecture), *Angew Chem Int Ed Engl.*, 49 (41), 7405-21 (2010)

でそれぞれ知ることができる.

・一般的な生物学を学ぶ者に必要な進化学の基本は, 以下にわかりやすく解説されている.

This Is Biology: The Science of the Living World, E. Mayr 著, Harvard University Press (1998) [邦訳『これが生物学だ　マイアから21世紀の生物学者へ』E. マイア著, 八杉貞雄, 松田 学訳, シュプリンガー・フェアラーク東京 (1999)]

文献
1) D. Harman, *J. Gerontol.*, 11, 3, 298-300 (1956)
2) C. Kenyon et al., *Nature*, 366, 6454, 461-4 (1993)
3) C. Kenyon, *Philos Trans R Soc Lond B Biol Sci.*, 366, 1561, 9-16 (2011)
4) M. R. Rose, Evolutionary Biology of Aging, Oxford University Press (1994)
5) C. M. McCay, M. F. Crowell, L. A. Maynard, *Journal of Nutrition*, 10, 1, 63-79 (1935)
6) M. Kaeberlein, M. McVey, L. Guarente, *Genes Dev.*, 13, 19, 2570-80 (1999)
7) S. Imai et al., *Nature*, 403, 6771, 795-800 (2000)
8) L. Guarente, *Genes Dev.*, 27, 19, 2072-85 (2013)
9) M. S. Bonkowski, D. A. Sinclair, *Nat. Rev. Mol. Cell. Biol.*, 17, 11, 679-690 (2016)
10) D. J. Baker et al., *Nature*, 479, 7372, 232-6 (2011)
11) E. Gonzalez-Suarez et al., *EMBO J.*, 20, 11, 2619-30 (2001)

15章

なぜ細胞は積極的に死ぬのか
細胞死の生物学

米原　伸

多細胞生物は，受精卵から細胞増殖と細胞分化によって形づくられる。しかし，遺伝子の働きによって積極的に細胞が死ぬことも個体発生や生体の恒常性維持に必要なのである。

15.1節

生体内で観察される細胞死

15.1.1　発生時に観察される細胞死

細胞死は多細胞生物の発生の過程で観察される。ヒトの発生時に認められる細胞死の代表例として，手指や口蓋の形成とミュラー管（Müllerian ducts）の消滅を示す（図15.1A）。これらそれぞれは，彫刻刀で削りとるように不要な領域を形成する細胞の除去，飴細工のように増殖して移動してきた細胞群どうしの接着，臓器それ自体の消滅の代表例である。このように発生のさまざまな局面で細胞死が認められ，発生時にはあらゆる臓器で細胞死が認められる。

15.1.2　成体で観察される細胞死

発生が終了した成体でも細胞死が観察される（図15.1B）。がん細胞などの異常細胞の除去，新陳代謝の激しい臓器での細胞のターンオーバー，自己反応性免疫細胞の除去などがある。このような細胞の除去が阻害されると，がんや自己免疫疾患が発症す

る。逆に，細胞死が過剰に引き起こされても，さまざまな疾患が発症する。免疫細胞や神経細胞の過剰な死によって，AIDSなどの免疫不全症やアルツハイマー病，パーキンソン病などの神経変性疾患が発症する。造血細胞が死にすぎると貧血が，細菌などの感染で肝臓の細胞が免疫系から攻撃をうけると劇症肝炎が発症する。細胞死は生体の恒常性の維持，疾患の発症や阻止に機能する。

15.2節

アポトーシスとネクローシス

細胞死の定義

1972年にカー（J. F. R. Kerr），ワイリー（K. Willey）とキュリー（A. R. Currie）によってアポトーシスという細胞死が定義された[1]。アポトーシスは透過型電子顕微鏡観察による形態学的特徴（核および細胞質の凝縮，アポトーシス小体とよばれる細胞膜に囲まれた小さな細胞の断片など）で定義され（図15.2），アポトーシス細胞は他の細胞に貪食されることによって静かに消え去ることが示された。一方，ネクローシスは，核は比較的正常で細胞膜に傷害が認められる細胞死と定義された。ネクローシス細胞からは細胞の内容物が排出されて炎症反応が引き起こされる。

一方，生物学的な概念からも細胞死が定義された。発生時に決まった細胞が決まった時期に死ぬことや，免疫系で自己に反応する細胞が死ぬことから，

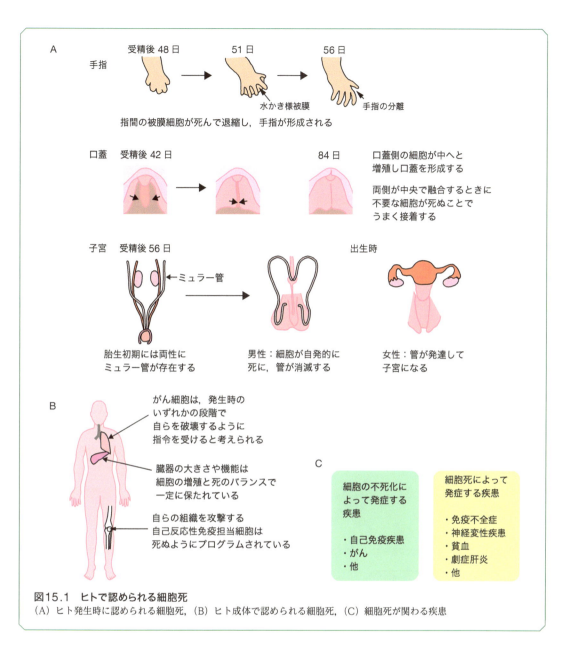

図15.1 ヒトで認められる細胞死
（A）ヒト発生時に認められる細胞死，（B）ヒト成体で認められる細胞死，（C）細胞死が関わる疾患

プログラム細胞死という概念が提唱された。プログラム細胞死は積極的かつ制御された細胞死である。一方，熱や強い毒の処理によって受動的に引き起こされる細胞死はアクシデンタル細胞死である。

アポトーシスとプログラム細胞死はまったく異なった観点から定義された細胞死であるが，ほとんどのプログラム細胞死の形態はアポトーシスであることから同一の細胞死と考えられ，アクシデンタル細胞死もネクローシスとされるようになった。

15.3節

アポトーシス誘導の分子機構

15.3.1 線虫におけるプログラム細胞死

線虫（Nematoda）の一種であるシー・エレガ

ンス（*C. elegans*）は透明な殻の中で発生が進む
ため，発生時におけるすべての細胞の系譜が顕微鏡
観察によって明らかにされた。その結果，1 つの受
精卵から 1090 個の体細胞がつくられるが，その中
の 131 個の決まった細胞が決まった時期に死ぬこ
とが示された。この事実から，ホルヴィッツ（H. R.
Horvitz）は細胞死が遺伝的プログラムに支配され
ていると考え，発生途上で細胞死が阻害される
ミュータントを取得し，細胞死を誘導する遺伝子

ced-3, *ced-4* と細胞死を阻害する遺伝子 *ced-9* を
同定した[2]（図 15.3）。この研究により，細胞死が
遺伝子によって直接制御されていることが明らかと
なった。また，細胞死の誘導は *egl-1* という遺伝子
の発現が引き金となることも明らかとなった。

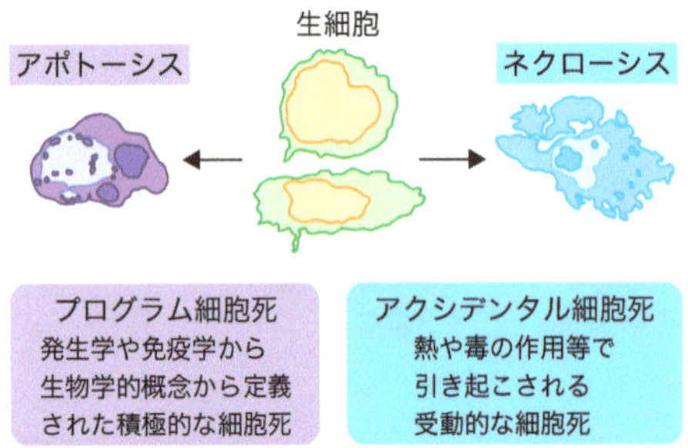

15.3.2 哺乳類においてアポトーシスを誘導する内因性経路

哺乳類細胞でアポトーシスに関連する遺伝子と
して最初に発見されたのは，ヒト B 細胞の発がん
遺伝子である *Bcl-2* である（図 15.3）。Bcl-2 は細
胞死を阻害するので，アポトーシスの阻害は発がん
に関わることがわかる。そして，*Bcl-2* 遺伝子は線
虫の *ced-9* の哺乳類ホモログ（相同遺伝子のこと）
であることがわかった。線虫からヒトまでアポトー
シスを阻害する分子が保存されていた。

哺乳類細胞でアポトーシスを誘導する分子とし
て，プロテアーゼの一種である**カスパーゼ 3**（cas-
pase-3）が見いだされた。ファミリーを形成する
カスパーゼの特徴は，前駆体として存在し，切断さ
れることによって活性化されることにある。そこで，
カスパーゼ 3 前駆体を切断して活性化する分子が

図15.2 細胞死の定義
透過型電子顕微鏡による観察からアポトーシスとネ
クローシスが形態学的に定義された。一方，生物学
的概念からプログラム細胞死とアクシデンタル細胞
死が定義された。

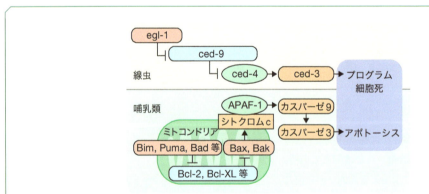

図15.3 線虫からヒトまで保存されているアポトーシス誘導経路
Ced-9 は Bcl-2 の線虫ホモログであることが示され，その後には APAF-1 が Ced-4 の，カスパーゼ 9 が Ced-3 の，そ
して Bim 等が Egl-1 の哺乳類ホモログであることが示された。線虫の Ced-9 タンパク質は Ced-4 タンパク質と結合し
ているが，発現した Egl-1 タンパク質が Ced-9 に結合することによって Ced-4 が遊離し，Ced-4 が Ced-3 を多量体化
して活性化させる。哺乳類では，Bcl-2，Bcl-XL などと Bax，Bak の結合を Bim などが阻害し，遊離した Bax，Bak が
ミトコンドリア膜でチャネルを形成し，シトクロム c を細胞質に遊離する。シトクロム c は細胞質で APAF-1 と結合して
活性化させ，活性化した APAF-1 はカスパーゼ 9 の前駆体を多量体化して活性化させる。

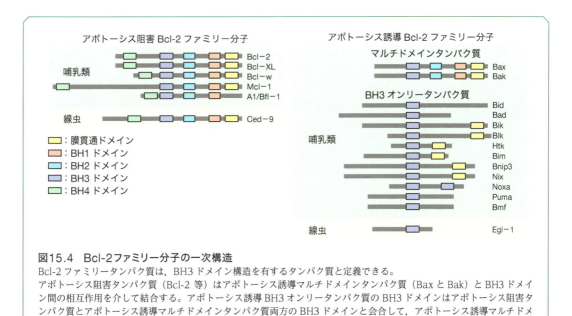

図15.4 Bcl-2ファミリー分子の一次構造
Bcl-2 ファミリータンパク質は，BH3 ドメイン構造を有するタンパク質と定義できる。
アポトーシス阻害タンパク質（Bcl-2 等）はアポトーシス誘導マルチドメインタンパク質（Bax と Bak）と BH3 ドメイン間の相互作用を介して結合する。アポトーシス誘導 BH3 オンリータンパク質の BH3 ドメインはアポトーシス阻害タンパク質とアポトーシス誘導マルチドメインタンパク質両方の BH3 ドメインと会合して，アポトーシス誘導マルチドメインタンパク質をアポトーシス阻害タンパク質から解離させる。解離したアポトーシス誘導マルチドメインタンパク質はミトコンドリアの膜でチャネルを形成し，シトクロム c を細胞質に放出させる。線虫の Ced-9 はアポトーシスを阻害する Bcl-2 ファミリー分子であり，Egl-1 は BH3 オンリータンパク質である。

探索され，カスパーゼ9，Apaf-1 とシトクロム c からなるアポプトゾーム（Apoptosome）とよばれる複合体がワン（Xiaodong Wang）によって同定された[3]。この中で，カスパーゼ 9 がカスパーゼ 3 前駆体を切断して活性化させると考えられた。そして，カスパーゼ 9 と Apaf-1 が，それぞれ線虫 ced-3 と ced-4 のホモログであることがわかった。細胞死を誘導する分子も，線虫から哺乳類まで保存されていた（図 15.3）。しかし，ミトコンドリア内で ATP 産生に必須の役割を有するシトクロム c は，哺乳類のアポトーシスに関わるが線虫では関わっていない。このように線虫から哺乳類まで保存されたアポトーシス誘導経路は内因性経路とよばれ，線虫では関わらないミトコンドリアとシトクロム c が哺乳類細胞のアポトーシスに関わっている（図 15.3）。

15.3.3 アポトーシスの内因性経路を制御するBcl-2ファミリー分子

Bax と Bak というミトコンドリア外膜上の分子（マルチドメインタンパク質）（図 15.4）が，シトクロム c を放出するチャネルとして機能する[4]。このチャネル形成を Bcl-2 や Bcl-XL などが抑制しているが，この抑制を Bim, Bid や Puma などのBH3 オンリータンパク質（図 15.4）が阻害することによってシトクロム c の放出が誘導される。BH3 オンリータンパク質の発現や活性化が，アポトーシスを誘導するのである。BH3 ドメインとよばれる構造の相互作用でこれらの分子どうしは，互いに会合して内因性経路のアポトーシス誘導を調節する。これらの BH3 ドメインを有するタンパク質はBcl-2 ファミリーメンバーと総称される[4]。

15.3.4 細胞表層デスレセプター分子が誘導するアポトーシスの外因性経路

線虫からヒトまで，アポトーシスの誘導を制御する機構が保存されていたが，それ以外のアポトーシス誘導経路が存在するのだろうか？ 哺乳類ではアポトーシス誘導シグナルを伝達する細胞表層レセプターが存在し，外因性経路とよばれている。この経

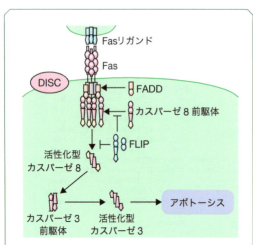

図15.5 Fasを介するアポトーシス誘導経路
デスレセプターであるFasをFasリガンドが刺激すると，Fasの細胞質領域にあるデスドメインが，アダプタータンパク質であるFADDのデスドメインと会合する。
Fasに会合したFADDはカスパーゼ8前駆体と会合することによって，Fas, FADD, カスパーゼ8前駆体からなるDISCとよばれる構造体を形成する。
DISC内でカスパーゼ8の前駆体は多量体化し，近接化した分子どうしで切断を行って活性化する。
FLIPはカスパーゼ8前駆体に類似した構造をもつが，プロテアーゼ活性を有さない分子であり，FADDとカスパーゼ8前駆体の結合を阻害したり，DISC内に取り込まれて，カスパーゼ8前駆体の近接化を阻害する。

路は線虫には存在しない。細胞外からの刺激で細胞死を誘導する系としてサイトカインである **TNF**（Tumor necrosis factor）が最初に見いだされたが，その名前のとおりネクローシスを誘導するとされていた。一方，細胞表層構造に対するある種のモノクローナル抗体が細胞に結合するとアポトーシスを誘導することが見いだされ，これらの抗体が認識する分子が **Fas** と命名された細胞表層レセプター分子を認識すること[5,6]，生体内では **Fasリガンド** という細胞膜上の分子がFasに結合してアポトーシスを誘導することが示された[7]（**図15.5**）。これによって，我々の体を構成する細胞は自爆するためのレセプター分子を発現していることが明らかとなった。FasとFasリガンドは，それぞれ **TNFレセプターファミリー** と **TNFファミリー** に属する分子であり，TNFも場合によってはアポトーシスを

誘導することが明らかとなった。TNFレセプターファミリーに属する分子でアポトーシスを誘導できる分子は，細胞内領域に **デスドメイン**（Death domain; DD）とよばれる構造をもち，**デスレセプター**（death receptor）分子と総称される。

Fasが刺激を受けると，細胞内領域のデスドメインに **FADD** というアダプター分子がデスドメインどうしの相互作用で会合する[6]。FADDは **デスエフェクタードメイン**（Death effector domain; DED）とよばれる領域も有しており，デスエフェクタードメインどうしの相互作用で **カスパーゼ8** が会合して，**DISC**（Death-inducing signaling complex）という複合体を形成する[6]。そして DISC内で活性化されたカスパーゼ8がカスパーゼ3前駆体を切断して活性化させ，アポトーシスを誘導する（図15.5）。**FLIP** という分子は，カスパーゼ8前駆体のDISCへの挿入を阻害し，またDISC内でカスパーゼ8の活性化を阻害することによってデスレセプターを介するアポトーシスを抑制し，デスレセプターを介するアポトーシスが暴走するのを防いでいる[7]。

15.3.5 カスパーゼカスケード

アポトーシスを誘導する内因性経路と外因性経路は，カスパーゼ3の活性化という現象に集約され，活性化したカスパーゼ3が細胞内の200種類を超える基質を切断することによってアポトーシスが引き起こされる[8]（**図15.6**）。エンドプロテアーゼであるカスパーゼはシステインプロテアーゼであるが，カスパーゼ3, 8, 9が切断するとされる基質タンパク質の特異的アミノ酸配列は，それぞれ DEVD, IETD, IEHD であり，アスパラギン酸残基（D）のC末端側を切断する。

アポトーシス誘導に関わるカスパーゼは，**開始カスパーゼ** と **実行カスパーゼ** に分類される[8]。内因性経路と外因性経路では，まず開始カスパーゼのカスパーゼ9とカスパーゼ8が活性化し，活性化した開始カスパーゼが実行カスパーゼであるカスパーゼ3前駆体を切断・活性化してアポトーシスが引き起こされる（図15.6）。このようなアポトーシスにお

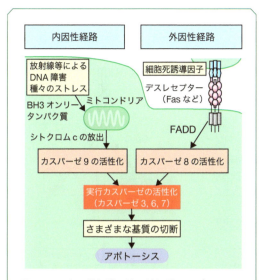

図15.6　内因性経路と外因性経路のアポトーシスにおける開始カスパーゼと実行カスパーゼの機能
タンパク質切断酵素であるカスパーゼは前駆体分子として存在し，切断されることによって活性化する。また，カスパーゼは基質タンパク質のアミノ酸残基アスパラギン酸のC末端側を切断する。
開始カスパーゼであるカスパーゼ8と9は，前駆体でも弱いプロテアーゼ活性をもち，自己切断によって活性化する。自己切断による活性化は，開始カスパーゼ前駆体が二量体または多量体化し，近接化した前駆体どうしが互いを切断して実行される。
実行カスパーゼは，活性化された開始カスパーゼによって切断されることにより，初めて活性化する。活性化した実行カスパーゼは，さまざまな基質タンパク質を切断することによって，アポトーシスを引き起こす。

けるカスパーゼの活性化の連鎖は，**カスパーゼカスケード**とよばれる。実行カスパーゼとしてはカスパーゼ7や6も存在するが，カスパーゼ3のみでアポトーシスを引き起こすのに十分である。

　内因性経路のカスパーゼ9前駆体はN末端に**CARD**（caspase-recruiting domain）を有し，Apaf-1のCARDや自らのCARDと会合する[1]。外因性経路のカスパーゼ8はデスエフェクタードメイン（DED）をN末端に有し，FADDのDEDや自らのDEDと会合する[7]。開始カスパーゼの活性化は，ホモダイマーやオリゴマーを形成したカスパーゼ8や9どうしが近接化することにより，前駆体分子が有する弱いプロテアーゼ活性で自己切断を行って誘導される。アポトーシスは，開始カスパー

ゼ前駆体どうしを近接化させて自己切断を誘導することで引き起こされる現象だということができる。

アポトーシスの生理機能

15.4.1　内因性経路の生理機能

　内因性経路の生理機能を解析するためにカスパーゼ9やApaf-1のノックアウトマウスの解析が行われ，マウスは生後すぐに死亡することや，発生段階での神経細胞死の抑制が観察された。しかし，指間細胞は，時期が少し遅れるものの除去される。これらの遺伝子のノックアウトマウスでは，アポトーシス誘導シグナルがBaxやBakの作用でミトコンドリアの異常を引き起こし，最終的には細胞死が引き起こされると考えられた。そこで，シグナル経路上流の分子であるBax，Bakのダブルノックアウトマウスが解析され，指間細胞が残存することやさまざまな発生時の異常，造血細胞の蓄積が認められた[8]。

　また，BH3オンリータンパク質である**Bim**のノックアウトマウスでは，免疫系，造血系，神経系などにおいてさまざまな異常が観察されている[9]。

15.4.2　外因性経路の生理機能

　Fasが発見される前から，強い興味が抱かれていた*lpr*マウスというミュータントマウスが存在した。*lpr*マウスはリンパ節や脾臓に異常なT細胞である*lpr*細胞が蓄積してリンパ腺腫や脾腫を発症すると同時に，マウスの遺伝的背景に依存して関節リウマチや腎炎様の症状を含むヒト全身性エリテマトーデス（SLE）に類似した自己免疫疾患を発症することが知られていた。その後，*lpr*マウスが*Fas*遺伝子の変異マウスであることが示され，Fasは自己反応性免疫細胞の除去やがん化しそうな細胞の除去に関わることが示された[6]。

　外因性経路の開始カスパーゼであるカスパーゼ8

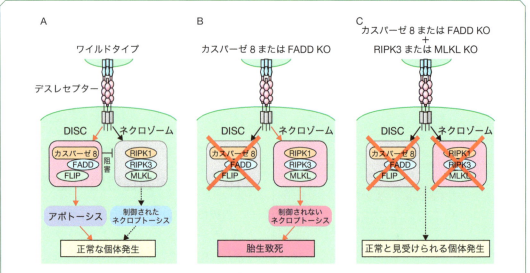

A　ワイルドタイプ

デスレセプター

DISC　ネクロゾーム

カスパーゼ8　RIPK1
FADD　阻害　RIPK3
FLIP　MLKL

アポトーシス　制御された
ネクロプトーシス

正常な個体発生

B　カスパーゼ8または FADD KO

DISC　ネクロゾーム

カスパーゼ8　RIPK1
FADD　RIPK3
FLIP　MLKL

制御されない
ネクロプトーシス

胎生致死

C　カスパーゼ8または FADD KO
＋
RIPK3 または MLKL KO

DISC　ネクロゾーム

カスパーゼ8　RIPK1
FADD　RIPK3
FLIP　MLKL

正常と見受けられる個体発生

図15.7　デスレセプターを介するシグナルは, アポトーシスとネクロプトーシスの両方を制御する
（A）ワイルドタイプマウス,（B）カスパーゼ8または FADD ノックアウト（KO）マウスと,（C）カスパーゼ8または FADD と RIPK3 または MLKL のダブルノックアウトマウスにおけるデスレセプター刺激に対する応答を示した。

のノックアウトマウスは, 心臓, 血管, 神経管などの異常を伴って胎生 10.5 日で死亡する。このような表現型は外因性経路のアポトーシスを阻害する FLIP のノックアウトマウスでも認められ, 実行カスパーゼのノックアウトマウスでは認められないことから, 外因性経路のアポトーシス阻害によって直接引き起こされるものではないと考えられた。

　一方, カスパーゼ8, FADD や FLIP がアポトーシスの制御だけでなく, **ネクロプトーシス**と命名されたプログラムされたネクローシスの阻害に機能することがわかった。これらの分子の機能が阻害された状況下にデスレセプターからの刺激が導入されると, **RIPK キナーゼ1**（Receptor interacting kinase 1）と **RIPK3** が活性化され, 活性化した RIPK3 が **MLKL**（Mixed lineage kinase domain-like protein）というネクロプトーシスの実行因子（オリゴマー化して細胞膜へ移行し, 膜を破壊する）を活性化してネクロプトーシスが実行される。ネクロプトーシス誘導時に形成される RIPK1, RIPK3 と MLKL からなる複合体を**ネクロゾーム**とよぶ[10]。

　カスパーゼ8と RIPK3 や MLKL のダブルノッ

クアウトマウスでは, 胎生致死という表現型はレスキューされ, 成体では *lpr* マウスと同じリンパ腺腫や免疫系の異常が認められた。アポトーシスの外因性経路のシグナルを形成する分子のノックアウトマウスが胎生致死であるのは, これらの分子がネクロプトーシスを抑制しており, この抑制が解除されたためにネクロプトーシスが過剰に引き起こされるためだと考えられる[10]（図15.7）。

これからの細胞死研究

　細胞死が熱や毒などの影響で引き起こされる受動的な現象だけでなく, 遺伝子で制御される積極的にプログラムされた現象であることが示され, 細胞死の研究はアポトーシスの研究として大きく発展した。その分子機構ではカスパーゼが本質的な重要な役割を担うことがわかったことにより, 今後の細胞死研究はさらに進展していくことが予想される。

　アポトーシス誘導シグナルが解明されたことに

より，さまざまな生物学的現象に細胞死が関わるかについて詳細な解析が可能となった。今後，細胞死は広範囲の生物現象において解析され，その生物学的意義がより明確に示されていくと期待される。

また，アポトーシスがカスパーゼに依存することがわかったことにより，カスパーゼに依存しないプログラム細胞死の存在が見えてきている。その例として，先に説明したネクロプトーシスをあげることができる。ネクロプトーシスは，外因性経路のアポトーシスを阻害しても誘導される細胞死として見いだされた。一方，内因性経路においては，アポトーシスを阻害したときに誘導される細胞死として過剰なオートファジー*によるオートファジー細胞死が引き起こされるという。アポトーシスを阻害しても，それに代わる新しい細胞死が誘導されるのである。

今後は，新しいプログラム細胞死の分子機構と生理機能の研究がますます発展し，細胞死という現象が生物においてどのような意味をもつのかについて，より詳細なまた新しい知見が蓄積されることが期待される。

*オートファジー：自食作用ともよばれる。細胞がリソソームによって自己の細胞質成分を分解する働きのこと。

文献
1) J. F. R. Kerr, A. H. Wyllie, A. R. Currie, Br. *J .Cancer*, 126, 239（1972）
2) H. R. Horvitz, S. Shaham S, M. O. Hengartner, *Cold Spring Harbor Symp. Quant. Biol.*, 59, 377（1994）
3) W. Jiang, X. Wang, *Annu. Rev. Biochem.*, 73, 87（2004）
4) D. T. Chao, S. J. Korsmeyer, *Annu. Rev. Immunol.*, 16, 395（1998）
5) S. Yonehara, A. Ishii, M. Yonehara, *J. Exp. Med.*, 169, 1747（1989）
6) N. Itoh, S. Yonehara, A. Ishii, et al., *Cell*, 66, 233（1991）
7) S. Nagata, Cell, 88, 355（1997）
8) T. Lindsten, A. J. Ross, A. King, et al., *Mol. Cell*, 6, 1389（2000）
9) P. Hughes, P. Bouillet, A. Strasser, *Curr. Dir. Autoimmun.*, 9, 74（2006）
10) B. Tummers, D. R. Green, *Immunol. Rev.*, 277, 76（2007）

COLUMN　がん細胞に細胞死を誘導するp53

ヒトがん細胞で最も高頻度に機能が消失している「がん抑制遺伝子」の産物である p53 は転写因子であり，DNA 損傷の修復，細胞周期進行阻害，細胞老化誘導やアポトーシス抑制などの多様な機能を有する。DNA 損傷などによって p53 の発現増加や活性化が誘導され，BH3 オンリータンパク質である Puma や Noxa の転写誘導を介してアポトーシスが引き起こされる。また，Bcl-2 ファミリーのマルチドメインタンパク質である Bax の発現も誘導され，アポトーシスの感受性を高める作用もある。

一方，2015 年に p53 がアポトーシスではないフェロトーシスとよばれるカスパーゼ非依存性細胞死を誘導することが，ジャン（L. Jiang）らによって報告された。フェロトーシスとは，鉄イオンに依存して発生する活性酸素種による過酸化脂質の蓄積によって引き起こされる細胞死であり，2012 年にディクソン（S. J. Dixon）らによって見いだされた。フェロトーシスは，細胞内で活性酸素やフリーラジカルを消去するグルタチオン（グルタミン酸，システインとグリシンの 3 つのアミノ酸が結合したト

リペプチド）の減少で誘導されるが，グルタチオンを構成するシステインはシスチンの形で細胞表層のシスチン・トランスポーターである SLC7A11 を介して細胞内に取り込まれる。フェロトーシスはこの SLC7A11 の阻害剤であるエラスチンの処理で誘導でき，鉄イオンによる脂質酸化の阻害剤であるフェロスタチン 1 の処理で抑制される。興味深いことに，SLC7A11 はがん細胞で強発現しており，p53 には SLC7A11 の発現を抑制する活性のあることがわかった。がん細胞では *p53* 遺伝子にさまざまな変異が導入されているが，その中の一種であるアセチル化されない変異型 p53 は細胞周期停止，細胞老化やアポトーシスの誘導ができないが，SLC7A11 発現の抑制活性を有しており，フェロトーシスを誘導できる。これは，p53 が有する新しい抗腫瘍活性であると考えられている。

参考文献
L. Jiang, N. Kon, T. Li, et al., *Nature*, 520,57 (2015)
S. J. Dixon, K. M. Lemberg, M. R. Lamprecht, et al., *Cell*, 149, 1060 (2012)

何が病気を引き起こす?
病気と創薬の生物学的基礎

阿部　恵

病気とは何だろうか?

　生体は外部環境の変化に対して内部環境の恒常性(**ホメオスタシス**:homeostasis)を維持している。ホメオスタシスとは内部環境が固定して変化しないのではなく、外部環境の変化に対応してほぼ一定を維持するように変化する動的平衡という概念である*。ヒトにおいてホメオスタシスの維持能力を超える外部環境の変化があるとき、またはホメオスタシスを維持する機構に何らかの異常が起こった場合に健康障害、すなわち病気が起こる(**図16.1**)。

　*フランスのベルナール(C. Bernard)は1865年に個体が置かれる外部環境が変化しても細胞にとっての生活環境である内部環境は変化しない「内部環境の固定性」という考え方を提唱し、その後にアメリカのキャノン(W. B. Cannon)は「ホメオスタシス」という概念を提唱した。

　ヒトは多細胞生物であり、個体>臓器>組織>細胞というシステムが協調して生命を維持している。個体が病気になるということは、つきつめれば細胞に異常が生じるということである。細胞はさまざまな刺激やストレスに適応して耐えようとするが、負

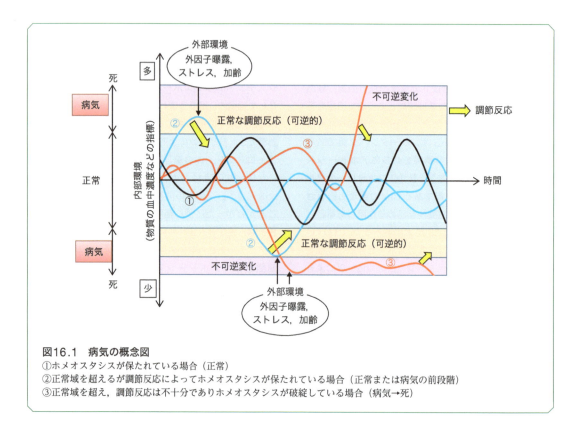

図16.1　病気の概念図
①ホメオスタシスが保たれている場合(正常)
②正常域を超えるが調節反応によってホメオスタシスが保たれている場合(正常または病気の前段階)
③正常域を超え、調節反応は不十分でありホメオスタシスが破綻している場合(病気→死)

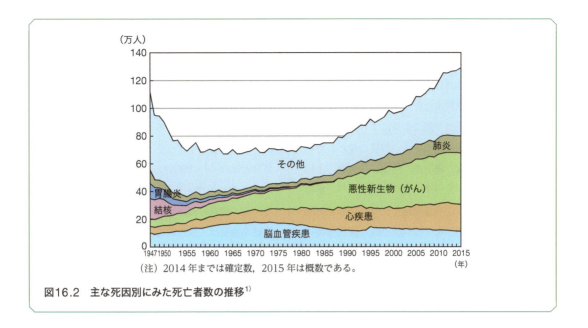

（注）2014 年までは確定数，2015 年は概数である。

図16.2　主な死因別にみた死亡者数の推移[1]

けて死んでいく細胞も出てくる。すこしくらい細胞が死んでもヒトが死ぬわけではないし，生理的にも細胞は死んでは作られることをくり返しているのであるが，システムの協調が破綻すれば個体は死に至り，酸素や栄養の供給が途絶えた細胞は死んでいかざるを得ない。

　日本人の死因は時代とともに変化している（図16.2）。かつて亡国病として恐れられていた結核は抗菌薬の開発や予防の普及とともに著明に減少し，がんが死因の第 1 位となった。また，直接死因ではないが糖尿病，脂質異常症といった生活習慣に関わる病気は増加している。病気の種類や発症頻度はその人の生きている外部環境（気候，生活習慣，医療介入など）によって時代とともに変遷する一方，実際には遺伝子の異常や多型が多くの病気に深く関与していることが近年次々と明らかになってきた。病気の原因を細胞レベルから理解することが重要であり，詳細は病理学の教科書*にゆずるが，この章ではヒトの病気の生物学的基礎とこれからの創薬について紹介する。

　まず個体全体をシステムとして捉えてヒトの病気を病因から分類し，感染症，循環障害，免疫疾患，内分泌代謝疾患，神経変性疾患について以下に述べる。なお，腫瘍については 10，17 章にゆずる。

*V. Kumar, A. Abbas, J. Aster, *Robbins Basic Pathology 10th Edition*, Elsevier（2017）

16.1.1　感染症

　感染症とは病原性をもつ微生物が体内に侵入して発症する疾患の総称である。ヒトは常に多くの微生物と共存している。人類にとって微生物とは，食糧生産などの恩恵をもたらすものであると同時に病原体として多くの感染症を引き起こす生命を脅かす脅威であった。多くの疾病の原因が微生物であることがわかったのは 19 世紀のことである。ドイツのコッホ（R. Koch）が固体培地による細菌の純粋培養の方法を確立し，炭疽菌，結核菌，コレラ菌を発見し，初めて病気と細菌の因果関係を明らかにした。病原体を小さいものから順に挙げると，プリオン，ウイルス，マイコプラズマ，クラミジア，リケッチア，細菌，真菌，原虫，蠕虫となる（2 章参照）。病原体に侵入された側を宿主とよぶが，宿主に症状を引き起こす感染を顕性感染，症状を引き起こさない感染を不顕性感染とよぶ。顕性感染は病原体が増殖して宿主の細胞を破壊したとき，または病原体を宿主が排除する免疫機構が働くときに生じる。ここでは細菌とウイルスによる感染症，そして感染症によって引き起こされる炎症という共通の反応につい

て述べる。

A. 細菌感染症

　細菌が起こす感染症は，肺炎，腎盂腎炎，感染性心内膜炎，細菌性髄膜炎などすべての臓器が対象であり，どこで細菌感染が起こるかにより臨床症状は異なる。細菌は原核生物であり，核膜に覆われた核をもたない。細胞膜，細胞壁の外側に，莢膜とよばれる細菌が分泌した高分子でできた膜をもつ。細胞壁のペプチドグリカンの層が厚くグラム染色で細胞壁が染め出される細菌を**グラム陽性菌**，細胞壁のペプチドグリカンの層が薄くグラム染色で染め出されないものを**グラム陰性菌**，抗酸染色で染まるものを**抗酸菌**という。

　感染を起こした細菌は酵素や**外毒素（エキソトキシン**；exotoxin）を産生し，組織は細胞に障害を与える。また，グラム陰性菌が治療や免疫反応で破壊されるとグラム陰性菌の細胞壁に含まれる**内毒素（エンドトキシン**；endotoxin），すなわち**リポ多糖体**（LPS；lipopolysaccharide）が放出される。LPS の主体を占める内毒素はさまざまな細胞の免疫反応を強力に活性化するため，末梢の微小循環の異常から重要臓器が障害を受ける。あるいは全身の血圧が低下するなど生命の危機を及ぼすことがある。

　感染症が治療できるようになったのは，抗菌薬が登場してからである。最初に発見されたのは**ペニシリン**である。1929 年，イギリスのフレミング（A. Fleming）が細菌培養していたシャーレに偶然アオカビが飛び込み，周りの菌を溶かしていたのを見つけたことから，アオカビがペニシリンを産生することを発見した。抗菌薬は細胞特有の構造に作用することで，ヒトの細胞に影響することなく細菌の増殖を抑制，あるいは殺菌的に作用する。細菌の細胞壁合成抑制，細菌によるタンパク質合成阻害，細菌の増殖に必要な核酸の合成阻害や葉酸代謝阻害などである。耐性菌の出現など課題はあるものの，細菌感染は抗菌薬により制御可能な疾患となってきた。

B. ウイルス感染症

　ウイルスは核酸とそれを包むタンパク質をもっているが，自身は増殖することができない。しかし，いったん宿主細胞に侵入すると宿主細胞の代謝機構を使って一斉に増殖する。ウイルスが感染すると，宿主細胞にとっては本来自分自身のために産生していたエネルギーがウイルスの複製のために奪われ，病原性が発揮される。多くのかぜ症候群，インフルエンザ，水痘（水ぼうそう），麻疹（はしか），エイズなどはウイルス感染によって引き起こされる。

　それぞれのウイルスには親和性の高い臓器があり，その臓器の細胞に取り込まれ増殖する。ウイルス感染細胞は，最終的に①細胞死に至る，②ウイルスと共生する，③ウイルスによって不死化する，のいずれかの経過をたどる。

　ウイルス感染細胞は腫瘍組織適合遺伝子複合体（MHC）クラス 1 分子などの抗原提示分子とウイルス抗原を細胞表面に発現するが，これが細胞障害性 T 細胞によって認識および排除されるときに細胞死に至る。また，単純ヘルペスウイルスのようにウイルスによっては少量を持続的に産生することで宿主細胞と共生するものもある。一方，EB ウイルスやヒトパピローマウイルス 16 型など，感染細胞を不死化するウイルスもあり，これを腫瘍ウイルスという。

　ウイルス自らの DNA または RNA を増殖する時，材料となるヌクレオシドを次々と取り込んでウイルス自身の酵素でつなぎ合わせていく。ここで治療としてヌレオシドに構造が似たウイルス特異的に活性化される化合物を送り込んでウイルス合成を阻害するという戦略が考えられた。エリオン（G. B. Elion）によって開発されたヘルペス治療薬のアシクロビルをはじめ，B 型肝炎治療薬のラミブジン，C 型肝炎治療薬のソホスブビル，また満屋裕明によって開発されたエイズ治療薬のジドブジン（AZT）などの登場によりウイルス性疾患の一部は治療可能になり，患者の予後を大きく改善させた。

C. 炎症

　侵入してきた病原体に対する最初の防御系として炎症反応が起こる。炎症反応は内的または外的な病原刺激を除去し，傷害を受けた組織を取り除く生

体反応である。約二千年前にアウルス・ケルスス（A. C. Celsus）が炎症の4主徴（発赤，腫脹，熱感，疼痛）を記述して以来，炎症の概念は存在したが，18世紀になってようやく炎症を血管系の変化として理解されるようになった。ルイス（T. Lewis）によるヒスタミンの発見（1919）以後，プロスタグランジン（Ulf von Euler，1935年），ロイコタキシン（V. Menkin，1936年），ブラジキニン（Mauricio Rocha e Silva，1948年）の分離にはじまり，多くのサイトカイン（1970年～）やケモカイン（1987年～）が単離され，炎症反応におけるケミカルメディエーター（chemical mediator）の重要性が明らかになった。

1990年代に入り，サイトカインシグナル伝達因子や病原体の認識受容体であるトル様受容体（TLR；Toll like receptor）の発見と生物作用の解明を契機に，自然免疫と獲得免疫の研究は飛躍的に進んだ。現在，炎症の全体像は以下のように考えられている（図16.3）。

①病原刺激による血漿由来因子のキニン系，凝固・線溶系，補体成分の活性化と傷害を受けた細胞や生体内に配備されている監視細胞（組織の肥満細胞やマクロファージ系細胞）が産生するケミ

カルメディエーター（ヒスタミン，プロスタグランジン，血小板活性化因子，一酸化窒素，サイトカインなど）により，一連の炎症反応が発動される（炎症の開始）。

②ケミカルメディエーターや関連分子の密接な協調のもとに，微小血管網から白血球が動員される。局所に浸潤した白血球は新たにケミカルメディエーターを産生し，炎症反応は増幅される。局所に浸潤した白血球は病原刺激を貪食し，速やかにこれを排除する（白血球の動員）。

③白血球による病原刺激の除去により炎症刺激は減少する。また，ケミカルメディエーター阻害物質が働き，炎症は終息に向かう。役目を終えた白血球は局所から消失し，傷害された組織は肉芽組織形成を経て瘢痕組織になる（炎症の終息）。

次に，生体は免疫系をもって対応する。病原体を排除することができれば感染は治癒するが，排除することができず，生体防御機構が破綻した場合，宿主に重篤な影響を及ぼす（生体防御機構については13章参照）。

炎症の原因や障害が持続あるいはくり返される場合，慢性炎症が起こる。急性炎症は好中球浸潤を特徴とするが，慢性炎症はマクロファージ，リンパ

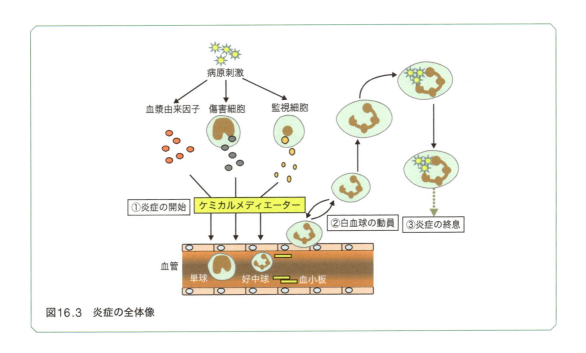

図16.3　炎症の全体像

球，形質細胞が重要である。がんの約 20% は慢性炎症が関与するとされる。腫瘍関連マクロファージから産生される炎症性サイトカインは転写因子 NF−κB を活性化させ，この転写因子が細胞をがん化させると考えられている。

16.1.2　循環障害

血液循環系は体のすべての末梢組織へ酸素と栄養を運び，代謝産物や二酸化炭素を運び出す生命の維持に重要なシステムである。循環システムは，血液を拍出または吸引する左右のポンプ機能をもつ心臓と，血液を心臓から動脈を経て末梢組織へ導き末梢組織から静脈を経て再び心臓に還流する血管系，および末梢からリンパ液を集めて静脈に還流するリンパ管系よりなる。動脈系を流れる血液が過不足なく末梢に供給されるために，血圧調節によって還流血液量は調整される。血圧は心拍出量と血管抵抗で決定される。

循環障害が致命的になる病態として，血管を満た

すべき容量に対して循環血液量が極端に減少するために心臓に戻る血液が減少して血圧低下を起こす状態があり，この状態を**ショック**という（**図16.4**）。ショックは次のような場合に起こる。

①血管障害による大量出血（出血性ショック）や極度の脱水により循環血液量が低下するとき

②心筋梗塞，心タンポナーデなど心臓自体の拍出量が急激に低下するとき（心原性ショック）

③グラム陰性菌から放出されるリポ多糖体により活性化されたマクロファージが大量の TNFα（tumor necrosis factor）を放出し，それが単球・マクロファージ，血管内皮細胞，好中球，血小板，補体，間質細胞の活性化を引き起こし，血管の透過性を亢進させて循環血液量が低下するとき（敗血症性ショック）

④神経障害により急激に末梢の血管が拡張するとき（神経原性ショック）

ショックになると全身の組織に血液が十分行き届かなくなり，多臓器が同時に機能不全を来して致

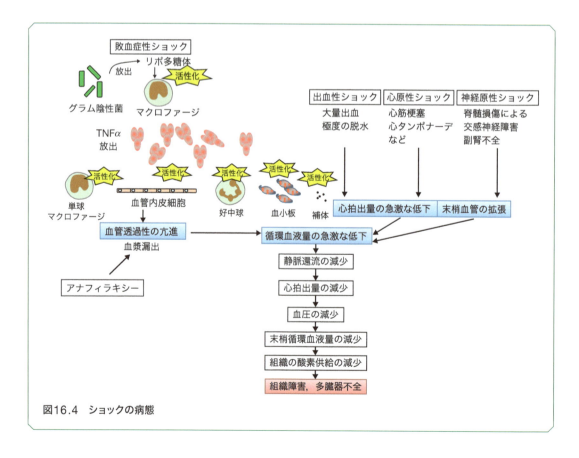

図16.4　ショックの病態

死的になる。

血管壁が障害を受けた場合，出血を防止するための**止血システム**が働き，傷害された血管壁を塞いで止血するための血栓を形成する。止血が完了し，傷害された血管壁が修復された後に血栓を溶解する線維素溶解（線溶）というシステムが存在する。

一方，血管内血栓をつくらないようにするための抗凝固システムも存在する。血管壁の障害がなくても内皮細胞障害，動脈硬化などによる血流の乱流やうっ滞，血液凝固能の異常などが誘因となって凝固能が抗凝固を上回って，必要性のない部位で血栓（病的血栓）が形成されることがある。これらの血栓は，血流を阻害して心筋梗塞，脳梗塞などを引き起こす。また，広範に血管内皮が障害された場合，異常な凝固システムの活性化が起こり，微小血管内で多量の微小血栓が形成されることがしばしばみられる。このとき，線溶システムの亢進とフィブリンの消耗が起こり，結果的に出血傾向が起こる。この病態を**播種性血管内凝固症候群**（DIC；disseminated intravascular coagulation syndrome）といい，致死的である。

また，血流からの物質が血管内腔を閉塞することを**塞栓症**といい，塞栓症により支配組織で起きる限局性壊死巣を**梗塞**という。剥離した血栓による血栓性塞栓症が最も多く，動脈硬化が関与していることが多い。心筋梗塞，脳梗塞など致死的な病態を引き起こす。

16.1.3 免疫疾患

多細胞生物は病原体や異物の侵入を防ぎ排除する生体防御機構を備えている。免疫系は機能的に**自然免疫系**と**獲得免疫系**の2つのタイプに分けられる。自然免疫系は感染源に対する最初の防衛にあたり，多くの病原体ははっきりした感染が成立する前に排除される。獲得免疫系はそれぞれの感染源を排除するように特異的に反応し，のちまでその感染源のことを記憶しており，同じ微生物で病気が起こるのを阻止する。免疫系は我々を守ってくれる一方，過剰および異常な免疫反応は病気を引き起こすことがある。自己免疫疾患，アレルギー疾患，同種移植片に対する拒絶反応などである。

A. 自己免疫疾患

免疫系は基本的には自己と非自己の識別という原則をもとに成立しているが，自己に対する寛容が破壊され自らの体を攻撃することによって，関節リウマチ，全身性エリテマトーデス，1型糖尿病などの自己免疫疾患が発症する。これらの疾患は複数の遺伝的素因と複数の環境要因が相互に作用して発症する多因子疾患である。

関節リウマチは関節滑膜の炎症を中心とする全身性の疾患であり，罹患率は全世界で1%程度と高く，原因不明の難病とされていた。近年，ゲノムワイド症例‒対象大規模研究により関節リウマチとHLA-DRB1，PTPN22，そしてPADI（peptidyl arginine deiminase；アルギニンをシトルリンに変換する脱イミノ化酵素）をコードしている4つの遺伝子のうち，PADI4との関連があることが明らかになった。これらの罹患感受性遺伝子を有する個体が関節リウマチを発症する道筋は，以下のように説明される（図16.5）。

まずは喫煙やある腸内細菌叢など特定の環境因子への暴露，次にエピゲノム変異，翻訳後修飾，そして免疫系が亢進して関節の滑膜が炎症を起こし，症状が顕性化する。滑膜の中で炎症性情報伝達分子のIL-6，TNFαが過剰に分泌され，滑膜の線維芽細胞は**血管内皮増殖因子**（VEGF）を分泌する。滑膜の腫脹，血管新生とともにマクロファージが滑膜内に侵入し，IL-6の刺激を受けた線維芽細胞の働きかけによって破骨細胞へと姿を変え，骨の先端の破壊，関節破壊に進展する。

関節リウマチの治療は，抗TNF療法を含む生物学的製剤による劇的な薬物治療の進歩に加え，早期からの積極的治療により病気の進行を抑えることができるようになった。このように自己免疫疾患の治療は抗体医薬の開発により大きく進歩してきたが，まだ有効な治療法がない難病も多い。

B. アレルギー疾患

花粉のように本来は人体に無害な抗原に対して

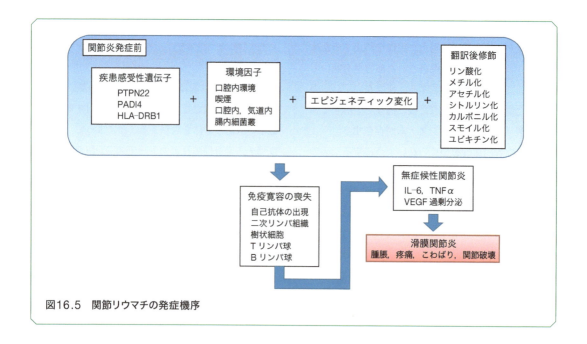

図16.5　関節リウマチの発症機序

過剰な免疫反応を起こすと鼻汁，くしゃみ，目のかゆみなどを症状とする花粉症（アレルギー性鼻炎およびアレルギー性結膜炎）を発症する。このように抗原（アレルゲン）の侵入による抗原抗体反応の結果として自己組織の障害を生じる反応をアレルギーとよぶ。アレルギー反応の機序は以下の4つに分類される。

①Ⅰ型：アナフィラキシー型。IgE抗体による反応。花粉症，食物アレルギー，気管支喘息など，全身的に起これば ショックとなり死に至ることもある。

②Ⅱ型：抗体依存性細胞障害型。細胞膜上の抗原決定基に結合した抗体（IgG）のFc部分による補体の活性化やFcRを介するマクロファージ，NK細胞機能の活性化によって標的細胞が障害される。自己免疫性溶血性貧血など。

③Ⅲ型：免疫複合体型。可溶性の抗原と抗体が反応し免疫複合体ができるとFcレセプターを介して好塩基球，血小板に結合し，炎症が開始する。全身性エリテマトーデス（systemic lupus erythematosus；SLE）など。

④Ⅳ型：細胞性免疫型・遅延型。CD4陽性Tリンパ球，特にTh1細胞による反応で局所に炎症

細胞の集積が起こるまでには日単位の時間がかかる。接触皮膚炎，多発性硬化症など。このうちⅠ型はただちに治療しないと生命にかかわるため，エピネフリン注射を携帯し自分または保護者ができるようになっている。

16.1.4　腫瘍（新生物）

腫瘍（新生物）は細胞の自律性増殖により細胞集団を形成し，一般的には肉眼的・顕微鏡的形態，増殖速度，転移巣を形成するかどうかで良性と悪性腫瘍に区別される。腫瘍の実質が上皮細胞の増殖よりなるものを上皮性腫瘍といい，悪性の上皮性腫瘍を癌（cancer），非上皮性の悪性腫瘍を肉腫（sarcoma）という。非上皮性腫瘍は線維組織，神経組織，骨組織，軟骨組織などから発生する。

高齢化が進む現代では日本人の1/3はがんで亡くなる（がんについては10章参照）。がんの治療法としては従来の外科的手術，放射線療法，化学療法に加え，近年免疫療法が著しく進歩し，がんを制御しながら共存することが可能になりつつある。

16.1.5　内分泌代謝疾患

A. 内分泌疾患

「ホルモン」はセクレチンの発見者であるスターリング（E. Starling）が 1905 年に初めて提唱した，ギリシア語で「奮い立たせる」物質を意味する造語である。l901 年に高峰譲吉が副腎髄質からアドレナリンを精製したのが世界で最初のホルモンの発見である。20 世紀には甲状腺ホルモン，インスリン（column），副腎皮質ホルモン，性ホルモンに続き視床下部・下垂体ホルモンが，さらに心臓や血管内皮細胞から分泌されるナトリウム利尿ペプチドファミリーやエンドセリンファミリーが，脳や消化管からも神経ペプチドや消化管ホルモンが，また脂肪細胞からレプチン，アディポネクチンなどいくつものホルモン，サイトカインが同定され機能が明らかになった。

古典的には，ホルモンは「生体での体内環境の恒常性を維持するために，特定の臓器から血中へ微量に分泌され，目的とする標的臓器に運搬されて受容体を介して特異な作用を惹起する情報伝達物質」と定義される。しかし，これらの物質は必ずしも血流を介さないでも隣接する細胞あるいは自らに作用することがわかってきて，現在ではホルモンは広く「生体内における細胞間の情報伝達物質」と定義される。

内分泌疾患とはホルモンの異常によりもたらされる病気である。各種ホルモン（詳細は 5.7 節参照）の分泌臓器は全身に分布しており，また個々のホルモンの作用する組織も広範であるために内分泌疾患の症状は多彩である。

内分泌系の重要な調節機構としてフィードバック機構があり，ネガティブフィードバックによってホルモンを一定に維持している。ホルモン産生細胞が腫瘍性増殖や過剰刺激される場合にはホルモン過剰による機能亢進症状を，またホルモン産生細胞が破壊，減少や過剰抑制されると機能低下が症状を引き起こす。原因として，腫瘍や自己免疫性疾患，感染，外傷，循環不全，放射線被曝のほかに遺伝子異常も明らかになっている。

例えば先端巨大症は下垂体腫瘍による成長ホルモン産生亢進が，クッシング症候群は下垂体腫瘍や異所性ホルモン産生腫瘍による副腎皮質刺激ホルモン（ACTH）産生亢進や副腎皮質腫瘍によるコルチゾールの産生亢進など腫瘍化した内分泌細胞によるホルモンの産生亢進が原因である。バセドウ病は甲状腺刺激ホルモン（TSH）受容体に対する自己抗体による TSH 受容体の活性化が甲状腺ホルモン産生を亢進させ，甲状腺機能亢進を起こす自己免疫疾患である。1 型糖尿病や橋本病（慢性甲状腺炎）も

COLUMN　インスリンの発見

糖尿病の人の尿が甘くて糖分を含んでいることは昔から知られていた。1889 年にストラスブール医科大学のミンコフスキー（O. Minkowski）らは別の目的でイヌの膵臓を摘出したところ，そのイヌの尿は正常よりもはるかに多いグルコースを含んでいることを偶然に発見し，糖尿病と膵臓の関係がはじめて明らかになった。ミンコフスキーらは糖尿病を打ち消す因子（抗糖尿病因子）を膵臓抽出物から精製しようと試みたがうまくいかなかった。1921 年になって，トロント大学医学部のマクラウド（J. Macleod）教授の研究室で外科医のバンティング（F. Banting）と助手のベスト（C. Best）がさまざまな工夫の末についにこの抗糖尿病因子の精製に成功

し，インスリンと命名した。その翌年にはトロント総合病院に入院していた重症糖尿病患者のトンプソン少年にこのインスリンが投与され，命が救われた。1923 年，この業績により，バンティングとマクラウドはノーベル生理学医学賞を受賞し，バンティングは一緒に受賞できなかったベストと賞金を分かち合ったという。

1979 年にヒトインスリン遺伝子が解明され，1980 年には遺伝子組み換え技術によってヒトインスリンの生産が開始された。病気の原因の解明から始まり，治療薬の開発，安全な大量製法の開発へとつながり，現在の医療には必須の薬となっている。

また，自己免疫を原因として内分泌細胞の破壊が起こり，ホルモン産生低下を来す疾患である。

B. 代謝疾患

生体が外界に適応し，生命を維持するためにはエネルギーをつくりだしていかなければならない。ヒトは光合成ができないため，外界から糖質，脂質，タンパク質などの有機物を栄養素として取り入れ，それを自らの体を構成するための原材料を得る。この過程を異化という。一方，異化によって得られた原材料を元に，エネルギーを消費して生体に必要な物質を体内で合成する過程を同化という。異化と同化の過程を総称して代謝という。

五大栄養素すなわち，糖質，脂質，タンパク質，ビタミン，ミネラルのうち，糖質は最も重要なエネルギー源である。特に中枢神経は，緊急時に使われるケトン体以外では，ブドウ糖を唯一のエネルギー源として用いる。血糖値が 50 mg/dL 以下程度になると高次脳機能低下の症状が出現し，放置すると中枢神経に不可逆的な変化をもたらす。血糖を低下させる唯一のホルモンであるインスリンと拮抗ホルモンであるグルカゴン，カテコールアミン，コルチゾール等とのバランスによって，いかなる時でも血糖値が 70 ～ 160 mg/dL に保持されるように血中ブドウ糖濃度は厳格に制御されている。

ところがこの血糖制御ができない病態が糖尿病である。糖尿病は「インスリン作用不全による慢性的な高血糖を主徴候とする症候群」である。日本の糖尿病患者は年々増加しており，2016 年には約 1000 万人，糖尿病の可能性を否定できない者（予備軍）も約 1000 万人いる。

成因分類では，インスリン合成・分泌細胞である膵 β 細胞の破壊によりインスリンの絶対的欠乏が生じて高血糖をきたすものを 1 型糖尿病といい，主に自己免疫を基礎に発症する。一方，インスリン分泌低下やインスリン抵抗性（＝インスリン感受性の低下）を来す複数の遺伝因子という内因性要因に，過食・運動不足などの生活習慣やその結果としての肥満およびストレスなどの外因性要因に加齢を伴うことによって複合的に生じるものを 2 型糖尿病という。

インスリン分泌低下とインスリン抵抗性のどちらがどのくらい病態に関与しているかは個人により異なり，一般に肥満度が高い人や脂肪肝のある人の方がインスリン抵抗性が強い。病態分類ではインスリン分泌が著しく低下しているインスリン依存状態（IDDM；insulin dependent diabetes mellitus）であるか，インスリン分泌はあるが作用が不十分な非インスリン依存状態（NIDDM；non-insulin dependent diabetes mellitus）であるかに分類される。

高血糖が持続すると，細小血管障害（網膜症，腎症，神経障害）や大血管障害（心筋梗塞，脳梗塞など），さらには足病変や歯周病，認知症といった糖尿病合併症が進行する。早期から厳格に血糖管理を行うことが長期にわたる合併症予防に重要である。治療は 1 型糖尿病の場合，生活に合わせたインスリン補充療法が主であり，2 型糖尿病は食事・運動療法を基礎に経口血糖降下薬，インスリン，GLP 受容体作動薬などさまざまな治療法がある。

16.1.6 神経変性疾患

神経変性疾患とは，外傷や感染症，脳血管障害などの明らかな原因なく，中枢神経系あるいは末梢神経系のニューロンが徐々に死滅していく疾患で，多くの場合遺伝子異常が認められる。アルツハイマー病，ハンチントン病，パーキンソン病，脊髄小脳変性症，運動ニューロン病（筋萎縮性側索硬化症），遺伝性ニューロパチーなどが含まれる。

さまざまなタンパク質が細胞内，あるいは細胞外に蓄積・凝集し，それと並行して細胞機能が障害されることが神経変性疾患の発症と進行にかかわる共通のメカニズムである。脳の細胞内外にタンパク質がミスフォールディング（誤って折りたたまれること）して線維状の凝集体を形成することと，特定の脳領域の変性との関連性が強く示唆されている。例えばアルツハイマー病では，リン酸化タウタンパクが神経細胞の細胞質内に，β アミロイドが細胞外に凝集してそれぞれ神経原線維変化，老人斑を形成し，広く神経系を侵す。パーキンソン病では黒質緻密帯

ドパミンニューロンが変性脱落し，残存ニューロンでは αシヌクレインが神経細胞の細胞質内に凝集してレビー小体を形成する。これらの凝集体の中にニューロンにとって重要な機能を担うタンパク質やその他の巨大分子が取り込まれることや，形成された凝集体そのものが遺伝子制御に影響を及ぼすこと，あるいは分子オリゴマーが毒性を発揮すること，ミトコンドリアの機能障害をもたらすことなどが示されている。

創薬の生物学的基礎

2017年の厚生労働省の発表によれば，2016年における日本人の平均寿命は男性 80.98歳，女性 87.14歳でいずれも過去最高を更新し，男女とも世界2位となっている（1位は香港）。1947年の調査では，男性 50.06歳，女性 53.96歳であったが，この70年間で30年以上寿命が延びた。この原因として「戦死」の減少や栄養状態の改善のほかに，抗生物質の使用で感染症による死亡が減少するなど創薬の果たした役割も大きい。亡国病と恐れられていた結核も治癒可能な病気となった。また，多くの胃潰瘍もヒスタミン H_2 受容体拮抗薬の使用により手術のいらない病気となった。

人類は有史以来，病気の治療に植物の草・根，木の皮，動物類，鉱物類を経験的に使ってきた。1803年には，痛みを取るために使われてきた植物の樹脂由来のアヘンからモルヒネが単離され，この有機化合物が有効成分であることが明らかになった。一方，1828年にドイツ人科学者ウェーラー（F. Wöhler）が，尿から排泄される有機物である尿素が無機化合物のシアン酸アンモニウムから合成できることを，つまり生命に関わる物質が無生物から合成できることを発見し，有機化学の発展のきっかけとなった。次いで多くの伝承薬から有効成分が単離され，天然物から薬効成分を抽出・精製する手法が中心になった。

しかし，20世紀終わりと21世紀初めに2つの大きなブレークスルーがあった。1つは高分子をイオン化する技術（エレクトロスプレーイオン化法〈ESI法〉および，マトリクス支援レーザー脱離イオン化法〈MALDI法〉）の開発により，タンパク質をはじめとする生体高分子を質量分析で測定できるようになったこと，もう1つはヒトの全ゲノム配列が明らかになったことである。その情報を活用する技術が急速に発達した現在，そして生命科学を学び始めた読者にとってのこれからの創薬について考えてみたい。

16.2.1　創薬の流れ

現在の創薬には探索研究，非臨床研究，臨床研究の3つの段階があり，その流れを図16.6 に示す。まず病気のメカニズムを明らかにし，どこをどのように制御すれば薬になるか，という創薬コンセプトを確立する。ゲノム情報やタンパク質情報をもとにして，薬の標的となるタンパク質を決める。次に，このタンパク質の立体構造を原子が識別できる精度で調べる。さらにコンピューターを用いてこの標的タンパク質に結合できる化合物（リード化合物）をデザイン（分子設計）する。ここまでが探索研究である。

次に実際にこの化合物を化学合成し，期待される効き目があるか，毒性はないか，など薬理作用を調べる。より効果が高く，毒性の少ない化合物を目指して化学修飾を変えて最適化し，最終候補の化合物を絞り込む。この段階では小動物や疾患モデル動物を使用することが多い。同時に薬物の安定性や動態の評価を行い，大量合成法を確立する。ここまでが非臨床研究である。

次に臨床研究（治験）に入るが，治験には第Ⅰ相から第Ⅲ相まで3段階あり，1997年に国際ルールに準拠して制定された「医薬品の臨床試験の実施の基準（GCP）」省令に則り，製薬企業が専門医師らとともに策定して，治験審査委員会（IRB）で承認された実施計画書に基づいて実施される。第Ⅰ相試験は，初めてヒトに対して治験薬を用い，安全性をみるもので，健常ボランティアに対して投与される。

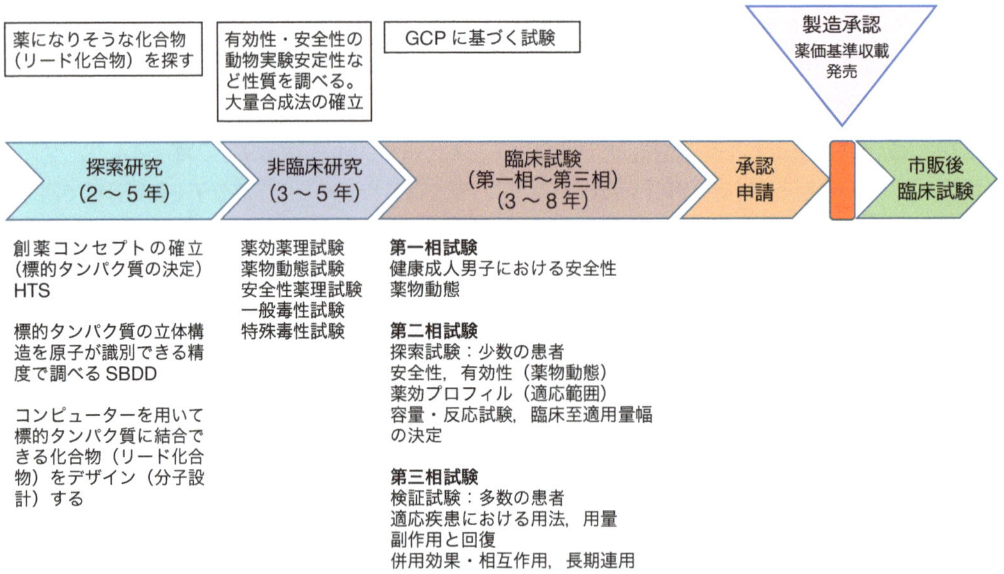

| 薬になりそうな化合物（リード化合物）を探す | 有効性・安全性の動物実験安定性など性質を調べる。大量合成法の確立 | GCP に基づく試験 | | 製造承認
薬価基準収載
発売 | |

| 探索研究
（2〜5年） | 非臨床研究
（3〜5年） | 臨床試験
（第一相〜第三相）
（3〜8年） | 承認
申請 | | 市販後
臨床試験 |

創薬コンセプトの確立
（標的タンパク質の決定）
HTS

標的タンパク質の立体構
造を原子が識別できる精
度で調べる SBDD

コンピューターを用いて
標的タンパク質に結合で
きる化合物（リード化合
物）をデザイン（分子設
計）する

薬効薬理試験
薬物動態試験
安全性薬理試験
一般毒性試験
特殊毒性試験

第一相試験
健康成人男子における安全性
薬物動態

第二相試験
探索試験：少数の患者
安全性，有効性（薬物動態）
薬効プロフィル（適応範囲）
容量・反応試験，臨床至適用量幅
の決定

第三相試験
検証試験：多数の患者
適応疾患における用法，用量
副作用と回復
併用効果・相互作用，長期連用

図16.6　新薬の開発過程

第Ⅱ相試験は，少数の患者に対して薬剤の有効性を確認するとともに，最適と思われる用量や試用期間などを調べる。続く第Ⅲ相試験では対象がより多くなり，薬効の類似した対照薬や偽薬（プラセボ）と治験薬を被験者にも投与する医師にも明らかにされない無作為二重盲検試験という方法で実施され，効果と安全性を確認する。

2004 年以降，厚生労働省から独立して設立された医薬品医療機器総合機構（PMDA）が日本の医薬品と医療機器の審査を担っている。

16.2.2　薬の作用点

体内でどのように薬が作用すれば目的の治療効果が得られるかという戦略を立てることが，創薬の第一段階である。生体成分は主としてタンパク質であり，多くの薬の作用点はタンパク質である。これまでの薬は受容体，酵素，膜輸送タンパク質，核内受容体を標的としたが，抗体医薬によりサイトカインや細胞表面抗原も標的とすることが可能になった。さらに抗ウイルス薬として核酸疑似体を用いることにより核酸を標的にすることも可能になった。薬がヒトで治療効果が得られるためには，薬物の吸収（Absorption），分泌（Distribution），代謝（Metabolism），排泄（Excretion）という「薬物体内動態」さらに「薬物毒性（Toxicity）」がないこと（頭文字から総称して ADMET とよぶ）が重要である。

16.2.3　低分子化合物

従来の医薬品は，有機合成により作成される比較的低分子量の合成化合物であり，飲んで効く薬が中心であった。その研究開発には長い歴史があり，天然物をその起源とするものが多い（column）。製薬企業や有機合成をしている研究室では化合物を整理したコレクションをもっており，これを化合物ライブラリーとよぶ。化合物ライブラリーの中からオートメーションなどの技術を最大限使用して短期間に多数の活性評価を実施する方法をハイスループットスクリーニング（HTS）とよび，現在の中心的なシード化合物発見方法となっている。

しかし，費用対効果を考慮して実際の化合物を使わずにシード化合物をコンピューターで（in sili-co）スクリーニングしたり，これらを組み合わせたりすることが多い。化合物が経口投与で望ましい

薬物動態を示すために化合物の分子量が 500 以下，水素結合供与体が 5 個以下，水素結合受容体が 10 個以下，膜透過性に関連する n-オクタノールにおける分配係数が 5 以下などの条件が必要であるという経験則が提唱されている（リピンスキーの法則）。しかし，天然物の中にはこの法則から外れていても効果を発揮するものもある。

16.2.4 タンパク医薬

1 型糖尿病のようにインスリン分泌不全が原因となっている病気にはインスリン補充が，また好中球減少症には顆粒球コロニー刺激因子（G-CSF）補充が，腎臓から分泌されるエリスロポエチンが不足することによって生じる腎性貧血にはエリスロポエチン補充が有効である。また，成長ホルモン産生腫瘍によって過剰に成長ホルモン分泌される先端巨大症の治療には，成長ホルモン受容体拮抗薬である成長ホルモン誘導体が有効である。このような生理活性タンパク質，あるいは誘導体からなるタンパク医薬は，1980 年代の遺伝子組み換え技術の進展を背景として発展した。これらの生理活性タンパク質は投与してもすぐに血中から消失するため，分子量を大きくして腎臓で濾過されないように PEG（ポリエチレングリコール）という高分子をつける（バイオコンジュゲーション）など工夫をしている。タンパク医薬は分子量が大きいため，経口投与はできず，通常は注射や点滴により投与される。一方，体内で抗体がつくられて効力を失うことがあるという欠点もあるが，それぞれの疾患で中心的治療薬として使用されている。

16.2.5 抗体医薬

抗体医薬とは抗体が抗原を認識する特異性を利用して治療に用いる医薬品である。1975 年にケーラー（G. Köhler）とミルスタイン（C. Milstein）がモノクローナル抗体の開発法を発明してから，1980 年代に抗がん剤を結合させてがん細胞などの標的に到達させるいわゆるミサイル療法などが試みられたが，マウスがつくる抗体を使用していたためにヒトにとっては異物として不活化，除去され，実用化されなかった。その後，抗体分子の可変領域のみがマウス由来で定常領域はヒト抗体由来というキメラ抗体や，抗原と直接結合しうる相補性決定領域のみマウス由来で残りはヒト由来というヒト化抗体，さらにはすべてがヒト由来という完全ヒト抗体を作製する技術が開発され，動物ではなく培養細胞につくらせる技術も発達し，抗体医薬の実用化につながった。

1990 年代になると，ヒトの免疫機能を利用した抗体医薬の抗がん剤リツキシマブ（リツキサン®），トラスツズマブ（ハーセプチン®）が開発され，多くの患者に使用されるようになった。

COLUMN アスピリンの発見と開発

アスピリンは，おそらく人類の歴史のなかで最も服用された医薬品といってよいだろう。アスピリンの起源はヒポクラテスの頃に遡る。ヒポクラテスは熱や痛みを和らげるためにヤナギの樹脂を，分娩時の痛みを和らげるためにその葉を処方したという。古代ギリシアの医者・薬物学者であるペダニウス・ディオスコリデスはその著書「マテリア・メディカ」に「白ヤナギの葉を煎じたものは，痛風に効果がある」と記述した。このヤナギの有効成分が解明されたのは 1820 年代で，ヤナギの属名（Salix）にちなんでサリシン（salicin）と名付けられた。しかしサリシンは苦味が強すぎたため内服はできなかった。

その後，サリチル酸が化学合成され，1897 年にホフマン（F. Hoffman）が粘膜刺激作用を緩和したアセチルサリチル酸を合成し，1899 年に解熱・鎮痛薬としてアスピリンの商品名で発売された。長らく作用メカニズムが不明であったが，1960 年代になり，アスピリンの標的はプロスタグランジン H 合成酵素であることが明らかになり，さらに研究は進み，現在は抗血小板薬として心筋梗塞や脳梗塞の予防にも利用されている。

抗体医薬が薬効を発揮する機序は複数ある（図16.7）。がん細胞に対する増殖因子またはその受容体に対する抗体により増殖因子の結合を阻害する方法や，細菌やウイルスを抗体で遮断して除去する方法，抗体依存性細胞障害作用（ADCC）や補体依存性細胞障害作用（CDCC）を活性化させ標的細胞を攻撃させる方法，抗体に抗がん剤や放射線をつけてがん細胞を殺傷する方法などがある。

リツキシマブは非ホジキンリンパ腫のB細胞の分化マーカーであるCD20に対するキメラ抗体であり，ADCCやCDCCを活性させ標的細胞を攻撃させることで効果を発揮する。トラスツズマブはHER2陽性転移性乳がんの治療薬であり，上皮性増殖因子EGFの受容体ファミリーの1つであるHER2に結合することにより増殖シグナルを遮断し，ADCCによりがん細胞を殺すことが主な作用機序である。トラスツズマブはHER2陽性転移性乳がんの予後を改善させた。

関節リウマチに対する治療として，炎症性サイトカインTNF-αを標的とする抗体医薬としてキメラ型抗体のインフリキシマブ（レミケード®），完全ヒト抗体のアダリムマブ（ヒュミラ®）が代表的である。さらに，厳密には抗体医薬には含まれないが，TNF-α受容体の細胞外領域（TNF-α結合領域）を抗体のFc部分と融合させたエタネルセプト（エンブレル®）がよく使われる。また，トシリズマブ（アクテムラ®）は大阪大学の岸本忠三らが開発し，炎症性サイトカインIL-6の受容体を標的とし，IL-6との結合を阻害して効果を発揮する。

また，がん治療薬としても抗体医薬は多く使用されている。がん細胞は急速に分裂増殖するため，大量の酸素や栄養を必要とし，血管内皮細胞増殖因子（VEGF）を放出して異常な血管新生を促進する。抗VEGF抗体を投与すると血管新生が抑制される。ベバシズマブ（アバスチン®）は抗VEGF抗体の1つで大腸がん，肺がん，乳がんなど多くのがんに対して使用されている。

また，がん治療においては免疫チェックポイント阻害薬である抗PD-1抗体や抗CTLA-4抗体の有効性が明らかになり，注目されている（column）。

16.2.6　遺伝子治療

A. 遺伝子治療

遺伝子治療とは，遺伝子DNAを細胞に供給することで病気を治そうとするまったく新しい治療法である。これまでの方法では治療が困難であった先天性疾患などの病気を治すための最先端医療として期待されている。

世界最初の遺伝子治療は，1990年アメリカでアデノシンデアミナーゼ（ADA）欠損症によって起こる重度の免疫不全症の4歳の女児に施行された。

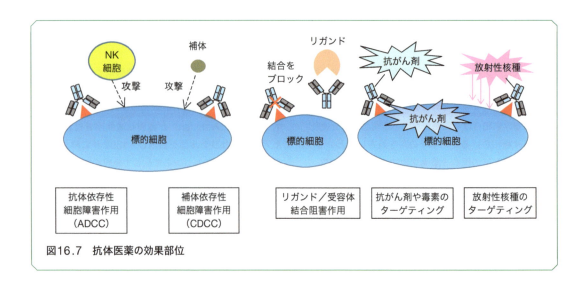

図16.7　抗体医薬の効果部位

免疫チェックポイント阻害薬　抗PD-1抗体

PD-1（programmed cell death 1）分子は，1992年に京都大学の石田靖雅・本庶佑らが胸腺におけるT細胞の細胞死の際に誘導されるcDNAをサブトラクションハイブリダイゼーション法で単離したときに偶然発見された細胞膜受容体分子である。その後，同グループの西村泰行らがPD-1遺伝子ノックアウトマウスの解析からPD-1が免疫反応の抑制分子であることを明らかにし，2002年に岩井佳子らはPD-1シグナルを阻害するモノクローナル抗体によって免疫系が賦活化され，ウイルス感染症やがん治療に効果があることを発見した。さらに，卵巣がんの予後とがんにおけるPD-1リガンドの発現との間に見事な相関関係があること，すなわちPD-1リガンドを発現しているがんは予後が悪いことを明らかにし，がんがキラーT細胞からの攻撃を避ける能力があること，そしてその「がん免疫逃避機構」の中心的役割を担っているのが免疫抑制性補助シグナル（免疫チェックポイント）PD-1/PD-1リガンド経路とB7/CTLA-4（cytotoxic T lymphocyte-associated protein 4）経路であることがわかった。

がん細胞に対する抗原非特異的な初期免疫反応として，マクロファージなどの貪食細胞ががん細胞を攻撃する。貪食細胞のうち樹状細胞などの抗原提示細胞はリンパ節に遊走し，リンパ節内でT細胞にがん抗原を提示し，T細胞受容体を介してT細胞はがんを認識する（第1シグナル）。その際にT細胞機能を決める免疫補助シグナル（第2シグナル）が存在する。この第2シグナルには促進型と抑制型があり，抑制型の免疫補助シグナル（免疫チェックポイントシグナル）が働くとT細胞はがん抗原を認識するが，がん細胞を攻撃できない状態になる。

PD-1（CD279）分子はCD28ファミリーに属する免疫抑制性補助シグナル受容体で，リガンドにはPD-L1とPD-L2がある。PD-1経路は，主に末梢組織で働き，標的細胞への免疫抑制にかかわっている。PD-1経路の遮断により腫瘍抑制効果がマウス悪性黒色腫細胞やマウス肥満細胞腫細胞で示され，ヒト臨床検体から腎がん，悪性黒色腫，食道がん，卵巣がんなどの多くのがん細胞がPD-L1を高発現しており，臨床経過や予後と関連していたことからPD-1経路を標的とした抗がん治療の実用化が進められていった。完全ヒト型IgG4抗PD-1抗体であるニボルマブ（オプジーボ®），ペムブロリズマブ（キイトルーダ®）が開発され，日本でも2014年に悪性黒色腫に対して薬事承認されたのに続き，非小細胞肺がん，腎細胞がん，ホジキンリンパ腫，頭頸部がん，胃がんに適応が広がった。固形がんに対する単剤での奏効率は20～30%とまだ有効性が限定的であることや免疫関連副作用など課題もあるが，がん免疫逃避機構の逃避経路を遮断すれば免疫細胞はがん細胞を排除できるという学説を見事に実証したものでありがん治療において大きなターニングポイントとなった。

正常ADA遺伝子を人工的に組み込んだレトロウイルスに患者のリンパ球を感染させ，体内に戻し，さらにADAのタンパク医薬も使用し女児の病状は改善を認め，この治療は成功したとされている。2012年には，家族性高カイロミクロン血症を対照にしたアリポジーン・チパルボベックという遺伝子治療薬がヨーロッパで承認された。

また，CRISPR/Cas9（ゲノム編集；21章参照）を用いた，"遺伝子修復"による遺伝性疾患治療の研究も進んでいる。例えば，ライソゾーム酵素の1つであるイズロネート2-スルファターゼの先天的欠損が原因で細胞内に未分解のムコ多糖の過剰蓄積が生じ，神経症状や呼吸困難などを起こすムコ多糖症2型の患者に対して，CRISPR/Cas9を用いて直接体内で遺伝子改変する臨床試験が行われている。

B. 核酸医薬

遺伝子以外にもDNAやRNAといった核酸を利用して遺伝子発現を調節しようとする試みが活発に進められている。アプタマー（膜タンパクに結合する一本鎖DNAまたはRNA），デコイ（転写因子に結合し，転写阻害する二本鎖DNA），アンチセンスオリゴヌクレオチド（mRNAに結合し翻訳阻害するmRNAに相補的な一本鎖DNAまたは

RNA），siRNA（翻訳に必要な RISC 複合体に結合して翻訳阻害する二本鎖 RNA），miRNA アンチセンスオリゴヌクレオチド（miRNA 機能を阻害して翻訳阻害する一本鎖 DNA または RNA）miRNA mimic（miRNA 機能を補充し翻訳促進する二本鎖 RNA）などが開発されている（図 16.8）。

脊髄性筋萎縮症（SMA；spinal muscular atrophy）は，脊髄内の運動ニューロンの変性により全身の骨格筋の萎縮および筋力低下を来す進行性の神経変性疾患である。重症である I 型SMAの場合，生後半年までに症状が出現し，自力で座ることもできず平均余命は呼吸補助がなければ 2 歳未満である。SMA は常染色体劣性遺伝性疾患で，SMA 患者では，survival motor neuron 1（SMN）遺伝子の欠失または変異を有し，機能性 SMN タンパク質の量が運動ニューロンの生存を維持するのには不十分である。SMA 患者は SMN1 遺伝子と 5 個のヌクレオチドのみが異なる SMN2 遺伝子を有する。SMN2 遺伝子のイントロン 7 に含まれるスプライシングサイレンサー部位により，SMN2mRNA 前駆体からエクソン 7 は除去され正常 SMN タンパ

ク質がほとんど産生されない。ヌシネルセン（スピンラザ®）は SMN2 遺伝子のイントロン 7 のスプライシングサイレンサー（抑制）部位のアンチオリゴヌクレオチドであり，そこに結合することで翻訳抑制を解除してエクソン 7 を発現させ，正常 SMN タンパク質を発現して骨格筋の萎縮を防止する。

筋ジストロフィーは，臨床的には進行性の筋萎縮と筋力低下，病理学的には骨格筋の変性・壊死を主病変とする遺伝性筋疾患である。筋ジストロフィーのうち最も発症率が高く重篤な臨床症状を示すのがデュシェンヌ型筋ジストロフィー（DMD；Duchenne type muscular dystrophy）である。DMDの多くでは，ジストロフィン遺伝子のエクソン単位の欠失異常により発症したジストロフィン mRNA 上のアミノ酸読み取り枠がアウトオブフレームになっている。エクソンスキッピング誘導治療は，この異常に対し，アンチセンスオリゴヌクレオチドを用いて欠失に隣接するエクソンのスキッピングを誘導して，エクソンの配列を mRNA から取り除き，アミノ酸読み取り枠をインフレームにかえ，サイズの小さなジストロフィンを発現させようとするもの

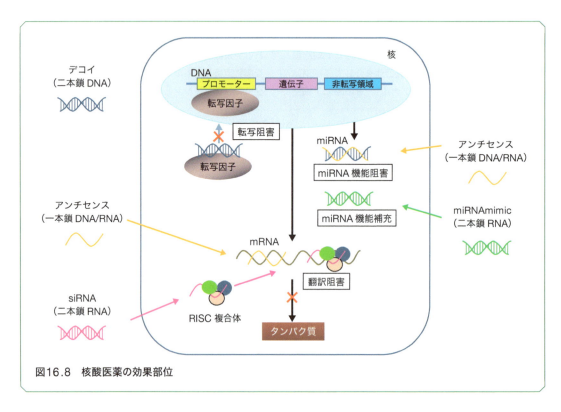

図16.8　核酸医薬の効果部位

である。

このような核酸医薬は2017年において約140種類が治験中であり，がんや遺伝子疾患の難病での開発が多く，新な治療法として期待される。

16.2.7　ゲノム創薬

ヒトのタンパク質が全部でいくつあるのか，どういう時に，どのような形態で存在し，どういう組織・臓器に発現しているのか，という全体像は現在でも完全にはわかっていない。一方，タンパク質の設計図にあたるゲノムや遺伝子については，2003年にヒトの全ゲノムが明らかになり，その後の次世代シケンサーとよばれる解析装置の開発によりその全体像がほぼつかめてきている。さらに，疾患要因を遺伝子多型と結びつけるGWAS（genome-wide association study）とよばれる全ゲノム関連解析が国際共同事業として展開され，病気と関連する遺伝子の特定が次々と行われている。

病気と関連する遺伝子がコードしているタンパク質を標的にして薬を開発する手法をゲノム創薬という。ゲノム創薬では標的が明らかになっているため，合理的で効率的な開発につながるという期待がある一方，遺伝子情報だけではタンパク質の翻訳後修飾や複合体形成，細胞内局在などが不明であるという欠点がある。疾患とより直接的に結びつくタンパク質や疾患の状態をより直接的に反映すると考え

られるタンパク質，生体内分子，脂質，糖をゲノム規模で解析することをプロテオミクス，メタボロミクス，リポドミクス，グライコミクスとよび，特にプロテオミクスは薬物の直接標的として注目される。

以上，ヒトの疾患および創薬について概説した。分子生物学の進歩により，これまで単に症状や徴候を表す「〜症候群」であった病気の原因や発症機序が次々と明らかになってきた。ヒトの病理を正しく理解することは創薬を志す生命科学者にとっては必須である。これまで，創薬研究の過程で多くの生命科学の発見がなされ，また生命科学や技術の発展により多くの薬が創られてきた。しかし，まだ治療法や治療薬が確立していない病気も多い。一人ひとりの病態，生物学的背景や免疫系が異なるため，万人に有効で安全といえる薬はない。さらに生物側も治療に抵抗すべく次々と戦略を変えてくる。これからは一人ひとりの病態や生物学的背景を考慮して治療選択を行う個別化医療へと発展していくであろうが，一筋縄ではいかないことは想像に難くない。生命科学者にとって創薬を通じてヒトの病気へ挑戦することは今後も大きな目標である。

文献
1）厚生労働省政策統括官付人口動態・保険社会統計室「人口動態統計」

COLUMN　イベルメクチンの発見

1974年，アメリカの製薬会社と共同研究をしていた大村智博士は，静岡県伊東市で採取した土に棲んでいた放線菌が作る化合物を共同研究者であるキャンベル（W. Campbell）博士に送って精査したところ，強力な駆虫作用をもっていることが明らかになった。この化合物を化学変換して改良を重ねて発見されたのがイベルメクチンであり，フィラリアという線虫の一種が人間にも寄生して発症するフィラリア症に有効であることがわかった。サハラ以南のアフリカ諸国で流行するフィラリアの一種・オンコセルカの感染によって起こるオンコセルカ症

は，川の近くに棲むブユに刺されることで感染する。特に目に入り込んだ場合，視神経に障害を与えて最悪の場合失明に至ることから河川盲目症ともいう。製薬会社はイベルメクチンを無償で投与するという英断を下し，イベルメクチンはこれまで推定2億人以上の人に投与され，フィラリア感染症の恐怖から人々を救った。大村博士はキャンベル博士，マラリア治療薬を開発した中国の屠呦呦博士とともに大きく人類に貢献をしたことを評価され，2015年にノーベル生理学医学賞を受賞した。

17 章

がんはなぜ賢くなるのか
ハイジャックされたダーウィン進化

石川冬木

がんとは何か

　我が国においては，現在，2人に1人が生涯のあいだに何らかのがんに罹患し，4人に1人ががんによって死亡するといわれている[1]。また，1980年代以降，国民が死亡する原因の第1位は一貫してがんであり，しかもその割合は年々増加している（16章図16.2参照）。がんを発症後，適切な時期に適切な治療を受けないと，患者はほぼ確実に死亡する。治療をせずにがんが自然治癒することはほとんどない。治療が成功して，いったん抗がん剤によって腫瘍を小さくすることができても，やがて再発することがあり，その場合には以前有効であった治療はしばしば無効である。また，膵がんなどのように，発生する部位によっては依然として治療法が限られており多くの患者が命を落とすがん種（臓器別・組織別に異なるさまざまながんを**がん種**とよぶ）も存在する。このように，がんは，あたかも患者の体の中で次第に悪賢くなり，遂には患者の命を奪ってしまうように見える。本章では，がん細胞はどのように「悪賢く」なるのかについて概説する。

上皮細胞

　皮膚や口腔・肺・消化管などの内腔表面にある粘膜は，外界に直接接している。皮膚や粘膜は上皮細胞によって被われている（**図17.1**）。上皮細胞の下には**基底膜**とよばれる非細胞性の膜がある。これはゴム手袋のように体の表面を隙間なく被っており，体の内部を外界から守る重要な構造物である。

　皮膚や粘膜の上皮は，生涯にわたって，構成する体細胞が細胞分裂によって増殖を続ける**再生組織**である。古くなった上皮細胞が死んで体外や消化管，気管の内腔に捨てられる一方，新しい上皮細胞が生み出され，そのバランスがとれてはじめて組織を維持することが可能である（図17.1，2.3.2参照）。

　上皮細胞が基底膜と接着している方向を基底側，外界に面する方向を頂端側という。この結果，**上皮細胞には極性**がある。図17.1Bに示すように，隣接する上皮細胞の側面どうしは**タイト・ジャンクション**（tight junction）とよばれる帯状の領域によってジッパーのように隙間なく結合している。この結果，上皮細胞間の間隙で物質は自由に出入りできない。また，上皮細胞は隣接細胞と堅く結ばれているので，自由に動くことができない（4.3節参照）。

　以上のように，上皮細胞は極性をもち運動性がない細胞であるといえる。

がんの分類

　がんの約80％は上皮細胞に由来する。皮膚，胃粘膜，大腸粘膜の上皮に生じたがんは，それぞれ皮膚がん，胃がん，大腸がんである。このような上皮由来のがんを狭義のがん（**がん腫**もしくは**癌腫**，carcinoma）とよぶ。上皮細胞にがんが多発する理由として，上皮組織は体の表面にあるために，紫外線や大気中の酸素・消化物に含まれる発がん性を

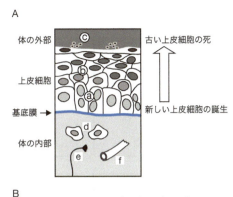

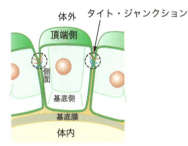

図17.1　上皮細胞
(A) 上皮細胞は基底膜上にあって上皮を構成する。本図では皮膚などで見られる上皮細胞が積み重なった重層上皮を示している。一番底部にある幹細胞・前駆細胞が細胞分裂し (a)，生まれた細胞は分化しながら上層に移動 (b)，アポトーシスを起こして表面から捨てられる (c)。基底膜より内部は結合組織からなり，白血球やリンパ球 (d)，神経細胞 (e)，血管 (f) などが存在する。
(B) 上皮細胞の極性と接着。上皮細胞は基底膜側の基底側と外界側の頂端側の極性がある。隣接する上皮細胞どうしは側面でタイト・ジャンクションにより強くつなぎ合わされている（破線丸で示す）。

もつ物質（発がん物質，その多くは DNA に損傷を与えることで突然変異を引き起こす変異原である）に接触しやすいことと，上皮組織には幹細胞や前駆細胞などの増殖能をもつ細胞が常に存在することによる。

上皮細胞に由来しないがんとして，造血細胞由来のがん（白血病やリンパ腫，骨髄腫）および，骨・軟骨・筋肉などの結合組織に由来する肉腫（sarcoma）がある。肉腫はすべてのがんの数％を占めるにすぎないが，その治療法の開発が遅れている。

がんの大きな特徴は，自律的な増殖を行うことにあるが，自律的増殖をするものがすべてがんではな

い。たとえば「ほくろ」は，メラニンを産生する色素細胞が自律的に増殖して腫瘍（細胞の塊）をつくるが，ある程度の大きさになると細胞老化によって増殖が停止する（14.9 節参照）。このような腫瘍は体の内部に深く浸潤・転移することがないので良性腫瘍（benign tumor）とよばれ，がんではない。その他の良性腫瘍の例として，小さな大腸ポリープや子宮筋腫があげられる。一方，悪性腫瘍は腫瘍をつくるだけではなく以下に述べる浸潤・転移を特徴とする。以下，本章では上皮性がん，すなわちがん腫のことを述べ，特に断りがないかぎり，これを「がん」とよぶことにする。

17.4節

がんの一生：始まりと悪性化

がんは，適切な治療がなされないと患者を斃す。がん細胞の誕生から最後までの「がんの一生」をみていこう[2]。

腫瘍は，上皮組織にあるたった 1 つの細胞が自律的な増殖能を獲得することで始まる（図17.2 (2)）。この細胞は局所で自律的に増殖し腫瘍を形成する。この段階では，腫瘍は上皮組織内（基底膜上）に限局するため，腫瘍は良性腫瘍もしくは上皮内がん（carcinoma *in situ*）とよばれる（図17.2 (3)）。上皮内がんは手術的に腫瘍を全摘出できれば，浸潤や転移しないので完治する可能性が高い。

組織を維持するためには，酸素や栄養成分を与える血管・知覚や組織の運動に必要な神経，さらには外敵を排除する白血球などの免疫細胞が必要であるが，これらは基底膜上を占める上皮組織にはなく，基底膜下の結合組織にのみ存在する。したがって，腫瘍が基底膜から離れる方向に増殖すると，血管から離れるために酸素や栄養分の供給が著しく少なくなって腫瘍細胞は壊死に陥る（図17.2 (N)）。

そのため，腫瘍が増殖を続けるには，基底膜を壊し基底膜下に遊走する必要がある。これを腫瘍細胞の基底膜下浸潤とよぶ。これは正常上皮細胞にない，

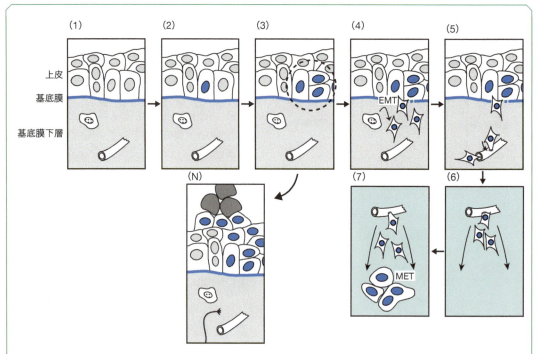

図17.2　がんの一生
（1）上皮細胞と基底膜下の結合組織の構造，（2）上皮組織中の1つの細胞（核を青色で示す）が腫瘍化し自律的な増殖能を獲得する，（3）基底膜上に限局した腫瘍，（4）上皮間葉転換（EMT）を起こして腫瘍細胞が遊走能と基底膜破壊能をもち基底膜下層に浸潤，白血球は腫瘍細胞を攻撃する（矢印），（5）浸潤した腫瘍細胞が血管の中に進入，（6）腫瘍細胞は血流にのって遠隔臓器に到達，血管外に出る，（7）腫瘍細胞は最初は遊走して遠隔臓器内を移動するが，間葉上皮転換を行って定着し細胞分裂によって転移巣をつくる，（N）上皮内腫瘍が外界に向かって増殖すると，基底膜下の血管から離れるために壊死に陥りやすい。

がんに特徴的な性質なので，この段階は明らかな悪性腫瘍（がん）である。すでに述べたように，上皮細胞は隣接する細胞と強く結合しているために，個々の細胞が独立して遊走能をもつことはない。そのため，がん細胞が基底膜下層に遊走するためには，その上皮細胞（epithelial cell）としての性質を失い，遊走能をもつ間葉細胞（mesenchymal cell）の性質を獲得する必要がある（表17.1）。

　正常組織で，上皮細胞が間葉細胞の性質を一時的に獲得することが知られている。胎児において，外胚葉神経板を構成する単層上皮細胞が陥入して神経管をつくり，これは将来の脊髄や中枢神経に分化する。この時，隣接する神経堤とよばれる上皮細胞群が間葉細胞の性質を獲得して遊走能をもち，神経管の周囲に集合して神経堤をつくり，やがて交感神経節やメラニン細胞に分化する（図17.3A）。また，

皮膚などの上皮細胞が損傷を負った場合，周囲の上皮細胞が間葉細胞化して創傷部へ遊走し，そこで改めて上皮細胞として増殖することで創傷治癒を促進する（図17.3B）。このように上皮細胞が間葉細胞の性質をもち遊走することは，複雑な構造をもつ多細胞生物の発生・分化・損傷治癒に必要な過程であり，上皮間葉転換（epithelial-mesenchymal transition; EMT）とよばれる。がん細胞は自分のさらなる増殖のために，正常組織がもつ上皮間葉転換を異所的に（本来使われるべきではない状況で）利用しているということができる。

　がん細胞が転移する過程は，それらがEMTによって浸潤能を獲得したときに始まるので，浸潤・転移カスケードとよばれる。それは，

1) EMTによる遊走能の獲得
2) がん細胞の血管内への侵入（intravasation）

表17.1　上皮細胞と間葉細胞

	上皮細胞	間葉細胞
形状	多角形もしくは球状	伸びた紡錘状
極性	頂底極性（apico-basal）	
遊走能	なし	あり
細胞骨格	ケラチン	ビメンチン
細胞間接着	隣接する細胞とアドヘレンス・ジャンクションおよびタイト・ジャンクションをつくる	隣接する細胞と接着しない。周囲の結合織にあるフィブロネクチンなどの細胞外マトリックスと接着斑（focal adhesion）をつくる
例	皮膚，気管・肺，消化管などの上皮細胞	骨，軟骨

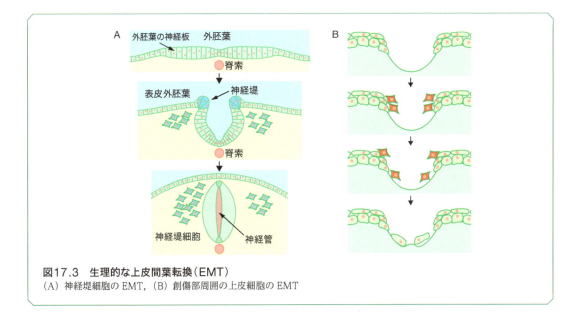

図17.3　生理的な上皮間葉転換（EMT）
（A）神経堤細胞の EMT，（B）創傷部周囲の上皮細胞の EMT

3) 血管内血液中での生存と遠方組織への移動
4) 血管内から周辺組織への移動（血管溢出，extravasation）
5) 遠隔組織での微小コロニーの形成
6) 遠隔組織での転移巣の形成

のステップからなる（図17.2（4）〜（7））。この過程において，がん細胞が存在する周囲環境が大きく異なるため，がん細胞は強いストレスを経験していると考えられる。事実，がん細胞が上記各ステップに成功する確率はきわめて低く，転移そのものは非常に効率が悪いことが知られている。しかし一方，遠隔転移は原発巣がまだ小さな初期の段階から起きていることも知られている。

　以上に述べた過程を経て，腫瘍細胞は良性腫瘍から悪性化し，浸潤能と転移能を獲得して転移をする。この過程をがん細胞の悪性化（progression）という。悪性化のスピードはがん種や症例によって異なり，ゆっくりと悪性化するもの（例として一部の前立腺がんや甲状腺がん）から急速に悪性化するものまでさまざまである。がん死の多くが転移によって起こることを考えると，悪性化速度を緩徐にする治療法が開発されれば，患者の予後は大きく改善されるに違いない。

腫瘍発生のしくみ
がん遺伝子

17.5.1　がん遺伝子の発見

　以下，良性腫瘍と悪性腫瘍を合わせて議論する場合には単に腫瘍とよび，それぞれ個別に扱う場合には，それぞれ良性腫瘍および悪性腫瘍（あるいはがん）とよぶことにする。

　正常細胞とがん細胞が試験管内で示す性質の差については多くのことが知られており，中でも，正常細胞は接触阻止を示すが，がん細胞はこれを示さない。一般に，培養ディッシュ底面には細胞が接着しやすいように生体の細胞外基質であるコラーゲンやフィブロネクチンがコートされている。基質に貼り付いて増殖する正常細胞を培養ディッシュに少数播種して培養すると，最初は底面上で活発に増殖するが，隣接する細胞どうしが接触すると増殖を停止することが知られ，接触阻止とよばれる（図17.4）。細胞が悪性化すると接触阻止が失われ，隣接細胞が接触してもさらに細胞分裂を続けるためにお互いに重なりながら増殖を続け，細胞が積み重なったような立体的なコロニーが形成される。

　もし，がん細胞が正常細胞にはないがん化を促進する遺伝子をもつとすれば，正常細胞にがん細胞由来DNAを遺伝子導入すれば，この遺伝子を取り込んだ細胞にがん化を誘導できるはずである。このようなアイディアのもと，複数の研究グループが1980年前後に「がん化を起こさせる遺伝子」の同定を試みた。ヒトやマウス正常細胞は，試験管内で培養すると細胞老化によって短期間のうちに増殖停止をしてしまうので，実験をくり返し行うことは困難である。そこで彼らは，腫瘍DNAを与えるべき「正常細胞」としてマウス由来線維芽細胞株であるNIH 3T3細胞を用いた。この細胞は正常細胞と同じように接触阻止を示すが，正常細胞と異なりテロメラーゼ（14.12節参照）を発現しているために無限に細胞分裂をすることができる（このことを不

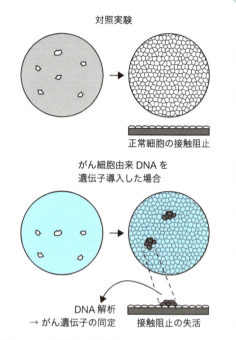

図17.4　接触阻止を指標としたNIH 3T3細胞のトランスフォーメーションアッセイ
NIH 3T細胞は接触阻止を示すので，培養ディッシュに少数の細胞を播種した後培養を続けると，ディッシュ底面に細胞が隣どうし接触するとそれ以上の増殖をしない（上段）。がん細胞由来DNAを遺伝子導入されたNIH 3T3細胞は，がん遺伝子を取り込んだ一部の細胞が接触阻止を失い，細胞が重なり合ったコロニーをつくる（下段）。コロニー細胞がどのようなヒトDNAを取り込んだかを調べることで，がん遺伝子を同定できる。

死化しているとよび，不死化している細胞は細胞株とよばれる）。すなわち，NIH 3T3細胞は不死化している点で完全な正常細胞ということはできないが，その他の表現型から正常細胞に近い，いわば正常とがん細胞の中間にある細胞ということができる。

　さまざまなヒト悪性腫瘍からDNAを抽出しNIH 3T3細胞に遺伝子導入すると，ほとんどの細胞が接触阻止を示すのに対して，一部の細胞は接触阻止を失い細胞が互いに重なって増殖するためにコロニーを形成した（図17.4）。得られたコロニーを単離しそのDNA解析をすると，NIH 3T3細胞のマウスゲノム中に遺伝子導入の結果挿入された腫瘍由来ヒトDNAが検出された。この事実は，遺伝

子導入したヒト DNA 断片が NIH 3T3 細胞に作用して接触阻止を失わせたことを示している。このことから，ヒト悪性腫瘍は DNA を原因としていることが証明され，以下に詳しく述べるように，正常細胞を悪性化させる遺伝子をがん遺伝子とよぶ。また，この方法は遺伝子導入により細胞の性質の変化を観察するので，NIH 3T3 トランスフォーメーション（形質転換）実験とよばれる。

17.5.2　*RAS*がん遺伝子

多くの研究者がさまざまなヒト悪性腫瘍について同様の実験を行い，これまでに多数のがん遺伝子が報告されている。その中で，最も高頻度で同定されているものは *RAS* 遺伝子であった。当初，がん細胞は正常細胞にはない特殊な遺伝子をもっていて，これが発がんの原因であると予想されていた。しかし，これらの実験で同定された「がん遺伝子」はいずれも正常細胞が有する遺伝子が点突然変異や染色体転座などの突然変異を受けたものばかりであることがわかり，正常細胞の腫瘍化は，自身がもつ遺伝子の突然変異によって引き起こされることが明らかとなった。同定されたがん遺伝子の正常型とがん細胞で認められた突然変異型を区別する場合には，正常型を「原がん遺伝子（proto-oncogene）」，変異型を「活性化がん遺伝子（activated onco-gene）」とよぶ。原がん遺伝子は，正常個体の発生・発達・分化・増殖に重要な役割を果たし，それが突然変異により活性化がん遺伝子となって機能異常をもつと正常細胞のがん化をもたらす。

NIH 3T3 細胞にもマウスの正常な *RAS* 原がん遺伝子があり，これにヒトがん細胞由来のヒト活性化 *RAS* がん遺伝子が導入されると NIH 3T3 細胞ががん化する。ヒト腫瘍においては，両親に由来する 2 セットの原がん遺伝子のうち一方だけの突然変異で細胞が腫瘍化する。したがって，活性化がん遺伝子は正常型原がん遺伝子の存在の有無に関わらず細胞をがん化させる。このため，がん遺伝子は，優性がん遺伝子（dominant oncogene）であるといわれる（図 17.5A）。これは，後に述べるがん抑制遺伝子と対照的である（図 17.5B）。

ヒトは 3 種類の *RAS* 遺伝子をもつ（*N-RAS*, *H-RAS*, *K-RAS*）が，本章ではこれらを区別せずに単に *RAS* 遺伝子と表記しよう。その後の研究で，正常 *RAS* 遺伝子がコードする Ras タンパク質は，増殖シグナルの伝達をオン・オフする重要なスイッチの役割を果たしていることがわかった。

17.5.3　正常細胞の増殖刺激

ほとんどの正常細胞は外界からの増殖刺激があってはじめて増殖をする。言い換えれば，刺激のない状態では正常ヒト細胞は増殖をしない。

増殖刺激の代表例は増殖因子である。多くの増殖因子はタンパク質であり，それ自身は細胞膜を通過することができない。上皮成長因子（EGF; epidermal growth factor），血管内皮細胞増殖因子（VEGF; vascular endothelial growth factor）などが代表的な例である。これらは産生細胞から分泌された後，標的細胞の細胞膜表面上にあるそれぞれの増殖因子に特異的な増殖因子受容体と結合し，標的細胞の増殖や分化を促す。細胞培養では，栄養分を含んだ培地にウシなどの血清を添加するが，これは血清中に増殖因子が豊富に存在するからである。無血清培地では，別途増殖因子を添加しない限り細胞は増殖しない。

インスリンなどのホルモンは分泌組織と標的組織が離れていて，因子はその間を血流によって運ばれる（内分泌，endocrine，図 17.6）。しかし，増殖因子とよばれているものでも血行で運ばれるものもあり，ホルモンと増殖因子の区別は明瞭ではない。一方，増殖因子産生細胞の近傍に標的細胞がある場合には，因子がそれを分泌した細胞自身に作用する場合（オートクライン，autocrine）と近接する細胞に作用する場合（パラクライン，paracrine）の 2 種類の作用機構が知られている。

タンパク質性増殖因子の受容体には共通する構造上の特徴がある（図 17.7A，9.1.3 参照）。受容体は，その N 末端が細胞外，C 末端が細胞内にあって，中央部分の膜貫通領域が細胞膜を貫くような局在をとる。膜貫通領域はバリン，アラニンなどの疎水性アミノ酸が α ヘリックスをつくり，疎水性細

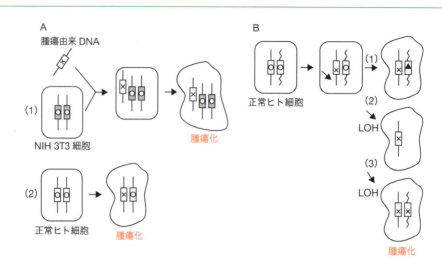

図17.5　がん遺伝子とがん抑制遺伝子
（A）活性化がん遺伝子は優性：（1）正常なマウス原がん遺伝子をもつ NIH 3T3 細胞にヒト活性化がん遺伝子を導入した場合。（2）2個の正常なヒト原がん遺伝子のうちの一方が活性化し腫瘍化したヒト細胞。
（B）がん抑制遺伝子の失活は劣性：2個の正常ながん抑制遺伝子の機能がともに失われた場合にのみ，正常細胞の腫瘍化に貢献する。（1）2個の正常ながん抑制遺伝子が独立に突然変異を受けた場合。この場合は確率的に稀。（2）2個の正常ながん抑制遺伝子のうち1つが突然変異で機能を失い，他方はその遺伝子をもつ染色体領域が欠失で失われた場合。（3）2個の正常ながん抑制遺伝子のうち1つが突然変異で機能を失い，他方はもともともっていた正常型が，突然変異型にDNA 組換えによって置き換わった場合。（2）と（3）では，正常型をもつ染色体固有の多型（直線に対して波線で示す）ががん抑制遺伝子およびその周囲については失われるので loss of heterozygosity（LOH）とよばれる。逆に，がん細胞ゲノム中の LOH の存在は，その近傍にがん抑制遺伝子がある可能性を示唆している。

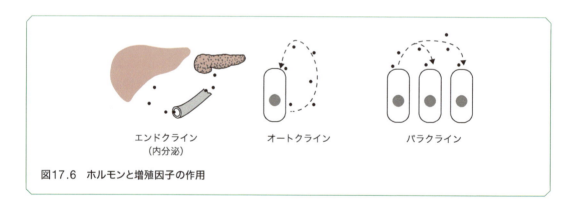

図17.6　ホルモンと増殖因子の作用

胞膜を貫く。一般に，ペプチドが1回だけ細胞膜を貫く場合は，ペプチドの N 末端が細胞外，C 末端が細胞内（細胞質）にあることが多く，これを **N-out, C-in ルール**とよぶ。

増殖因子受容体の細胞質内領域（C 末端）はペプチド中のアミノ酸チロシンをリン酸化するチロシンリン酸化ドメインをもつ（図 17.7A）。タンパク

質を構成する20種類のアミノ酸のうち，リン酸化が起こりうる水酸基を側鎖にもつものは，セリン，スレオニン，チロシンの3種類だけであり，タンパク質のリン酸化もこれら3種類のアミノ酸側鎖でのみ起こる。タンパク質リン酸化を触媒する酵素は**タンパク質リン酸化酵素**（protein kinase）とよばれ，よく保存された**リン酸化酵素ドメイン**

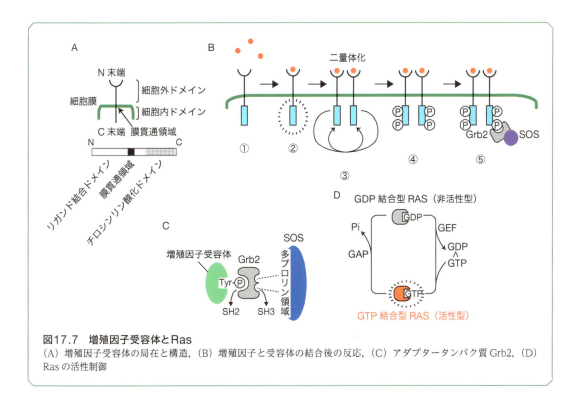

図17.7 増殖因子受容体とRas
（A）増殖因子受容体の局在と構造，（B）増殖因子と受容体の結合後の反応，（C）アダプタータンパク質Grb2，（D）Rasの活性制御

(protein kinase domain）をもち，ヒトでは約500種類存在する。これらは，セリンもしくはスレオニンを特異的にリン酸化するものと，チロシンを特異的にリン酸化する酵素に大別され，増殖因子受容体は代表的なチロシン特異的リン酸化酵素である。細胞内のアミノ酸のリン酸化の約99％はセリンもしくはスレオニンに起こり，わずか1％程度がリン酸化チロシンである。タンパク質を構成するアミノ酸の中でチロシンは頻度が少ない。タンパク質はリン酸化のほか，アセチル化，メチル化など多種類の修飾を受けるが，リン酸化チロシンはとても目立ち，かつ数が少ないので，他のタンパク質から認識されやすいネオン街の標識のような役割を果たすであろう。

リン酸化酵素とともに脱リン酸化反応を触媒するタンパク質脱リン酸化酵素（protein phosphatase）が知られているため，一般にタンパク質リン酸化は可逆的である。この性質はリン酸化の有無が経路のオン・オフの役割を果たす上で好都合である。

増殖因子が産生細胞から分泌され図17.6のように標的細胞に達すると，標的細胞上の受容体と結合する（図17.7B①）。その後，受容体全体の立体構造変化が起こり，チロシンリン酸化酵素機能が活性化されるとともに（同②），増殖因子が結合した2個の受容体が二量体化（dimerization）する（同③）。活性化されたリン酸化酵素ドメインは対合した相手分子の細胞内ドメインのチロシン残基をリン酸化する（同④）。前述したように，細胞内リン酸化チロシンはその数が非常に少ないので，特異的な信号伝達を行うよい目印となる。実際に，リン酸化チロシンを認識して結合するSH2ドメイン（Src-homology 2 domain）が知られており，SH2をもつGrb2がリン酸化された増殖因子受容体の細胞内ドメインに結合する（図17.7C）。Grb2はSH2の他にプロリンに富む領域（ポリプロリンとよぶ；Pro-X-X-Proが最小配列）と特異的に結合するSH3ドメインをもち，以下に述べるSOSタンパク質のポリプロリン配列と結合し，SOSを間接的に細胞膜直下にある増殖因子受容体近傍にリクルートする（同⑤）。Grb2のように，それ自身は酵素活性をもたないが，SHドメインのような特異的結合ドメインを複数もつことで複数の因子間の結合を仲立ちする

ものを**アダプタータンパク質**（adaptor protein）とよぶ。

　Ras タンパク質は，**低分子量 G タンパク質**の 1 つであって，GTP もしくは GDP と結合する一方，結合した GTP を加水分解して GDP にする**GTP 加水分解酵素**（GTPase）**活性**をもつ（9.2.2 参照）。Ras はしばしば増殖シグナルをオン・オフするスイッチに例えられるが，GTP 結合型 Ras がオン状態で，GDP 結合状態がオフ状態である（**図17.7D**）。Ras がもつ GTPase 活性は弱いために，Ras と GTP が結合して GTP 結合型 Ras（オン状態）ができてもただちに GTP が加水分解されてオフ状態になるわけではない。**GAP**（GTPase activating protein）とよばれる因子が Ras に作用すると，その GTPase 活性を増強させ，GDP 結合型 Ras（オフ状態）にする。これは，人が退室すると明かりが自動消灯する部屋の照明に似ている。Ras の GTPase 活性を調節することで，退室後（増殖因子の作用がなくなってから），いつ消灯するのか（増殖刺激信号を止めるのか）を調節することができる。

　一方，GDP 結合型 Ras（オフ状態）から GTP 結合型 Ras（オン状態）にするためには，**GEF**（guanine nucleotide exchange factor）とよばれる因子が Ras に作用して，GDP を Ras から解離させることに始まる（図 17.7D）。細胞内では **GDP** 濃度に比べ **GTP** 濃度が約 10 倍程度高いので，GTP あるいは GDP のどちらとも結合していない Ras は高い確率で GTP と結合しオン状態となる。

　以上のように，GTP 結合型 Ras と GDP 結合型 Ras は増殖シグナルのオンとオフ状態であるが，スイッチをオンやオフに変換する役目は，それぞれ GEF と GAP が担っている。Ras の GEF は上述した SOS であり，これは増殖因子受容体の活性化に伴い細胞膜直下の受容体近傍にリクルートされることはすでに述べた（図 17.7D）。一方，Ras の C 末端には 15 炭素長からなる脂質であるファルネシル基が共有結合し（**ファルネシル化**），それが細胞膜にアンカーすることで，Ras は細胞膜直下に局在している（**図17.8**）。その結果，増殖因子の受容

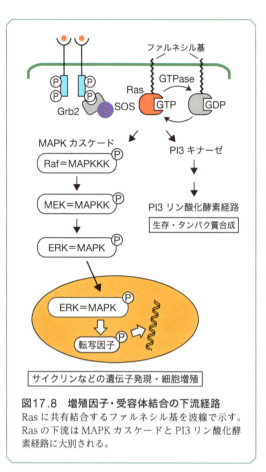

図17.8　増殖因子・受容体結合の下流経路
Ras に共有結合するファルネシル基を波線で示す。Ras の下流は MAPK カスケードと PI3 リン酸化酵素経路に大別される。

体への結合によって Ras と SOS が近接し，Ras は GTP 結合型のオン状態となる（図 17.8）。

　活性化 Ras の下流のシグナルは，大きく 2 つに分けられる（図 17.8）。第一の経路は，活性化 Ras が **Raf-MEK-ERK 経路**を活性化する **MAPK カスケード**（mitogen-activated protein kinase）である（9.2.3 参照）。**Raf**，**MEK**，**ERK** はそれぞれタンパク質リン酸化酵素で，下位のリン酸化酵素をリン酸化することで下流にシグナルを伝える。MAPK は最下位のリン酸化酵素を指し，ここでは **ERK**（extracellular signal-regulated kinase）である。MEK は MAPK である ERK をリン酸化する酵素なので **MAPKK**（MAPK kinase），Raf は 2 回のリン酸化反応を介して MAPK を活性化するので，**MAPKKK**（MAPK kinase kinase）ともよばれる。このようにして活性化されたリン酸化 ERK は核内に移行し，ETS，JUN・FOS，ELK1

などの転写因子をリン酸化して活性化し，転写因子はサイクリンなど増殖に必要な因子を発現させて細胞周期を開始して細胞増殖を誘導する。第二の経路は，ホスファチジルイノシトール3リン酸化酵素（PI3K; phosphoinositol 3-phosphate kinase）の活性化を介してタンパク質翻訳の促進など同化反応を刺激する（9.2.2参照）。

17.5.4 *Ras*がん遺伝子の活性化

NIH 3T3細胞を用いた遺伝子導入実験により多くのヒト腫瘍において活性化*RAS*がん遺伝子が同定されたが，それらは原がん遺伝子（正常型）*RAS*に比べると，12，13あるいは61番目のコドンに点突然変異が生じアミノ酸置換が起きていた。図17.7Dで示したように，RasがGTP結合型のオン状態からGTP結合型のオフ状態に戻るためにはRasのGTPase活性が必要であるが，これらのアミノ酸置換はGTPase活性を失わせることが明らかになった。このことは，部屋から人が出ても消灯させるしくみがないので照明がつきっぱなしの状態に相当する。すなわち，活性型*RAS*がん遺伝子は，増殖シグナルを恒常的に伝えるRasタンパク質を産生することで細胞のがん化に貢献する。このように，腫瘍で見られるがん遺伝子の突然変異は，遺伝子産物の機能を高める（この場合は正常では特定の条件下のみでGTP結合型Rasであるものが構成的に（常に）GTP結合型Rasになる）場合が多く，これを gain of function 変異とよぶ。このような場合，変異は優性であることが多い。

17.6節

腫瘍発生のしくみ
がん抑制遺伝子

生物は紫外線や酸素など突然変異を惹起する因子に満ちた環境で生存しているので，そのゲノムDNAに自然に突然変異が起こることを免れることができない。個体が正常に生存するために必要な原

がん遺伝子に突然変異が起こることでがん化を引き起こすとすれば，たとえ突然変異によって活性化がん遺伝子が生じたとしても，ただちに細胞ががん化することを防ぐしくみが必要であろう。特に，ヒトのように生殖年齢に達するまでに10数年の長い年月を必要とする生物では強いがん抑制機構が必要である（14.9節，14.12節参照）。本節では，そのようながん抑制遺伝子として *p53* と *Rb* 遺伝子について述べる。

17.6.1 *p53*遺伝子

ゲノムDNAに起こるDNA損傷はさまざまであり，DNA塩基の化学修飾，紫外線に特徴的な隣接する塩基間の共有結合形成，一本鎖DNA切断（ギャップ），二本鎖DNA切断などが含まれ（図17.9A），それぞれDNA修復経路が存在する。これらの損傷DNAが完全に修復されずに細胞周期が進行すると，非生理的なDNA鎖を鋳型として正常とは異なるヌクレオチドを使ってDNA複製が行われる結果，異常は突然変異として固定される。また，S期におけるDNA複製やM期における姉妹染色分体の分配に異常が起こり，不完全なゲノムDNA複製や染色体分配に過不足が生じた場合，そのまま細胞周期が進行すると子孫細胞に異常なゲノムが伝えられ，がん化の要因ともなる。

これらの危険性を回避するために，細胞はすべてのDNA異常が修復されるまでのあいだ細胞周期の進行を一時的に停止する必要がある。DNA損傷が修復できないほど大規模である場合には，異常なゲノムをもつ細胞が生存し続けてがん化することがないように細胞死を誘導する。

p53は転写因子であり普段は不活性であるが，上述の異常DNAをセンサー分子が認識すると，活性化されて大きく2群に分けられる遺伝子群の発現を誘導する。第一は，細胞周期の進行に必要なサイクリン・Cdk（cyclin-dependent kinase）の活性を阻害するCdk阻害因子で，p21やp16が代表的である（14.9参照）。これらの因子の発現の結果，DNA損傷を完全に修復するまで細胞周期の進行を止めて修復後再開することができる。このよ

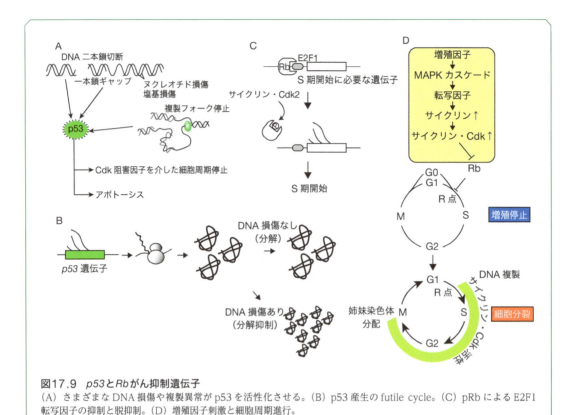

図17.9　*p53*と*Rb*がん抑制遺伝子
（A）さまざまな DNA 損傷や複製異常が p53 を活性化させる。（B）p53 産生の futile cycle。（C）pRb による E2F1 転写因子の抑制と脱抑制。（D）増殖因子刺激と細胞周期進行。

うな DNA 損傷が起こると細胞周期を停止させる機構を **DNA 損傷チェックポイント** とよぶ。第二は，アポトーシスを誘導する遺伝子群で，損傷 DNA の程度が高く完全に修復できないときに，その細胞を排除するために発現誘導される。p53 はこのようにゲノム異常を防ぐ中心的なタンパク質であり，しばしば「**ゲノムの守護神**（guardian of genome）」とよばれる。

これらの経路は DNA 損傷発生後ただちに活性化される必要がある。そのために，p53 は DNA 損傷のないときにおいても常にタンパク質として産生されているが，合成されると同時にタンパク質分解されるので転写因子としての活性をもたない。しかし，ひとたび損傷 DNA が認識されると分解機構が抑制され，p53 タンパク質がただちに蓄積・活性を示すようになる（**図17.9B**）。このしくみは，正常時には使われないタンパク質を産生・分解しているので一見無駄（futile cycle）のようにみえる。

しかし，DNA 損傷が生じてから *p53* 遺伝子*を活性化して mRNA を発現する場合には p53 タンパク質が有意に蓄積するまで少なくとも数時間はかかると予想されることから，緊急時にただちにタンパク質が蓄積し損傷チェックポイントを活性化するという点で合目的的と考えられている。

p53⁻/⁻ ノックアウトマウスは正常に生まれてくるものの，さまざまな組織で対照群に比べて早く腫瘍を形成し死亡する。このことは p53 がヒトにおいて発がん抑制に重要であることと一致する。

* p53 をコードする遺伝子は，tumor protein p53 を略して *TP53* が正式な名称であるが，本章では簡便のために *p53* 遺伝子とよぶ。

17.6.2　*Rb*遺伝子

すでに述べたように，増殖刺激がないかぎりヒト正常細胞は増殖を行わない。これを確実にするためには自動車と同じようにブレーキが必要であろう。

古くから，細胞周期 G1 期にはそこを越えると S 期以下の細胞周期が自動的に進んでしまうタイミングがあることが知られており，R 点（restriction point）とよばれてきた。*Rb* 遺伝子は，はじめ遺伝性網膜芽細胞腫（<u>r</u>etino<u>b</u>lastoma）の原因遺伝子として発見され，その後，R 点におけるブレーキの役割を担うことが明らかになった（図 17.9C，10.1 参照）。細胞周期 S 期はゲノム DNA を 2 倍にコピーする必要があるため，莫大な量の DNA 合成の材料であるデオキシヌクレオチドを必要とする。デオキシヌクレオチドはリボヌクレオチドのリボース 2′ 位を還元してつくられるため，その反応を触媒するリボヌクレオチド・リダクターゼ（RNR; ribonucleotide reductase）を S 期開始前に合成する必要がある。このように S 期開始前には S 期準備のために一群の遺伝子の転写・翻訳を行うことが必要で，転写因子 E2F1 がその役割を担う。

Rb タンパク質（pRb）はポケットタンパク質とよばれ，表面の陥入部（ポケット）を使って数々のタンパク質と結合する。E2F1 は活性化すべき遺伝子プロモーターに結合しているが，通常は pRb のポケットと結合しているためにその転写活性化能は抑制されている（図 17.9C）。しかし，増殖因子などの増殖シグナルが与えられると，MAPK カスケードによって活性化された転写因子がサイクリンの発現を誘導する。その結果，G1 期でサイクリン・Cdk 活性が上昇し，pRb のポケット領域をリン酸化し，E2F1 と pRb の結合が阻害される。その結果，E2F1 は活性化され S 期の準備に必要な種々の遺伝子が発現され，R 点を越えて S 期へ細胞周期が進む。サイクリンと Cdk は複数種類存在するが，それらが順次活性化されることで，S 期の DNA 複製の開始から M 期で複製された 2 つの姉妹染色体が分配されるまでの，いわば細胞周期のコアというべき現象の進行を司っている（図 17.9C）。以上のことから，R 点におけるブレーキは pRb が E2F1 による S 期関連遺伝子の発現誘導することを抑制していることにあり，ブレーキの解除は，増殖因子→Ras 活性化→MAPK カスケード活性化→転写因子活性化→サイクリン産生→サイクリン・Cdk による

pRb の E2F1 抑制の解除（脱抑制）→S 期関連遺伝子発現，によって行われることがわかる。*Rb* 遺伝子のノックアウトマウスは胎生致死であるが，組織特異的に遺伝子欠失を起こさせると当該組織における過剰な細胞増殖が見られ，これは以上の結論と合致している。pRb 経路はヒト悪性腫瘍の半数近くで失活している。

17.6.3　がん抑制遺伝子

p53 や pRb は細胞分裂を抑制し，p53 はさらにアポトーシスを誘導する。これは速く増殖をして子孫細胞を増やそうとするがん細胞の性質と反対の結果であり，がんの成立・悪性化を抑制する意味でがん抑制遺伝子（tumor suppressor gene）とよばれる。腫瘍でみられるがん抑制遺伝子の突然変異は，本来もつべき機能を低下させる loss of function 変異であり，正常細胞がもつ両親由来の 2 個の遺伝子アレルがともに機能低下して発がんに貢献する場合が多い。したがって，がん細胞でみられるがん抑制遺伝子変異は，正常型がともに失われた時にのみ有効で劣性である。そのためがん抑制遺伝子は劣性がん遺伝子（recessive oncogene）ともよばれる。

図 17.5B で示したように正常型遺伝子が失われるしくみは複数の方法がある（図 17.5B の説明を参照）。がん抑制遺伝子は p53 や Rb 以外にも知られている。例えば図 17.7D で示したように，Ras タンパク質の GAP は増殖シグナルを抑制する役割を果たす。実際に Ras の GAP をコードする *NF1* 遺伝子は，遺伝性腫瘍疾患である神経線維腫病 1 型（別名，フォン・レックリングハウゼン病）の原因疾遺伝子であり，がん抑制遺伝子の 1 つである。

がんはなぜ賢くなるのか？

17.1 節で述べたように，がん細胞は時間とともに治療が効かなくなり，浸潤・転移をする。このように，がん細胞が病初にはもたない性質をもつよう

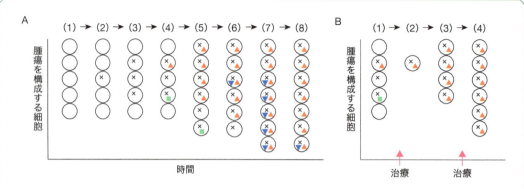

図17.10　がん細胞のクローン進化
(A) ×，■，▲，▼は異なる遺伝子突然変異を示す。■で示す突然変異は (4) で出現しても，がん細胞の適応度の向上に貢献しないので，(6) では集団から消失している。▲は経過中常に適応度を向上させるので，(7) 以降は集団のすべての細胞がこれをもつ。▼は (6) の時点では適応的なので (7) ではこれをもつ細胞の割合が増しているが，環境が変わった (8) では非適応的となりこれをもつ細胞が消失しかけている。このように，ある突然変異ががん細胞にとって適応的か否かは，環境によって変化しうる。(B) 治療による治療抵抗性遺伝子変異をもつクローンの選択。

になり，一見，賢くなるように見えるのはどのようにして起こるのであろうか？

前節で述べたように，p53 経路と pRb 経路は多くのがんで機能欠損をしている。その場合，過剰な増殖にも関わらず DNA 損傷チェックポイントが機能しないために，細胞周期の途中で DNA 損傷や複製異常が生じてもそれを修復するために細胞周期停止を起こさず，異常 DNA を子孫細胞に伝えてしまう。また，テロメラーゼの有無にかぎらず，テロメア長が極端に短小化した細胞は正常細胞であれば細胞老化によって増殖停止が起こるが，p53 と Rb 経路が失活している場合には増殖が可能でテロメア機能不全による異常染色体を生み出しやすい（14.10 節参照）。さらにある種のがんでは，DNA 修復系や DNA 合成酵素の校正機能の欠損が報告されている。以上のようなさまざまな原因によって，がん細胞は DNA 点突然変異，遺伝子増幅，DNA 組換えが起こりやすい。このようにがん細胞が遺伝子異常を起こしやすい性質をがん細胞の**遺伝的不安定性**（genetic instability）とよぶ。

個体を構成するすべての正常細胞は，免疫細胞などの例外を除いてゲノム配列は同一である。これと対照的に，がん細胞は遺伝的不安定性のために同じ腫瘍内であってもゲノム配列は細胞ごとに異なる。この場合，突然変異はランダムに起こり，ほとんど

の場合，細胞の性質（表現型）に影響を与えない。わずかな場合に突然変異は表現型に影響を与えるが，多くの場合，腫瘍細胞が増殖して子孫細胞が生き延びる能力（**適応度**という）を下げる。稀な場合に，突然変異はそれをもつ細胞がもたない細胞に比べて適応度を増加させ，時間が経つとその子孫細胞（クローン）が腫瘍内の主要な細胞となる（**図17.10**）。ただし，ある突然変異が腫瘍細胞の適応度を上げるか下げるかは，その細胞が存在する環境による。たとえば，酸素と栄養が豊富にある環境では増殖速度が速い細胞が高い適応度をもつが，乏しい環境では増殖速度よりもストレス耐性が強い細胞（多くの場合，増殖速度は速くない）が高い適応度をもつであろう。腫瘍細胞は遺伝的不安定性をもつために，腫瘍内で異なるゲノム配列をもつサブクローン集団が混在し，その時の環境に最も適したサブ集団が最も大きな割合で存在する。このように，同じ腫瘍であっても環境の変化によってそれを構成するサブ集団が入れ替わり環境に適応することを腫瘍の**クローン進化**（clonal evolution）という。

図 17.10B は，ある治療方法に抵抗性（図中の▲）をもつ細胞が治療前は少数であっても，治療によってその細胞のみが生き残り（選択され），治療後はその子孫クローンが腫瘍全体を占めるので同じ治療法はもはや無効であることを示している。これまで

の本章の記述で，腫瘍細胞があたかも意志をもつかのように記載されていることに気づかれた読者もいるであろう（例えば，17.4節「間葉細胞の性質を獲得する必要がある。」）。もちろん，がん細胞には意志はない。しかし，ゲノム遺伝子を常にランダムに変化させ，その中から環境に最も適応したクローンが選択される過程はレトロスペクティブにみるとあたかも意志をもっているかのように解釈できる。このことが腫瘍性疾患を他の疾患から区別する特徴的な，そして患者にとってはしばしば絶望的な疾患にしている点であるといえる。

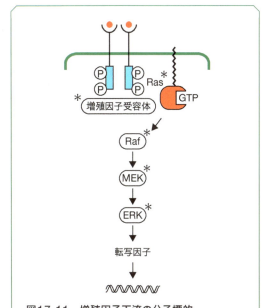

図17.11　増殖因子下流の分子標的
星印で示す因子はドライバー変異となる報告があり，角が丸い四角で囲まれた因子はタンパク質リン酸化酵素で druggable である。

17.8節

新しい治療戦略

　従来の抗がん剤や放射線治療は，活発に増殖する細胞を無差別に殺すことを作用機構としているため，正常細胞への副作用が多く，がんを完治に至らせることは難しかった。最近，よりがん細胞に特異的な新しい治療法が開発され臨床応用されているので概説する。

17.8.1　分子標的薬

　次世代DNAシーケンサーが登場し，ヒトゲノム配列全体のシーケンシングが可能となった（18章参照）。さまざまながん種について臨床検体のゲノム解析を行う国際プロジェクトが行われており，どのがん種にはどのような突然変異が多く見られるのかが明らかにされている（たとえば，The Cancer genome Atlas[3]）。ある報告によれば，がん細胞がもつ突然変異の個数は，少ないがん種でもゲノム1 Mb（1×10^6 塩基対）あたり0.1個程度，多いものでは数百個の突然変異が起きていると報告されている[4]。しかし，これらの突然変異はランダムに起こるので，ほとんどのものはがん細胞の悪性化とは関係のない中立的なものと考えられ，悪性化に貢献する突然変異はおおよそ全ゲノムで10個以下の少数であると予想されている。特に悪性化に貢献

するものは同じがん種であれば異なる患者からくり返し同定され，**ドライバー変異**（driver mutation）よばれる。すでに述べた *RAS* 遺伝子変異は1つの例である。がん細胞が複数のドライバー変異をもつとすれば，それが活性化する経路をどれか1つ阻害剤等で遮断しても他の活性化経路が残っているので，がん細胞は死滅しないと当初考えられていた。しかし，特定のドライバー変異を阻害するだけでがん細胞はアポトーシスを起こし死滅する場合が多いことがわかり，がん細胞はきわめて少数のドライバー変異に依存して生存・増殖していることが多い。この現象は，**がん遺伝子中毒**（oncogene addiction）とよばれ，中毒の対象である異常タンパク質を阻害すれば効果的にがん細胞を殺すことができることを示唆している。

　このことから，活性化がん遺伝子産物の阻害剤開発が急速に展開されている。このような阻害剤は，大きく2種類に分類できる。産物が細胞外に露出していたり（受容体の細胞外ドメインなど），分泌される場合は，産物に対する抗体が有効である。一

方，産物が細胞内にある場合には抗体はアクセスできないため，通常，細胞内に入ることができる小分子化合物が使われる。特に，タンパク質リン酸化酵素がもつ ATP 結合ポケットは立体構造上大きな穴をつくり，そこに特異的に結合することで酵素活性を阻害する小分子化合物を作成しやすいので，標的となりやすい。以上のような特定のがん遺伝子産物に対する阻害剤を分子標的薬（molecular targeted drug）とよび，阻害剤の開発が期待できる分子標的は druggable であるといわれる。図 17.11 に示す増殖因子から RAS-MAPK 経路を介して転写因子に至るがん化シグナルのうち，＊をつけた5個の因子はそれをコードする遺伝子がドライバー変異となることが報告されている。このうち，RAS 以外はすべてタンパク質リン酸化酵素であり drug-gable であって，実際に阻害剤が開発されている。たとえば，悪性黒色腫でドライバー変異が多い B-RAF 遺伝子の阻害剤は本腫瘍に対して大きな効果を示す。すでに，多くのドライバー変異遺伝子産物に対する阻害剤が利用可能であり，患者の治療開始前にまず腫瘍細胞のゲノムシーケンシングを行ってドライバー変異を同定し，その上で個別の症例のドライバー変異に有効な分子標的薬を選択して治療を開始することが行われている。この方法は，2015年に米国のオバマ大統領が Precision Medicine Initiative として今後連邦政府として政策を進めることを提唱しており，precision medicine あるいは個別化医療（personalized medicine）とよばれることも多い。しかし，多くの症例で悪性腫瘍は当初有効であった分子標的薬にやがて抵抗性を示すようになり，再発することが多い。

17.8.2　がん免疫療法

がん細胞は多くの突然変異をもつため，正常細胞にはない抗原エピトープを細胞表面に発現していることが多い。このようながん抗原を利用したがん免疫療法は古くから開発が試みられてきたが，その効果は限定的であった。最近，免疫チェックポイント（immune checkpoint）阻害薬がその壁を破るブレークスルー医薬として注目を集めている。詳しくは，16 章 column（p.249）を参照されたい。

がんとは何か

生物は，地球の環境変動にも関わらず子孫を残すことができるように，さまざまなしくみを発明しゲノムに組み込んだ。Ras 分子スイッチ，p53 やpRb による増殖抑制機構，上皮間葉転換による多細胞体制内の組織改変，免疫チェックポイントによる自己免疫抑制はヒトが進化の過程で得た貴重な適応的分子機構である。がん細胞は，これらの分子機構を自身の適応度を上げるためにハイジャックしているといえる。がん細胞がそのようなことをできるようになったのは，生物が莫大な時間の間にこれらのしくみを得るにいたったダーウィン進化を，がん細胞が患者の一生という短い時間で行うことができるようになったからである。今後，がん細胞にクローン進化を可能にさせる条件を明らかにして，それを阻害する治療法を開発することが期待される。

Further Readings

本章で述べたがん研究の進展をまとめた教科書の中では，

・The Biology of Cancer, Robert A. Weinberg 著, Garland Science (2014) [邦訳『ワインバーグ　がんの生物学』R. A. ワインバーグ著，武藤 誠，青木正博訳，南江堂 (2017)]

が白眉である。

がん細胞の特徴をコンパクトにまとめた記事として，以下が有名である。

・D. Hanahan, R. A. Weinberg, The hall-marks of cancer, *Cell*, 100(1), 57-70 (2000)

・D. Hanahan, R. A. Weinberg, Hallmarks of cancer: the next generation, *Cell*, 144 (5), 646-74 (2011)

文献
1) 国立がん研究センターがん情報　https://ganjoho.jp/public/dia_tre/knowledge/basic.html
2) R. A. Weinberg, *Scientific American*, 275, 3, 62-70 (1996)
3) https://cancergenome.nih.gov/
4) D. A. Wheeler and L. Wang, *Genome Res.*, 23, 7, 1054-62 (2013)

18章 体の設計図を読む
ゲノム情報と進化

山野隆志

はじめに

分子生物学者の昔話には，シーケンス解析のよもやま話が語られることが多い。サンガー法とよばれるシーケンス技術が全盛期であった時代，大きな平板ガラスを用いて電気泳動のためのグラジエントゲルをつくり，いかに長く配列を読めるかを皆で競ったという話が，古ぼけたX線写真とともに語られるのだ。筆者が大学の研究室（ちょうど植物の性染色体を解読するプロジェクトが走っていた）に入った頃には，サンガー法の検出は放射線同位体から感度の良い蛍光色素を用いる方法へと移っており，Applied Biosystems社のシーケンサーが毎日フル稼働していた。平板ガラスを蛍光色素の含まない洗剤を用いて手で洗い，気泡がまったく入っていない綺麗なアクリルアミドゲルを組み立て，いかに蛍光シグナルを強く長く出すかを研究室の仲間と競った。そんなエピソードを，現在になってやはり学生たちに話している。シーケンス解析というものは，どうやら人を虜にするらしい。

現代の生物学の発展はさまざまな技術によって支えられてきた。その中でも，「核酸の配列をどのようにして読むか」という極めてシンプルな問題に対する技術革新は，次世代シーケンシング（Next Generation Sequencing; NGS）の登場とともに爆発的な勢いで進歩しており，生命科学の常識をあっという間に変えてしまった。サンガー法により行われたヒトゲノム計画は，30億ドルの金をつぎこんだ世界規模のプロジェクトだった。その後，アメリカによる1,000ドルゲノム計画への舵取りと，ムーアの法則を上回るNGSの技術革新によってそのコストは何万倍にも低下し，ありとあらゆる生物のゲノム情報が個人でも手の届く時代が到来した。

本章では，多くの研究者が奮闘したDNA配列決定とヒトゲノム解読の歴史を簡単にふり返り，現在爆発的に発展している次世代シーケンシング技術の一部とゲノム解析がもたらした科学的知見について紹介したい。

18.1節
古典的DNA解析技術とその発展

1953年，クリック（F. H. C. Crick）とワトソン（J. D. Watson）によって細胞の設計図がデオキシリボ核酸（deoxyribonucleic acid; DNA）であることが宣言され，分子生物学の歴史が始まった[1]。DNAは非常に安定かつ多量に存在する物質である。ブロッコリーや鶏レバーなどを材料にして，家庭用洗剤，食塩，エタノールを用いてDNAの抽出実験を誰でも簡単に行うことができる。エタノール溶液の中にフワフワと浮く白い繊維状の物質が，自分たちの体を形づくるための設計図であることを正に「見る」ことで実感することができる。その設計図が，4種類のデオキシリボヌクレオチドを用いてどのように書かれているのか？　それを実際に「読む」ことが可能になるには，1970年代まで待たねばならなかった。1960年に入る頃には，遺伝情報がDNAからRNAを経てタンパク質に至る「セントラルドグマ」の考え方が浸透し，DNAがタンパク質のアミノ酸配列の設計図であるということはわかっていた。しかしDNAの並びを簡単に調べる技術は開発されておらず，それに果敢に挑戦したのが，タンパク質のアミノ酸配列決定法でノーベル化学賞を受賞したサンガー（F. Sanger）だっ

た。サンガーがまず開発したのは，1975 年に報告された「プラス・マイナス法」である。この方法は今では使われていないので詳細は省略するが，後述するジデオキシ法の基礎となったものであり，バクテリオファージΦX174 の全 DNA 配列の決定は「プラス・マイナス法」を用いて行われたものであることは特筆すべきことである[2]。

1977 年，米国科学アカデミー紀要にある論文が掲載された[3]。現在までに 66,000 回以上も引用されているその論文は，サンガーらが開発したジデオキシ法（チェーン・ターミネーター法，サンガー法ともよばれる）を報告したものである。DNA が新しい鎖を合成するとき，その材料には 4 種類のデオキシリボヌクレオチド（dATP，dTTP，dGTP，dCTP：4 種類まとめて dNTP と表す）が用いられる。鋳型鎖の塩基と対となる dNTP が順番につなげられていき，新しい DNA 鎖が合成される。例えば鋳型鎖が G なら，対となる塩基は C なので，dCTP が取り込まれる。一方で，その化学的類似体である 4 種類のジデオキシリボヌクレオチド（ddATP，ddTTP，ddGTP，ddCTP：4 種類まとめて ddNTP と表す）も，dNTP と同様に新しい DNA 鎖の合成時に取り込まれる。しかし，ddNTP は次のヌクレオチドが取り込まれるのに必要な 3' 位置のヒドロキシル（OH）基をもたないので，そこで鎖の延長反応が停止する。つまり，ddNTP は鎖延長を停止させる「ターミネーター」として働く。dNTP が取り込まれている限りは反応が進み，鎖はどんどん伸びていくが，ddNTP が取り込まれると反応が止まり，ターミネーターの塩基に対応するさまざまな長さの DNA 断片が生じることになる。これを分離してターミネーターの塩基の種類を読み取れば，もとの DNA の鎖の配列がわかるというわけだ。

実際に塩基を読み取るときは，伸長時に放射線同位体（主に ^{32}P）で標識した塩基を取り込ませておき，変性アクリルアミドゲルで分子量に従って分離した後に，X 線フィルムを感光させてバンドを検出する。1 番遠くまで泳動されたバンドは，鋳型の最初の部分で ddNTP が取り込まれて鎖伸長が終わっ

た一番短い DNA 断片である。2 番目に遠くまで泳動されたバンドは，それよりヌクレオチド 1 個分だけ長いものに相当する。これを 3 番目，4 番目…と読んでいくと，約数百塩基の情報を読み取ることができる。今のシーケンサーでは，泳動にはキャピラリー電気泳動を利用し，ddNTP をそれぞれ別の蛍光色素で標識する方法が使われており，レーザーと検出器を用いて蛍光を読み取ることで測定も自動化されている（図 18.1）。サンガーは DNA 配列決定の功績が認められ，1980 年に 2 度目のノーベル化学賞を受賞した。

ヒトゲノム計画が
もたらしたもの

ゲノム生物学の発展は，解析技術の進歩が支えている。時には無謀ともいえる研究プロジェクトがその技術革新を後押しすることがある。1990 年，米国立ヒトゲノム研究センターは，米国を中心とした世界 6 ヶ国からなる国際チームを結成し，ヒトゲノムに含まれる 30 億個の塩基対すべてを解読するプロジェクト，ヒトゲノム計画（Human Genome Project; HGP）を開始した。

実際のシーケンスでは，まずゲノム DNA を断片化し，クローニングできる DNA のサイズが大きい BAC や PAC ベクターを用いて断片をクローン化して DNA ライブラリーを作成する。インサート両末端の配列を決定し，それと重複する配列をもつ新しいクローンを選抜して，DNA の配列断片を重ね合わせる（アライメント）という方法で，着実に読んだ配列を伸ばしていく。例えるならば，全 24 巻（ヒトのゲノムは 22 対の常染色体と 1 対の性染色体から構成される）からなる長大な本の中身を 1 文字ずつ解読するために，1 巻ごとに分け，ページをバラバラにしてランダムに読んでいくのである。ある程度長い重複する文章が見つかれば，その文章の重複する部分を並べ，ひとつづきのパラグラフ（ゲノム解析ではコンティグとよぶ）を再構成す

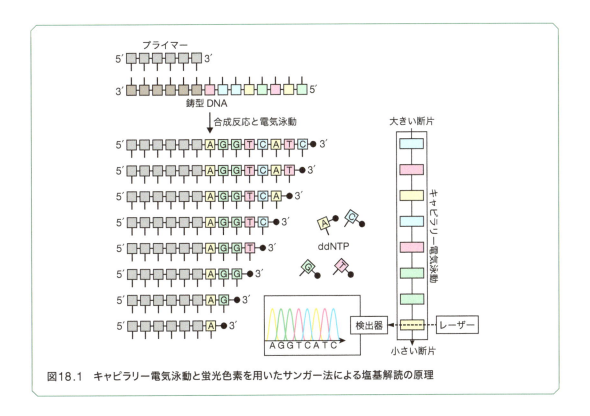

図18.1　キャピラリー電気泳動と蛍光色素を用いたサンガー法による塩基解読の原理

ることができる。順序がばらばらのパラグラフをもと通りの順に並べてつなげるために，章や節のような目印も必要である。そのため，HGPではゲノム上のおおよその位置の手がかりとなるような目印を描いたゲノム地図を作成するのに多くの時間を要した。HGPの計画では，染色体をそれぞれの国で分担し（日本は主に21番染色体），ヒトゲノム解読完了までを約15年と見積もっていた。しかし，ベンター（J. C. Venter）率いるセレラ・ゲノミクス社がゲノム解読競争に参入することで，その計画に変更が迫られた。セレラ社は，独自に開発したショットガン・シーケンス法を用いて，ヒトゲノムを商業目的で解読しようとした。ショットガン・シーケンス法は，全ゲノムDNAをランダムに小さく断片化した後にクローニングし，その短い配列を片っ端から読み，スーパーコンピューターを用いた膨大な計算によって重複するところをつなぎ合わせる画期的な手法だった。巻ごとに読むどころか，本全体を粗いシュレッダーでばらばらにして，数十文字の重複を手がかりにつなぎ合わせるようなものである。

その後のゲノム解読は，HGPとセレラ社の競争によって驚異的な加速度で進展し，2001年の2月，HGPがNature誌，セレラ社がScience誌の誌上をほぼ独占する形でヒトゲノムの概要配列が公開された[4,5]。その2年後，HGPはヒトゲノム解読の完了を宣言した。クリックとワトソンがDNAのらせん構造を発見してからちょうど50年後のことであった。現在，ヒトゲノム配列はGenBank（米国），EMBL（欧州），DDBJ（日本）のデータベースから公開されており，誰でも自由にその情報を利用することができる。

膨大な時間と資源を必要としたHGPは，より速く・安く・高精度に解析できる次世代型のシーケンサー技術が必要であることを示唆していた。2004年，米国立ヒトゲノム研究所が今後10年でヒトゲノムのシーケンシングコストを1,000ドルまで削減するという目標を達成するための資金提供プログラムを開始し，次世代シーケンサーの開発を促した。

次世代シーケンサーの技術

次世代シーケンサーとは，サンガー法を用いた蛍光キャピラリーシーケンサーを「第1世代」とした時に，その後に開発されたさまざまな技術的特徴をもつシーケンサーを示す言葉である。開発に共有されたモチベーションは，塩基読み取りにおける圧倒的なパフォーマンスの向上とコストダウンの実現にあった。「第1世代シーケンサー」は，前述したサンガー法を基礎とした技術であり，現在でも利用されている。HGPの最終段階に当たる2000年代初頭には技術的に成熟し，4色の蛍光色素で標識したddNTPを用いて，電気泳動・蛍光検出・塩基同定までを自動化したシーケンサーがフル稼働していた。「第2世代シーケンサー」は，DNAポリメラーゼまたはDNAリガーゼを用いた逐次的DNA合成法を用いて，光・発光などを検出することによって超並列的に塩基配列を決定するのが特徴である。「第3世代シーケンサー」は，DNA1分子を鋳型としてDNAポリメラーゼによりDNA合成を行い，1塩基ごとの反応を蛍光・発光によって検出することにより，リアルタイムで塩基配列を決定できるのが特徴である。「第4世代シーケンサー」は定義が曖昧であるが，ナノポアや光検出以外の検出方法により，超並列的に塩基配列を決定する方法が特徴である。ここでは「第2世代シーケンサー」以降の代表的なシーケンサーを中心に，その技術を紹介する[6]。

18.3.1 読むために増やす

NGS解析では，BACやPACなどのベクターを用いてクローン化されたDNAライブラリーを作成する必要がない。ただし，鋳型となるDNAは適当な長さに断片化された後に，担体の上に固定され，増幅される必要がある。ここでは，多くのシーケンサーで利用されているエマルジョンPCRとブリッジPCRの2つの方法を紹介する。どちらの方法においても，増幅前のアダプター配列を結合させたDNA断片は保存・再利用が可能であり，便宜的にDNAライブラリーとよばれることが多い。

エマルジョンPCRは，後述するパイロシーケンシング，Ion Torrentなどで用いられているDNA増幅方法である（図18.2A）。DNAを数百bpに断片化した後に，両末端にアダプター配列を結合させ，変性して一本鎖にする。油中の水滴（ミセル）の中に，アダプターを結合した一本鎖DNAと，そのアダプターに対して相補な配列が固定化されたビーズが1：1で結合するように混合し，dNTP，プライマー，DNAポリメラーゼの増幅試薬も内包させる。ミセル内には1つのビーズに対して1分子のDNA断片が含まれているため，各DNA断片は他の配列と混ざることなく，ビーズ上で数百万コピーにまで増幅される。エマルジョンを破壊してビーズを濃縮し，ピコタイタープレートとよばれる特殊な反応器に空いた小さな穴にビーズを1つ充填し，配列解析を行う。

ブリッジPCRは，主にillumina（イルミナ）社のシーケンサーで用いられるDNA増幅方法である（図18.2B）。断片化したDNAの両末端に，2種類の異なる配列をもつアダプターをそれぞれ連結させる。フローセルとよばれるガラス基盤上には，アダプター配列と相補的な配列をもつオリゴヌクレオチドが林立している。したがって，DNA断片を一本鎖に変性させフローセルにロードさせると，アダプターが付加されたDNA断片の5′末端と3′末端は，それぞれ近傍のオリゴヌクレオチドと結合し，ちょうど橋（ブリッジ）がかかったような構造をとる。この状態でDNAポリメラーゼによる伸長反応を行い，アダプター配列特異的な配列のみを切断させると，フローセル上に一本鎖の束（クラスター）ができあがる。この反応をくり返すことで，狭い面積の中で一本鎖DNAを固定しながら増幅する。

18.3.2 世界で最初のNGS 〜パイロシーケンシング〜

パイロシーケンシング（Pyrosequencing）の原理は，その名前からもわかるようにピロリン酸

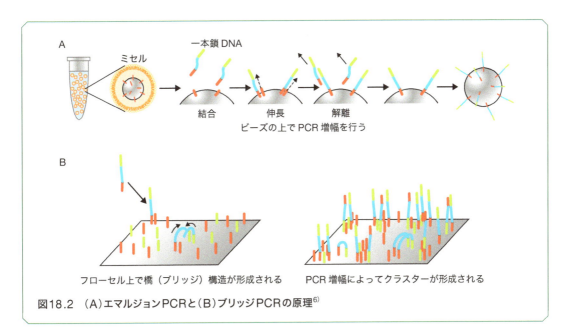

A
ミセル
一本鎖 DNA
結合　伸長　解離
ビーズの上で PCR 増幅を行う

B
フローセル上で橋（ブリッジ）構造が形成される　　PCR 増幅によってクラスターが形成される

図18.2　（A）エマルジョンPCRと（B）ブリッジPCRの原理[6]

（pyrophosphate）の放出を介してシーケンシング反応をモニターするものである（図18.3A）[7]。まず，エマルジョン PCR 後のビーズを，膨大な数の非常に小さなウェルに 1 つずつ充填する。次に，4 種類のヌクレオチドを 1 種類ずつ順番に添加する。鋳型 DNA と相補的なヌクレオチドが添加されると，DNA ポリメラーゼによる伸長反応によりヌクレオチドが DNA 鎖に取り込まれ，ピロリン酸が放出される。これを基質として，次の反応を触媒する ATP スルフリラーゼが ATP を生成する。

アデノシン 5′-ホスホ硫酸 ＋ ピロリン酸 →
硫酸イオン ＋ ATP

さらにこの ATP とルシフェリンを基質として，ルシフェラーゼが発光反応を起こし，この発光シグナル強度を CCD カメラが検出し，ピーク波形として観察・記録する。各ピークの高さは，取り込まれたヌクレオチド（＝放出されたピロリン酸）の数に比例し，ピークの高さが 2 倍であれば 2 つの同じヌクレオチドが連続して取り込まれたことを意味する。取り込まれなかったヌクレオチドは，次のヌクレオチドが添加される前に，ヌクレオチド分解酵素の 1 つであるアピラーゼ（apyrase）により分解

される。この工程を，添加するヌクレオチドの種類を変えながら何度もくり返す。

パイロシーケンシングは，化学修飾されたヌクレオチドを用いる必要がないこと，時間のかかる電気泳動をする必要がないことなどの利点をもち，シーケンシング反応の大規模並列化を最初に可能にした。まさにシーケンス技術のパラダイムシフトであった。パイロシーケンシング技術は 454 Life Sciences 社（後に Roche 社によって買収された）にライセンス供与され，「454 GS FLX」などの代表的な NGS 機器につながった。454 Life Sciences 社は NGS 技術で最初に商業的な成功を収めたベンチャー企業となったが，その後は競合他社とのコスト競争に勝つことができず，2013 年にシーケンサーの販売を終了，2016 年には技術サポートを終了している。

18.3.3　水素イオンを捉えろ！　〜Ion Torrent〜

Ion Torrent 技術は，デジタルカメラなどにも使われている CMOS 半導体チップを用いて，化学信号を直接デジタル情報に変換するところに特徴がある（図18.3B）[8]。デジタルカメラでは光をデジタ

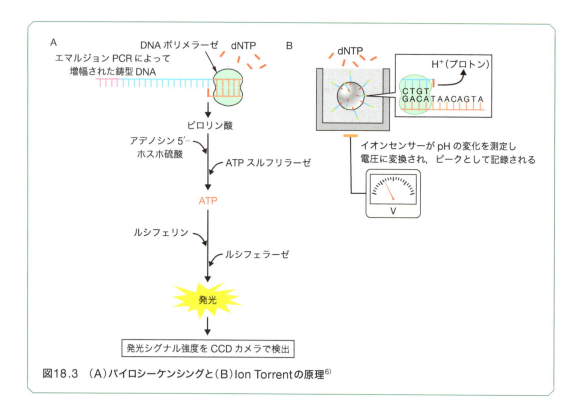

図18.3 （A）パイロシーケンシングと（B）Ion Torrentの原理[6]

ル情報に変換しているのに対して，Ion Torrentでは DNA ポリメラーゼによりヌクレオチドが DNA 鎖に取り込まれる過程で生じる水素イオンの信号をデジタル情報に変換している。実際のシーケンスでは，エマルジョン PCR 後のビーズを半導体マイクロチップ上の微小なウェルに 1 つずつロードし，4 種のヌクレオチドを 1 種類ずつ順番に添加する。鋳型 DNA と相補的なヌクレオチドが添加されると，DNA ポリメラーゼによる伸長反応によりヌクレオチドが DNA 鎖に取り込まれ，水素イオンが放出される。このイオンのもつ電荷によりウェル内の pH が変化し（1 つのヌクレオチドの取り込みによって pH は 0.02 変化する），ウェルの下にある独自のイオンセンサーが pH の変化を測定し，電圧に変換され，記録される。いわば各ウェルが世界最小の pH メーターのようなものである。この行程が数十秒ごとにくり返され，毎回別のヌクレオチドがチップ上を流れる。加えられたヌクレオチドが鋳型 DNA と一致しない場合は，イオンは放出されず，電圧変化は記録されないため塩基は読み取られない。DNA 鎖に同じ塩基が 2 個連続して取り込まれた場合は，電圧は 2 倍になり，チップは 2 個の塩基が並んだものとして検出する。このプロセスが数百万個のウェルで同時に起きているため，短時間で非常に多くの塩基配列を読むことができる。ヌクレオチドの取り込み時に放出される副産物を利用するという点で，Ion Torrent の検出原理はパイロシーケンシングとよく似ている。というのも，この技術は 454 Life Sciences 社を創設したロスバーグ（J. Rothberg）によって開発されたためである。Ion Torrent は，スキャナ，カメラ，光源の光学系をもたない初めての NGS 機器であり，シーケンス反応を行う半導体内で，データ処理も同時に行える。これにより小型化・高速化・低コスト化が可能となった。急速に発展する他の NGS 分野とも歩調を合わせており，現在でも安価で信頼性の高い診断検査などに利用されている。

18.3.4 サンガー法の超並列処理

ブリッジPCRによって増幅されたDNAを鋳型とし，ヌクレオチドが1塩基ずつDNA鎖に取り込まれる時の蛍光強度を検出し，塩基配列を決定する方法である。基本的な原理はキャピラリー電気泳動を用いたサンガー法と似ているが，フローセル上で増幅された数千万以上のDNAクラスターに対して大量並列処理するところが特徴である[9]。1個の蛍光標識されたdNTPがDNA鎖に取り込まれると，ターミネーターによって合成反応が終了する。dNTPが取り込まれると，フローセル全体の蛍光が画像としてスキャンされ，画像解析によって塩基を同定する。その後，蛍光標識とターミネーターを除去し，次のサイクルで再度ヌクレオチドを取り込む。この技術を搭載したイルミナ社のシーケンサーは，他のプラットフォームと比較してシーケンシング機器の最大の市場シェアを占めている。読み取り長，データ量，コスト，アプリケーションの違いなどによって，HiSeq 2500/4000，HiSeq X Ten，MiSeq，NextSeq500といったさまざまな機種が開発されている。特にHiseq X Tenは，ヒトゲノムの配列を30倍のカバレッジで読んだときに，初めて1,000ドルの壁を打ち破った。

18.3.5 長く読むのは良いことだ

生物のゲノム配列は，長い反復配列領域，遺伝子配列の重複，進化・適応・疾患の末に定着した配列の構造変化などが一緒くたになって，非常に複雑な構造をとっている。これらの配列の多くは長い領域に渡って存在するため，これまでに説明したショートリードを読むシーケンス技術では解読することが難しい。ロングリードシーケンシングは，数kbを超えるシーケンシングを可能とし，ゲノム中に点在する大きな構造的特徴を明らかにすることが可能だ。また1回のシーケンスで遺伝子の転写産物の全長を読むことも可能となるため，ゲノム配列と比較することでエクソンとイントロンの正確な位置を決定し，選択的スプライシングによって生じる何種

類ものアイソフォームを区別することができる。このような需要から，新規のゲノム配列解析を行う用途に適した非常に長いリード長を得ることのできる1分子シーケンサーが開発されてきた。DNAを1分子単位でPCRによる増幅なしでシーケンスできるまったく新しい原理のシーケンサーであることから，第3・第4世代のシーケンサーといわれている。ここでは2つの技術を紹介する。

A. 1分子リアルタイムシーケンスの登場

PacBioは現在最も広く利用されている1分子リアルタイム（Single-molecular real-time; SMRT）シーケンサーである（図18.4A）[10]。ライブラリー調整時にPCRによる増幅を行わないために，GC含量が高いゲノム配列でも均一なシーケンスデータを得ることができる。PacBioの特徴の1つは，鋳型DNAの構造である。断片化したDNAの両端に2つのヘアピン型のアダプター配列を連結し，SMRTbellとよばれるダンベル型の環状DNA構造を形成させる。SMRTbellは，末端では一本鎖DNA（single strand DNA; ssDNA），真ん中の部分では二本鎖DNA（double strand DNA; dsDNA）の構造を保っている。プライマーとDNAポリメラーゼはssDNAの部分に結合し，DNA–ポリメラーゼ複合体を形成する。DNAポリメラーゼはdsDNAのところを押しのけてDNA鎖を伸ばしていくが，鋳型が環状DNAであるためにインサートの長さに依存せず，何度でもシーケンスすることが可能である。

1つのSMRTセルには，数十万個のZMW（zero-mode waveguide）とよばれる孔が空いており，1つの孔の底面に1分子のDNA–ポリメラーゼ複合体が固定される。実際の反応では，異なる蛍光色素でリン酸基が標識された4種類のヌクレオチドがDNA鎖に取り込まれると，リン酸基が放出され，蛍光が検出される。これによって伸長反応を進めながらリアルタイムに解析できる。この技術の大きな特徴は，伸長される新規DNA鎖が通常のDNAと同じ構造をもつため安定性が高く，数kb～数十kbものリード長を実現できることであ

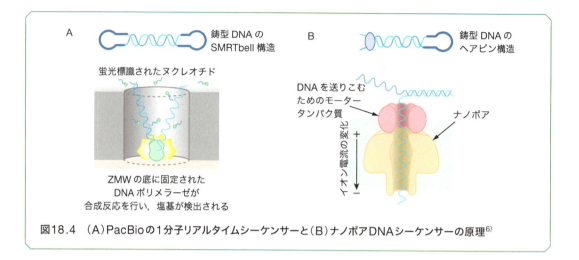

図18.4　（A）PacBioの1分子リアルタイムシーケンサーと（B）ナノポアDNAシーケンサーの原理[6]

る。また，PCR を行わないために増幅時のバイアスやエラーを考慮する必要がなく，ライブラリー作製から DNA 配列を得るまでの時間が短くて済む。

B. いつでもどこでもだれでもシーケンス ～ナノポア DNA シーケンサーの衝撃～

サイエンス誌が選ぶ 2016 年の科学的ブレイクスルーの 1 つに，「ナノポア技術によるモバイル遺伝子シーケンサー」が選ばれた。ナノポアとは，文字通り数ナノメーターの超微細なサイズの穴（ポア）のことであり，この穴にヘアピン構造をとった一本鎖 DNA を通し，通過する時のイオン電流の変化によって塩基配列を読む（図 18.4B）[11]。

ナノポアが DNA シーケンシングの基盤になりうることを初めて示唆した報告は，いまから 20 年以上前にも遡る。1996 年にハーバード大学のチームは，DNA が α-ヘモリシンという七量体の膜タンパク質が形成する孔を通り抜けるときに，イオンの流れが乱されることを報告した。4 種類のヌクレオチドが孔を通り抜けるときに，この孔を通るイオンの流れにそれぞれ異なる変化が生じるため，この変化を電気信号として読み取れば，通過したヌクレオチドの種類を読み取れるだろうと予測したのだ[12]。

イギリスのオックスフォード・ナノポアテクノロジーズ（ONT）社はこの技術を発展させ，チャネル膜タンパク質をナノポアとした DNA シーケン

サーの開発をスタートさせた。その試みは成功し，卓上型の「GridION」，USB 接続して使用する手のひらサイズの「MinION」，スマートフォンにつないで利用する「SmidgION」といったナノポア DNA シーケンサーが登場した。MinION は約 10 万円の「使い捨て」の DNA シーケンサーであり，読むための DNA は断片化したり増幅したり高価な蛍光試薬を付加したりする必要もない。今後はユーザー数の増加とともに価格もどんどん下がっていくだろう。これだけでも破壊的なイノベーションであることがわかる。USB 接続した MinION の生データは ONT 社が提供しているクラウド上で処理され，解析結果がユーザーにオンラインで送付される。

この高度な携帯性とリアルタイムシーケンスを可能にするシーケンサーは，これまで可能だったよりもはるかに安価でかつ高速な，増幅なしの配列データを長く読み取れることが期待されており，NGS 分野において破壊的な革命をもたらす技術といえる。感染症を引き起こす病原菌の検出・同定や，育種を行っている野外の畑でのシーケンスなどにも利用できるだろう。高価な機器を揃えたラボ環境の構築が難しい発展途上国などにおいても，野外調査を行いながらリアルタイムにシーケンス解析が可能である。実際に，ギニアのエボラウイルス（遺伝子変異が急速に生じることで知られる）の流行地域で，ウイルスゲノムの変化をリアルタイムでモニターす

るのに MinION が使用された例が報告されている。現地でウイルスの塩基配列解読を行って，試料を採取してから 24 時間以内に結果が得られたことは世界中を驚かせた [13]。モバイル遺伝子シーケンサーは，研究者を狭い研究室からフィールドへと開放するだけではない。DIY（Do It Yourself）バイオが世界でトレンドとなっている今，アカデミアとはまったく関わりのなかった個人が，興味ある DNA サンプルを「いつでもどこでもだれでもシーケンシング」することを可能にする生物学のユビキタスツールとなる可能性がある。

18.3.6　人工知能はNGSの夢を見るか？

　第 4 世代シーケンサーの到来によって，個人のゲノム情報だけでなく，世界中のありとあらゆる場所からあらゆる生物のゲノム情報がクラウドに集められるようになるだろう。そのような世界が来たときに，誰がそのビッグデータから生物学的意味を抽出し，理解するようになるのだろうか。

　2017 年，人工知能（Artificial Intelligence; AI）を搭載した Alpha Go や Bonanza が，人間のトップクラスのゲームプレイヤーを次々と打ち負かしたニュースが世間を賑わせた。AI の中でもディープラーニングとよばれる技術は，脳におけるニューロンとシナプスの構造と働きを模してつくられたニューラルネットとよばれる数学モデルで記述される。ニューラルネットを何層にも重ね，大量のビッグデータをインプットして機械自ら学習させることで，これまで人間の分析や経験に頼っていたパターンの認識・抽出といった課題を，極めて正確かつ短時間で行うことができるようになった。NGS から出力されるファイルは，fastq とよばれる形式で書かれた数千万〜数億行にもなるビッグデータであり，ディープラーニングと非常に親和性が高い。例えば，東京大学医科学研究科に導入されている IBM 社製の人工知能「ワトソン」が，患者のゲノムデータを解析し，病気を引き起こしていると推定される遺伝子と治療薬の候補リストを挙げることに成功している。生命科学が抱える医療や創薬などの

問題解決に向けて，ディープラーニングを導入する事例が増え始めているのだ。ゲノム解読から AI が導き出した答えを研究者が実験的に確かめるという，研究の進め方がまったく転換されてしまった世界がもうすぐそこに来ている。

ゲノム解読でわかってきたこと

　これまでに紹介したシーケンス技術によって，古典的な生物学手法ではまったくわからなかったような事実が次々と明らかになってきている。ここではゲノム解読が明らかにした興味深いエピソードをいくつか紹介する。

18.4.1　我々はどこから来たのか，我々は何者か，我々はどこへ行くのか

　フランスの画家ポール・ゴーギャンがタヒチで描いた表題の絵画は，人類の起源，現在，未来を考えさせる。ゲノム情報の蓄積により，少なくとも最初のクエスチョンには答えが出せそうだ。「比較ゲノミクス」という手法を用いて，生物の進化上の関係を推定することが可能となり，我々現代人がどこからやって来たのか，つまり「人類の起源」を，ゲノムに残された痕跡からたどることができるようになったのだ。1987 年，カリフォルニア大学バークレー校のウイルソン（A. C. Wilson）らのグループは，ミトコンドリア DNA（mtDNA）は母親のものがすべて子供に遺伝するという特徴を生かして，世界各地 147 人の mtDNA を解読した。そして，現生人類のミトコンドリアは約 20 万年前のアフリカに住む 1 人の女性「ミトコンドリア・イヴ」に由来することを示した [14]。人類の「単一起源説」である。また，ネアンデルタール人の化石から抽出した DNA から解読したゲノム配列とヒトゲノム配列との比較ゲノミクスによって，ネアンデルタール人などの旧人類と現生人類（*Homo sapiens*）

が交雑していたこともわかってきた[15,16]。現在の人類のゲノムの約3%がネアンデルタール人由来だといわれており、この交雑はアフリカよりも寒冷な気候に対応するのに有用な遺伝子群や免疫力を高める遺伝子群を現生人類にもたらしたと考えられている。

18.4.2 古代生物を夢見て

1990年に出版されたマイケル・クライトンによる小説「ジュラシック・パーク」では、恐竜の血を吸って琥珀の中に閉じ込められた蚊から恐竜の血液を取りだし、DNAを復元して恐竜を蘇らせる、という手法が描かれている。その時代には、生物の完全なゲノムを解読するということは実際には難しい仕事であったが、NGS技術の発展により今では多くの生物のゲノム配列が決定されている。2017年12月現在、Genomes OnLine Database（https://gold.jgi.doe.gov/）に登録されたゲノム解読が完了した生物は12,000種を超え、絶滅した種であるマンモスのゲノム情報までもがそのリストに加えられている。恐竜の近縁種が生きていない現代では、仮に恐竜の完璧なDNAを手に入れたところで生き返らせることは不可能に近いが、マンモスの場合は復活を手助けしてくれる近縁種が現代に生きている。ゾウの卵細胞に完全なマンモスゲノムDNAを移植し、代理母出産をさせることでマンモスを復活させよう、というわけである。

2006年のScience誌に、マンモスゲノムに由来する約1,300万塩基対の情報が初めて報告された。47億塩基対と見積もられているマンモスゲノムのわずか0.3%にすぎなかったが、そこで使用された世界初の次世代シーケンサーGS 20（454 Life Sciences）は、実用化されて間もないエマルジョンPCR法とパイロシーケンシング法の有用性を証明した[17]。古代生物に残されたDNAは、劣化によりそのほとんどが短い断片に切断されているため、サンガー法は適していない。次世代シーケンサーが吐き出す何千万ものショートリードをつなぎ合わせて正しい配列を得るという方法のほうが向いているのである。その後、2008年には454 GS

FLX（454 Life Sciences）を用いたパイロシーケンシング法により約33億塩基対（全体の約70%）が[18]、2015年にはHiSeq 2500（illumina）を用いてほぼ完全なマンモスゲノム情報が公開された[19]。アフリカゾウとマンモスではそのゲノムにわずか0.6%しか違いがないことがわかったため、ゾウゲノムをゲノム編集によって改変し、マンモスゲノムに近づけるというプロジェクトも進行している。

18.4.3 増えぬなら読んでしまおうメタゲノム

土壌・河川・海洋などの環境中には、多種多様な微生物が棲息している。微生物の働きを調べるためには、環境中から微生物を分離・培養することが必要である。ペニシリンやアフリカの風土病に効果を示すイベルメクチン（大村智博士が2015年にノーベル医学・生理学賞を受賞）など、人類は微生物が産生する物質から多くの恩恵を受けているが、これらは分離・培養が可能な、いわゆる陽の当たる微生物に由来するものであった。しかし、地球上に棲息する99%以上の微生物は、分離・培養が不可能といわれており、そういった陽の当たらない微生物は有用物質探索の宝庫でもある。では、そのような微生物から遺伝子ハンティングを行うにはどうすればよいか。その答えは、環境中の微生物を分離・培養することなく、その環境中に棲息する微生物集団からDNAを丸ごと抽出し、片っ端からシーケンスするという少々荒っぽい方法であった。2004年、ベンターらは北大西洋のサルガッソ海からサンプリングした海水からDNAを抽出し、ABI 3730XL DNAシーケンサー（Applied Biosystems）を用いた全ゲノムショットガン法によって10億塩基対の情報を得た。その中から少なくとも1,800種の生物に由来する120万を超える未知の遺伝子情報を得て、Science誌に報告した。「メタゲノム解析」の誕生である。この方法では、読まれた個々の遺伝子がどの微生物に由来するのかはわからない。しかし、微生物集団が棲息する環境中でどのような物質代謝系をもっているのかを推定したり、将来的に医

療に役立つ可能性のある未知の遺伝子を同定したりすることができる。運が良ければ，今まで見つかっていないような代謝経路を発見することもできるだろう。

　ヒトゲノム計画によって約30億塩基対からなるゲノム情報が明らかになったが，それはヒトという生物を理解するうえではほんの一部の情報にすぎないといったら驚くであろうか？　我々ヒトの腸内や表皮には重量が数kgにもなる細菌が棲みついており，約1,000種，100兆細胞を超える細菌と共生しているといわれている。「マイクロバイオーム」とよばれる常在微生物群は，我々の健康と疾患の両方を理解するうえで非常に重要であり，その情報は「第2のヒトゲノム」といっても過言ではない。例えば，抗炎症・鎮痛作用のある抗酸化物質やビタミン類を産生する有益な細菌がいる一方で，神経系，免疫系，代謝系に影響を及ぼし，糖尿病，肥満，がんなどの慢性疾患を引き起こす有害な細菌も存在する。将来的には，2つのヒトゲノムの相互作用を解き明かすことで，真のテーラーメイド医療が実現するだろう。

おわりに

　DNA解析技術の発展とその恩恵を早足で紹介してきた。NGSの技術開発はこれからも非常に早く進展すると考えられるので，ここで紹介したテクノロジーが数年のうちに使われなくなり，まったく新しいシーケンサープラットフォームが台頭している可能性も充分にある。一方で，ヌクレオチドがDNA鎖に取り込まれる際に放出されるピロリン酸やプロトンといった，分子生物学の基礎を知っている者であれば当たり前のことが最新の技術に利用されている例や，十数年前に報告された研究が最新のNGS技術に転用されたという例も紹介した。また，「DNA高速自動解読構想」や世界初の蛍光式DNAシーケンサーは，実は日本から生まれたということも忘れてはならない。NGSは健全な技術革新と価格競争の象徴ともいえるものであり，NGSが吐き出し続けるビッグデータの扱いは，人類が今後AIとどう向き合っていくのかを模索する1つの試金石にもなるだろう。全人類ひとりひとりが，ゲノム解読の恩恵を享受した明るい未来を期待したい。

文献
1）J. D. Watson and F. H. C. Click, *Nature*, 171, 737-738（1953）
2）F. Sanger et al., *Nature*, 265, 687-695（1977）
3）F. Sanger et al., *PNAS*, 74, 5463-5467（1977）
4）International Human Genome Sequencing Consortium, *Nature*, 409, 860-921（2001）
5）J. C. Venter et al., *Science*, 291, 1304-1351（2001）
6）S. Goodwin et al., *Nat. Rev .Genet.*, 17, 333-51（2016）
7）M. Margulies et al., *Nature*, 437, 376-380（2005）
8）J. Rothberg et al., *Nature*, 475, 348-352（2011）
9）D. R. Bentley et al., *Nature*, 456, 53-59（2008）
10）J. Eid et al., *Science*, 323, 133-138（2009）
11）J. Clarke et al., *Nat. Nanotechnol.*, 4, 265-270（2009）
12）J. J. Kasianowicz et al., *PNAS*, 93, 13770-13773（1996）
13）J. Quick et al., *Nature*, 530, 228-232（2016）
14）R. L. Cann et al., *Nature*, 325, 31-36（1987）
15）S. Sankararaman et al., *Nature*, 507, 354-357（2014）
16）M. Meyer et al., *Nature*, 531, 504-507（2016）
17）H. N. Poinar et al., *Science*, 311, 392-394（2006）
18）W. Miller et al., *Nature*, 456, 387-390（2008）
19）V. J. Lynch et al., *Cell Reports*, 12, 217-228（2015）
20）J. C. Venter et al., *Science*, 304, 66-74（2004）

19章 生き物を精密に理解する
分節時計

影山龍一郎

体節形成の時空間制御を行う分節時計

　生命現象といえども物理法則に従うので，いずれは生き物の状態はすべて数理モデルで表現されると予想される。実際に，多くの生命現象を数理モデルで理解しようとする試みがなされているが，残念ながら現時点でうまくいった例は少ない。これは，経時的に変化する多くの遺伝子のmRNA量やタンパク質量を個々の細胞レベルで正確に測定できていないことによる。しかし，システムの全要素を取り込むのではなく，一部の要素に注目した数理モデルを使って，近似的にいくつかの生命現象をシミュレーションできつつある。ここでは，遺伝子発現の時間・空間パターンが最も良く解析されてきた生命現象の代表例として，体節形成を制御する分節時計について概説する。

　体節は，胎児に一過性に形成される節状の細胞集団で（図19.1），その後，椎骨，肋骨，骨格筋といった組織に分化する。体節は神経管の左右に1個ずつ頭側から尾側に向かって順番に形成されるが，これは胎児の尾側にあるU字形の未分節中胚葉（図19.1）の頭側の先端部分が一定のサイズで周期的に分節することによる（図19.2A）。未分節中胚葉の頭側は約2時間毎に体節に転換するが，細胞増殖によって尾側に成長するので，体節形成期では，未分節中胚葉はある一定の大きさを維持する。マウスの場合は約2時間周期で分節が起こるが，この体節形成における時空間の周期性は，分節時計とよばれる生物時計によって制御される[1]。最近になっ

て，この分節時計の実体が明らかになってきた[2]。

分節時計遺伝子Hes7の発現オシレーション

　分節時計で中心的にはたらく遺伝子が，*Hes7*である。Hes7タンパク質は，塩基性領域・ヘリックス・ループ・ヘリックス（basic region helix-loop-helix; bHLH）構造をもつ。この因子は，ヘリックス・ループ・ヘリックスでホモ二量体を形成し，塩基性領域でNボックスとよばれるCAC-NAG配列に結合して転写を抑制する。すなわち，Hes7はbHLH型の転写抑制因子である[3]。

　Hes7の発現は，体節形成時にダイナミックな変化を示す。まず，未分節中胚葉の尾側から発現が始まり，頭側へと移動する（図19.2A）。Hes7の発現は，頭側の先端近くに着くと消え，未分節中胚葉

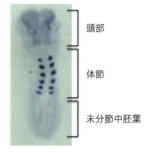

図19.1　マウス胎仔の体節と未分節中胚葉
体節は，一過性に形成される節状の細胞集団である。見やすいようにUncx4.1で染色してある。未分節中胚葉はU字形をしており，胎仔の尾側にある。

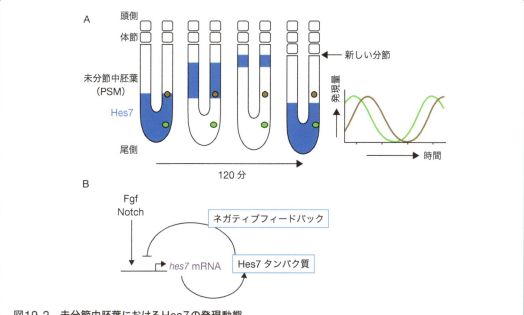

図19.2　未分節中胚葉におけるHes7の発現動態
（A）Hes7の発現は，未分節中胚葉の尾側から始まり，頭側へと移動する。頭側の先端近くに着くと消え，未分節中胚葉の頭側先端部分が分節されて体節になる。この時，新たな発現が尾側で始まる。このような発現変化が，約120分毎にくり返される。このダイナミックな発現変動は，個々の未分節中胚葉細胞において Hes7 の発現が振動（オシレーション）することによる。例えば，緑色と青色で示した未分節中胚葉細胞における Hes7 の経時的な発現変化を右側のグラフで示した。
（B）Hes7 の発現は，ネガティブフィードバックによりオシレーションする。

の頭側先端部分が分節されて体節になる。このとき，尾側では新たな Hes7 の発現が始まる（図19.2A）[4]。このように Hes7 はダイナミックな発現変化を示すが，これは個々の未分節中胚葉細胞において発現が2時間周期で振動（オシレーション）することによる（図19.2A 右）。さらに，振動の位相が頭側ほど遅くなっているため，Hes7 の発現領域は尾側から頭側へ波が伝搬するかのように変化する。例えば，図19.2A において茶色の細胞の方が緑色の細胞に比べてオシレーションの位相が遅れている。

このようなダイナミックな変化を示す *Hes7* 遺伝子を欠損させると分節過程が大きな障害を受け，体節が癒合する。その結果，体節由来の椎骨や肋骨も癒合する（図19.3）[4]。椎骨が癒合すると体軸は短くなる。また，肋骨が癒合すると胸郭が小さくなり肺が広がらないので，出生後に呼吸不全に陥り死に至る。また，Hes7 が持続的に定常発現しても，

体節は癒合し，体節由来の椎骨や肋骨は癒合する[5]。したがって，Hes7 はただ発現すればよいのではなく，ダイナミックにオシレーションすることが，その機能にとって必須である。

それでは，Hes7 の発現はどのような分子機構でオシレーションするのだろうか？　Hes7 の発現オシレーションは，Hes7 タンパク質が自身の遺伝子プロモーター上にある N ボックスに直接結合して自身の発現を抑制すること（ネガティブフィードバック）による（図19.2B）[6]。未分節中胚葉では，Fgf シグナルおよび Notch シグナルによって Hes7 プロモーターが活性化されて Hes7 の発現が誘導されるが，Hes7 はネガティブフィードバックによって自身のプロモーター活性を抑制する（図19.2B）。Hes7 の mRNA およびタンパク質ともに非常に不安定なので，ネガティブフィードバックによって新たな合成が抑制されるとすぐに分解されてなくなる。Hes7 タンパク質がなくなると，ネガティ

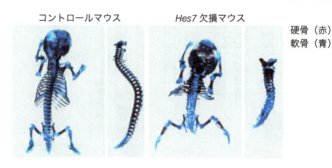

図19.3 Hes7欠損による分節異常
コントロールマウスでは，椎骨や肋骨が分節されている。Hes7 欠損マウスでは体節が癒合し，そのため体節由来の組織である椎骨や肋骨も癒合している。"Y. Bessho et al., *Genes Dev.*, 15, 2642-2647 (2001)" から転載[4]。

ブフィードバックが解除されるので，Fgf シグナルおよび Notch シグナルによって Hes7 の発現が再び誘導される。その結果，Hes7 の mRNA およびタンパク質の発現量はともに約 2 時間周期で増減をくり返す（オシレーション）。このように Hes7 の発現がオシレーションする分子機構は明らかになっているが，その位相が頭側ほど遅くなっている機序についてはよくわかっていない。

19.3節

Hes7オシレーションを表す数理モデル

Hes7 オシレーションは，以下のような数理モデルで表される[7)8)]。

$$\frac{dp(\mathrm{t})}{dt} = am(t-T_p) - bp(t)$$

$$\frac{dm(t)}{dt} = f(p(t-T_m)) - cm(t)$$
（式1，2）

$$f(p) = \frac{k}{1+\left(\dfrac{p}{P_{\mathrm{crit}}}\right)^2}$$ （式3）

ここで，$p(t)$ は時間 t における Hes7 タンパク質量を，$m(t)$ は時間 t における *Hes7* mRNA 量を示す。a は *Hes7* mRNA が翻訳されて Hes7 タンパク質が合成される翻訳速度定数を表す。b と c は

それぞれ Hes7 タンパク質と *Hes7* mRNA の分解速度定数で，半減期の長さに反比例する。すなわち，半減期が長くなる（安定化する）と，b や c の値は小さくなる。

式 1 は Hes7 タンパク質量の変化率を表し，これは *Hes7* mRNA 量に比例した合成と b に依存した分解の差である。式 2 は *Hes7* mRNA 量の変化率を表し，$f(p)$ に依存した合成と c に依存した分解の差である。$f(p)$ で表される *Hes7* mRNA の合成速度は，式 3 にあるように，Hes7 タンパク質の二量体がネガティブフィードバックに働くため 2 乗に反比例する。P_{crit} は，ネガティブフィードバックによって *Hes7* mRNA の合成速度が最高値に比べて半分に低下するときの Hes7 タンパク質量を表す。k は，Hes7 タンパク質が存在しないとき（p =0，ネガティブフィードバックがないとき）の *Hes7* mRNA 合成速度を表す。この数理モデルを元に，約 2 時間周期の Hes7 発現オシレーションがシミュレーションできる（図 19.4A-a）。

この数理モデルから，Hes7 タンパク質が十分に不安定であることがオシレーションに必須であることが予測された[8)]。Hes7 タンパク質の半減期は約 20 分であるが，約 30 分に安定化すると，Hes7 の発現は 3 〜 4 回オシレーションした後，ほぼ定常状態になると予想された（図 19.4A-b）。このようなダンピング現象は，直感的にはなかなか理解できない。Hes7 タンパク質の分解速度のみを少し遅く

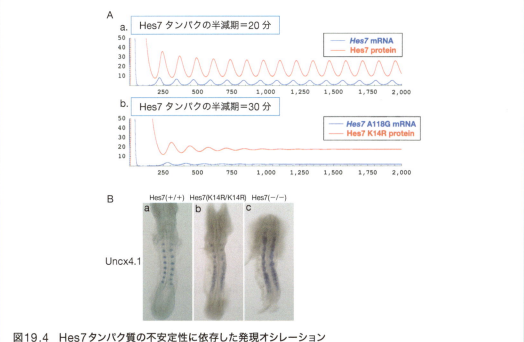

図19.4　Hes7タンパク質の不安定性に依存した発現オシレーション
(A) 数理モデルからは，Hes7タンパク質の半減期が20分のときはオシレーションが持続するが (a)，半減期が30分のときは3〜4回オシレーションした後に定常状態になること (b) が予測された。
(B) 8体節期の胎仔。(a) 野生型（Hes7 (+/+)）では，8対の体節が形成されている。(b) 変異を導入してHes7タンパク質の半減期を約30分に安定化すると，初め（頭側）の3〜4対の体節は分節しているが，それ以降（尾側）の体節は癒合している。(c) Hes7欠損マウスでは，すべての体節が癒合している。体節を見やすいようにUncx4.1で染色してある。"H. Hirata et al., *Nature Genet.*, 36, 750-754 (2004)" を改変[8]。

すれば，Hes7タンパク質量がオシレーションの最高値から最低値に下がるまでの時間が延長するので，直感的には2時間周期が少し長くなるだけで安定にオシレーションが持続するのではないかと思われる。例えば，半減期が20分なら1時間後には$(1/2)^3$で1/8に減少するが，半減期が30分なら1/8に減少するのに1時間半かかる。したがって，2時間周期が2時間半周期になるのではないかと予想される。しかし，数理モデルからは，数回オシレーションした後，ほぼ定常状態になるというダンピング現象が予想された（図19.4A-b）。

そこで，この数理モデルの予測を検証する実験が行われた[8]。Hes7タンパク質の14番目のアミノ酸残基リジンをアルギニンに置換した変異Hes7（K14R）は，正常な転写抑制活性をもつが，半減期が約30分に安定化する。この変異を相同組換え（homologous recombination）という方法を使っ

てES細胞のHes7遺伝子に導入し，このES細胞からホモ変異マウスを作製した。

この変異マウスの胎仔では，発生初期には未分節中胚葉においてHes7の発現はオシレーションし，はじめ（頭部側）の2〜3体節は分節が起こること，しかし，その後，Hes7の発現は一定になり，尾部側の体節が癒合することがわかった（図19.4B-b）。これらの結果から，ダンピング現象という数理モデルの予測が正しいことが，実際のマウス胚における検証実験で確かめられた。このことから，生命原理を理解するには直感のみでは誤った結論に至る可能性があり，数理モデルの構築と予測，および検証実験を行うことが重要であるといえる。

ゆっくりとしたネガティブフィードバックと発現オシレーション

数理モデルからは，他にどのようなことが予測できるだろうか？　Hes7の発現がオシレーションするには，ある程度ゆっくりとネガティブフィードバックが起こることが重要で，素早いタイミングでネガティブフィードバックが起こると定常発現になることが，数理モデルから予測された[5]。これは，上述の数理モデル式における T_p や T_m に対応するもので，$T_p + T_m$ がある値以上でないとオシレーションしないということを意味する。この予測は，部屋の温度を調節するサーモスタットを考えると想像しやすい。例えば，サーモスタットが素早く働けば部屋の温度は一定に保たれるが，サーモスタットがゆっくりと働けば部屋の温度は上がったり下がったりとオシレーションする。ただ，これはあくまで機械や装置にあてはまることであって，生命現象にもあてはまるのかどうかは不明であった。

そこで，Hes7に関して，実際に素早いタイミングでネガティブフィードバックを起こす実験が試みられた。*Hes7*遺伝子には3個のイントロンが存在するが，そのため転写やスプライシングに余分な時間がかかる。これら3個のイントロンをすべて除去したところ，転写からmRNA形成までの過程が約20分短縮した。すなわち，転写からHes7タンパク質発現までの過程が約20分短縮し，ネガティブフィードバックが加速した。そこで，相同組換えによりES細胞の*Hes7*遺伝子からイントロンをすべて除去し，このES細胞からホモの変異マウスを作製した。この変異マウスの胎仔では，Hes7の発現がオシレーションしなくなって一定になること，その結果，体節がすべて癒合することがわかった[5]。したがって，数理モデルの予測通り，ある程度ゆっくりとネガティブフィードバックが起こることがHes7の発現オシレーションに必須であることが示された。

数理モデルからは，もしネガティブフィードバックが正常に比べて約5分程度加速化すると，Hes7の発現はしばらくオシレーションすること，このときのHes7オシレーションは正常よりも短い周期であることが予測された[9]。そこで，イントロンを2個削減すると，約5分速いタイミングでネガティブフィードバックが起こることがわかった。*Hes7*遺伝子から2個のイントロンを除去したホモ変異マウスを作製したところ，興味あることに，Hes7の発現オシレーションは正常よりも加速化しており，分節過程も加速化した。その結果，正常よりも多くの体節が形成されて，椎骨数も増加することがわかった[9]。例えば，哺乳動物の頸椎骨は本来7個形成される（**図19.5A**）。これは頸部形成期にHes7の発現が7回オシレーションして7対の体節が形成されることによる。しかし，この変異マウスでは頸部形成期にHes7の発現が9回オシレーションして9対の体節が形成され，頸椎骨が9個形成された（**図19.5B**）[9]。これらの結果から，正常な体節形成にはHes7のネガティブフィードバックが正しいタイミングで起こることが必須であること，Hes7は分節過程のペースメーカーとして中心的な役割を担うことが示された。

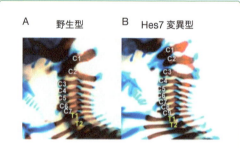

図19.5　Hes7オシレーションの加速化による頸椎骨数の増加
(A) 野生型マウスでは，7個の頸椎骨（C1〜C7）が形成される。これは，Hes7の発現が7回オシレーションして7対の体節が形成されることによる。
(B) *Hes7*遺伝子からイントロンを2個削減した変異マウス。9個の頸椎骨（C1〜C9）が形成されている。これは，Hes7オシレーションが加速して，9回オシレーションして9対の体節が形成されることによる。"Y. Harima et al., *Cell Rep.*, 3, 1-7 (2013)"から転載[9]。

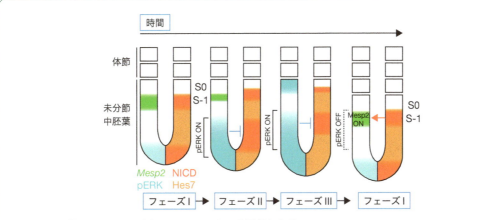

図19.6　体節形成マスター遺伝子 *Mesp2* の S-1 特異的な発現
Fgf-ERK1/2 経路の活性（pERK 量）と Notch 経路の活性（NotchICD = NICD 量）は，尾側では同じ位相でオシレーションするが，S-1 領域では位相が逆転する。その結果，pERK による抑制が解除されて，NICD が *Mesp2* の発現を誘導する。"Y. Niwa et al., *Genes Dev.*, 25, 1115–1120 (2011)" を改変[14]。

また，上記の結果から，不要な配列と思われていたイントロンが，実は正しいタイミングの遺伝子発現に非常に重要であることがわかる。進化上重要な遺伝子はエクソンのコーディング配列だけでなく，イントロンの数もよく保存されている。なぜイントロンの数まで保存されているのか，その意義はよくわかっていないが，おそらく正しいタイミングの遺伝子発現に重要なのではないかと考えられる。

19.5節

Hes7のオシレーションによる体節形成制御

上記から，Hes7 のオシレーションが周期的な分節に重要であることが示されたが，どのような分子機構で Hes7 のオシレーションから体節形成に至るのだろうか？　未分節中胚葉の頭端部で体節になりつつある領域 S0 の次に体節になる領域 S − 1 には，体節形成のマスター遺伝子 *Mesp2* が発現する（図19.6）[10]。*Mesp2* は S − 1 の全体に同じタイミングで発現開始することが重要で，細胞間で発現のタイミングがずれると体節形成が障害される[11)12]。したがって，周期的な体節形成を決める制御機構は，

S − 1 における *Mesp2* の発現がどのように制御されているのかということにほかならない。

これまでに，*Mesp2* の発現には Fgf と Notch シグナルが重要であることが明らかにされてきた[11)13]。Fgf シグナルが活性化されると下流因子の ERK1/2 がリン酸化されて活性型になるが，この Fgf-ERK1/2 経路は *Mesp2* の発現を抑制する。Fgf-ERK1/2 経路は同時に ERK1/2 の脱リン酸化酵素 Dusp4 の発現を誘導するので，Dusp4 によってやがて ERK1/2 は脱リン酸化され，不活性化状態になる。Dusp4 の発現は Hes7 によって周期的に抑制されるためオシレーションする[14]。Dusp4 のオシレーションによって，ERK1/2 も周期的にリン酸化型（活性化型, pERK）と脱リン酸化型（不活性化型）をくり返す。すなわち，pERK 量もオシレーションする（図19.6，図19.7）[14]。ただ，未分節中胚葉における pERK のオシレーションは，その発現が尾側から頭側に拡大しては消えるというパターンをくり返す（図19.6）。

一方，Notch シグナルが活性化されると膜タンパク質 Notch の膜貫通領域でプロセシングが起こり，Notch の細胞内ドメイン（Notch intracellular domain, NotchICD）が遊離する（図19.7）。NotchICD は，*Mesp2* の発現を活性化する。

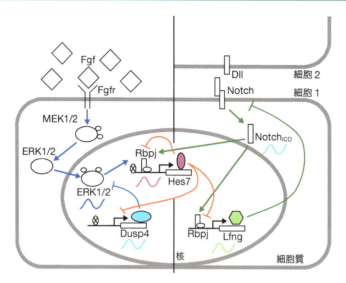

図19.7　分節時計を構成する発現オシレーション・ネットワーク
Hes7 の発現オシレーションによって Dusp4 や Lfng の発現もオシレーションする。その結果，Fgf-ERK1/2 経路の活性（pERK 量）や Notch 経路の活性（NotchICD 量）もオシレーションする。pERK と NotchICD のオシレーション動態が異なるため，S-1 領域で位相が逆転する。pERK と NotchICD とで異なるオシレーション動態を生み出す機序は不明である。

NotchICD は Notch シグナルの抑制因子 Lunatic fringe（Lfng）の発現も誘導するが，Lfng の発現は Hes7 によって周期的に抑制される（図 19.7）。そのため，Lfng の発現はオシレーションするので，Lfng によって周期的に抑制されるために，NotchICD の発現もオシレーションする（図 19.7）[14]。NotchICD は Hes7 とは逆の位相でオシレーションする（図 19.6）。*Mesp2* の発現を活性化する NotchICD と抑制するリン酸化型 ERK1/2（pERK）の発現を比較すると，未分節中胚葉の尾側から中側では NotchICD が発現するときには必ず pERK も存在する（図 19.6）。したがって，この領域では NotchICD は *Mesp2* の発現を誘導できない（図 19.6）。一方，未分節中胚葉の頭側の S − 1 領域では，このオシレーションの位相がずれる。すなわち，S − 1 領域では pERK は消えるので，NotchICD は *Mesp2* の発現を誘導できる（図 19.6）。

このように，NotchICD と pERK のオシレーション動態が異なるため，S − 1 領域で位相がずれることで *Mesp2* の発現が起こる。したがって，異なる発現動態をもつオシレーションの位相のずれが下流遺伝子の発現に重要であることが明らかになった。

19.6節

未分節中胚葉におけるHes7オシレーションの同期化機構

　未分節中胚葉におけるオシレーションの大きな特徴の 1 つは，隣接細胞間で同期していることである。未分節中胚葉細胞を分散培養すると，発現振動が不安定になり位相がずれることから，個々の細胞のオシレーションは不安定である[15]。しかし，再び細胞を遠沈して凝集塊をつくらせると，細胞間で同期化が復活して安定なオシレーションを示すようになることが報告された[16]。この同期化には，Notch シグナルを介した細胞間相互作用が必須であることがわかっている[17)-19]。しかし，どのような機序で Notch シグナルによって同期化が起こるのかは，まだよくわかっていない。

　最近の解析から，Notch シグナルのリガンドで

ある Delta-like1（Dll1）の発現もオシレーション
することがわかった[20][21]。さらに，この Dll1 のオ
シレーションを止めて定常発現にすると，Hes7 の
発現もオシレーションしなくなって定常発現になる
こと，その結果，体節がすべて癒合することが報告
された[21]。おそらく Hes7 オシレーションによっ
て Dll1 オシレーションが誘導され，逆に Dll1 オ
シレーションが隣接細胞の Hes7 オシレーションの
位相をチューニングしているのではないかと考えら
れる。この同期化に関しては，上述の数理モデルを
組み合わせたものが提案され，細胞間で働く
Notch シグナルの伝達速度の重要性が示唆されて
おり，さらに検証実験による伝達速度の重要性も確
認された[21]。また，Dll1 オシレーションによって
隣接細胞のオシレーションが同期しうることも示
された[22]。今後，オシレーションの同期化機構の
理解を深めるには，再構成実験で同期化現象を再現
することが必要であろう。

　さらに数理生物学について知りたい人のために，
推薦図書を挙げておく。

参考・推薦図書
・『An Introduction to Systems Biology: Design Principles of
　Biological Circuits』U. Alon, Chapman & Hall/CRC Press
　（2006）
・『生命の数理』巌佐 庸著，共立出版（2008）

文献
1) O. Pourquié, *Cell*, 145, 650-663（2011）
2) R. Kageyama, Y. Niwa, A. Isomura, A. González, Y. Hari-
   ma, *WIREs Dev Biol.*, 1, 629-641（2012）
3) Y. Bessho, G. Miyoshi, R. Sakata, R. Kageyama, *Genes
   Cells*, 6, 175-185（2001）
4) Y. Bessho, R. Sakata, S. Komatsu, K. Shiota, S. Yamada, R.
   Kageyama, *Genes Dev.*, 15, 2642-2647（2001）
5) Y. Takashima, T. Ohtsuka, A. González, H. Miyachi, R.
   Kageyama, *Proc Natl Acad Sci. USA*, 108, 3300-3305
   （2011）
6) Y. Bessho, H. Hirata, Y. Masamizu, R. Kageyama, *Genes
   Dev.*, 17, 1451-1456（2003）
7) J. Lewis, *Curr Biol.*, 13, 1398-1408（2003）
8) H. Hirata, Y. Bessho, H. Kokubu, Y. Masamizu, S.
   Yamada, J. Lewis, R. Kageyama, *Nat Genet.*, 36, 750-754
   （2004）
9) Y. Harima, Y. Takashima, Y. Ueda, T. Ohtsuka and R.
   Kageyama, *Cell Reports*, 3, 1-7（2013）
10) Y. Saga, N. Hata, H. Koseki, MM. Taketo, *Genes Dev.*,
    11, 1827-1839（1997）
11) M. Oginuma, Y. Niwa, DL. Chapman, Y. Saga, *Develop-
    ment*, 135, 2555-2562（2008）
12) M. Oginuma, Y. Takahashi, S. Kitajima, M. Kiso, J. Kan-
    no, A. Kimura, Y. Saga, *Development*, 137, 1515-1522
    （2010）
13) Y. Yasuhiko, S. Haraguchi, S. Kitajima, Y. Takahashi, J.
    Kanno, Y. Saga, *Proc Natl Acad Sci. USA*, 103, 3651-3656
    （2006）
14) Y. Niwa, H. Shimojo, A. Isomura, A. González, H. Miya-
    chi, R. Kageyama, *Genes Dev.*, 25, 1115-1120（2011）
15) Y. Masamizu, T. Ohtsuka, Y. Takashima, H. Nagahara, Y.
    Takenaka, K. Yoshikawa, H. Okamura, R. Kageyama,
    Proc Natl Acad Sci. USA, 103, 1313-1318（2006）
16) C. D. Tsiairis, A. Aulehla, *Cell*, 164, 656-667（2016）
17) Y.-J. Jiang, BL. Aerne, L. Smithers, C. Haddon, D. Ish-
    Horowicz, J. Lewis, *Nature*, 408, 475-479（2000）
18) K. Horikawa, K. Ishimatsu, E. Yoshimoto, S. Kondo, H.
    Takeda, *Nature*, 441, 719-723（2006）
19) IH. Riedel-Kruse, C. Müller, AC. Oates, *Science*, 317,
    1911-1915（2007）
20) RA. Bone, CSL. Bailey, G. Wiedermann, Z. Ferjentsik,
    PL. Appleton, PJ. Murray, M. Maroto, JK. Dale, *Develop-
    ment*, 141, 4806-4816（2014）
21) H. Shimojo, A. Isomura, T. Ohtsuka, H. Kori, H. Miya-
    chi, R. Kageyama, *Genes Dev.*, 30, 102-116（2016）
22) A. Isomura, F. Ogushi, H. Kori, R. Kageyama, *Genes
    Dev.*, 31, 524-535（2017）

20章

ハイテク生物学の未来
生物医工学，1分子イメージング，バイオセンサー

田畑泰彦（20.1節）／原田慶恵（20.2節）／松田道行（20.3節）

生物医工学

20.1.1　生物医工学とは何か

　「工学」では対象とする物のほとんどは人間がつくり出したものであり，研究から得られた成果を事業化し，世の中に還元，あるいは人に役立てることを目的としている。これに対して，「生物学」「医学」「歯学」「獣医学」「薬学」では，その対象物は自然が創ったものであり，そのしくみ，働きを調べることに主眼が置かれている。この目的の異なる2つの研究分野の間を埋める融合境界領域が「生物医工学」である。

　生物医工学の守備範囲には，研究支援と研究成果の応用の2つがある。「生命体」のしくみを調べるために必要となる材料や技術を研究開発し，それらを組み合わせて用いることで，生物医学研究をさらに進歩させる。もう1つは，生物医学研究で得られた研究成果を基にして，例えば，事業化を通して世の中に材料や技術を届けることである。表20.1

に「生物医工学」が包括する研究領域を示す。この表からわかるように，この研究領域は，医学，歯学，獣医学，薬学，農学などの生物学を共通言語としてもつ研究分野と，生物学という共通言語をもたない工学との境界融合部分に位置づけられる。工学には，生物学以外のすべての理工学が含まれている。いずれの理工学も生物医工学の立ち上げに必要であることはいうまでもないが，ここでとり上げるのは，その中の化学，材料工学である。世の中に存在する材料は，高分子，金属，セラミクス，さらにそれぞれの材料を組み合わせた複合材料である。生物医工学の中で，最も長い歴史をもつ材料工学分野がバイオマテリアル（生体材料）である。

20.1.2　生物医工学における　　　　バイオマテリアルの役割

　バイオマテリアルの代表的な分野は，人工臓器，外科内科の治療用材料とドラッグデリバリーシステム（Drug Delivery System; DDS）である[1~6]。DDSは，ドラッグ（Drug，薬）と組み合わせることで薬の作用を増強させる技術，方法論である。バイオマテリアルとは，体内で用いる，あるいは細胞，タンパク質，細菌などの生物成分と触れて用い

表20.1　生物医工学の広い守備範囲

医療	治療	人工臓器，医用材料，再生治療，細胞移植
	診断	イメージングプローブ・装置，検査試薬・装置
	予防	ワクチン，免疫
生物医学		細胞培養基材・装置，細胞研究試薬，遺伝子導入試薬，動物実験材料，創薬研究
薬学		DDS，創薬，薬物スクリーニング，毒性評価
ライフサイエンス		化粧品，シャンプーリンス
機能性食品		

医療には，医学，歯学，獣医学の領域を含む
生物医学には，医学，歯学，獣医学の基礎研究を含む

るマテリアルのことであり，この2つの研究分野だけにとどまるものではない。その1つの例が，バイオマテリアルの再生医療への応用である。これまでのような生体側から認識されず，排除されないような生体になじみ，融和する性質を求めるのではなく，逆に，生体に積極的に働きかける性質をもつバイオマテリアルの研究開発が始まっている。例えば，細胞増殖，分化を促すための細胞基材，細胞の増殖，分化作用をもつタンパク質，遺伝子などの生物活性を高めるDDS，細胞内への物質を導入することによる細胞の生物機能の増強，改変などのバイオマテリアル技術を活用して，細胞のもつ生体組織の再生能力を高める[2)4)9)]。

　再生医療とは，体本来のもつ自然治癒力を高めて病気を治す医療である。その基本アイデアは，自然治癒力の基である細胞の増殖・分化能力を促し，病気を治すという患者にやさしい医療である。患者を治す再生治療に加えて，細胞の増殖，分化能力を調べる生物医学研究（細胞研究）および薬の活性，代謝，毒性などを評価して薬を研究開発する創薬研究などの再生研究にも，細胞や生物成分と触れて用いるバイオマテリアルは必要不可欠である。

20.1.3 バイオマテリアル技術の再生治療への応用

　基本的に，体は細胞とその周辺環境の2つからなっている。細胞をヒトに例えてみる。いかに丈夫なヒトでも，家や食べ物がなければ弱ってしまう。これは細胞においても同じである。いかに能力のある細胞でも，家や食べ物が不足すれば，その能力を発揮することはきわめて難しい。細胞の家にあたるものは細胞外マトリックスであり，食べ物にあたるものが細胞増殖因子タンパク質などである。細胞が元気な場合には，細胞外マトリックスも細胞増殖因子も自分でつくり，細胞自身は元気になっていく。しかしながら，病気や生体組織に損傷があるときには，細胞は弱っていて，それらの成分をつくる能力が低下している。そこで，いかに元気な細胞を準備しても，それをそのまま体内に移植するだけでは，病気の体では細胞周辺環境が整っておらず，細胞能

力による再生治療効果は必ずしも期待できない。そこで，バイオマテリアル技術を活用して，細胞の家と食べ物をつくり，それらをうまく与え，細胞能力を高めることが必要不可欠となる。

　再生を期待する部位に細胞になじみのある材料から作成した3次元のスポンジや不織布などの足場材料を与えることによって，周辺組織にいる元気な細胞が足場へ移動，そこで細胞能力を介した生体組織の再生修復が起こる[7)~9)]。細胞の食べ物であるタンパク質は，体内では不安定である。これをドラッグと考えれば，DDS技術と組み合わせることで細胞に効率よく届け，再生能力を高めることができる。

　生物活性をもつ細胞増殖因子タンパク質あるいは遺伝子の徐放化（徐々に放出すること）を可能とするゼラチンハイドロゲルが開発され，このハイドロゲル技術によってさまざまな生体組織のヒト再生治療が実現している[4)8)9)]。また，徐放化技術と上述の足場技術の組み合わせも再生治療には有効である。能力の高い細胞をDDS化細胞増殖因子あるいは足場とともに移植することで，細胞移植の治療効果が高まることもわかっている[9)]。

20.1.4 バイオマテリアル技術の再生研究への応用

　ポリスチレン基材と細胞培養液を用いた細胞培養は，細胞の体内環境とは大きく異なっている。そのため，このような人工的な環境の下で体内の細胞状態を正しく調べることには限界がある。例えば，体内の細胞環境に近い性質をもつ3次元スポンジ足場があれば，細胞研究はより進むであろう[5)~8)]。もう1つ重要となるのが細胞障害性の低い試薬である。細胞機能の解析や改変を目的とした遺伝子やsiRNAの細胞内導入のための非ウイルス性遺伝子導入キャリアも報告されている[3)4)10)]。再生研究支援のための新しいバイオマテリアルを用いて得られた細胞研究の成果は，機能細胞を用いた創薬研究，次世代の再生治療の進歩につながることは疑いない。

20.1.5 今後，生物医工学にますます必要となっていくバイオマテリアル技術

　一般に，再生医療＝再生治療＝細胞移植というイメージが強い。これは iPS 細胞の能力と患者さんの大きな期待感から当然のことである。しかしながら，細胞の生物医学が必ずしも完全には解明されていないこと，また現時点では，細胞能力の制御も科学技術的に限界があることなどをよく理解しておくことが必要である。現在，足場や DDS 技術などのバイオマテリアルをうまく活用することによって，体内にある細胞を元気づける再生治療が現実となっている[6)9)]。再生研究（細胞研究や創薬研究）にも，バイオマテリアル技術の貢献度はきわめて大きい。

　本節では主に再生医療について述べたが，これは「生物医工学」の1つの例である。読者の皆さんには，「生物学」「医歯学」「薬学」と「工学」を結びつなぐ「生物医工学」の存在と重要性を理解していただけたのではと考える。「生命体」のしくみと働きの解明を助け，得られた成果を世の中に還元していくという一気通貫的な考え方をもっていただきたい。融合境界領域を切り拓いていく人材の出現を期待して筆を置きたい。

文献
1) 田畑泰彦編, ドラッグデリバリーシステム　DDS 技術の新たな展開とその活用法（遺伝子医学別冊）, メディカルドゥ (2003)
2) 田畑泰彦, 再生医療のためのバイオマテリアル, コロナ社 (2006)
3) 田畑泰彦編, 絵で見てわかるナノ DDS（遺伝子医学 MOOK 別冊）, メディカルドゥ (2007)
4) 田畑泰彦編, ここまで広がるドラッグ徐放技術の最前線 古くて新しいドラッグデリバリーシステム（DDS）（遺伝子医学 MOOK 別冊）, メディカルドゥ (2013)
5) 田畑泰彦他著, バイオマテリアル化学マスター講座, 丸善出版 (2013)
6) 岡野光夫監修, 田畑泰彦・塙隆夫編著, バイオマテリアル その基礎と先端研究への展開, 東京化学同人 (2016)
7) 田畑泰彦, ますます重要になる細胞周辺環境（細胞ニッチ）の最新科学技術, メディカルドゥ (2009)
8) 田畑泰彦, ものづくり技術からみる再生医療—細胞研究・創薬・治療, シーエムシー出版 (2011)
9) 田畑泰彦編, 自然治癒力を介して病気を治す　体にやさしい医療「再生医療」—細胞を元気づけて病気を治す—, メディカルドゥ (2014)
10) 田畑泰彦, ウィルスを用いない遺伝子導入法の材料, 技術, 方法論の新たな展開, メディカルドゥ (2006)

1分子イメージング・超解像イメージング

20.2.1　1分子イメージング

　生体分子1個1個を光学顕微鏡で可視化し，その機能を解析する手法を**1分子イメージング**あるいは**1分子観察**という。個々の生体分子はそのままでは直接光学顕微鏡で観察することができない。そこで，生体分子を光学顕微鏡で観察するためには，それらにさまざまな標識をつけて，それを手がかりに観察する。

　標識には大きく分けて2種類ある。光学顕微鏡で容易に観察できる大きな標識と，蛍光を発する標識である。直径1 μm 程度のマイクロビーズなどの大きな標識を使う場合は，一般的な生物顕微鏡で容易に観察することができる。しかし，大きな標識をつけて1分子イメージングを行った場合，生体分子1個の観察ができているか，生体分子の機能が損なわれていないかについての注意が必要である。標識が蛍光物質の場合は蛍光顕微鏡と高感度カメラを使って観察する。特に1分子の蛍光色素や蛍光タンパク質を標識とする場合は，微弱な蛍光を検出しなければならない。そのため，蛍光観察の邪魔になる背景光を激減させる，エバネッセント照明を組み込んだエバネッセント蛍光顕微鏡[1)]が使われる（**図 20.1A**）。レーザーと光学部品を使ってエバネッセント照明の光学系を自作することもできるが，対物レンズ型エバネッセント照明を組み込んだ顕微鏡システムが市販されている。

　エバネッセント照明法を用いても，背景光のために個々の蛍光分子を明るい輝点として観察できる濃度は 50 nM 程度までである。生体内の反応の多くは μM の濃度で起きる。したがって，エバネッセント照明による1分子イメージング法では多くの生体反応を観察することができない。これを解決する方法として，ナノ開口アレイを用いた1分子イメージング法が開発された[2)]（**図 20.1B**）。この手

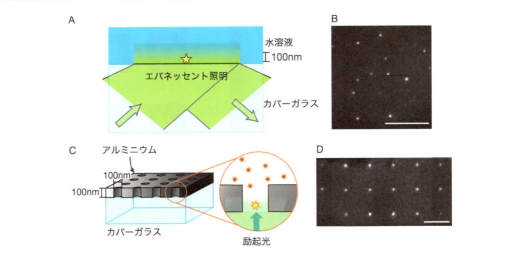

図20.1　1分子イメージング
(A) エバネッセント照明の模式図：ガラス側から水溶液にレーザーを浅い角度で入射すると全反射する。このとき，界面の水溶液側100 nmぐらいにまで光がしみだす。この光を利用して，蛍光色素を局所励起することで，蛍光色素1分子を観察することができる。
(B) エバネッセント照明で観察した蛍光色素分子の像。バーは5 μm。
(C) ナノ開口の模式図：ナノ開口はガラス基板上の厚さ100 nm程度のアルミフィルムに作製した直径およそ100 nmの穴のことである。ガラス基板の下から励起光を照射すると，穴の底面ごく近傍に近接場光が生じる。エバネッセント照明より，さらに微小領域を励起するこの方法を用いることで，高濃度（数μM）の蛍光分子存在下でも1分子観察が可能になる。
(D) ナノ開口内に固定した蛍光色素分子の蛍光像。バーは5 μm。

法は1分子リアルタイムDNAシークエンサーにも用いられている。

20.2.2　超解像イメージング

　光学顕微鏡の空間分解能は，1876年にドイツ人のアッベ（E. Abbe）によって，理論的に説明がなされた。空間分解能は，観察に使う光の波長と対物レンズの性能（開口数）によって決まり，光の波長のおよそ半分である。我々が観察できる400〜700 nmの可視光のうち，最も短い波長の光を使って観察しても，空間分解能は200 nm程度である。通常の観察方法では，レンズの性能を良くすることで空間分解能は向上するが，理論的限界を超えるような空間分解能での観察は不可能である。しかし，百年以上にわたって分解能を向上させるためのさまざまな挑戦がなされてきた。その結果，蛍光分子の性質をうまく利用することで，空間分解能をはるかに超えるような細かな構造を観察することができる

超解像顕微鏡が開発された。2014年には"超解像顕微鏡の開発"に貢献した3人の研究者にノーベル化学賞が贈られた。今後，生命現象の解明につながる多くの新しい知見が得られることが期待される。

　現在よく使われる超解像顕微鏡には，大きく分けて局在化顕微鏡（localization illumination microscopy），構造化照明顕微鏡（structured illumination microscopy; SIM），誘導放出顕微鏡（stimulated emission depletion; STED）の3種類がある。それぞれについて簡単に紹介する。

A. 局在化顕微鏡

　局在化顕微鏡（図20.2A）は1分子イメージング技術を使った方法である。まず，観察したい試料（生体分子）を蛍光分子で標識し，1分子ずつ観察する。得られる蛍光像はぼけているが，その蛍光像の中心に分子が存在するはずなので，蛍光像の重心

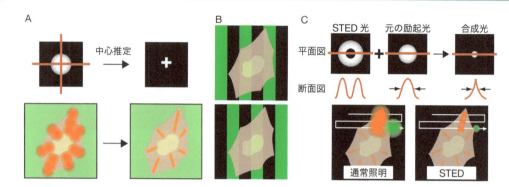

図20.2　超解像イメージング
（A）局在化顕微鏡の原理：蛍光分子を，2個以上の分子の像が重ならないよう，まばらに励起する。得られた像の中心位置をプロットする。次に別の蛍光分子をまばらに励起し，同様に位置決めを行う。この操作をくり返すことで，高い空間分解能の像が得られる。
（B）構造化照明顕微鏡の原理：周期構造をもつ光で試料を照明し，現れたモアレ縞に含まれている観察範囲外の情報をコンピューターによって解析し，再構成することで回折限界の約2倍（およそ100 nm）の空間分解能でイメージを得ることができる。
（C）誘導放出（STED）顕微鏡の原理：励起光の周辺に別波長のレーザー（STED光）をドーナツ状に配置する。励起された蛍光分子のうち，STED光を照射された蛍光分子は誘導放出により発光が抑制される。その結果，非常に小さなスポットで蛍光分子を励起しているのと同じことになり，通常のレーザー走査型顕微鏡に比べて，高い空間分解能の像が得られる。

を計算して位置を決める。光の照射によって無発光状態と発光状態の遷移を行うことができる蛍光分子を使って，視野内のごくわずかな分子をランダムに発光させ，1分子イメージングを行い，重心計算で位置決めを行うという操作をくり返すことで，最終的に視野内の蛍光分子がまんべんなく位置決めされ，非常に高い空間分解能の像が得られる。局在化顕微鏡は使う蛍光分子によって名前が異なり，蛍光タンパク質を使うものを PALM（photoactivated localization microscopy）[3]，有機色素を使うものを STORM（stochastic optical reconstruction microscopy）[4] とよぶ。20 nm の空間分解能での観察が可能である。開発当初は，1枚の画像取得に数分〜数十分かかることもあり，時間分解能が問題であったが，最近は STORM で数十ミリ秒での観察も可能になった。

B. 構造化照明顕微鏡

構造化照明顕微鏡（図20.2B）では光の干渉を利用して励起光の波長のおよそ半分程度の周期の縞状の照明光で試料を照明する。その結果，近接する

2つの蛍光分子の片方のみが励起される状況をつくり出すことができ，近接する2つの分子を区別することが可能となる。縞状の照明の向きや位相を変えて複数の蛍光観察像を取得し画像処理を行うことによって，従来の顕微鏡のおよそ2倍，100〜120 nm 程度の画像が再構成される[5]。複数枚の蛍光像取得に時間がかかるため動きの速い試料の観察には向かないが，1秒程度で画像を撮影することができる。

C. レーザー走査型顕微鏡・誘導放出顕微鏡

レーザー走査型顕微鏡では，レーザー光を小さなスポットに集光して試料を照射し，スポット内の蛍光分子を励起する。このスポットを走査することで像が得られる。レーザー走査型顕微鏡の空間分解能はスポットの大きさで決まる。レンズでは光の波長程度の円盤にまでしか集光することができず，共焦点レーザー顕微鏡でも空間分解能は通常の蛍光顕微鏡よりも多少改善される程度である。

誘導放出（STED）顕微鏡（図20.2C）では，励起された蛍光分子に励起光とは異なる波長の光を

照射することで，蛍光を発することなく基底状態に戻す"誘導放出"という現象を利用している[6]。励起スポットの周りにドーナツ状の誘導放出を起こす光（STED光）を照射することで，非常に小さな領域に存在する蛍光分子だけが励起光を発することになる。STED光を強くすることで，蛍光を発する領域は小さくなり，空間分解能は上昇する。励起光だけでなくSTED光として強力な光を照射するので，試料の退色が問題である。市販のSTED顕微鏡で，50 nm程度の空間分解能の像を得られる。視野全体の観察には数秒かかるが，スキャンする範囲を簡単に変えることができ，狭い範囲の高速観察が可能である。

超解像イメージングといっても上記のように原理がまったく異なり，それぞれの方法に長所，短所がある[7]。何をどの程度の分解能，時間分解能で観察したいかによって，最も適したものを選ぶ必要がある。1分子イメージングや超解像イメージングをはじめ1分子生物学についての解説書も参考にするとよい[8]。

文献
1) T. Funatsu, et al., *Nature*, 374, 555-559 (1995)
2) M.J. Levene, et al., *Science*, 299, 682-686 (2003)
3) E. Betzig et al., *Science*, 313, 1642-1645 (2006)
4) M. J. Rust et al., *Nat. Methods*, 3, 793-795 (2006)
5) M. G. L. Gustafsson, *J. Microsc.*, 198, 82-87 (2000)
6) S. W. Hell, J. Wichmann, *Opt. Lett.*, 19, 780-782 (1994)
7) L. Schermeiieh et al., *J. Cell Biol.*, 190, 165-175 (2010)
8) 原田慶恵，石渡信一編，1分子生物学，化学同人 (2014)

20.3節
遺伝子コード化バイオセンサーと光遺伝子操作技術

20.3.1 遺伝子コード化バイオセンサー

遺伝子コード化バイオセンサー（genetically-encoded biosensor）とは，遺伝子上にバイオセンサーの情報が書かれた分子で，細胞に導入するとタンパク質に翻訳されて機能を発揮するバイオセンサーのことである[1]。遺伝子コード化バイオセンサーは蛍光タンパク質あるいは発光タンパク質とセンサー部から構成される。センサー部は外部環境の変化に応じて構造が変化するタンパク質ドメインである。リン酸基，核酸，糖など目的とする分子が特異的に結合することで構造が変化する。

遺伝子コード化バイオセンサーは大きく2種類に分かれる。1つは，光強度型のものである。この型のバイオセンサーでは，蛍光タンパク質あるいは発光タンパク質に構造的な不安定性を導入しておき，センサー部の構造変化に応じて発光量が変化するようにデザインする（図20.3A）。すなわち，センサー部にリン酸，ATPやGTPなどの核酸，イオン，あるいは糖などが結合した際に蛍光あるいは発光タンパク質が安定化されて，バイオセンサーから光が放射される。

もう1つはフェルスター共鳴エネルギー移動（Förster resonance energy transfer; FRET）の原理を利用するものである。FRETとは，励起状態のドナー分子から通常10 nm以内のアクセプター分子にエネルギーが移動する現象を指す。ドナーに蛍光タンパク質を用いる場合を蛍光共鳴エネルギー移動（fluorescence resonance energy transfer; 狭義のFRET），発光タンパク質を用いる場合を生物発光共鳴エネルギー移動（Bioluminescence resonance energy transfer; BRET）とよぶ。FRET型遺伝子コード化バイオセンサーでは，通常は蛍光タンパク質をアクセプター分子として使い，図20.3Bに示すようにセンサー部になんらかの修飾が加わった際にFRETが起きてアクセプター蛍光タンパク質からの蛍光が観察できる。ドナーとアクセプターの発光量を定量することで，構造変化の起きているバイオセンサーの量を測定することができる。

遺伝子コード化バイオセンサーは化学合成バイオセンサーと比較すると大きく2つの利点がある。まず，デザインが容易である。DNA編集技術の進歩により，さまざまなタンパク質を自由にデザインし，その任意の場所に蛍光あるいは発光タンパク質を付加することができる。これにより，バイオセン

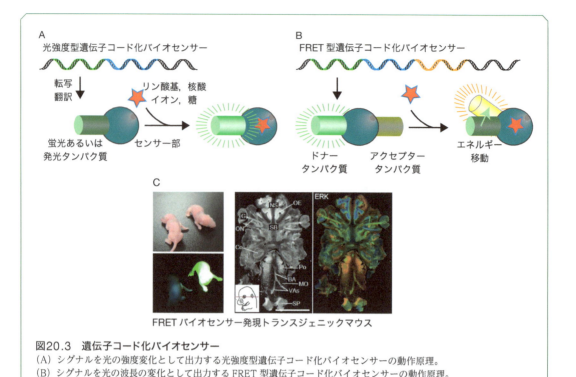

A 光強度型遺伝子コード化バイオセンサー

転写
翻訳

リン酸基, 核酸
イオン, 糖

蛍光あるいは
発光タンパク質　センサー部

B FRET型遺伝子コード化バイオセンサー

ドナー
タンパク質

アクセプター
タンパク質

エネルギー
移動

C

FRET バイオセンサー発現トランスジェニックマウス

図20.3　遺伝子コード化バイオセンサー
（A）シグナルを光の強度変化として出力する光強度型遺伝子コード化バイオセンサーの動作原理。
（B）シグナルを光の波長の変化として出力する FRET 型遺伝子コード化バイオセンサーの動作原理。
（C）ERK マップキナーゼの酵素活性を測定する FRET 型遺伝子コード化バイオセンサーを発現するトランスジェニック
マウス。暖色と寒色が分子活性の高いところ, 低いところをそれぞれ示す[3]。

サーを比較的容易に作成できる。もう1つの利点は, 培養細胞あるいは実験動物の染色体内にこの遺伝子を組み込むことで, 安定的に遺伝子コード化バイオセンサーをつくらせることができる点である。例えば, マウスの染色体にリン酸化酵素活性を測定するバイオセンサーの遺伝子を組み込むことで, 脳内の分子活性マップを容易に作成することができる（図20.3C）。また, 内視鏡型顕微鏡と組み合わせることで, 脳の神経細胞の分子活性と行動との相関を解析することも可能となっている。人への応用は当面は避けなければならないが, 医療への応用研究も進みつつある。例えば, 患者のがん細胞を単離し, そこに分子活性バイオセンサーを導入することで, そのがんがどのような抗がん剤に感受性を示すのかを簡便かつ高速に決定することができるようになってきた。

20.3.2　光遺伝学

一方, 光を使った遺伝子操作技術, 光遺伝学

（Optogenetics）も長足の進歩を遂げつつある[2]。1つは視細胞の光感受性タンパク質**チャネルロドプシン**を使うものである。チャネルロドプシンは光を受容すると構造変化し, イオンの透過性が変化する。このことを利用して, 神経細胞の活性を光によって操作することが可能である。また, 細菌, 真菌, 植物にはさまざまな光感受性タンパク質が存在している。これらの分子は光依存性に他のタンパク質と結合することが知られており, これを利用して, 細胞内情報伝達分子の活性を制御することが可能である。細菌や真菌の **LOV**（light oxgen or voltage）ドメインタンパク質群, シロイヌナズナの**クリプトクロム2**（CRY2; cryptochrome-2）あるいは**フィトクロムB**（PhyB; phytochrome B）などが利用されている。光の解像度は細胞よりも小さいため細胞の一部分で特定の分子を活性化して, 細胞内輸送を制御するのみならず, 特定の神経細胞を活性化することでマウスやゼブラフィッシュなど個体の行動をも制御することができる（11章 column も参照）。

20.3.3　今後の展開

　光遺伝学のツールと遺伝子コード化バイオセンサーとを合わせることで，分子活性を操作し，その時に他の分子がどのような反応をするかを観察できる。今後，マウスあるいはマーモセットといった小型，中型の実験動物において，光で遺伝子を操作し，その結果を光でモニターするという研究がますます盛んになるだろう。これまで細胞レベルで進んできた分子の研究が，細胞間コミュニケ−ションという組織レベル，さらには個体レベルでの理解へと展開していく主たる研究手法になると期待される。

文献
1) V. Sample et al., *Journal of Cell Science*, 127, 1151-1160 (2014)
2) Y. K. Cho, et al., *Methods in Molecular Biology*, 1408, 1-17 (2016)
3) Y. Kamioka et al., *Cell Structure and Function*, 37, 65-73 (2012)

21章 環境と生命
遺伝子組換え作物と微生物，および新しい育種技術

片山高嶺／佐藤文彦

はじめに

分子生物学，さらには遺伝子組換え技術の進展により，ある生物（例えば，ヒト）の遺伝子を他種の生物で発現させ，利用することが可能になってきた。例えば，過去には，ブタから精製・利用されていたインスリンは完全ヒト型として微生物生産され，糖尿病治療に利用されている。同様に，成長ホルモン，エリスロポエチン，インターフェロンや抗体等（表21.1），医療において不可欠の多くの医薬品が遺伝子組換え技術で生産されている。

遺伝子組換え技術では，生物に共通する遺伝暗号表（8章表8.2参照）を利用し，特定の遺伝子産物（タンパク質）に対応するDNA配列を，目的とす

る生物（宿主）に適した発現ベクターに組み込み，一過的，あるいはゲノムに安定に組み込んで，発現させることが可能である。こうした技術は，微生物のみならず，多細胞生物である植物（作物）にも応用され，以下に述べるような大規模商業栽培がなされている。一方，畜産での商業利用はまだないが，水産業関連では，成長の早い鮭の販売が2017年に北米で開始されるとともに，蛍光タンパク質遺伝子を導入したゼブラフィッシュ（GloFish）が観賞用として市販されている。

医療においては，遺伝子治療も遺伝子組換え技術の応用として重要であるが（16章参照），本章では，主に，食品の分野における遺伝子組換え作物（植物）と微生物の利用について，歴史的な背景や行政の取

表21.1　日本で承認されている遺伝子組換え医薬品の一部[1]

分類	承認年	適応疾患
酵素		
グルコセレブロシダーゼ	1998年	ゴーシェ病
尿酸オキシダーゼ	2009年	がん化学療法に伴う高尿酸血症
血液凝固線溶系因子		
アンチトロンビン	2015年	先天性アンチトロンビン欠乏等
ホルモン		
インスリン	1985年	インスリン療法が適応となる糖尿病
成長ホルモン	1988年	成人成長ホルモン分泌不全症
副甲状腺ホルモンアナログ	2010年	骨粗鬆症
ワクチン		
B型肝炎ワクチン	1988年	B型肝炎の予防
HPV感染予防ワクチン	2009年	子宮頸がんの予防
インターフェロン類		
インターフェロンα	1987年	C型肝炎
エリスロポエチン類		
エリスロポエチン	1990年	透析施行中の腎性貧血，未熟児貧血
抗体		
ヒト化抗HER2抗体	2001年	HER2過剰発現が確認された転移性乳がん
キメラ型抗TNFα抗体	2002年	関節リウマチ，乾癬，潰瘍性大腸炎等
ヒト抗PD-1抗体	2014年	根治切除不能な悪性黒色腫

り組み，生態系への影響などを交えながら紹介する。

なお，ゲノム編集技術等，新しい技術の進展は急であり，今後，遺伝子組換え技術の利用は，医薬品や食料生産のみならず，多くの物質生産，さらには，地球規模での環境保全の分野に拡大することが予想されることから，常に最新の動きに関心をもってほしい。

*遺伝子組換え現象は，自然界，例えば，交雑等においても生じるが，本章では，細胞外において核酸を加工する技術（人工的な試験管内操作）によって作出された核酸またはその複製物（組換え核酸）を有する生物を対象として論述する。本章の後半で述べるゲノム編集技術では，従来の育種技術と区別できない（組換え核酸の痕跡が残らない）遺伝子の改変が可能であり，「遺伝子組換え技術」の定義の見直しが検討されている。また，「遺伝子組換え技術」には，自然界では起こらない異なる科に属する生物細胞の融合による新規な遺伝子の組み合わせをもつ生物の作出も含まれることに注意する必要がある。

21.1節

遺伝子組換え技術の発達と規制の始まり

1973年にスタンフォード大学のコーエン（S. Cohen）とカリフォルニア大学のボイヤー（H. Boyer）は，制限酵素と連結酵素を用いて特定の遺伝子を自己増殖性の染色体外DNA（プラスミド）に連結して大腸菌内で増幅させることに成功した。この組換え技術が開発された直後の1975年に，本技術が有する潜在的な危険性が議論され（アシロマ会議），「物理的封じ込め」と「生物的封じ込め」によって安全性を確保することが科学者によって提案された。

米国では1976年に国立衛生研究所が「組換えDNA実験ガイドライン」を，日本では1979年に文部省と科学技術庁が「大学等における組換えDNA実験指針」および「組換えDNA実験指針」を定めた。次いで1986年に通商産業省および厚生省が「組換えDNA技術工業化指針」および「組換えDNA技術応用医薬品製造指針」を，1989年に農水省が「農林水産分野等における組換え体の利用のための指針」を告示した。

以下に述べるように「物理的封じ込め」によって環境への拡散を防ぐとともに，「生物学的封じ込め」においては特殊な培養条件以外では生存しない宿主と，他細胞への伝達性を有さず宿主依存性の高いベクターを組み合わせた宿主−ベクター系を用いることで組換え体の伝播や拡散を防止すること，または生物学的安全性が極めて高い宿主−ベクター系を用いることにより生物学的安全性を保証することが求められている。

21.2節

生物学的多様性とカルタヘナ議定書

遺伝子組換え技術の利用規制の根拠の1つが生物多様性である。生物多様性は「種多様性」「遺伝的多様性」「生態系多様性」からなる。現在までに地球上では180万種程度の生物種が確認され，未記載の生物を含めるとおそらく1000万種程度が存在する（種の多様性）。

遺伝的多様性は，同種の個体群内の個体間のみならず，環境が異なった箇所に生息する個体群間の遺伝的変異も含み（例えば，寒冷地と温暖地に生息する同種個体群），この多様性は種の環境適応性に重要である。

生態系の多様性とは，ある生物圏において異なる種の個体群によって構成される1つの生態系のことであり，その多様性はある種の絶滅や登場によって影響を受ける（例えば外来種による既存種の駆逐）。

生物多様性は環境変動への対応のみならず，我々の生活を豊かにする点でも重要であり，例えば多くの医薬品が微生物や植物などの天然資源から発見されている。そのため人間活動による環境の破壊，外来種の導入，乱獲や気候変動による多様性の破壊はできるかぎり防がねばならない（物理的封じ込め）。しかし，人口爆発，気候変動に伴う農作物の品質低下や病害虫の発生や蔓延などさまざまな問題が地球規模で生じており，これらの課題に対応するために，

遺伝子組換え技術を含む育種開発が不可欠である。

このような状況の中で，2000年に「生物の多様性に関する条約のバイオセーフティに関するカルタヘナ議定書（カルタヘナ議定書）」が採択された。議定書では，研究開発における取り扱い等のみならず，遺伝子組換え技術により改変された生物の国境を越える移動に先立ち，輸入国がその組換え生物による生物多様性の保全および持続可能な利用への影響を評価し，輸入の可否を決定するための手続きなどが定められた。日本では，2003年6月に「遺伝子組換え生物等の使用等の規制による生物の多様性の確保に関する法律（カルタヘナ法）」が公布され，2004年2月に施行された。

21.3節

遺伝子組換え生物の規制

カルタヘナ法では，遺伝子組換え生物等を用いて行う行為を「第一種使用等」と「第二種使用等」とに分け，それぞれの使用に応じてとるべき措置を定めている。「第一種使用等」とは，遺伝子組換え生物等の環境中への拡散を完全には防止しないで行う行為のことであり，例えば遺伝子組換え作物の輸入，流通，栽培，遺伝子組換え生ワクチンの製造や接種など，その使用過程で環境との接触が予想されるものが該当する。「第二種使用等」は，施設外の環境中への遺伝子組換え生物の拡散を防止する措置を執った上で行う使用等を差し，例えば研究室内での実験，保管や運搬が該当する。

カルタヘナ法は生物多様性への影響を物理的に規制するための法律（環境評価）であるが，本章で扱う遺伝子組換え作物と微生物は食品分野における安全性評価（食品健康影響評価）も受ける。すなわち，遺伝子組換え食品および食品添加物は厚生労働省所管の食品衛生法の，遺伝子組換え飼料および飼料添加物は農林水産省所管の飼料安全法の対象となる。遺伝子組換え食品は，JAS法（農林物資の規格化及び品質表示の適正化に関する法律）および食品

衛生法による表示義務がある。ただし，組換え遺伝子や合成されるタンパク質が最終製品において検出不可能な場合（油や醤油など）には表示義務はない。また，加工食品では，主原料（全原料に占める重量割合が3位まで，かつ5%以上）にあたらない場合は表示を省略できる。遺伝子組換え食品等の取り扱い規制は国毎に異なり，また今後の技術開発等により変化する可能性がある。

21.4節

食品としての安全性評価

わが国における遺伝子組換え作物および微生物の食品としての安全性は，厚生労働省からの評価依頼を受けた食品安全委員会が行っている。現在認可されている作物および食品添加物は厚労省のホームページに掲載されている[2]。

評価の基本方針は，非遺伝子組換え食品との比較であり，組換えによって新たに付加された性質と，組換えによる悪影響の可能性を検討する。例えば，組換えによる新たなアレルゲンなどの有害成分の生産や増加について，また，当該食品の栄養素が大きく変動していないか等を確認する。添加物の評価も同様であるが，例えば次節で述べる微生物の代謝酵素などは，食品の製造過程で変性したり失活したりする場合が多く，最終的には当該食品から除去されていることも多くあり，このため必要に応じて精製度や使用形態，食品中の残存なども考慮した評価が行われている。

21.5節

組換え微生物の食品利用

日本における最初の遺伝子組換え技術の食品分野への利用は，1994年の大腸菌と酵母で発現させたキモシン（チーズ製造の際の凝乳酵素）である。

それ以降，2016年7月現在までに安全性審査を終えた遺伝子組換え添加物は25品目にのぼり，それらの名称と食品製造における用途を表21.2に示した。これらはすべて，経済産業大臣が定めるGIL-SP（Good Industrial Large Scale Practice）遺伝子組換え微生物として認定された宿主・ベクター系を利用して製造されている（生物学的封じ込め）。

なお，遺伝子組換え技術を用いていても，**セルフクローニング・ナチュラルオカレンス**または高度精製品に該当すると判断された場合，「組換えDNA技術を応用した食品及び添加物に該当しない」と見なされる。

セルフクローニングとは，最終的に宿主に導入されたDNAが当該微生物と分類学上の同一の種に

表21.2　遺伝子組換え食品添加物

対象品目	名　称	用　途
α−アミラーゼ	TS-25	でん粉の液化
	BSG−アミラーゼ（ターマミルS）	でん粉糖 発酵アルコール パン等の製造過程
	TMG−アミラーゼ（ターマミルL）	シロップ
	SP961（ターマミルSC）	シロップ
	LE399（リコザイムX）（ターマミル改変型）	シロップ
	SPEZYMEFRED™	でん粉の液化
	Bacillus subtilis MDT121株を利用して生産されたα−アミラーゼ	パン老化防止 シロップ
	NZYM-SO株を利用して生産されたα−アミラーゼ	パン老化防止 シロップ
	NZYM-AV株を利用して生産されたα−アミラーゼ	パン老化防止 シロップ
キモシン	マキシレン	チーズ
	カイマックス	
プルラナーゼ	Optimax	シロップ
	SP962	ブドウ糖や異性化糖
リパーゼ	SP388	エステル合成 エステル交換
	NOVOZYM677	エステル合成 エステル交換
リボフラビン	リボフラビン（ビタミンB2）	ビタミン
グルコアミラーゼ	AMG-E	デキストリン　オリゴ糖
α−グルコシルトランスフェラーゼ	BR151（pUAQ2）株を利用して生産された6-α-グルカノトランスフェラーゼ	デキストリン製造
	BR151（pUMQ1）株を利用して生産された4−α−グルカノトランスフェラーゼ	高分子糖製造
	NZYM-RO株を利用して生産された6−α−グルカノトランスフェラーゼ	デキストリン製造
シクロデキストリングルカノトランスフェラーゼ	*Bacillus subtilis* DTS1451（pHYT2G）株を利用して生産されたシクロデキストリングルカノトランスフェラーゼ	シクロデキストリン製造
アスパラギナーゼ	*Aspergillus niger* ASP-72株を利用して生産されたアスパラギナーゼ	アクリルアミド産生防止
	Aspergillus orizae NZYM-SP株を利用して生産されたアスパラギナーゼ	アクリルアミド産生防止
ホスホリパーゼ	PLA-54株を利用して生産されたホスホリパーゼA2	油脂，麺，パン加工
β−アミラーゼ	NZYM-JA株を利用して生産されたβ−アミラーゼ	シロップ もち老化防止

（天野エンザイム（株）　小池田 聡博士のご協力を得て作成）

属する微生物の DNA のみであると判断された場合である。

一方，ナチュラルオカレンスとは組換え体と同等の遺伝子構成をもつ生細胞が自然界に存在する場合である。

高度精製品とは，組換え微生物を利用して製造された最終産物が高度に精製された非タンパク質性添加物である場合，アレルゲンになり得る組換えタンパク質が含まれていないと判断された場合である。組換え食品および添加物の組換え DNA 技術の適用外の事例は，2013 年 10 月時点で 50 品目以上あり，アミノ酸調味料や核酸調味料などが該当する [3]。

組換え微生物の利用は，医薬品の製造や添加物の製造等，物質生産が主であり，食品としての利用が主である組換え作物のような大きな議論は起こっていない。しかし，ここ数年の合成生物学の発展に伴い，一般社会に論争をよび起こしつつある事例もある。

例えば，組換え酵母を用いた鎮痛性麻薬成分の合成は，違法麻薬の発酵製造の危険性がある。また，合成ゲノムによる人工細菌の作製は，バイオセーフティー（意図せず予期しない影響）やバイオセキュリティー（故意や悪意による反社会的利用）の問題を含んでおり，早急なルールづくりが必要である。

組換え作物（植物）の利用と現状

1994 年に世界で初めて日持ち性の良い組換えトマトが上市された。すなわち，細胞壁ペクチンの分解を分解酵素ポリガラクチュロナーゼのアンチセンス遺伝子により抑制した Flavr Savr トマトが作製されたが，商品性の問題から現在は市販されていない。しかし，それ以降，遺伝子組換え作物の栽培は拡大の一途をたどり，2016 年での世界における遺伝子組換え農作物の耕地面積は 1 億 8510 万ヘクタールである。それぞれの作物栽培面積における組換え作物の栽培割合は，大豆（78%），トウモロコシ（33%），ワタ（64%）およびナタネ（24%）である。栽培は先進国のみならず，開発途上国にも広がっており，米国が 1 位，ブラジルが 2 位である（表 21.3）。

平成 29 年 7 月時点，ダイズ 28 品種，テンサイ 1 品種，トウモロコシ 82 品種，ナタネ 16 品種，ワタ 33 品種，アルファルファ 5 品種，パパイヤ 1 品種，カーネーション 8 品種，並びに，バラ 2 品種が日本において遺伝子組換え作物として販売・流通が認められている [4]。なお，日本国内において現在商業栽培されているのは観賞用の「青いバラ」のみである。

世界で商業栽培されている組換え作物は，除草剤抵抗性が最も多く，次いで Bt タンパク質（下記参照）による害虫抵抗性であり，現在，両性質を合わせもつスタック品種の利用が拡大している。除草剤抵抗性としては，グリホサートやグルホシネート耐性が主である。

グリホサートは，芳香族アミノ酸の生合成を担う酵素 3- ホスホシキミ酸 1- カルボキシビニル転移酵素（EPSPS）を阻害するが（図 21.1A），本薬剤に非感受性となる改変型変異酵素遺伝子が利用されている。

グルタミン酸類似体（アナログ）であるグルホシネート（図 21.1B）は，グルタミン合成酵素を阻害し，植物体内にアンモニアを蓄積し，毒性を示す。グルホシネートは D,L 体の混合物であるが阻害活性を有するのは L 体のみであり，細菌由来の酵素ホスフィノスリシンアセチルトランスフェラーゼ（PAT）により不活化される。すなわち，PAT の導入により植物はグルホシネート耐性となる。

Bt タンパク質は，土壌に生息する細菌 *Bacillus thuringiensis* の産生する殺虫性タンパク質であり，鱗翅目昆虫に殺虫性を示し，それ以外の生物には影響がない。すなわち，Bt タンパク質は該当昆虫の消化管内で限定分解を受け，生じたペプチドが消化管粘膜上の受容体と結合して腸管細胞を破壊し，殺虫性を示す。

遺伝子導入の手法としては，クラウンゴールとよ

表21.3　遺伝子組換え作物の栽培面積および各国における栽培作物とその用途[5]

順位	国	面積 (百万 ha)	作物	用途
1	米国	70.9	トウモロコシ・ダイズ・ワタ・ナタネ・テンサイ・アルファルファ・パパイヤ・スクワッシュ・ジャガイモ	トウモロコシ 飼料・食品等
2	ブラジル	44.2	ダイズ・トウモロコシ・ワタ	ダイズ 製油・食品・飼料等
3	アルゼンチン	24.5	ダイズ・トウモロコシ・ワタ	
4	インド	11.6	ワタ	ワタ・ナタネ 製油
5	カナダ	11	ナタネ・トウモロコシ・ダイズ・テンサイ	
6	中国	3.7	ワタ・パパイヤ・ポプラ	テンサイ 製糖・飼料・食品等
7	パラグアイ	3.6	ダイズ・トウモロコシ・ワタ	
8	パキスタン	2.9	ワタ	アルファルファ 飼料等
9	南アフリカ	2.3	トウモロコシ・ダイズ・ワタ	ジャガイモ 食品等
10	ウルグアイ	1.4	ダイズ・トウモロコシ・ワタ	

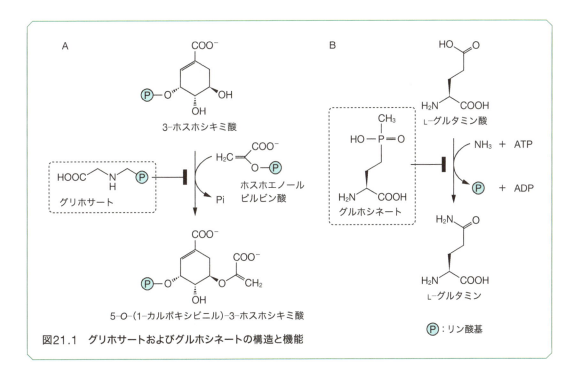

図21.1　グリホサートおよびグルホシネートの構造と機能

ばれる腫瘍を誘発する**アグロバクテリウム** *Agrobacterium tumefaciens* (*Rhizobium radiobacter*の異称) が有する Ti (tumor inducing) プラスミドを改変利用した導入ベクターを利用することが一般的であるが，それ以外にも遺伝子銃によって，また細胞壁を分解処理した細胞(プロトプラスト) に電気刺激やポリエチレングリコールなどの処理を施すことによってゲノム中に挿入することも行われている。

組換え作物栽培に伴う環境影響についてはさまざまな観点から評価されている。①組換え体の野生化・雑草化，②近縁野生種との交雑による雑種拡大とそれによる遺伝的多様性の低下，③Bt タンパク質の非標的生物への影響，④新たな抵抗性生物の出現，⑤生態系へ与える長期影響などである。事実，Bt タンパク質に対する抵抗性を示す昆虫の出現は大きな課題と考えられ，この防止のために Bt 作物圃場内に同種の非組換え作物を栽培し，Bt 感受性

の昆虫を一定量維持することで抵抗性昆虫の繁殖防止が推奨されている。

一方，除草剤抵抗性作物の場合，大規模栽培により除草剤耐性雑草の出現が報告されるようになっており，今後の課題である。なお，大量に組換え作物を輸入している我が国においては，遺伝子組換え作物のこぼれ種子が報告されることがあるが，組換え作物が定着して生態系を破壊したという報告はこれまでない。また，非組換え品種であっても単一作物の栽培そのものが生物多様性に大きな影響をもたらすことは自覚する必要がある。先に述べたように，遺伝資源の保全は重要であり，作物原産国における野生種の種子保存などの取り組みが行われている。

21.7節

新しい育種技術

従来の遺伝子組換え技術に加えて，新しい育種技術（New Breeding Techniques; NBT，植物の場合は特に Plant を付して NPBT という場合もある）が急速に発展しつつある。以下，今後の研究において利用が増加すると考えられるゲノム編集を中心に，いくつかの技術の特徴を簡単に紹介する。

21.7.1 ゲノム編集

ゲノム編集技術は，ゲノムの特定の DNA 配列（ターゲット領域）に二本鎖切断を導入し，その修復過程で起こる非相同末端結合（NHEJ）および相同組換え（HDR）を利用して，数塩基程度の変異（置換・挿入・欠失）あるいは同種由来や異種由来の遺伝子導入を行う手法である。これまでにも，Zinc-Finger Nuclease（ZFN）や Transcription Activator-Like Effector Nucleases（TALEN）などの標的指向性 DNA 切断酵素が開発されていたが，2013 年にシャルパンティエ（E. Charpentier）とダウドナ（J. Doudna）両博士により，より簡易な Clustered Regularly Interspaced Short Palindromic Repeat（CRISPR）/Cas9 システム

が報告され，遺伝子組換え技術に革命が起こった（図21.2）。

CRISPR/Cas9 そのものは元々バクテリアが有するファージ（ウイルス）等への感染防御機構であるが，20 数塩基という比較的短いガイド RNA（sgRNA）を用いることにより，認識配列（PAM）の制約はあるものの，極めて容易に多数の標的配列を改変するツールが開発された。CRISPR/Cas9 は，タンパク質と sgRNA の複合体として，細胞等に導入することも可能であり，極めて迅速かつ，倍数性の遺伝子も同時に変異させることが可能である。この場合，ゲノム編集によって導入された数塩基の欠失や挿入変異は，自然に生じる突然変異と区別することは困難であるが，自然突然変異では，複数の変異が同時に起こることは少ない。

ゲノム編集における多重遺伝子改変は，従来の遺伝子組換え技術にはない特徴であり，今後の利用が期待される分野である。また上述した通り，相同配列を導入（ノックイン）*することで部位特異的な配列改変も可能となる。このように，ゲノム編集は，従来の遺伝子組換え技術にはない新しい特徴をもつとともに，従来の組換え体のように外来遺伝子を残さないで遺伝子改変が可能であるという特性もある。

*ノックインの場合には，従来の遺伝子組換え体に相当する。

なお，ゲノム編集技術はまだ開発段階であり，ターゲット以外の場所に変異を誘発する可能性（オフターゲット効果）や導入された変異をもつ細胞のモザイク性などの課題があり，現在さまざまな技術開発と検証がなされている。なお，植物では，CRISPR/Cas9 の一過的発現によるゲノム編集は容易ではないが，遺伝子銃やプロトプラストへの導入の成功例がある。また，一度，安定型形質転換体を作製し，その後，野生型植物と交配し，ゲノム編集用 DNA 切断酵素を除去した個体（ヌルセグリガントとよばれる）を作製することなども行われている。

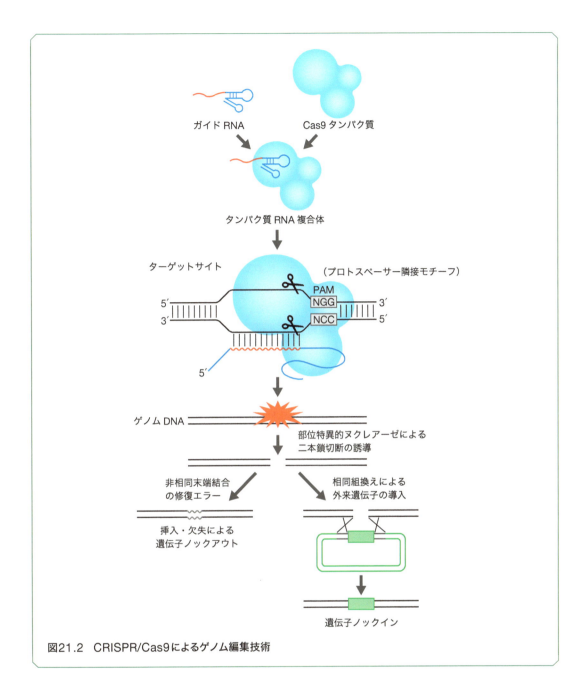

ガイド RNA

Cas9 タンパク質

タンパク質 RNA 複合体

ターゲットサイト

（プロトスペーサー隣接モチーフ）

5′ PAM
NGG 3′
3′ NCC 5′

5′

ゲノム DNA

部位特異的ヌクレアーゼによる
二本鎖切断の誘導

非相同末端結合
の修復エラー

相同組換えによる
外来遺伝子の導入

挿入・欠失による
遺伝子ノックアウト

遺伝子ノックイン

図21.2　CRISPR/Cas9によるゲノム編集技術

21.7.2　エピゲノム編集

　遺伝子の発現制御において**エピゲノム***が重要であることが，動植物を問わず明らかになっている。したがって，DNA メチル化酵素，脱メチル化酵素等を用いて遺伝子のエピゲノム情報を改変することが可能となれば，さまざまな利用が可能となる。植物では，RNA 依存性 DNA メチル化酵素を用いた

エピゲノム編集が試みられている。例えば，接ぎ木による台木から穂木への小分子一本鎖 RNA（small interfering RNA）の移動によって穂木のゲノムをエピゲノム編集することが可能であり，現在，ジャガイモ等で検証が行われている。

*エピゲノム：DNA のメチル化やクロマチンを構成するヒストンの修飾等。

21.7.3 アグロインフィルトレーション（アグロインフェクション）法

　動物細胞では，ウイルスベクター等を用いたタンパク質の一過的発現が多く行われているが，植物では安定形質転換体を用いることが一般的である。しかし，近年，目的遺伝子を導入したアグロバクテリウムを植物の一部分（葉など）に感染させて，一過的に当該タンパク質やRNAを発現させるアグロインフィルトレーション法が開発利用されている。この場合，組換え体を作製することなく，発芽後の植物体や栄養繁殖体において迅速・簡便に目的遺伝子を発現できる。

　一方，発現ベクターに植物ウイルスのゲノムを組み込み，ウイルスの増殖を利用するアグロインフェクション法も開発されている。これらの技術は病原抵抗性遺伝子を解析するなどの基礎研究のみならず，コレラワクチンや抗体生産などの応用研究にも利用されている。

　また，最近，果樹の品種改良にもウイルスベクターが利用されつつある。通常リンゴは開花・結実に播種後5〜12年かかるが，花成ホルモンであるフロリゲン遺伝子（*AtFT*）の発現とリンゴの開花抑制遺伝子（*MdTFL1-1*）の一部（開花抑制遺伝子の発現を抑制する）を組み込んだリンゴ小球形潜在ウイルスを発芽直後のリンゴ種子または芽生に感染させることにより，感染リンゴの90％以上で早期開花に成功している。さらに，開花したリンゴに人工授粉させると正常な種子が得られ，しかも次世代の実生苗からはウイルスが検出されなかった。この技術によってリンゴ1世代を大幅に短縮することが可能である。同様に，開花まで年月がかかる園芸作物においても適用が試みられ，2017年ウイルスが完全に除去されたリンドウの新品種の一般圃場栽培が認められるなど，今後，果樹・園芸分野における育種スピードの大幅な改善が期待されている。

21.7.4 Gene drive（ジーンドライブ）

　ゲノム編集技術が可能になり，従来は困難と考えられてきた生態系におけるホモ接合変異体の増幅が可能となってきた（図21.3）。すなわち，ゲノム編集ツールの導入によって，個体群内に変異を永続的に導入し続けることが可能になってきた。このことは，例えば，蚊などの害虫や外来魚等の侵略者の駆除等に利用でき，極めて大きな効果が期待できる。一方，この技術により生態系における生物種全体を極めて容易に改変してしまう可能性があり，より慎重な管理が必要であり，議論が国際的に開始されている。

おわりに

　本章では，遺伝子組換え作物や微生物の食品分野への利用状況を中心に，その歴史や技術・規制について，またゲノム編集を含む新しい育種法について紹介した。ゲノム編集の出現は，これまでの遺伝子組換え技術，遺伝子機能解析，また次世代DNAシークエンサーによるゲノム情報解読の進展と比べても，極めて大きなインパクトをもち，基礎生命科学，バイオテクノロジー，さらには，生態系へ大きな影響を与えうるものである。ここでは，主に植物と微生物を例に紹介したが，ツノのないウシや肉付きのよい鯛など，畜産，水産業においても，その利用範囲は極めて大きい。一方，最初にも述べたように受精卵を含むヒトへの影響は触れなかったが，医療分野におけるゲノム編集等の進展はより急であり，社会的影響とともに，極めて大きな倫理的影響を及ぼすことは間違いない。遺伝子組換え技術の発達は，我々に，どのような社会を構築するのか，考える良いきっかけとなる。遺伝子組換え技術の可能性とその課題の解決は，人類が抱える地球規模での課題の解決に不可欠である。これら技術のより良い社会受容のためにも，組換え生物（作物，微生物，ならびにそれ以外の動植物）の安全性（予想外の変異や機能改変）評価のために，個々の技術開発とともに，社会受容のための評価技術，評価システムならびに

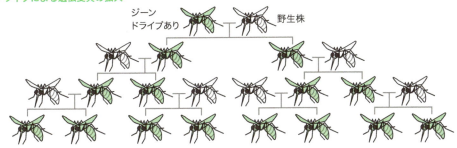

図21.3　ジーンドライブの概略図
従来の顕性（優性）変異（例：体色の変化）は，集団の中で，拡散するとしても一部にとどまるが，ゲノム編集の遺伝子（例：CRISPR/Cas9 により体色変異を起こさせる遺伝子カセット）を導入した場合，変異の導入が永続的に続くために，上記のような極めて効率的変異導入を仮定すると，わずか4代で，全集団が変異をもつことになる[6]。

国際的な調和が必要である。

文献
1) 国立医薬品食品衛生研究所　承認されたバイオ医薬品（http://www.nihs.go.jp/dbcb/approved_biologicals.html）
2) http://www.mhlw.go.jp/stf/seisakunitsuite/bunya/kenkou_iryou/shokuhin/idenshi/index.html
3) http://www.mhlw.go.jp/topics/idenshi/dl/list3.pdf
4) 農林水産省, 生物多様性と遺伝子組換え (2017)
   http://www.maff.go.jp/j/syouan/nouan/carta/seibutsu_tayousei.html
5) 国際バイオアグリ事業団報告書：ISAAA（2017）Brief 52: Global Status of Commercialized Biotech/GM Crops (2016)
   http://isaaa.org/resources/publications/briefs/52/default.asp
6) Akbari et al., *Science*, 349, 927-929 (2015)

推薦図書・文献
・学術会議報告, 植物における新育種技術（NPBT：New Plant Breeding Techniques）の現状と課題 (2014)
   http://www.scj.go.jp/ja/info/kohyo/pdf/kohyo-22-h140826.pdf#search=%27学術会議＋新しい＋育種%27
・『ゲノム編集を問う―作物からヒトまで』, 石井哲也, 岩波新書 (2017)
・農林水産省, 遺伝子組換え植物の承認と確認 (2017)
   http://www.maff.go.jp/j/syouan/nouan/carta/torikumi/index.html#1

22章 生物の多様性を考える
生態学と分類学

曽田貞滋（22.1節）／田村　実（22.2節）

個体群と種間相互作用

はじめに

　生態学（ecology）は，19世紀に，ダーウィン（C. Darwin）の進化論の影響を受け，個体以上の生物学的階層における現象を扱う分野として登場した。生物は細胞から構成されているので，生命体としての機能を理解するには細胞レベルでの現象を見ることが不可欠である。しかし，生物としての存在は「個体」が単位である。個体は，有性生殖または無性生殖によって子孫を生み出すが，同質の遺伝子群を共有し，有性生殖であれば互いに交配して繁殖能力のある子孫を残す個体の集まりは，種（species）とよばれている。同じ種に属する個体の地域的な集合は個体群（population）とよばれる（遺伝学での「集団」とほぼ同義である）。個体群の内部では，個体間の競争や繁殖をめぐる相互作用が起こり，出生・死亡・移出入の結果として個体数が変動する。また，個体群は生物の進化における基本的な単位でもある。個体群は生息環境においてできるだけ高い生存率と繁殖率を達成するような遺伝的構成をもつように進化しているが，このような適応（adaptation）の駆動力は，ダーウィンが見出した自然選択（natural selection）である。

　分子生物学が発展し，ゲノム解読が進む現代では，生物学はより細胞・分子レベルの研究と深く関わる学問分野となっている。しかし，どんな生物も，個体として，自然界の非生物的，生物的環境と関わりをもって生きており，決して単独では生活していけない。したがって，個体を単位として生物間の相互作用を扱う生態学の視点は，他の生物学分野において必須のものである。本節では，個体群動態，種間競争，捕食・寄生，相利関係といった生物間相互作用の基本的要素を中心に，生態学の基礎的な内容を紹介する。

22.1.1　個体群，群集，生態系

　先に述べたように同種個体の地域的な集合を個体群というが，同時に同地域に存在するさまざまな種の個体群の集合を，生物群集（通常，単に群集community）とよぶ。生物群集は，生産者（独立栄養生物）と消費者（従属栄養生物）という栄養段階の異なる生物で構成されている（図22.1）。消費者のうち，生産者である植物を食べるものを植食者，植食者を食べるものを肉食者というが，しばしば肉食者どうしも捕食関係にある。また，植食と肉食を行う雑食者も多数存在する。また，分解者は生物の遺体や排泄物を利用している。分解者は物質の循環に大きな役割を果たしている。生物群集内の個体群どうしは，こうした食う者と食われる者の関係（捕食関係）のほか，寄生，競争といった敵対的な関係や，相利的な関係を通して互いに影響し合っている（図22.2）。

　生物群集とそれを取り巻く非生物的環境の全体を生態系（ecosystem）とよぶ（図22.1）。生態系においては，太陽から照射される光エネルギーを利用して，緑色植物（生産者，独立栄養生物）が光合成を行い，有機物を生産し，それを利用して多くの生物（消費者，従属栄養生物）が生活している。また，光合成の過程で放出される酸素は生命活動に必須である。生態系の内部では，生物群集を通してエネルギーが流れ，水，窒素，炭素，リンといった

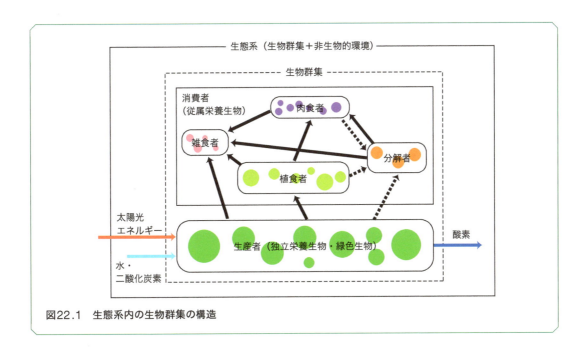

図22.1　生態系内の生物群集の構造

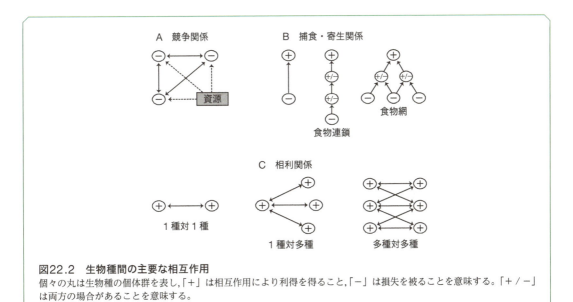

図22.2　生物種間の主要な相互作用
個々の丸は生物種の個体群を表し，「＋」は相互作用により利得を得ること，「－」は損失を被ることを意味する。「＋／－」は両方の場合があることを意味する。

生命活動に必須の物質が循環している。生態系は，陸上，淡水（河川・湖沼），海洋といった異なる区域に分けることができるが，それぞれは完全に独立した系ではなく，互いに連関している。

　生態学は，個体を基本単位として，個体群，生物群集，生態系の構造と時間的空間的動態を明らかにする科学分野である。以下では，多くの種を含む生物群集の中でくり広げられている多様な生物の営みを生態学的視点から捉える第一歩として，基本的な生物相互作用と個体群動態のしくみを簡潔に説明する。

22.1.2　個体群の成長：種内競争による個体数の調節

生物の主要な特性は，個体が有性生殖または無性生殖によって次世代の個体を生み出すことである。ある生物種の個体群が存続するためには，1 個体が平均して 1 個体以上の子孫を残す必要がある。仮に毎世代各個体が 1 個体より多い子孫を残すならば，個体数は指数的に増加し続ける（図 22.3a）。しかし，その生物種個体群の生息範囲が限られ，利用する食糧に限りがあるならば，個体数が増え続けることはない。

実験室内の限られた空間において，毎日一定量の餌を与えながら微生物や昆虫を飼育すると，個体数の変化は図 22.3b のような S 字型の飽和曲線を示すだろう。個体数が増え続けないのは，個体数（密度）が増加するに従い，資源をめぐる種内競争が強くなり，生存率や繁殖率（出生数）の低下が起こるからである。このことを簡潔に数式で表したのがロジスティック方程式とよばれる微分方程式で，個体数を N として時間 t での個体数の変化を次のように表す。

$$\mathrm{d}N/\mathrm{d}t = rN(1 - N/K) \qquad (式1)$$

ここで，r は内的自然増加率であり，個体あたりの出生率と死亡率の差である。K は環境収容力とよばれる。r が正の数であれば（つまり出生率が死亡率を上回っていれば），個体数が少ない状態から，時間とともに急速な増加が起こる。しかし個体数が増加するにつれ，種内競争による増加率に対する負の影響（N/K）が増加するので，全体としての増加率は次第に小さくなり，個体数が K に到達した時には，ゼロになってしまう。この状態では，出生数と死亡数が釣り合っており，全体の個体数は一定になる。個体数密度に依存した増殖率の抑制によって個体数が一定に保たれることを個体数調節という。

個体群の成長は，環境の変動にも影響される。環境条件が比較的一定であれば，密度依存的な調節機構がはたらいて個体数が一定に保たれるが，餌資源量が時間的に変動する場合や，気象条件によって生息場所の条件が大きく変わる場合には，個体数が大きく変動する。また，後に述べるように，捕食者や寄生者との相互作用によっても個体数の変動が生じる。

22.1.3　種間競争：競争排除か共存か

同じ栄養段階にあり，同じ種類の餌資源を利用する生物種（特に近縁な種）の間には，資源量が限られている場合，種間競争が生じる。例えば，同じ微生物を餌とするゾウリムシ 2 種を水槽で飼育すると，両種の個体数はロジスティック方程式に従って，はじめは急速に増殖するが，密度がある程度高くなると，一方の種は個体数を減らし，絶滅する（図22.4A）。これは，2 種の間に餌を摂食して増殖する効率に違いがあり，効率の悪い方が絶滅したのである。このような現象は，競争排除とよばれている。一方，種間競争が多少あっても，その影響が比較的小さければ 2 種が共存することも可能である（図22.4B）。

種間競争の動態は，種内の競争を考慮したロジスティック方程式を拡張した次のような式で検討することができる。いま種 1，種 2 の個体数を N_1，N_2 とおくと，

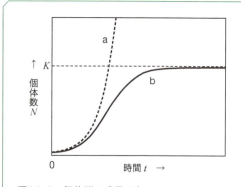

図22.3　個体群の成長パターン
a は個体群成長が密度に依存しない場合で，個体数 N は一定速度（$r > 0$）で指数的に増加している（$\mathrm{d}N/\mathrm{d}t = rN$）。
b では，個体群成長は種内競争の影響を受けており，増殖率は N が増加するにつれて減少し，個体数は環境収容力 K に収束する（式1）。

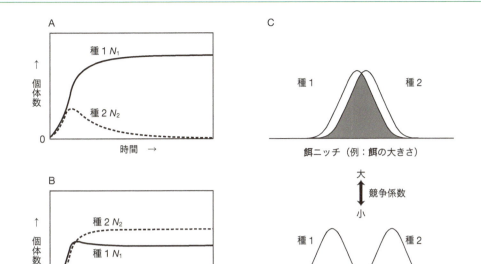

図22.4　種間競争の動態とニッチ分化
（A）では種内競争より種間競争が強く働いており，種1が種2を排除する。（B）では，種間競争は種内競争より弱く，2種が共存する（式2a，2bに基づく）。（C）ニッチの重なりと競争係数の関係。2種の間で利用する餌の種類が大きく重なると競争係数が大きくなり共存が困難になる（上）。重なりが少ない（ニッチが分化している）と競争係数が小さく共存しやすい（下）。

$$\mathrm{d}N_1/\mathrm{d}t = r_1 N_1 \left\{ 1 - \left(N_1 + \alpha_{12} N_2 \right)/K_1 \right\}$$

（式2a：種1の個体数変化）

$$\mathrm{d}N_2/\mathrm{d}t = r_2 N_2 \left\{ 1 - \left(N_2 + \alpha_{21} N_1 \right)/K_2 \right\}$$

（式2b：種2の個体数変化）

ここでr_1，r_2は種1，2の内的自然増加率，K_1，K_2は種1，2の環境収容力である。α_{12}，α_{21}は種間の**競争係数**で，α_{12}は種2の1個体が種1に及ぼす効果，α_{21}は種1の1個体が種2に及ぼす効果である。つまりそれぞれの種の個体数増加率は，種内の密度効果だけでなく，他種の密度効果も競争係数に応じて受ける。

この連立方程式では，2種の環境収容力と競争係数の大小関係によって，2種が共存するか，それともどちらかの種が競争排除されるかが決まる。まず，共存する条件だが，$\alpha_{12} < K_1/K_2$かつ$\alpha_{21} < K_2/K_1$となる。これは「種内競争に比べ，種間競争の効果が

小さい」ということを意味するが，そのことは$K_1$$=K_2$（環境収容力が同じ）とおいてみればわかりやすい。つまり，$\alpha_{12} < 1$かつ$\alpha_{21} < 1$となり，他種1個体が増加率に及ぼす効果が同種の1個体の効果より小さいことが共存の条件である。もしどちらかの種が相手に種内競争以上の効果を及ぼすならば，相手の種は排除される。また，双方が種内競争より強い種間競争の効果を及ぼし合うならば，はじめの個体数の組み合わせによって，排除される種が決まる。

自然界には類似した資源利用をしながら共存している種も多い。その生物が生存と繁殖のために必要とする環境条件や餌などの資源のすべてを**生態的ニッチ**とよぶ。種の多様性は，競争排除を回避して複数の種が共存することによって促進されている。競争方程式の解析から，種間競争が種内競争に比べ弱いならば，種間競争が起こっても2種は共存できることが予測された。餌に関するニッチ（食べる

餌の種類や大きさ）に種間で十分な違いがあれば，種内競争に比べ種間競争の効果（競争係数）は小さくなり，共存が可能になる（図22.4C）。

　例えば種子食の鳥が2種以上共存している場合に，くちばしの大きさに種間で違いがあって，食べる種子の大きさの平均値が異なるような例が知られている。こうした形態の分化を通した餌ニッチの分化は，共存する近縁種間でしばしば見られる。

22.1.4　捕食者と被食者の個体群動態

　個体群の増殖を抑制するのは，資源をめぐる競争だけではない。ほとんどすべての生物は，捕食者や寄生者（病原体を含む）によって生存を脅かされたり，増殖を妨げられたりしている。それでは，捕食者と被食者の個体数の動的な関係は，どのような特性をもっているのだろうか。捕食者と被食者の個体群動態は次のような連立微分方程式で表すことができる。

$$\mathrm{d}N/\mathrm{d}t = rN - aNP$$

（式3a：餌の個体数 N の変化）

$$\mathrm{d}P/\mathrm{d}t = baNP - dP$$

（式3b：捕食者の個体数 P の変化）

ここで，r は被食者の増殖速度，a は捕食者の餌発見効率，b は捕食者の捕食数あたり増殖速度，d は捕食者の死亡率である。餌は増殖率 r で増えるが，被食率 aP で減少する。捕食者は捕食した餌を利用して増殖率 b で増えるが，死亡率 d で減少する。この連立微分方程式は $N^* = d/(ab)$，$P^* = r/a$ という平衡点をもつが，この平衡点から外れた点から個体群動態が始まると，捕食者と被食者の個体数は平衡点（N^*, P^*）に収束することはなく，一定の周期・振幅で振動する（図22.5A，B）。このとき，被食者個体数の増減と捕食者の個体数の増減の間にはズレが生じるが，これは被食者密度に対する捕食者の密度依存的な反応に遅れが存在するからである。偶然の個体数変動によって，たまたま両者の個体数が平衡点に到達したとしても，そこから少しでもずれ

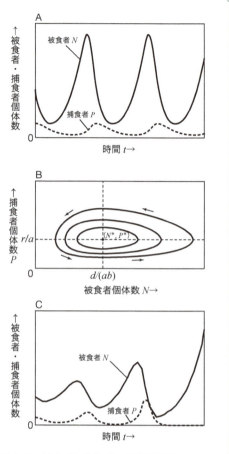

図22.5　捕食者と被食者の個体群動態
（A）は式3a, bに基づく個体群動態の例を示す。（B）は（A）のような時間的動態の3つの軌道を被食者・捕食者個体数の平面上に示している。平衡点（N^*, P^*）から出発しない限り，被食者と捕食者個体数は一定の軌道で振動を続ける。（C）は世代が区切られている場合の個体群動態で，振幅が次第に大きくなり，捕食者の絶滅が起こる。

ると再び振動が始まる。このように，捕食者と被食者の個体群は互いに追従しながら周期変動をくり返す。

　上記の連立微分方程式では，捕食者と被食者は存続し続ける。しかし，世代交代に一定の時間を要する実際の捕食者・被食者個体群においては，密度が低くなった場合に速やかに回復することは難しい。式3a, bの微分方程式を世代がはっきり分かれた差分方程式に変更すると，捕食者と被食者の個体数は振幅を増大させながら振動し，やがて捕食者もし

くは両者は絶滅する（図22.5C）。このような現象は、温室の中に閉じ込められた害虫とその天敵などにおいて実際に観察される。限られた空間内でも、捕食者と被食者の個体群が長続きする場合としては、環境の異質性が高く、被食者にとって隠れ家があり捕食者が被食者を食い尽くすことができない場合や、どちらかの種もしくは両方の種内競争により個体数がほぼ一定に保たれる場合などがある。また、捕食者が複数の餌種を利用していて、より多い餌種を利用する傾向がある場合（スイッチング捕食）、餌種は絶滅しにくくなる。

22.1.5　寄生：感染症の動態

寄生には、ウイルス、細菌、原生生物のような微小寄生者と、多細胞の回虫、条虫といった比較的大型の寄生者がいる。寄生者の中には宿主に高い死亡率をもたらす病気を引き起こすものも多いので、特に微小寄生者による感染症の動態特性について知ることは重要である。感染症の動態モデルでは、前述の捕食者と被食者の動態モデルと異なり、宿主の感染者数の動態を扱う。

ここでは最も簡単な、宿主の間で直接伝播（水平感染）する微小寄生者による病気の流行モデルについて紹介する。微小寄生者は、宿主の体内で爆発的に増殖するので、その個体数の動態を記述するのは現実的ではない。代わりに、感染した宿主の個体数の動態を記述する。宿主の個体数を N、そのうち感染していない感受性個体の数を S、感染して感染力をもった宿主の数を I、回復して免疫を獲得し感染力のない個体数を R とする（$N=S+I+R$）（図22.6A）。病気が感染した宿主から未感染の宿主へ接触によって感染率 α で伝播するとき、

$$dS/dt = -\alpha SI \qquad \text{（式4a：未感染者数の変化）}$$

$$dI/dt = \alpha SI - \beta I \qquad \text{（式4b：感染者数の変化）}$$

$$dR/dt = \beta I \qquad \text{（式4c：回復者数の変化）}$$

病気が流行する条件は $dI/dt > 0$ であるが、ほぼすべての個体が感受性である状態（$S=N$）を考えれば、$dI/dt = \alpha NI - \beta I > 0$ より $\alpha N > \beta$ となる。この条件式を、$R_0 = (\alpha/\beta)N > 1$ のように変形して、

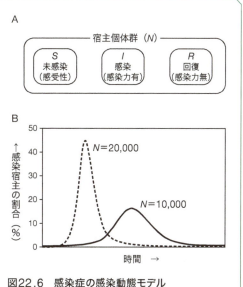

図22.6　感染症の感染動態モデル
（A）式4a-c で仮定している宿主個体群は3つのクラスに分けられる。（B）宿主の個体群サイズが異なるときの流行パターンの違い（1個体の感染からスタート）。感染効率と回復率は同じだが、宿主個体数が多いほど流行が急速に激しく起こる（ここでは個体数の2倍の違いにより基本増殖率が2倍異なる）。

R_0 を病気が流行するための基本増殖率とよぶ。R_0 が臨界値1を超えれば病気は流行する。R_0 を高くする要因としては、感染効率 α が大きいこと、回復速度 β が遅いこと、さらに、個体数の大きいことが含まれる。いいかえると、感受性のある宿主の個体数が $N = \beta/\alpha$ を超えていれば病気は流行する。人口密度の高い地域（N が大）では、感染症が流行しやすいのである（図22.6B）。

上記のモデルを宿主の個体群動態を入れて拡張すれば、長期にわたる病気の動態も予測できる。宿主個体の入れ替わりがあれば、感受性個体が次々と加入することによって、1つの流行の後には感受性個体が徐々に蓄積し、臨界値を超えたときに次の流行が起こる、といった周期的な流行が起こることが予測される。こうした病気の流行パターンは、ワクチン接種による予防が発達する以前のペストやはしか、百日咳などの感染症にあてはまる。ワクチン接種によって、感受性のある人口を減らしておけば、R_0 が低くなり、病気が流行しにくくなる。

22.1.6 相利関係

進化の過程で，生物は捕食・寄生関係や競争関係といった敵対的な関係だけでなく，互いに利益を及ぼし合う，相利的な関係も獲得してきた。例えば，空中窒素を固定する根粒菌は，マメ科植物の根に根粒を形成し，光合成産物を利用するとともに窒素をマメ科植物に供給する。この場合は，共生（symbiosis）をともなう相利共生である。多くの顕花植物は，他家授粉を促進する送粉者（昆虫，鳥など）を利用している。送粉者は花から蜜と花粉を餌として収穫し，花粉を運搬する。アリは植物や昆虫と相利関係をもつが，例えばアリ植物とよばれる植物では，アリの巣場所に好適な構造や，蜜腺をもち，アリを寄せつけることによって，植食者を排除している。その他，掃除魚とよばれるホンソメワケベラは，ハタなどの大型魚にとって有害な外部寄生虫を餌として除去する。こうした動物間の行動的な相利関係も存在する。

相利関係は，寄生的な関係から進化したものと推測されている。相利関係が継続するためにはお互いの利害関係が均衡している必要がある。一方が他方から過剰に搾取するとこの均衡が破れて，相利関係は寄生関係に変わってしまう。したがって，相利関係を維持する上で必要な形質が，同時に進化してきている。さらに，相利関係はしばしば特定の種と種の間でのみ成立し，横から搾取しようとする寄生者を排除する傾向がある。このため，相利関係は種の特殊化，ひいては種の多様化をもたらす。顕花植物とハチの多様化はその好例である。

おわりに

地球上には進化の結果として，1000万種に近いと推定される多様な生物が生息している。この膨大な数の種は，熱帯を中心に分布している。生態学では，「なぜ熱帯には温帯より多くの生物種がいるのか？」といった，生物多様性に関する基本的な問題にも取り組んでいる。また，人間活動の影響により，生態系の撹乱と生物種の絶滅が急速に進んでいることが，世界的な問題となっているが，生態学では，

個体群の存続機構の研究や，生態系機能の研究を通して，生物種の保全，生態系撹乱の影響予測といった応用的な課題にも取り組んでいる。本書では紙面の制約もあり，生態学の内容のごく一部についてのみ触れるにとどめた。より幅広く生態学が扱うテーマについて学びたい方には，包括的な教科書として以下のものをお薦めする。

推薦図書
・『生態学：個体から生態系へ（原書第四版）』M. ベゴン, J. ハーパー, C. タウンゼント著，堀 道雄監訳，京都大学学術出版会（2013）
・『生態学入門 第2版』日本生態学会編，東京化学同人（2012）

植物の分類

22.2.1 分類学の概要と植物の範囲

A. 分類学とは

分類学とは，現在，地球上にみられる生物の多様性を明らかにし，この多様性がどのように獲得されたのかを推定する学問である。進化論の確立以降，生物の多様性は進化の結果もたらされたと考えられるに至っている。したがって，分類学のキーワードは「進化」と「多様性」ということになる。マイア（E. Mayr）ら[1]は，近代分類学をアルファ分類学，ベータ分類学，ガンマ分類学の3つの段階に分け，アルファ分類学を分析期，ベータ分類学を総合期，ガンマ分類学を種形成と進化要因の研究期としている。

本節では，これらのうちアルファ分類学とベータ分類学について解説する。なお，近代分類学とは，進化論の確立以降，生物は進化することを前提とした分類学のことで，系統分類学と同義である。

B. 植物の範囲

植物は，光合成によって生活のエネルギーを得る

図22.7　いろいろな植物
A：紅藻類ホソバミリン，B：緑色藻類（車軸藻類）シャジクモ（撮影：布施静香博士），C：コケ植物ゼニゴケ，D：シダ植物（ヒカゲノカズラ類）ヒカゲノカズラ，E：シダ植物（シダ類）ウラジロ，F：裸子植物コウヤマキ，G：被子植物（双子葉類）ソメイヨシノ，H：被子植物（単子葉類）イワショウブ（以前のユリ科の1種）

生産者である。しかし，この生産者には原核生物のシアノバクテリア，海中林を形成する巨大な種を含む褐藻類，湿った環境を好むコケ植物，広大な亜寒帯林を形成する裸子植物，熱帯多雨林や日本の温帯林をつくりあげ，高山のお花畑を彩る被子植物など，さまざまな生物が含まれる。

　生産者のうち，どれを植物と見なすかについては，見解が別れる。ホイッタカー（R. H. Whittaker）[2]は植物を多細胞真核生物の生産者としたが，マーギュリス（L. Margulis）[3]は植物を陸上植物のみに限定した。キャバリエ＝スミス（T. Cavalier-Smith）[4]は葉緑体の由来に着目し，陸上植物に加え，陸上植物と同様にシアノバクテリアを取り込んで（一次細胞内共生によって）葉緑体を獲得した藻類（緑藻類と車軸藻類を含む緑色藻類，紅藻類，灰色藻類）を植物に含め，緑色藻類や紅藻類を取り込んで（二次細胞内共生によって）葉緑体を獲得した藻類（褐藻類など）を植物から外した。分子系統学的研究[5]の結果，ホイッタカーの「植物」は**単系統群**（同じ祖先に由来するすべての子孫のみからなる生物群）にはならなかったが，マーギュリスやキャバリエ＝スミスの「植物」はいずれも単系統群であることが示されている。

　本節では，植物を**陸上植物**（**コケ植物**，**シダ植物**，**裸子植物**，**被子植物**）に限定するか，あるいは**緑色藻類**，**紅藻類**，**灰色藻類**を含めたものとして捉えたい（**図22.7**）。

22.2.2　アルファ分類学

　分析期（analytical stage[1]）。アルファ分類学では，**生物多様性**を解析する。つまり，この地球上の生物は，どのようなもので構成されているのかを

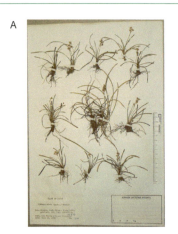
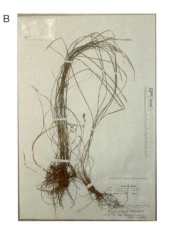

図22.8　ヒメヤブランの個体差
Ａ：小さい個体，Ｂ：大きい個体

示す研究段階である。

A. 植物の分類の基本単位

　植物に限らず，生物の分類の基本単位は「種」である。それゆえ，これまで種に定義を与える試みが何度もなされてきた。しかし，種が新しく形成される背景（系統・環境・しくみ・年代）は，個々の種形成によって千差万別であり，形成された個々の種の特徴も千差万別であるため，種の定義は未だに見解の一致を見ていない。しかし，現段階においては，生物学的種概念[6]が種の定義として比較的よく受け入れられている。その生物学的種概念によると，「**種とは実際にまたは潜在的に相互に交配しあう自然集団の集合体であり，他のそうした集合体から生殖的に隔離されたもの**」ということになる。

　しかし，被子植物に限ったとしても，種を確かめることは難しい。例えば，別種と記載された植物の同種の可能性を探るため，地球上のあらゆる種の間で交配実験を行って結実を調べることは難しいし，たとえ結実し，種子を形成したとしても，自然環境下でそのような交配（受粉）が行われているか，種子が【定着 → 開花個体として成熟 → 受粉 → 受精 → 結実（種子形成）】を何代もくり返すことができるかについて調べることは困難である。植物の場合，地下茎などでの栄養繁殖力が旺盛で，雑種が

大集団を形成することもあるし，雑種に稔性[*]があり，親種との浸透性交雑（移入交雑）を起こすこともある。植物の種の問題は難解であり，この問題の解決には，これからのガンマ分類学の発展によるところが大きい。

　＊　稔性：植物が種子をつくり，次世代の植物が発達できること。

　植物において種を確かめることがそれほど難しいのであれば，現在，私たちが種といっているものは，どのようにして認識されてきたのであろうか。それは，基本的には形態によっている。種は個体の集まりであり，個体には個体差がある。また，植物の場合，花粉と種子の段階を除いてふつう大きくは動けないので，種子が定着した場所で生きていかなければならない。そのため，環境に応じて形や生理的特徴を変える力（表現型可塑性）を備えている植物も少なくない。種は大量の個体によって構成されているので，種の中にはいろいろな程度の個体差（図22.8）が基本的にはほぼ連続的に存在する。これが種の**変異**（variation）であり，種の変異の幅を正確に捉えた上で，**変異の幅のギャップ**を手掛かりに，種は近縁種から区別されてきた。しかし，変異の幅のギャップと生殖的隔離の関連づけについては，まだこれからの研究課題である。

　それでは，種の形態変異の幅をできるだけ正確に

図22.9　植物標本庫
A：京都大学植物標本庫（KYO），B：標本の一例（さく葉標本）

表22.1　記載された現存種の概数（IUCN 2017[7]）の種数
概数にして引用。原生動物と原核生物については Gaston and Spicer 1998[8] から引用。

分類群	種の概数	分類群	種の概数	分類群	種の概数
脊椎動物	68300	被子植物	268000	菌類	31500
昆虫類	1000000	裸子植物	1100	地衣類	17000
甲殻類	47000	シダ植物	12000	原生動物	40000
クモ類	102200	コケ植物	16200	原核生物	4000
軟体動物	85000	緑色藻類	6100		
サンゴ類	2200	紅藻類	7100	合計	178万300
その他の動物	68800	褐藻類	3800		

把握するためには，どうしたらいいだろうか。それには，できるだけ多くの個体を観察するしかない。そのために有効な研究施設が，植物標本庫（図22.9）である。植物標本庫には，いろいろな地域で採集された何百におよぶ同一種の標本が蓄積されており，それらをみると，その種の分布域や開花期・結実期，諸形態形質の変異の幅などがわかる。植物標本庫は，特に新種の検討の際には必要不可欠で，その個体がどの既存の種の形態変異の幅にも入らなければ，新種の可能性が出てくるというわけである。

B. 生物の種数

現在，約178万種の生物が記載（記録）されている[7],[8]（表22.1）。陸上植物だけに限定しても約30万種，キャバリエ＝スミス[4]の植物に範囲を広げると約31万種が記載されている。その内訳は，被子植物26万8千種，裸子植物1千種，シダ植物1万2千種，コケ植物1万6千種，緑色藻類6千種，紅藻類7千種，灰色藻類は小さな群で10種あまりである。しかし，未知の種を含めると，この地球上には約3百万種～1億種の生物が生活していると推定されている[8]。この推定幅の広さが物語っているように，生物多様性の最も基礎的かつ最も重要なデータの1つである「この地球上に何種の生物が生活しているのか？」ということですら，まだほとんどわかっていない。

植物に限ったとしても，すべての種を記載し終わったとするにはほど遠く，熱帯域を中心に大規模な植物調査がまだ必要な段階で，網羅的な新種記載が求められている。一方，個々の植物調査が抱える課題もある。例えば，被子植物では花の諸形質が同定に重要なことが多いが，熱帯多雨林の樹木では，

花の着く位置が高すぎて見えず，正確な同定ができないことがある。熱帯多雨林の暗い林床に生える草本やつる植物には，なかなか花を着けないものもあり，正確な同定に苦労することもある。栄養器官の諸形質の観察から新種の可能性が高まっても，花を観察できず，新種と決められないことはよくあることである。

DNA の塩基配列が同定に役立つこともある。つまり，すでに調べられ，登録されている塩基配列と照合して，よく似た塩基配列の種を捜すのである。しかし，ここで使う塩基配列は，花の形態形成に関わる遺伝子のものではなく，種の範囲と直接的に関わる「生殖的隔離」に関する遺伝子のものでもない。また，特に近縁個体間の場合は，形質発現と形態形成に関わらない中立的な塩基しか違わないことも多い。中立的な塩基の違いの数はある程度時間に比例するが[9]，種分化の歴史は種によって千差万別であり，よく似た塩基配列の個体どうしが近縁であることは間違いないものの，同種であるとは限らない。例えば，ごく最近分化した 2 種の塩基配列の一部は同一であってもおかしくない。DNA の塩基配列は，同定のためのスクリーニングには役立つが，最終的な種の同定は，今のところ，形態形質や生理的特徴などの表現型に頼っている。

C. 生物の分類の階層構造

例えば，この地球上に 3 百万〜1 億種が生活しているといわれても，生物多様性を実感することは難しいかもしれない。3 百万〜1 億種のうちには，形態形質や生理的特徴が似ているものもあれば，大きく異なるものもある。種数だけでなく，種間の性質の違いも考慮すると，私たちは生物多様性をより深く理解することができる。

そのような種間の性質の違いは生物の世界に階層的に存在しており，分類体系はこの階層構造の反映を目指している。この階層構造は，基本的には系統の包含関係によって形成されるもので，この解明には詳細な系統樹の構築が必要になる。これにはベータ分類学の成果に負うところが大きい。この種間の性質の違いの階層構造が，属，科，目，綱，門，界，ドメインに当たっていて，その個々を分類群とよび，左から右に向かうに従って，より上位の分類群になる。したがって，ドメインが最上位の分類群であり，地球上の生物は真正細菌，古細菌，真核生物の 3 つのドメインで構成されている。

前述したように，種は生物の分類の基本単位である。しかし，属や科などのより上位の階層をなす分類群は，いずれも相対的なものである。つまり，類縁の比較的近い種が集まって属となり，類縁の比較的近い属が集まって科となる。系統樹を構築すると，いくつもの系統が包含関係を形成していることがわかる。しかし，どの系統を属とみなし，どの系統を科とみなすかに決まりはなく，研究者の考え方によっている。基本的には系統内の形態のまとまりや系統間の形態の隔たり，系統が出現した年代（ステム・グループの年代）や多様化した年代（クラウン・グループの年代）などを手掛かりに分類群の範囲を考え，分類群として適した系統を選ぶが，研究者の間で見解が別れることも少なくない。この場合，より的確に生物多様性を反映できた分類体系が，より多くの研究者の支持を得て，広く浸透するようになる。

22.2.3　ベータ分類学

総合期（synthetic stage[1]）。ベータ分類学では，植物が進化してきた道すじを復元する。つまり，どのような植物がいつ誕生して，どのような順序で分化し，形態を変化させ，多様性を獲得してきたのかを研究する段階である。

A. 系統樹の構築

ベータ分類学の中心には「系統樹」があり，信頼できる系統樹を構築することが重要になる。以前は，系統樹の構築には形態形質がよく用いられていた。しかし，近年では，系統樹はもっぱら DNA 塩基配列などの分子形質に基づいて構築される。分子形質に基づく系統樹のことを分子系統樹とよぶ。分子系統樹が用いられるようになったのは，系統樹の構築には形態形質より分子形質の方が，少なくとも次の 2 点で，より適しているからである。1 つ目は比較する形質数が多い点，2 つ目は比較する形質

がより中立的な点である。

　一般に，比較する形質が多いほど，系統樹はより詳細に，より安定したものになる。例えば，14年前に私たちが発表した単子葉類の分子系統樹[10]（図22.10）は，単子葉類113属の *matK* 遺伝子と

rbcL 遺伝子の合計3269 bpの塩基配列の比較に基づいて構築された。つまり，3269個の形質が比較されたとみなすことができる。113属すべてで塩基が同じなど，系統樹の構築には使われなかった形質を除いても，1511個の形質（塩基）が比較さ

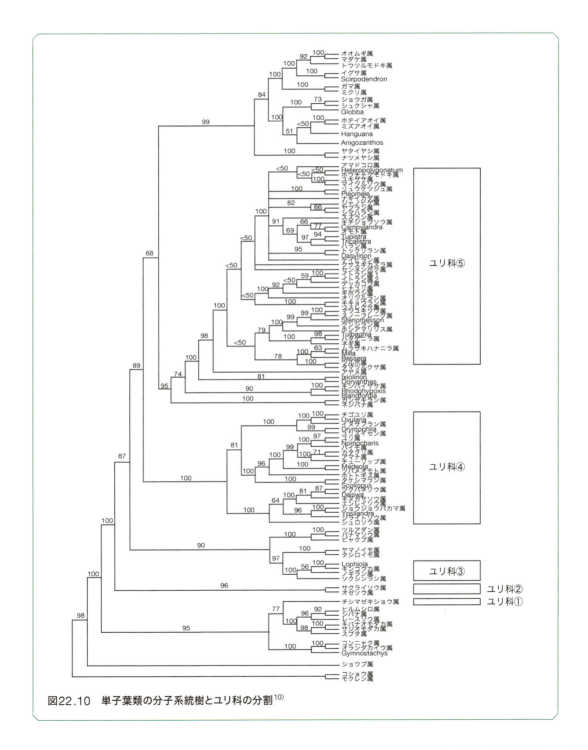

図22.10　単子葉類の分子系統樹とユリ科の分割[10]

れたことになる。しかし，実際問題として，形態で1511個の形質を比較することは難しい。

次に，形態は表現型なので，環境への適応の影響を直接受ける。例えば，異なる2つの系統が，乾燥地などの特殊環境に適応することによって形が似ることもある（収斂）。この場合，両者を誤って同系統とみなしてしまう危険性が生じる。しかし，DNA塩基配列は多くの中立的な部分を含む。例えば，コドンの3番目の塩基，イントロンや遺伝子間領域は，形質発現と形態形成に直接的には関わらず，中立的であることが多い。それゆえ，DNA塩基配列に基づく分子系統樹は，適応の影響を受けて歪む危険性が少ない。特に，近縁種間の系統樹構築に使われる形質は，塩基配列の非中立的部分にあまり違いがないため，結果的に中立的部分がほとんどとなる。

B. 分子系統樹による植物の分類の改変

分子系統樹が考案されたことにより，形態形質に基づいて構築されていた系統樹が書き換えられ，それまで複数の見解が存在していた分類学的課題に新たな視点が提供されたり，従来の分類群が分割されたり統合されたりして，新しい分類体系に発展する場合もでてきた。

例えば，分子系統樹に基づくと，維管束植物（シダ植物＋裸子植物＋被子植物）は2つの系統からなる。1つはシダ植物のヒカゲノカズラ類（図22.7D）の系統，もう1つはシダ植物のシダ類（図22.7E）に裸子植物（図22.7F）と被子植物（図22.7G，H）を合わせた系統で（図22.11），ヒカゲノカズラ類を小葉植物，シダ類＋裸子植物＋被子植物を大葉植物とよぶこともある。この系統関係は，実は50年近く前に提案されていたが[12]，それほど受け入れられていなかった。しかし，分子系統樹によって裏付けられたことで，広く受け入れられるようになった。

また，被子植物は双子葉類（図22.7G）と単子葉類（図22.7H）からなるが，分子系統樹に基づくと，被子植物の祖先は双子葉類で，双子葉類がしばらく進化した後，双子葉類の一部から単子葉類が派生したと推定できる結果になっている。単子葉類の分化とほぼ同時期かそれ以前にすでに分化していたと考えられる双子葉類は，形態的に原始的なものが多く，これらの双子葉類をすべてまとめて基部被子植物とよぶ。一方，単子葉類とほぼ同時期に分化し，種数の上で大きく，単子葉類と対をなすともいえる双子葉類の一群を真正双子葉植物とよぶ（図22.12）。この「双子葉類から単子葉類への進化」という方向性も，以前から提案されていたが[13]，分子系統樹によって裏付けられたことにより，広く受け入れられるに至っている。

また，分子系統樹に基づくと，以前のユリ目ユリ科（図22.7H）は大きく（目レベルで）異なる5つの系統の寄せ集めであることが判明した（図22.10）。これは，それまであまり予想されたことがない結果であった。現在の系統分類学では，分岐分類学[14]の考え方がよく使われ，その分岐分類学によると1つの分類群は1つの系統（単系統）であることが前提である。したがって，分子系統樹を構築して，分類群が単系統かどうかを確かめることによって，分類を再検討できる。ユリ科は，そのようにして再検討された。

5つの大きく異なる系統がユリ科に含められていたのは，それらが形態的によく似ていたからであるが，それではなぜ系統が異なるのに形態が似ているのであろうか。ユリ科は，林床，草原，渓流沿い，高層湿原，高山の岩場，海岸砂丘，石灰岩土壌，蛇紋岩土壌などのいろいろな環境に生え，とても収斂によって形態が似たとは思えない。ユリ科は，単子葉類の中でも原始的な一群とよく考えられてきており，おそらくこのことが，ユリ科にいろいろな系統が含まれることになった原因と考えられる。

ユリ科の花（図22.7H）は，3数性（各花器官が3の倍数のパーツで構成），同花被（萼片と花弁がほぼ同形，同大，同色；この場合，萼片と花弁を総称して花被片とよぶ），子房上位（雌しべの子房が花被片と雌しべとの付け根より上にある）という特徴をもち，これは単子葉類全体の花の基本形でもある。もしユリ科が単子葉類の進化のごく初期の段階からすでに分化していた系統であったとすると，

その後，花が特殊化した植物は，ユリ科の範疇から逸脱し，他の科へと進化することになる。例えば，子房下位化によりヒガンバナ科が誕生し，外花被片と内花被片の顕著な形態的分化によりエンレイソウ科が誕生したと考えられる。一方，花が特殊化せず，原始性を保っていれば，系統に関わらず，ユリ科のままで居続ける。これが，ユリ科に目レベルで異なる5つの系統が含まれた原因と考えられる。

22.2.4　分類学の課題と展望

A. 未解決の分子系統学的問題点

近年の急速な分子系統学の進歩により，いろいろ

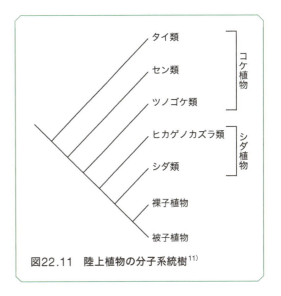

図22.11　陸上植物の分子系統樹[11]

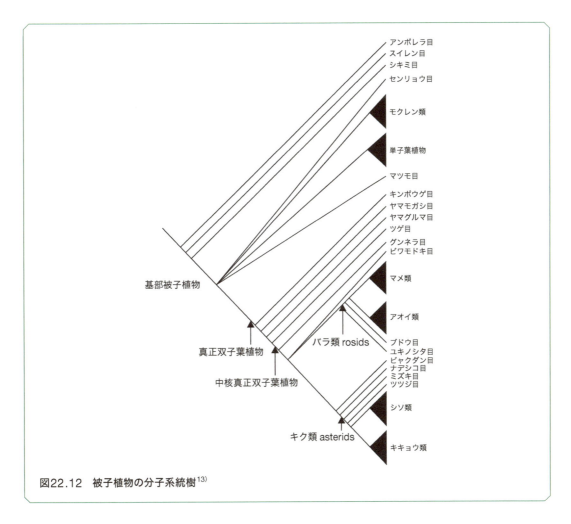

図22.12　被子植物の分子系統樹[13]

な生物群の分子系統樹が構築されている。それでは，サンガー法によるオートシークエンサーでDNAの塩基配列を決定し比較さえすれば，今やどんな生物の系統樹でも簡単に構築できるのであろうか。現段階では，必ずしもそうとは限らない。例えば，最近，急速に種分化が進んだであろう植物群では，DNA塩基配列を相当数比較しても，なかなか分子系統樹の解像度が上がらないこともある。そこで，最近，次世代シークエンサーを使ったRADseq（Restriction Site Associated DNA Sequence[15]）やMIGseq（Multiplexed ISSR Genotyping by Sequencing[16]）などの方法が開発され，植物の分類に応用されつつある。例えば，RADseq法だと，場合によっては数十万個ほどの塩基を比較して，詳細なネットワーク図を書くこともできる時代になってきた。

しかし，植物の大系統の関係については，未解決なところも多い。そのうちの1つとして，単子葉類に最も類縁の近い植物が未だにはっきりしていないことがあげられる。それは真正双子葉植物だとする説もあれば，真正双子葉植物とマツモ類を合わせた植物群だという説もある。モクレン類もその候補になることがあり，見解の一致を見ていない[13]。分子系統学がこれほど発展している時代に，なぜ，単子葉類に最も類縁の近い植物がわからないのか不思議に思われるかもしれない。それは，単子葉類の祖先が誕生した時代に被子植物のいろいろな大系統の祖先植物が急速に適応放散したからかもしれない。つまり，短期間にいろいろな祖先植物が分化したために，分化と分化の間に充分な塩基置換が蓄積されなかった一方，その後の進化の長い歴史の中で，各大系統内で固有の塩基置換が大量に蓄積されたためかもしれない。双子葉類から単子葉類への進化を含む被子植物の初期進化にまつわる重要課題の解決のためにも，被子植物の大系統の関係の解明が待たれる。

B. 植物分類学はこれからの学問領域

これまで述べてきたように，今なお地球上の植物の種数が明らかになっていない。また，植物の進化の道すじについても，特に急速に多様化が進んだであろう時代を中心に，見解の一致をみていない。本節では触れなかったが，種分化機構の解明を目指した研究も，一部の特殊な植物を除き，まだほとんど進んでいない。

植物分類学は，何か古い学問のように思われがちである。確かに，学問の歴史は長いかもしれないが，多くのことが未解明である。近年，ようやく，DNAをいろいろな観点から植物分類学に応用できる時代になってきて，まさにこれから，植物分類学はおもしろくなろうとしている。

文献
1) E. Mayr, E. G. Linsley, R. L. Usinger, Methods and principles of systematic zoology, McGraw-Hill, New York (1953)
2) R. H. Whittaker, *Science*, 163, 150-160 (1969)
3) L. Margulis, *Evolution*, 25, 242-245 (1971)
4) T. Cavalier-Smith, *Biol. Rev.*, 73, 203-266 (1998)
5) S. L. Baldauf, A. J. Roger, I. Wenk-Siefert, W. F. Doolittle, *Science*, 290, 972-977(2000)
6) E. Mayr, Systematics and the origin of species from the viewpoint of a zoologist, *Columbia Univ. Press*, New York (1942)
7) IUCN (International Union for Conservation of Nature) 2017. IUCN Red List of Threatened Species. Version 2017.1. <www.iucnredlist.org>. Downloaded on 18 May 2017
8) K. J. Gaston, J. I. Spicer, Biodiversity: An introduction, Blackwell Science, Oxford (1998)
9) 木村資生, 生物進化を考える, 岩波書店 (1988)
10) M. N. Tamura, J. Yamashita, S. Fuse, M. Haraguchi, *J. Plant Res.*, 117, 109-120 (2004)
11) 戸部 博・田村 実編, 新しい植物分類学II, p.305, 講談社 (2012)
12) H. P. Banks, The early history of land plants. In: Drake, E. T. (ed.), Evolution and environment: A symposium presented on the occasion of the 100th anniversary of the foundation of Peabody Museum of Natural History at Yale University, p.73-107, Yale Univ. Press, New Haven, Conn, 1968
13) 戸部 博・田村 実編, 新しい植物分類学I, p.114-128, 230-238, 講談社 (2012)
14) W. Hennig, Grundzüge einer Theorie der phylogenetischen Systematik, Deutscher Zentralverlag, Berlin (1950)
15) M. R. Miller, J. P. Dunham, A. Amores, W. A. Cresko, E. A. Johnson, *Genome Res.*, 17, 240-248 (2007)
16) Y. Suyama, Y. Matsuki, *Scientific Reports*, 5, 16963 (2015)

索引

NDC 464　　333 p　　26 cm

京大発！　フロンティア生命科学

2018 年 3 月 23 日　　第 1 刷発行
2025 年 1 月 23 日　　第 8 刷発行

編　者　京都大学大学院生命科学研究科
発行者　篠木和久
発行所　株式会社　講談社
　　　　〒112-8001　東京都文京区音羽 2-12-21
　　　　　　販　売　（03）5395-5817
　　　　　　業　務　（03）5395-3615

KODANSHA

編　集　株式会社　講談社サイエンティフィク
代表　堀越俊一
　　　　〒162-0825　東京都新宿区神楽坂 2-14　ノービィビル
　　　　　　編　集　（03）3235-3701

本文データ制作　株式会社　双文社印刷
印刷・製本　株式会社　ＫＰＳプロダクツ

ISBN 978-4-06-503801-7